FENBUCANSHU FUZASHENJINGWANGLUO DE FENXI YU KONGZHI

分布参数复杂神经网络的分析与控制

张为元　著

西北工業大學出版社
西　安

【内容简介】 本书系统地介绍了时滞分布参数神经网络中的重要问题，主要内容包括时滞：分布参数神经网络的稳定性、周期解、鲁棒性、无源性、自适应同步控制、自适应学习同步、采样同步控制及反同步等。书中所给的分析方法包括代数不等式、线性矩阵不等式、随机分析、自适应控制、采样控制以及学习控制方法等。书中的内容来源于作者近几年来的创新性研究成果，研究方法新颖，具有理论研究和实际应用价值。

本书可作为应用数学、控制科学与工程、计算机科学、信息与信号处理、系统科学等专业研究生的教学用书，也可供高校教师、科技工作者参考。

图书在版编目(CIP)数据

分布参数复杂神经网络的分析与控制/张为元著. —西安：西北工业大学出版社，2018.8

ISBN 978-7-5612-6222-1

Ⅰ. ①分… Ⅱ. ①张… Ⅲ. ①分布参数—人工神经网络—研究 Ⅳ. ①TP183

中国版本图书馆 CIP 数据核字(2018)第 201422 号

策划编辑：王 刚
责任编辑：卢颖慧

出版发行：西北工业大学出版社
通信地址：西安市友谊西路 127 号 邮编：710072
电 话：(029)88493844 88491757
网 址：www.nwpup.com
印 刷 者：广东虎彩云印刷有限公司
开 本：727 mm×960 mm 1/16
印 张：13.5
字 数：212 千字
版 次：2018 年 8 月第 1 版 2018 年 8 月第 1 次印刷
定 价：72.00 元

前　言

人工神经网络理论的研究可以追溯到1943年，法国心理学家McCulloch和数学家Pitts合作提出了神经元模型。随着模拟与数字混合的超大规模集成电路制作技术提高到新的水平，人工神经网络的发展也获得了新的突破，逐渐发展成为一个前沿研究领域，其发展已对人工智能、计算机科学、认知科学等领域产生了重要影响。当前，控制理论、应用数学、计算机科学等领域的许多专家、学者和工程科技人员等在人工神经网络理论和应用研究方面做出了可喜的成绩。

俄国数学家李雅普诺夫首创的运动稳定性的一般理论吸引着全世界数学家的注意。美国数学家LaSalle也说过："稳定性理论在吸引着全世界数学家的注意，李雅普诺夫直接法得到了工程师们的广泛赞赏，稳定性理论在美国正迅速变成训练控制论方面的工程师们的一个标准部分"。我国著名科学家钱学森、宋健在《工程控制论》中指出："对于控制系统的第一个要求是稳定性，从物理意义上讲，就是要求控制系统能稳妥地保持预定的工作状况，在各种不利因素的影响下不至于动摇不定，不听指挥……" 1990年，美国海军实验室的Pecora和Carroll提出混沌同步的概念，并在电子线路上首次观察到混沌同步的现象，提出了实现混沌同步的Pecora-Carroll控制方法。

20世纪80年代，由美国生物物理学家J. J. Hopfield在物理学、神经生物学和计算机科学等领域架起了桥梁，提出了一类具有联想记忆功能的连续Hopfield神经网络模型。从此，针对神经网络的分析与控制问题被进行了深入的研究，得到了许多创新性成果。近十几年来，一些著作介绍了关于神经网络分析与控制的新的研究成果，这些足以说明稳定性理论和同步控制的研究具有普遍意义和活跃性，同时也表明分布参数神经网络的稳定性分析与控制理论还不能认为已经十分完善。正是这些问题在不同学科中的重要作用，使得分布参数神经网络的稳定性分析与控制理论得到普遍关注并取得不断的发展。

本书由张为元所著，其内容集中笔者几年来在分布参数神经网络的分析与控制方面的一系列研究成果，特别是在脉冲系统、混合时滞系统、Markov 跳跃随机系统和随机神经网络等方面的成果。本书详细介绍分布参数神经网络的稳定性、周期解、鲁棒性、无源性、自适应同步控制、自适应学习同步、采样同步控制及反同步控制等问题，理论推导清晰详细，并提供大量数值实例。

本书部分内容的研究工作得到了国家自然科学基金项目（61573013，61573278）、中国博士后基金（2013M540754）以及陕西省自然科学基金（2015JM1015）的资助。另外本书的出版得到了陕西省教育厅自然科学专项基金（17JK0824）、咸阳师范学院出版基金和咸阳师范学院博士科研启动基金的资助。笔者在此表示感谢。

在此，特别感谢我的导师邢科义教授、李俊民教授以及李俊林教授等多年来对我的工作的大力支持和热心帮助！感谢西安交通大学电信学院和西安电子科技大学理学院的领导和各位专家学者，以及咸阳师范学院学校领导和同事对我的研究工作的一贯大力支持。

由于知识水平及能力所限，书中难免有不足之处，对本书存在的缺点和错误，恳请专家和读者批评指正。

著　者

2018 年 3 月

目　录

第一章 绪 论

1.1 神经网络的背景及意义

人类的大脑目前是世界上最具复杂性的事物之一，其细胞之间相互连接，形成纵横交错的网状结构，进而构成了一个非常复杂且高效的信息处理网络。从 20 世纪 40 年代人工神经网络首次进入人们的视野到现在，人工神经网络已经广泛应用到工业、农业、经济、医疗等各个领域，被数学、经济学、电子科学、控制论及工程科学等学科作为重要的研究对象和研究工具，特别是在控制领域中，人工神经网络已经成为系统建模、辨识和控制等方面不可替代的工具[1]。

当前，计算机科学的快速发展，使人类从外部功能和内部结构上模拟人类的智能成为可能。于是，从人脑的工作机制和人类智能的本质出发，智能机理和研究应用技术成为人类面临的重大科学技术研究任务之一，而完成这一任务的主要途径是开展神经网络的研究[2]。神经网络，或者更精确地说人工神经网络，是一种植根于许多学科的技术，涉及神经科学、统计学、物理学、数学、计算机科学和工程学等学科领域。它是生物神经网络高度简化后的一种近似，通过数学方法来演绎和模拟，并且可以用程序和实际电路来实现；它在不同程度和层次上模拟人脑神经系统的结构及其功能。

人们研究的神经网络主要有两种，一是生物神经网络，一是人工神经网络。把存在于人脑中的实际神经网络叫作生物神经网络；而把向生命学习，用电子方法、光学方法或其他生物物理化学方法仿照生物神经网络所构造出来的神经网络，称为人工神经网络。向生物神经网络学习的人工神经网络，并非在全面指标功能上达到或超过它的学习对象，而是在了解和分析生物神经网络的结构、机理和功能的基础上，学习和实现那些人们所需要的智能，因此把这种神经网络称为人工神经网络[2-8]。

直至 20 世纪 80 年代初期，模拟与数字混合的超大规模集成电路制作技术提高到新的水平，人工神经网络的发展也获得了新的突破。美国生物物理学家 J. J. Hopfield 1982 年和 1984 年发表的两篇文章[6,7]，提出了一种具有联想记忆功能的模型——Hopfield 神经网络模型。他引入能量函数(Lyapunov 函数)对神经网络模型进行研究，阐明了神经网络与动力学的关系，指出信息被存放在网络中神经元的连接上，并用非线性动力学的方法来研究这种神经网络的特性，建立了神经网络的稳定性判据。这一成果的取得使神经网络的研究获得了突破性进展。Hopfield[7] 还设计与研制了他所提出的神经网络模型的电路，并指出网络中的神经元可以用运算放大器来实现，所有神经元的连接可以用电子线路来模拟。该方案为神经网络的工程实现指明了方向。同时他应用神经网络较好地解决了复杂度为 NP 的旅行商计算难题(TSP)，使人们认识到神经网络的重要性以及付诸现实可行性，引起了强烈的反响。

随后，一大批科研工作者对神经网络的研究展开了进一步的工作，很多网络模型被相继提出，例如 Cohen-Grossberg 神经网络模型[8,9]、双向联想记忆(Bidirectional Associative Memories，简称 BAM)网络模型[10]、细胞神经网络(Cellular Neural Networks)模型[11,12]等。正是由于神经网络独特的结构和处理信息的方法，它们在诸如信号处理、优化计算、模式识别和联想记忆等许多实际领域表现出广泛的应用前景，也得到了引人注目的成果。

人工神经网络是一门交叉学科，在许多领域得到应用，研究它的发展过程和前沿问题具有重要的理论意义。神经网络既是高度非线性动力系统，又是自适应系统，可用来描述认知、决策及控制的智能行为。神经网络理论是巨量信息并行处理和大规模平行计算的基础，它来源于科学家对人类脑神经系统的观察和认识，他们认为人脑的智能活动离不开脑的物质基础，包括它的实体结构和其中发生的各种生物的、化学的、电子的作用。受生物神经解剖学和神经生理学方面成果的启发，用电子线路来构造人工神经网络，能够达到人工智能的目的。在神经网络的应用和设计中，对其动力学机制的分析研究是十分必要和关键的一步[4]。在众多的人工神经网络系统中，Hopfield 型神经网络是研究和应用最为广泛的神经网络之一，它的主要应用是联想记忆、优化控制。由于神经网络具有信息的分布存储、并行处理和自学习能力等优点，所以在信息处理，模式识别智能控制等领域有着广泛的应用前景。一个神经网络系统若想在工程中发挥作用就必须具备稳定性，因此，在研究神经网络的核心问题中，稳定性分析是极为重要的且必不可少的一个环节。

1.2 几类重要的神经网络模型

本节简要阐述几种与本书研究相关的神经网络模型。

1. Hopfield 神经网络

1982 年，由美国生物物理学家 J. J. Hopfield[6] 开创性地在物理学、神经生物学和计算机科学等领域架起了桥梁，提出了一类具有联想记忆功能的连续人工神经网络模型。它可以用如下微分方程组表示：

$$C_i \frac{\mathrm{d}x_i}{\mathrm{d}t} = -\frac{x_i}{R_i} + \sum_{j=1}^{n} T_{ij} g_j(x_j) + I_i, \quad i = 1, 2, \cdots, n \tag{1-1}$$

其中，n 表示网络中神经元的个数；$C_i > 0$ 是第 i 个神经元（放大器）的输入电容；x_i 是神经元 i 的输入电压；$R_i > 0$ 表示神经元的输入电阻；T_{ij} 表示神经元 j 对神经元 i 的连接强度，且如果 $i = j$，则 $T_{ij} = 0$；运算放大器 g_j 是激发函数，模拟神经元的非线性特性，其为连续有界、可微、严格单调的增函数；I_i 是外加电流。

Hopfield 证明了在高强度连续（或不可约简连接、全互连连接）下的神经网络依靠集体协同作用能自发产生计算行为。原始的 Hopfield 模型是一个由非线性元件构成的全连接型单层递归系统，Hopfield 在网络中引入了能量函数，利用 Lyapunov 稳定性理论，证明了当连接权矩阵对称的情况下，网络在平衡点附近是稳定的，这在神经网络研究领域成为一个重要的里程碑。

基本的 Hopfield 神经网络是一个由非线性元件构成的全连接型单层递归系统，网络中的每一个神经元都将自己的输出通过连接权矩阵传送给所有其他神经元，同时又都接收所有其他神经元传递过来的信息，即网络中的神经元在 t 时刻的输出状态实际上间接地与自己 $t-1$ 时刻的输出状态有关。因此，Hopfield 神经网络是一个递归型的网络，其状态变化可以用差分方程来表征。递归型网络的一个重要特点就是它具有稳定状态。当网络达到稳定状态的时候，也就是它的能量函数达到最小的时候。这里的能量函数不是物理意义上的能量函数，而是在表达形式上与物理意义上的能量概念一致，即它表征网络状态的变化趋势，并可以依据 Hopfield 网络模型的工作运行规则不断地进行状态变化，最终能够到达具有某个极小值的目标函数。网络收敛就是指能量函数达到极小值。如果把一个最优化问题的目标函数转换成网络的能量函数，把问题的变量对应于网络的状态，那么 Hopfield 神经网络就能够用于解决优化组合问题。Hopfield 神经网络工作时，其各个神经元的连接权值是固定的，更新的只是神经元的输出状态。Hopfield 神经网络的运行规则：首先从网络中随机选取一个神经元进行加权求和，计算该神经元 $t+1$ 时刻的输出值，除该神经元以外的所有神经元的输出值保持不变，依此类推，再计算 $t+2$ 时刻的值，直至网络进入稳定状态[1]。

2. 细胞神经网络(Cellular Neural Networks)

受到 Hopfield 神经网络的影响及细胞自动机的启发，L. O. Chua 和 L. Yang[11,12] 于 1988 年最先提出细胞神经网络(CNN)，它由下面的二维结构的 CNN 状态方程组表示：

$$C\frac{\mathrm{d}V_{x_{ij}}(t)}{\mathrm{d}t}=-\frac{V_{x_{ij}}(t)}{R_x}+\sum_{k,l\in N_r(i,j)}^{n}A(i,j;k,l)V_{ykl}(t)+\sum_{k,l\in N_r(i,j)}^{n}B(i,j;k,l)V_{ukl}(t)+I,\quad 1\leqslant i\leqslant M,1\leqslant j\leqslant N \tag{1-2}$$

其中，$C>0$ 表示电容；R_x 表示电阻；$V_{x_{ij}}$ 表示电压；I 表示电流；V_{ukl} 表示输入电压；$A(i,j;k,l)$ 是反馈算子；$B(i,j;k,l)$ 是控制算子，$N_r(i,j)$ 表示细胞 (i,j) 的 r -邻域，即 $N_r(i,j)=\{(k,l):\max(|k-i|,|l-j|\leqslant r),1\leqslant k\leqslant M,1\leqslant l\leqslant N\}$，其输出方程为 $V_{y_{kl}}(t)=\frac{1}{2}(|V_{x_{kl}}(t)+1|,|V_{x_{kl}}(t)-1|)$。

细胞神经网络是一个大规模非线性计算机仿真系统，具有细胞自动机的动力学特征，是一种具有网状结构的模拟电路，每个细胞只与它的邻近细胞有连接。它的出现对神经网络理论的发展产生了很大的影响，并在图像和信号处理、模式识别、联想记忆、机器人及生物视觉、高级脑功能等领域得到了广泛应用。

与 Hopfield 模型相比，细胞神经网络在拓扑结构上是局域连接的，即网络中的每一个神经元仅与其周围的若干个神经元相连接（其实，局域连接的特性更符合生物神经网络的真实情况。现代神经解剖学与现代神经生理学的研究结果表明：人脑是由约 10 亿个神经元构成的巨系统，而每个神经元仅与约 $10^3\sim10^4$ 个其他神经元相连接。这说明人脑中的神经元连接是相当稀疏的），神经元的激励函数不是连续光滑的 simgoid 函数而是存在不可导点的分段线性函数，这些特点使细胞神经网络的硬件实现变得容易，并很快应用到了图像和电视信号处理、模式识别、联想记忆、机器人等许多领域。

3. 双向联想记忆神经网络(BAM Neural Networks)

1987 年，Koslo[10] 提出了双向联想记忆神经网络，它可用微分方程组表示如下：

$$\left.\begin{aligned}\frac{\mathrm{d}x_i(t)}{\mathrm{d}t} &= -a_i x_i(t) + \sum_{j=1}^{m} w_{ij} g_j(y_j(t)) + I_i, \quad i = 1,2,\cdots,n \\ \frac{\mathrm{d}y_j(t)}{\mathrm{d}t} &= -b_j y_j(t) + \sum_{i=1}^{n} v_{ji} g_j(x_i(t)) + J_i, \quad j = 1,2,\cdots,m\end{aligned}\right\} \tag{1-3}$$

BAM 神经网络将 Hopfield 神经网络的单层结构变成双层结构，神经元被分别安排在两层上，同层神经元不连接，而不同层的神经元相互连接，信息在两层神经元之间双向传递，模仿人脑异联想的思维方式。正是这种双层结构，使得 BAM 神经网络可以实现异联想，并推广了单层自联想 Hebb 学习规则到双层模式匹配异联想电路，其在信号图像处理、模式识别、自动控制、人工智能等方面具有广泛的应用。

4. Cohen-Grossberg 神经网络

1983 年，Cohen 和 Grossberg[8,9] 提出了竞争、合作模型用以产生自组织、自适应的神经网络构成方式，其动力学模型为

$$\frac{\mathrm{d}x_i(t)}{\mathrm{d}t} = -a_i(x_i(t))\left\{b_i(x_i(t)) - \sum_{j=1}^{m} w_{ij} g_j(x_j(t))\right\}, \quad i = 1,2,\cdots,n \tag{1-4}$$

其中，$a_i(\cdot)$是增益函数(amplifier function)，$-b_i(\cdot)$表示神经元的自抑制(self-inhibition)，w_{ij} 表示第 j 个神经元对第 i 个神经元的输出连接强度；$g_j(\cdot)$ 是激励函数(activation function)。

综上几类神经网络模型可知，Cohen-Grossberg 神经网络在形式上更具一般性。Hopfield 神经网络、细胞神经网络等都可以看作 Conhen-Grossberg 神经网络的特例。近年来，Conhen-Grossberg 神经网络在联想记忆、并行处理以及最优计算等方面得到广泛应用。

以上神经网络模型均是集中参数系统，它们均是用常微分方程描述。然而，严格说来，电子在不均匀的电磁场中运行时，扩散现象不可避免，这是不能忽视的。因而，在研究神经网络的动力学渐近行为时，不仅要考虑它对时间的依赖，还要考虑空间随时间的涨落。也就是说，研究由偏微分方程描述的分布参数神经网络是必要的。廖晓昕等人分别研究了如下分布参数神经网络系统[17,18]：

$$\begin{aligned} C_i \frac{\partial u_i}{\partial t} &= \sum_{l=1}^{m} \frac{\partial}{\partial x_l}\left(D_{il}(t,x,u)\frac{\partial u_i}{\partial x_l}\right)\mathrm{d}t - \frac{u_i}{R_i} + \sum_{j=1}^{n} T_{ij} g_j(u_j) + I_i \\ \frac{\partial u_i}{\partial n} &= \left(\frac{\partial u_i}{\partial x_1},\cdots,\frac{\partial u_i}{\partial x_n}\right)^{\mathrm{T}} = 0, \quad t \geqslant 0, x \in \partial\Omega \end{aligned} \tag{1-5}$$

和

$$\frac{\partial u_i}{\partial t} = \sum_{l=1}^{m} \frac{\partial}{\partial x_l}\left(D_{il}\frac{\partial u_i}{\partial x_l}\right)\mathrm{d}t - a_i(u_i)\left[b_i(u_i) - \sum_{j=1}^{n} c_{ij} d_j(u_j)\right]$$

$$\frac{\partial u_i}{\partial n} = \left(\frac{\partial u_i}{\partial x_1}, \cdots, \frac{\partial u_i}{\partial x_n}\right)^{\mathrm{T}} = 0, \quad t \geqslant t_0 \geqslant 0, x \in \partial\Omega \qquad (1-6)$$

式(1-5)中,C_i,R_i,I_i,u_i 分别代表电容、电阻、电流、电压;g_j 为输出函数;$D_{il} \geqslant 0$ 为扩散函数;$(T_{ij})_{n\times n}$ 为权矩阵;$x \in \Omega \subset \mathbb{R}^m$;$\Omega$ 是$\mathbb{R}^m$ 空间中的一个紧集,它的测度 $\mathrm{mes}\Omega > 0$;$\partial\Omega$ 是 Ω 的边界。

他们在一般分离变量型 Lyapunov 函数的基础上,具体构造出平均 Lyapunov 函数,研究了 Ω 内的平衡位置在 Ω 内的全局渐近稳定性及局部渐近稳定性,并给出了一些构造性的代数判据。

1.3 分布参数神经网络模型

1.3.1 分布参数时滞神经网络

分布参数系统是指由偏微分方程、积分方程、泛函微分方程或抽象空间的微分方程所描述的无穷维动力系统。与有穷维动力系统相比较,无穷维动力系统有其自身的特点,如解的正则性、有穷维逼近等[4]。在自然界中许多格局的形成和波的传播现象,可以通过系统耦合的非线性偏微分方程描述,这些方程通常被称为反应扩散方程[24]。

近年来,人们发现在人口动力学和化学反应过程以及若干控制问题中,系统有些现象的出现或改变并不是瞬间完成的,在它们的数学模型中含有时间滞量,是带有泛函变元的分布参数系统——时滞分布参数系统。因此,有关时滞分布参数系统的基本理论、定性理论、稳定性与控制理论及其应用等问题受到国内外学者的广泛关注。时滞分布参数系统自 20 世纪 60 年代开始理论和应用研究,至今已形成了一个重要的理论研究分支,并且在机械系统、环境系统、航空飞行器的数学建模、稳定性分析和控制研究等领域得到了广泛的应用,同时分布参数系统理论又可用于人口系统、种群繁衍和传染病控制等[13-16]。

由于神经网络在信号传输速度有限,节点间竞争和通道拥塞等情况下,必然存在时滞,这种现象在生物或物理网络中非常普遍,而且是导致网络不稳定的主要原因。从生物学的观点上看,神经网络传递或者储存的信息是对外部信息进行选择摄取并通过时间累积的结果，也就是说信息传递或储存具有时间累积效应。在这个过程中，连接各神经元的轴突是随时间变化的。如果考虑神经网络模型的行为仅依赖于时间，还考虑时间的时滞，那么神经网络模型是时滞微分方程。

2003 年，一些学者利用拓扑度理论和广义 Halanay 不等式研究了下列变时滞反应扩散 Hopfield 神经网络的平衡点的存在性和全局指数稳定性[52]：

$$\frac{\partial u_i}{\partial t}=\sum_{l=1}^{m}\frac{\partial}{\partial x_l}\left(D_{il}\frac{\partial u_i}{\partial x_l}\right)\mathrm{d}t-a_iu_i+\sum_{j=1}^{n}T_{ij}g_j(u_j(t-\tau_j(t),x))+J_i$$

$$\frac{\partial u_i}{\partial n}=\left(\frac{\partial u_i}{\partial x_1},\cdots,\frac{\partial u_i}{\partial x_n}\right)^{\mathrm{T}}=0,\quad t\geqslant t_0\geqslant 0,x\in\partial\Omega$$

$$u^i(t_0+s,x)=\varphi_i(s,x),\quad \tau_i(t_0)\leqslant s\leqslant 0,0\leqslant\tau_i(t)\leqslant T_i$$

其中，$\tau_j(t)$和光滑函数$D_{il}=D_{il}(t,x,u)\geqslant 0$分别表示轴突信号传输过程中的延迟和扩散算子；$T_{ij}$ 表示神经元之间相互联络的权；u_i，x_i 分别表示状态变量和空间变量；J_i，g_j 是外部输入和信号函数，它们都全局一致 Lipschitz 的。

2009 年，文献[83] 利用线性矩阵不等式方法研究了下列时滞反应扩散神经网络：

$$\frac{\partial u_i}{\partial t}=\sum_{l=1}^{m}\frac{\partial}{\partial x_l}\left(D_{il}\frac{\partial u_i}{\partial x_l}\right)\mathrm{d}t-a_iu_i+\sum_{j=1}^{n}b_{ij}f_j(u_j(t,x))+\sum_{j=1}^{n}b_{ij}g_j(u_j(t-\tau,x))+\sum_{j=1}^{n}h_{ij}\frac{\partial u_j(t-\tau,x)}{\partial t}+J_i \quad (1-7)$$

$$\frac{\partial u_i}{\partial n}=\left(\frac{\partial u_i}{\partial x_1},\cdots,\frac{\partial u_i}{\partial x_n}\right)^{\mathrm{T}}=0,\quad u_i(s,x)=\varphi_i(s,x)$$

$$\frac{\partial u_i(s,x)}{\partial t}=\frac{\partial\varphi_i(s,x)}{\partial t},\quad -\tau\leqslant s\leqslant 0,i=1,2,\cdots,n \quad (1-8)$$

得到了系统式(1-8) 的平衡解的存在唯一性和指数稳定的充分条件。

2010 年，文献[89] 利用线性矩阵不等式方法研究了下列具有连续分布时滞反应扩散神经网络：

$$\frac{\partial u_i}{\partial t}=\sum_{l=1}^{m}\frac{\partial}{\partial x_l}\left(D_{il}\frac{\partial u_i}{\partial x_l}\right)\mathrm{d}t-\mathrm{d}_i(u_i)\left[a_i(u_i)-\sum_{j=1}^{n}b_{ij}f_j(u_j(t,x))-\sum_{j=1}^{n}c_{ij}g_j(u_j(t-\tau(t),x))-\sum_{j=1}^{n}w_{ij}\int_{-\infty}^{t}K_{ij}(t-s)g_j(u_j(s,x))\mathrm{d}s+J_i\right] \quad (1-9)$$

$$\frac{\partial u_i}{\partial n}=\left(\frac{\partial u_i}{\partial x_1},\cdots,\frac{\partial u_i}{\partial x_n}\right)^{\mathrm{T}}=0,\quad x\in\partial\Omega,u_i(s,x)=\varphi_i(s,x),$$
$$-\tau\leqslant s\leqslant 0,\quad i=1,2,\cdots,n \tag{1-10}$$

得到了系统式(1-9)的平衡解的渐近稳定的充分条件。

上述文献只涉及时滞对反应扩散神经网络的影响,而且稳定性不依赖于反应扩散项。

1.3.2 分布参数时滞脉冲神经网络

在许多连续渐变的过程或系统中,由于某种原因,在极短的时间内系统会遭受突然的改变或干扰,从而改变原来的运动轨迹,这种变化称为脉冲现象,其包括在许多领域,如通信中的调频系统、机械运动过程或其他振动过程中突然遭受外加强迫力(如打击或碰撞)、人口动态、以及最优控制等,都可能导致脉冲现象的发生。近年来,非时滞的脉冲微分方程的基本理论已经有较快发展[22]。而时滞脉冲微分动力系统的研究却进展缓慢,这主要是脉冲与时滞同时出现,使得系统呈现新的特征,给研究工作带来新的困难。文献[23]研究了具有脉冲的有界时滞量泛函微分系统解的存在性,完成了奠基性工作。同样,在大量实际问题中出现的脉冲偏微分系统的研究工作也刚刚起步[46-48]。

1996 年,Bainov,Kdzislaw 和 Minchev 考虑了脉冲时滞偏微分系统,他们利用双曲型泛函微分不等式作为基本工具,建立了若干脉冲双曲型泛函微分不等式,获得了脉冲时滞双曲型分布参数系统初边值问题(BIVP)的唯一性判据和比较定理等[46]。同年,Kamont,Turo zubik-Kowl 研究了脉冲时滞双曲型分布参数系统的初边值问题,证明了隐含唯一性的比较定理[47]。2001 年,文献[48]研究了脉冲时滞抛物型系统,获得了在不同两类边界条件下解振动的充分条件。

分布参数时滞脉冲神经网络是时滞大系统的一个重要组成部分。由于其在信号处理、动态图像处理以及全局优化等问题中的重要应用,最近,反应扩散时滞脉冲神经网络的动力学问题引起了国内外学者的广泛关注,尤其是脉冲时滞分布参数神经网络平衡点稳定性问题得到了深入的研究,也出现了一系列有影响的成果[29,30]。

1.3.3 分布参数时滞随机神经网络

许多自然规律和实际工程技术问题用偏微分系统的初值问题、边值问题或初边值问题来描述。在一定条件下,如偏微分系统所讨论的区间、系数、激励和边界数据给定,则其解能够精确得到,这类问题已经有了许多成果[33,36]。

不过，实际中的不确定因素往往会对这些数据的获得有影响，故确定性的偏微分系统不足以来描述这种实际问题。在一些科学领域，例如结构力学、地震学、湍流动力学、相变、滤波、部分可观的随机控制问题、金融数学、人口动力学、神经生理学的神经元行为和顺向倒向随机控制等[37,38]，这些都需要建立适当的随机模型。1998 年，文献[41]研究了一类随机偏微分方程弱解的几乎必然指数稳定。他们在小时滞的假设条件下，获得了对于给定的随机系统的适度解的几乎必然指数稳定的充分条件。

近几年，既有从注意时间方向动态的变化来研究神经网络的动力学行为方面的结果[44,45,49]，又有研究带有扩散项的神经网络的稳定性方面的成果[53,55,57,58]。事实上，鉴于神经网络是通过电子电路实现的，其电热效应不可避免，故用随机系统描述更切实际；又因为电磁场的密度一般来说是不均匀的，电子在不均匀的电磁场运行过程中，扩散问题不可避免，因此，用扩散方程描述就是自然的了。文献[62,63,65]研究了由随机反应扩散神经网络的稳定性，得到了一系列成果。其思想是基于随机 Fubini 定理，将随机偏微分方程描述的 Hopfield 神经网络系统转化为用相应的随机常微分方程来描述。利用关于空间变量平均的 Lyapunov 函数与 Ito 公式，通过对所构造的 Lyapunov 函数在 Ito 微分规则下对相应系统求导的方法，获得了系统指数稳定的代数判据及其 Lyapunov 指数估计。实现了运用 Lyapunov 直接法对分布参数系统稳定性的研究。

1.4 分布参数系统分析方法

1.4.1 分布参数时滞神经网络稳定性

俄国数学家 Lyapunov 首创的运动稳定性的一般理论吸引着全世界数学家的注意和工程师们的广泛赞赏，受到了各国学者的高度重视。苏联控制论专家列托夫、数学家马尔金先后在他们的专著序言中说到：“无论现代控制以何种方法描述，总是建立在李雅普诺夫运动稳定性的牢固基础上。”美国数学家 LaSalle 也说过：“稳定性理论在吸引着全世界数学家的注意，Lyapunov 直接法得到了工程师们的广泛赞赏，稳定性理论在美国正迅速变成训练控制论方面的工程师们的一个标准部分。”我国著名科学家钱学森、宋健在《工程控制论》中指出：“对于控制系统的第一个要求是稳定性，从物理意义上讲，就是要求控制系统能稳妥地保持预定的工作状况，在各种不利因素的影响下不至于动摇不定，不听指挥……”这些足以说明了稳定性具有普遍意义。正是稳定性问题在不同学科中的重要作用，使得它得到普遍关注并取得不断的发展[66,69]。

关于分布参数时滞系统稳定性已有很多成果[14,19−21]。文献[14]给出了时滞分布参数系统若干研究方法，他们首先利用不等式分析方法研究了时滞线性系统，然后利用散度定理和poincare不等式，通过放大不等式的方法获取了系统的平凡解 $X^{1,2}$-渐进稳定性条件，研究了一类无时滞系统的 $X^{1,2}$-渐进稳定性，并对时滞关联系统、时滞非线性系统进行了分析研究，得到了系统的 $X^{1,2}$-渐进稳定性的若干结果。他们还将集中参数系统稳定性的有效方法——Lyapunov泛函方法应用到了时滞分布参数系统中，结合M-矩阵理论，分别对一类线性和非线性生态系统进行了稳定性分析。文献[19]研究了具有时滞的反应扩散系统解的单调性和稳定性；文献[20]考虑了一类时滞Volterra型反应扩散系统渐进稳定性；文献[21]讨论了时滞偏微分系统正解的稳定性问题。从整体情况看，目前对由偏微分方程描述的时滞分布参数系统的研究，主要采取两种方法：一是直接分析方法，即直接根据所给系统的信息，通过分析获得结果；二是半群方法，即把具体的实际系统转化成发展方程，利用半群方法获得结论，然后，再将结果转化回原系统[13,14]。

自从20世纪80年代由美国生物物理学家J. J. Hopfield[6,7]在物理学、神经生物学和计算机科学等领域架起了桥梁，提出了一类具有联想记忆功能的连续人工神经网络模型。Hopfield在网络中成功引入了能量函数，利用Lyapunov稳定性理论，证明了该网络的稳定性。使得Lyapunov稳定性直接方法再次显示其强大威力。此后，出现了大量关于神经网络中稳定性的研究成果。自动控制是推动Lyapunov运动稳定性发展的第一次高潮，神经网络稳定性的研究则是掀起Lyapunov运动稳定性发展的又一次高潮[70−72]。

众所周知，Hopfield神经网络的原始模型是用常微分方程表示的，研究其稳定性的文献有很多[1,47,72]。从2000年开始，廖晓昕等研究一种含反应扩散项的非时滞Hopfield神经网络的稳定性[17,18]，反应扩散神经网络的稳定性问题在文献中已经做了较深入的研究[76,81,83,84,87−89]。近年来，研究人员将轴突信号传输时滞引入具有分布参数神经网络模型，如反应扩散Hopfield神经网络、反应扩散细胞神经网络、反应扩散BAM神经网络和反应扩散Cohen-Grossberg神经网络等，得到了相应的时滞神经网络模型，并对其各种动力学属性进行了深入的研究[76,81,83,84]。在现有研究时滞分布参数神经网络稳定性的方法中广泛使用的是Lyapunov方法。它把稳定性问题变为某些适当地定义在系统轨迹上的泛函稳定性问题，并通过这些泛函得到相应的稳定性判据。这些稳定性条件的表述方式主要有M矩阵[52]、参数的代数不等式和线性矩阵不等式[55,57]等方法。其中,由于线性矩阵不等式方法表示的结果可以包含很多未知参数,与无参数可调的不等式表示的结果以及M矩阵表示的结果相比较,具有较低的保守性。故线性矩阵不等式方法在稳定性理论研究中得到了广泛的应用。另一方面,根据所得稳定性结果是否依赖时滞和空间,稳定性条件可以分为与时滞无关的稳定性判据和与时滞相关的稳定性判据,依赖于空间和独立于空间的判据等。

2003年,一些学者利用拓扑度理论和广义Halanay不等式研究了神经网络式(1-7)的平衡点的存在性和全局指数稳定性[52]。文献[53]用一般的Halanay不等式证明了下列分布参数时滞神经网络系统的全局指数稳定:

$$\begin{aligned}\frac{\partial u_i}{\partial t} &= \sum_{l=1}^{m}\frac{\partial}{\partial x_l}\left(D_{il}\frac{\partial u_i}{\partial x_l}\right)\mathrm{d}t - a_i u_i + \sum_{j=1}^{n} c_{ij} g_j(u_j(t,x)) + \\ &\quad \sum_{j=1}^{n} d_{ij} g_j(u_j(t-\tau_{ij}(t),x)) + J_i \\ \frac{\partial u_i}{\partial n} &= \left(\frac{\partial u_i}{\partial x_1},\cdots,\frac{\partial u_i}{\partial x_n}\right)^{\mathrm{T}} = 0,\quad t \geqslant t_0 \geqslant 0, x \in \partial\Omega \\ &\quad u_i(t_0+s,x) = \varphi_i(s,x),\quad \tau_{ij}(t_0) \leqslant s \leqslant 0\end{aligned} \tag{1-11}$$

通常,由少量神经元构成的简单电路能够由具有固定时滞的时滞反馈系统来描述,但由于神经网络是由大量的神经元构成,具有大量的并行通道,进而具有时间和空间特性,这时引入分布时滞将更能描述神经网络的特征(分布时滞表示整个网络的过去历史信息对当前状态的影响)[54,57,58]。众所周知,神经网络在模式识别、信号和图像处理、优化问题和解非线性代数方程等领域的成功应用往往依赖于神经网络平衡点的存在性和稳定性。所以,无论是连续型还是离散型神经网络的稳定性研究,学者们都给予了极大关注,并且提出了许多构造性的结果或稳定性的判据条件。2005年,文献[54]用拓扑度理论、M矩阵的性质、Lyapunov函数和分析技巧得到了如下具有分布时滞的反应扩散BAM神经网络的平衡点的存在唯一性和全局指数稳定性的判据:

$$\begin{aligned}\frac{\partial u_i}{\partial t} &= \sum_{k=1}^{l}\frac{\partial}{\partial x_k}\left(D_{ik}\frac{\partial u_i}{\partial x_k}\right) - p_i u_i + \sum_{j=1}^{n} b_{ji} f_j(v_j) + \\ &\quad \sum_{j=1}^{n}\bar{b}_{ji}\int_{-\infty}^{t} k_{ji}(t-s) f_j(v_j(s,x))\,\mathrm{d}s + I_i \\ \frac{\partial v_j}{\partial t} &= \sum_{k=1}^{l}\frac{\partial}{\partial x_k}\left(D_{jk}^{*}\frac{\partial v_j}{\partial x_k}\right) - q_j v_j + \sum_{i=1}^{m} d_{ij} g_i(u_i) + \\ &\quad \sum_{i=1}^{m}\bar{d}_{ij}\int_{-\infty}^{t}\bar{k}_{ij}(t-s)\bar{g}_i(u_i(s,x))\,\mathrm{d}s + J_j\end{aligned} \tag{1-12}$$

其中，$x=(x_1,x_2,\cdots,x_l)^{\mathrm{T}}\in\Omega\subset\mathbb{R}^l$，$\Omega$ 是一个紧集，$\partial\Omega$ 是 Ω 的边界，其测度 $\mathrm{mes}\Omega>0$；$u=(u_1,u_2,\cdots,u_m)^{\mathrm{T}}\in\mathbb{R}^m$，$v=(v_1,v_2,\cdots,v_n)^{\mathrm{T}}\in\mathbb{R}^n$。

系统式(1-11)边界条件和初值条件如下：

$$\left.\begin{aligned}\frac{\partial u_i}{\partial n}&=\left(\frac{\partial u_i}{\partial x_1},\frac{\partial u_i}{\partial x_2},\cdots,\frac{\partial u_i}{\partial x_l}\right)^{\mathrm{T}}=0\\\frac{\partial v_j}{\partial n}&=\left(\frac{\partial v_j}{\partial x_1},\frac{\partial v_j}{\partial x_2},\cdots,\frac{\partial v_j}{\partial x_l}\right)^{\mathrm{T}}=0,\quad t\geqslant 0,x\in\partial\Omega\end{aligned}\right\}\tag{1-13}$$

$$u_i(s,x)=\varphi_{ui}(s,x),\quad v_j(s,x)=\varphi_{vj}(s,x),\quad (s,x)\in(-\infty,0]\times\Omega\tag{1-14}$$

这里 $\varphi_{ui}(s,x)$，$\varphi_{vj}(s,x)$ 连续有界。

在神经网络系统中，时变时滞与分布时滞客观上同时存在。2010 年，Wang 和 Zhang 利用矩阵分解方法研究了具有初边值条件式(1-15)和连续分布时滞反应扩散神经网络式(1-9)[88]：

$$u_i=0,\quad x\in\partial\Omega,\quad u_i(s,x)=\varphi_i(s,x),\quad -\tau\leqslant s\leqslant 0,i=1,2,\cdots,n\tag{1-15}$$

从而得到了系统式(1-9)和式(1-15)的平衡解的渐近稳定的充分条件。

最近，文献[57]研究了如下模型：

$$\begin{aligned}\frac{\partial u_i}{\partial t}=&\sum_{k=1}^{m}\frac{\partial}{\partial x_k}\left(D_{ik}(t,x,u)\frac{\partial u_i}{\partial x_k}\right)-a_iu_i+\sum_{j=1}^{n}(b_{ij}f_j(u_j(t,x)))+\\&\sum_{j=1}^{n}(c_{ij}f_j(u_j(t-d(t),x)))+\sum_{j=1}^{n}\left(e_{ij}\int_{t-\tau(t)}^{t}f_j(u_j(s,x))\mathrm{d}s\right)+J_i(t),\\&\qquad t\geqslant t_0\geqslant 0,x\in\Omega\end{aligned}$$

$$\left.\begin{aligned}\frac{\partial u_i}{\partial \overline{v}}:=\mathrm{col}\left(\frac{\partial u_i}{\partial x_1},\cdots,\frac{\partial u_i}{\partial x_m}\right)=0,\quad t\geqslant t_0\geqslant 0,x\in\partial\Omega\\u_i(t_0+s,x)=\varphi_i(s,x),\quad -\tilde{\tau}\leqslant s\leqslant 0,i=1,2,\cdots,n\end{aligned}\right\}\tag{1-16}$$

从而得到了具有离散和分布时滞分布参数神经网络的指数稳定判据，该判据由线性矩阵不等式表示，具有时滞依赖和空间依赖的特征。

一个神经网络在运行中，不可避免出现的参数摄动效应往往导致一些参数的设计值的某些偏离。因而，针对参数的摄动和外界的干扰等不确定性，研究神经网络的鲁棒稳定性是非常重要的。文献[81]和文献[84]研究了分布参数时滞神经网络的全局指数鲁棒稳定。

2006 年，文献[81]利用 Halanay 不等式和 M 矩阵理论研究了如下系统的全局指数鲁棒稳定性：

$$\frac{\partial u_i}{\partial t} = \sum_{l=1}^{m} \frac{\partial}{\partial x_l}\left(D_{il}\frac{\partial u_i}{\partial x_l}\right)\mathrm{d}t - d_i(u_i)\Big[a_i(u_i) - \sum_{j=1}^{n} b_{ij}f_j(u_j(t,x)) -$$

$$\sum_{j=1}^{n} c_{ij}g_j(u_j(t-\tau_{ij}(t),x)) + J_i\Big], \quad t \geqslant t_0, x \in \Omega \qquad (1-17)$$

$$\frac{\partial u_i}{\partial n} = \left(\frac{\partial u_i}{\partial x_1}, \cdots, \frac{\partial u_i}{\partial x_n}\right)^{\mathrm{T}} = 0, \quad x \in \partial\Omega, t \geqslant t_0$$

$$u_i(s+t_0,x) = \varphi_i(s,x), \quad -\tau_{ij}(t_0) \leqslant s \leqslant 0, i = 1,2,\cdots,n \qquad (1-18)$$

其中,时不变不确定参数值是未知的,但在给定的紧集内有界。

2009 年,文献[84]利用 Lyapunov 理论和线性矩阵不等式方法研究了如下反应扩散不确定时滞神经网络的全局指数鲁棒稳定性:

$$\frac{\partial u_i}{\partial t} = \sum_{k=1}^{m} \frac{\partial}{\partial x_k}\left(D_{ik}(t,x,u)\frac{\partial u_i}{\partial x_k}\right) - (a_i + \delta(t)a_i(t))u_i +$$

$$\sum_{j=1}^{n} (b_{ij} + \delta(t)b_{ij}(t))f_j(u_j(t,x)) +$$

$$\sum_{j=1}^{n} (c_{ij} + \delta(t)c_{ij}(t))f_j(u_j(t-d(t),x)) + J_i(t),$$

$$t \geqslant t_0 \geqslant 0, x \in \Omega$$

$$\left.\begin{aligned} &\frac{\partial u_i}{\partial \overline{v}} = \mathrm{col}\left(\frac{\partial u_i}{\partial x_1}, \cdots, \frac{\partial u_i}{\partial x_m}\right) = 0, t \geqslant t_0 \geqslant 0, x \in \partial\Omega \\ &u_i(t_0+s,x) = \varphi_i(s,x), -\tau_0 \leqslant s \leqslant 0, 0 \leqslant \tau(t) \leqslant \tau_0 \\ &t \geqslant t_0 \geqslant 0, i = 1,2,\cdots,n \end{aligned}\right\} \qquad (1-19)$$

此外,在学习过程中,由于噪声和某些难免的人为的过失造成的数据的失真也会影响神经元轴突强度变化。文献[62,63,65]研究了分布参数时滞随机神经网络的稳定性。

2010 年,Balasubramaniam 和 Vidhya 利用 Lyapunov 理论和线性矩阵不等式方法研究了如下具有初边值条件式(1-13)的反应扩散随机时滞 BAM 神经网络,得到了该系统全局随机渐近稳定的充分条件[93]:

$$\mathrm{d}u_i = \sum_{k=1}^{l} \frac{\partial}{\partial x_k}\left(D_{ik}\frac{\partial u_i}{\partial x_k}\right)\mathrm{d}t + \Big[-p_iu_i + \sum_{j=1}^{n} b_{ji}f_j(v_j(t-\tau(t))) +$$

$$\sum_{j=1}^{n} \overline{b}_{ji}\int_{-\infty}^{t} k_{ji}(t-s)f_j(v_j(s,x))\mathrm{d}s\Big]\mathrm{d}t +$$

$$\sigma_{1i}(t, f_i(v_i), f_i(v_i(t-\tau(t))))\mathrm{d}\omega_i(t)$$

$$\mathrm{d}v_j = \sum_{k=1}^{l} \frac{\partial}{\partial x_k}\left(D_{jk}^{*}\frac{\partial v_j}{\partial x_k}\right)\mathrm{d}t + \Big[-q_jv_j + \sum_{i=1}^{m} d_{ij}g_i(u_i(t-\tau(t))) +$$

$$\sum_{i=1}^{m}\overline{d}_{ij}\int_{-\infty}^{t}\overline{k}_{ij}(t-s)\overline{g}_i(u_i(s,x))\mathrm{d}s\Big]\mathrm{d}t+$$
$$\sigma_{2j}(t,g_j(u_j),g_j(u_j(t-\tau(t))))\mathrm{d}\omega_j(t) \qquad (1-20)$$

其中，$x=(x_1,x_2,\cdots,x_l)^{\mathrm{T}}\in\Omega\subset\mathbb{R}^l$，$\Omega$ 是一个紧集，$\partial\Omega$ 是 Ω 的边界，其测度 $\mathrm{mes}\Omega>0$；$u=(u_1,u_2,\cdots,u_m)^{\mathrm{T}}\in\mathbb{R}^m$，$v=(v_1,v_2,\cdots,v_n)^{\mathrm{T}}\in\mathbb{R}^n$。

2011 年，Xu 等研究了如下反应扩散随机时滞神经网络的均方指数稳定性[65]：

$$\mathrm{d}u_i=\sum_{k=1}^{m}\frac{\partial}{\partial x_k}\Big(D_{ik}(t,x,u)\frac{\partial u_i}{\partial x_k}\Big)\mathrm{d}t-\Big[a_i(u_i)-\sum_{j=1}^{n}b_{ij}f_j(u_j(t,x))+$$
$$\sum_{j=1}^{n}c_{ij}f_j(u_j(t-d_{ij}(t),x))+J_i(t)\Big]\mathrm{d}t+\sum_{k=1}^{n}\sigma_{ik}(u_k(t,x))\mathrm{d}\omega_k(t),$$
$$t\geqslant 0,x\in\Omega,u_i=0,\quad t\geqslant 0,x\in\partial\Omega \qquad (1-21)$$

上面对分布参数时滞神经网络稳定性分析的国内外现状进行了系统叙述，下面对分布参数神经网络同步的进展进行综述。

1.4.2 分布参数神经网络的同步

同步是两个(或多个)相同的或不相同的系统在耦合或驱动等的作用下使得运动的某些特征调整到具有相同的行为[108]。同步现象在许多自然和实验系统中广泛存在。因此，历史上对动态系统在演化过程中出现的同步现象的研究是个十分活跃的。

混沌是一种始终局限于有限区域、轨道永不重复且性态复杂的非线性运动形式，它有时也被描述成周期无穷大的运动或貌似随机的运动。混沌同步的概念最初由美国海军实验室的 Pecora 和 Carroll 提出，并在电子线路上首次观察到混沌同步的现象，实现混沌同步的方法称之为 Pecora-Carroll 同步方法[94]。这一工作，很大程度上推动了混沌同步的理论研究，揭开了利用混沌的序幕，使得同步的研究开始转向混沌系统。研究表明，混沌不仅是可以实现控制和同步的，而且还可以作为信息传输与处理的动力学基础，从而使得混沌系统应用于信息保密通信领域成为可能。传统的混沌控制一般是将系统稳定控制在不稳定的周期轨道上，混沌的同步则是实现两个系统的混沌状态的完全重构。1990 年，混沌神经网络模型由 Aihara[95] 首次提出，并模拟了生物神经元的混沌行为。从此，混沌人工神经网络被世界各国专家广泛研究[103－107]。

对于耦合混沌系统，人们观察到许多不同的同步现象，例如：完全同步[109]、广义同步[112]、滞同步[111]、不完全相同步[115]、相同步[110]、间歇滞同步[114]、期望同步[116]和投影同步[113]等。完全同步是指相互作用的系统的状态的一致性;对于驱动-响应系统中引入的广义同步定义了响应和驱动系统状态之间的某种函数关系;滞同步是两个系统的状态在时间上转移的一致性,在对称耦合的不相同混沌振子和时滞系统之间已研究了滞同步。

目前实现混沌同步的方法主要有:驱动-响应同步、同步脉冲同步、自适应控制、变量反馈同步、主动-被动分解、扩散耦合和非线性观测器等。受系统本身复杂程度和偏微分方程理论基础不完善等的影响,这些方法目前并未或者不能完全推广到具有分布参数神经网络系统。下面我们简要介绍在分布参数神经网络系统中的几种常用方法。

1. 驱动-响应同步方法

驱动-响应同步方法是美国海军实验室的 Pecora 和 Carroll 提出的一种混沌同步方法,简称为 P-C 方法[94]。这个方法的最大特点是两个系统是耦合的,它们之间存在着驱动和响应关系。响应系统的行为取决于驱动系统,而驱动系统的行为与响应系统的行为无关。1990 年,Carroll 和 Pecora 运用该同步方法,首次实现了两个混沌系统的同步[96]。后来,Pecora 和 Carroll 将驱动-响应的混沌同步方法推广到高阶级联混沌系统[97]。由于很多经典的混沌系统,如 Lorenz 系统、Chua 电路系统等都容易被分解,因此驱动-响应同步控制方法得到了广泛的应用。但对于某些实际的非线性系统,由于物理本质或天然特性等原因,系统无法分解,这时驱动-响应同步方法就不便于应用。另外,该方法形式简单,如果直接应用于混沌通信,保密性能较差,容易破译。文献[99-102,122]利用这一方法研究了具有分布参数神经网络同步问题。Wang 和 Cao[99] 利用 Lyapunov 方法和不等式技巧研究了下述具有混合时滞分布参数神经网络驱动系统:

$$\frac{\partial u_i}{\partial t}=\sum_{k=1}^{m}\frac{\partial}{\partial x_k}\left(D_{ik}(t,x,u)\frac{\partial u_i}{\partial x_k}\right)-a_iu_i+\sum_{j=1}^{n}b_{ij}f_j(u_j(t,x))+$$
$$\sum_{j=1}^{n}c_{ij}f_j(u_j(t-\tau_j(t),x))+\sum_{j=1}^{n}e_{ij}\int_{-\infty}^{t}k_{ij}(t-s)f_j(u_j(s,x))\mathrm{d}s+J_i$$
$$\frac{\partial u_i}{\partial v}=0,t\geqslant 0,x\in\partial\Omega,u_i(s,x)=\varphi_i(s,x),-\infty<s\leqslant 0,i=1,2,\cdots,n$$

与其响应系统:

$$\frac{\partial \tilde{u}_i}{\partial t}=\sum_{k=1}^{m}\frac{\partial}{\partial x_k}\left(D_{ik}(t,x,u)\frac{\partial \tilde{u}_i}{\partial x_k}\right)-a_iu_i+\sum_{j=1}^{n}b_{ij}f_j(\tilde{u}_j(t,x))+$$

$$\sum_{j=1}^{n} c_{ij} f_j(\tilde{u}_j(t-\tau_j(t),x))+$$
$$\sum_{j=1}^{n} e_{ij} \int_{-\infty}^{t} k_{ij}(t-s) f_j(\tilde{u}_j(s,x))\mathrm{d}s + J_i + v_i$$
$$\frac{\partial \tilde{u}_i}{\partial \overline{v}} = 0, t \geqslant 0, x \in \partial\Omega, \tilde{u}_i(s,x) = \varphi_i(s,x), -\infty < s \leqslant 0, i = 1,2,\cdots,n$$

得到了模型渐近同步和指数同步的一些充分条件。其中，v_i 表示控制输入。

2010 年，Wang 等人[102] 利用 Lyapunov 方法和不等式技巧探讨了如下带 Dirichlet 边界条件时滞反应扩散细胞神经网络驱动系统：

$$\frac{\partial u_i}{\partial t} = \sum_{k=1}^{m} \frac{\partial}{\partial x_k}\left(D_{ik}(t,x,u)\frac{\partial u_i}{\partial x_k}\right) - a_i u_i + \sum_{j=1}^{n} b_{ij} f_j(u_j(t,x))+$$
$$\sum_{j=1}^{n} c_{ij} g_j(u_j(t-\tau_j(t),x)) + J_i,$$
$$u_i = 0, t \geqslant -\tau, x \in \partial\Omega, u_i(s,x) = \varphi_i(s,x), -\tau < s \leqslant 0, i = 1,2,\cdots,n$$

与其响应系统：

$$\frac{\partial \tilde{u}_i}{\partial t} = \sum_{k=1}^{m} \frac{\partial}{\partial x_k}\left(D_{ik}(t,x,u)\frac{\partial \tilde{u}_i}{\partial x_k}\right) - a_i u_i + \sum_{j=1}^{n} b_{ij} f_j(\tilde{u}_j(t,x))+$$
$$\sum_{j=1}^{n} c_{ij} g_j(\tilde{u}_j(t-\tau_j(t),x)) + J_i + v_i(t,x),$$
$$\tilde{u}_i = 0, t \geqslant -\tau, x \in \partial\Omega, \tilde{u}_i(s,x) = \varphi_i(s,x), -\tau < s \leqslant 0, i = 1,2,\cdots,n$$

得到了模型全局指数同步的充分条件。

2. 自适应控制方法

1994 年，John 与 Amritkar 给出了一种采用自适应控制实现混沌同步的方法，对可得到的系统参数进行控制，使系统的所有变量可自由演化[118]。由于自适应控制混沌同步可选择控制系统中任一参数作控制函数，所以其选择空间大，应用到混沌通信上，保密性较强。文献[126]利用 Lyapunov 理论，通过设计自适应同步控制器，研究了分布参数时滞神经网络系统的指数同步。

3. 脉冲同步控制方法

1997 年，Yang 等[119]提出了的脉冲同步控制方法。脉冲同步是把驱动信号化为一个个脉冲去驱动响应系统，由于传送的是一种不完全的混沌信号，因而安全性更好。此外，脉冲同步具有较强的抗噪声能力和鲁棒性。文献[128]利用重要不等式和脉冲控制理论，研究了分布参数时滞神经网络系统基于 p 阶范数的指数同步判据。

综上所述，神经网络存在时滞、脉冲、随机干扰和分布参数等情况下的许多理论问题仍没有研究。显然，有关分布参数随机脉冲时滞神经网络的初边值问题、同步问题、稳定性问题、镇定与控制问题等都有待进行进一步的探讨，建立其特有的理论体系。

1.5 本书的组织结构

本书对时滞分布参数神经网络系统的稳定性和同步控制等做了深入的研究，得到了一系列新的成果。主要内容安排如下。

第二章利用自由权矩阵结合 Lyapunov - Krasovskii 泛函方法，研究具有离散和分布时滞反应扩散神经网络的全局指数稳定。通过构造 Lyapunov-Krasovskii 泛函，利用自由权矩阵表示牛顿-莱布尼兹公式中各项的关系，获得系统时滞相关的全局指数稳定性判据，且该判据依赖于空间测度。利用著名 L -算子微分不等式、线性矩阵不等式技巧和 Lyapunov - Krasovskii 泛函方法，分别获得具有混合时滞脉冲随机分布参数反应扩散神经网络周期解的存在唯一性、均方全局指数稳定和 p 阶矩指数稳定性的新判据。

第三章利用自由权矩阵和 Lyapunov - Krasovskii 泛函方法，给出一类部分转移概率未知随机马尔可夫跳变混合时滞反应扩散神经网络的稳定性充分条件。得到了用线性矩阵不等式表示的平衡点均方渐近稳定结果，所得结果依赖于时滞量和空间测度。

第四章提出具有马尔可夫跳变参数和 Dirichlet 边界条件的反应扩散时滞神经网络的几乎输入状态稳定的概念，通过构造 Lyapunov 泛函和利用不等式技巧，给出了该神经网络几乎输入状态稳定性充分条件。当输入为零时，该判断准则能保证系统的几乎全局指数稳定。

第五章研究一类不确定性分布参数系统的鲁棒指数稳定性和稳定化问题。利用推广到 Hilbert 空间的 Lyapunov - Krasovskii 方法和线性矩阵不等式技巧，给出线性时滞系统的依赖时滞的鲁棒指数稳定和可稳定化的充分条件，该条件表示成线性算子不等式形式。把得到的结果应用到一个抛物型方程，获得用线性矩阵不等式表示的抛物型方程的指数稳定判据。

第六章考虑一类反应扩散时滞 BAM 神经网络的同步问题。通过构造 Lyapunov 泛函，利用驱动-响应方法和经典不等式技巧，设计反馈控制率，得到使驱动和响应反应扩散时滞 BAM 神经网络全局指数同步的判断准则。

第七章研究反应扩散随机时滞神经网络自适应同步问题。由 Lyapunov - Krasovskii 泛函理论和随机分析结合的方法，利用权值自适应反馈控制理论，得到用线性矩阵不等式表示驱动和响应分布参数系统渐近同步的新的判断准则。基于LaSalle泛函微分方程不变原理，得到具有未知时变耦合强度反应扩散时滞神经网络自适应渐近同步的新的充分条件。

第八章利用Halanay不等式考虑一类抛物型模糊细胞神经网络的指数同步控制问题。将自适应学习控制方法与随机分析相结合，得到几个具有随机扰动的混沌时滞抛物型模糊细胞神经网络的指数同步控制的充分条件。这些结果容易检验且该判据依赖于空间测度，与先前结果相比具有较少的保守性，在指数同步的应用和设计中具有重要意义，通过仿真研究表明所得结果是有效的。与现有成果比较，针对同步化问题，该研究方法是新的。给出一类具有时变参数的模糊神经网络系统的研究方法，新的结果是对已有成果做有益补充。

第九章考虑一类具有混合时滞分布参数神经网络的采样同步控制算法。设计新的采样时空间控制器，假设时间和空间的采样区间都是有界的。结合Wirtinger不等式，以及适当的Lyapunov - Krasovskii泛函和自由权矩阵，运用Lyapunov直接法和线性矩阵不等式，建立系统的几个同步判据。实例仿真证实本书所用的方法和得到的结果是有效的。

第十章研究具有忆阻时滞分布参数神经网络的采样反同步控制问题。建立新的采样空间间歇控制器，假设空间的采样区间都是有界的。结合Wirtinger不等式和Lyapunov - Krasovskii泛函理论，运用微分不等式和线性矩阵不等式，得到驱动-响应系统反同步判据。运用实例仿真证实本书的方法和结果的有效性。

1.6 本书符号说明

在本书中，$\mathbb{R}^n$ 维 Euclid 空间，$\boldsymbol{u}(t,x)=(u_1(t,x),u_2(t,x),\cdots,u_n(t,x))^{\mathrm{T}}\in\mathbb{R}^n$，范数为

$$\|u(t,x)\|_2^2=\sum_{i=1}^{n}\|u_i(t,x)\|_2^2=\sum_{i=1}^{n}\left[\int_{\Omega}|u_i(t,x)|^2\mathrm{d}x\right]$$

记$\mathbb{R}^n$ 表示 $n\times n$ 实矩阵；trace(·)表示相应矩阵的迹；$E(\cdot)$ 表示数学期望；上标“T”表示矩阵的转置；对称矩阵 $\boldsymbol{A}$ 和 $\boldsymbol{B}$，$\boldsymbol{A}>(\geqslant,<,\leqslant)\boldsymbol{B}$ 表示 $\boldsymbol{A}-\boldsymbol{B}$ 正定(半正定，负定，半负定)矩阵；“ * ”表示一个对称矩阵的对称项；$\boldsymbol{I}$ 表示适当维数的单位矩阵；L 表示由Ito公式表示的著名 L-算子；$\boldsymbol{w}(t)=(w_1(t),(w_2(t),\cdots,w_n(t))^{\mathrm{T}}$ 是定义在具有虑子的完备概率空间$(\Omega,F,\{F_t\}_{t\geqslant 0},P)$上具自然流

$\{F_t\}_{t\geqslant 0}$ 的 n -维标准布朗运动；$\mathbf{Z}^+$ 表示非负整数集。

$\boldsymbol{\varphi}(s,x)=(\varphi_1(s,x),\cdots,\varphi_n(s,x))^{\mathrm{T}}\in P\mathbb{C}[\Omega]$，范数为

$$\|\varphi(s,x)\|_{\tau}=\sup_{-\tilde{\tau}\leqslant s\leqslant 0}\sum_{i=1}^{n}\|\varphi_i(s,x)\|_2$$

则 $P\mathbb{C}[\Omega]$是 Banach 空间。

$C[(-\infty,0]\times\Omega;\mathbb{R}^n]$表示连续函数$\boldsymbol{\varphi}$ 的集合，$\boldsymbol{\varphi}$ 为$(-\infty,0]\times\Omega\rightarrow\mathbb{R}^n$ 的范数为 $\|\boldsymbol{\varphi}(s,x)\|_2=\sup_{-\infty\leqslant s\leqslant 0}\sum_{i=1}^{n}\|\varphi_i(s,x)\|_2$；$L^2(\Omega)$是$\Omega$ 上 Lebesgue 可测函数空间，它是一个巴拿赫空间；L_2 -范数为 $\|\boldsymbol{\eta}(t,x)\|_2=\left[\sum_{i=1}^{n}\|\eta_i(t,x)\|_2^2\right]^{\frac{1}{2}}$，其中 $\boldsymbol{\eta}(t,x)=(\eta_1(t,x),\eta_2(t,x),\cdots,\eta_n(t,x))^{\mathrm{T}}$，$\|\eta_i(t,x)\|_2=\left(\int_{\Omega}|\eta_i(t,x)|^2\mathrm{d}x\right)^{1/2}$，$|\cdot|$表示绝对值。

设 $C_{F_0}^2[(-\infty,0]\times\Omega;\mathbb{R}^n]$ 表示所有有界 F_0 可测函数集，$C[(-\infty,0]\times\Omega;\mathbb{R}^n]$，值随机变量 φ 满足$\sup_{-\infty\leqslant s\leqslant 0}\int_{\Omega}E[|\varphi(s,x)|^2]\mathrm{d}x<\infty$。

设 $P\mathbb{C}[I\times\Omega,\mathbb{R}^n]=\{\boldsymbol{u}(t,x):I\times\Omega\rightarrow\mathbb{R}^n\mid$ 当 $t\neq t_k$ 时，$\boldsymbol{u}(t,x)$连续，$\boldsymbol{u}(t_k^+,x)=u(t_k,x)$和$\boldsymbol{u}(t_k^-,x)$存在，$t,t_k\in J,k\in Z^+\}$，这里 $I\subset\mathbb{R}$。

$P\mathbb{C}[\Omega]=\{\varphi:(-\tilde{\tau},0]\times\Omega\rightarrow\mathbb{R}^n\mid\varphi(s^+,x)=\varphi(s,x),s\in(-\tilde{\tau},0]$，当 $s\in(-\tilde{\tau},0]\varphi(s^-,x)$ 存在且除了可数个点，$\varphi(s^-,x)=\varphi(s,x)s\in(-\tilde{\tau},0]\}$，$\tilde{\tau}>0$是常数。$P\mathbb{C}_{F_0}^b[\Omega]$表示所有值为随机变量$\varphi$ 的F_0可测有界函数集。t 表示非负整 $N=\{1,2,\cdots,n\},n\geqslant 2$。

设 $P\mathbb{C}[(-\infty,0)\times\Omega,\mathbb{R}^n]=\{\boldsymbol{\psi}:(-\infty,0]\times\Omega\rightarrow\mathbb{R}^n\mid\boldsymbol{\psi}(s^+,x)=\boldsymbol{\psi}(s,x),s\in(-\infty,0],\boldsymbol{\psi}(s^-,x),s\in(-\infty,0]$，存在。除了可数个点 $s\in(-\infty,0]$，有 $\boldsymbol{\psi}(s^-,x)=\boldsymbol{\psi}(s,x),s\in(-\infty,0]\}$，这里 $\boldsymbol{\psi}(t^-,x)$ 和 $\boldsymbol{\psi}(t^+,x)$ 分别表示关于时间的左右极限。为简单起见，记 $P\mathbb{C}=P\mathbb{C}[(-\infty,0)\times\Omega,\mathbb{R}^n]$。对 $\boldsymbol{\psi}\in P\mathbb{C}$，我们总假设 $\boldsymbol{\psi}$ 是有界的，其范数为 $\|\boldsymbol{\psi}\|=\sup\limits_{-\infty\leqslant s\leqslant 0}\left(\sum_{i=1}^{n}\psi_i^2(s)\right)^{1/2}$。

$P\mathbb{C}_{F_0}^b[(-\infty,0)\times\Omega,\mathbb{R}^n]$ 定义为 F_0 -可测有界函数集，$P\mathbb{C}[(-\infty,0]\times\Omega,\mathbb{R}^n]$；值自由变量 $\boldsymbol{\psi}$，使得 $\|\psi\|_{\tau}=\sup\limits_{-\infty\leqslant s\leqslant 0}E|\boldsymbol{\psi}(s)|^2<\infty$。记 $P\mathbb{C}_{F_0}^b=P\mathbb{C}_{F_0}^b[(-\infty,0]\times\Omega,\mathbb{R}^n]$。设$\boldsymbol{u}=(u_1,\cdots,u_n)^{\mathrm{T}}\in\mathbb{R}^n$ 和$L^2(\Omega)$是定义在Ω上可测平方函数空间，是 Banach 空间，L_2 -范数定义为

$$\|\boldsymbol{u}\|_2=(\int_{\Omega}|\boldsymbol{u}(x)|^2\mathrm{d}x)^{1/2},\quad \boldsymbol{u}\in L^2(\Omega)$$

这里 $|\cdot|$ 是向量 $\boldsymbol{u}\in\mathbb{R}^n$ 的 Euclid 范数。

设 $\mathbf{N}^*$ 表示正整数集；$P\mathbb{C}[(-\tilde{\tau},0]\times\Omega;\mathbb{R}^n]$ 表示定义在 $(-\tilde{\tau},0]\times\Omega$ 到 $\mathbb{R}^n$，具有范数 $\|\varphi(s,x)\|_{\tilde{\tau}}=\sup_{-\tilde{\tau}\leqslant s\leqslant 0}\sum_{i=1}^{n}\|\varphi_i(s,x)\|_2$ 的右连续函数集；$L_{F_t}^2[(-\tilde{\tau},0]\times\Omega;\mathbb{R}^n]$ 表示所有值为随机变量 $\xi=\{\xi(\theta,x):\theta\in(-\tilde{\tau},0]\}$ 且 $\int_\Omega\int_{-\tilde{\tau}}^0 E|\xi(s,x)|^2\mathrm{d}s\mathrm{d}x<\infty$ 的 F_t 可测函数集 $P\mathbb{C}[(-\tilde{\tau},0]\times\Omega;\mathbb{R}^n]$ 集族。

$L_{F_0}^p((-\infty,0]\times\Omega;\mathbb{R}^n)$ 表示所有 F_0-可测 $C((-\infty,0]\times\Omega;\mathbb{R}^n)$-值自由变量 $\boldsymbol{\varphi}=\{\varphi(s,x):-\infty<s\leqslant 0,x\in\Omega\}$ 使得 $E\|\boldsymbol{\varphi}\|_2^2<+\infty$，这 $E\{\cdot\}$ 表示数学期望的函数集。κ 表示连续严格递增的函数类 $\mu:\mathbb{R}^+\to\mathbb{R}^+$ 且 $\mu(0)=0$。κ_∞ 表示函数类 $\mu\in\kappa$ 且 $\mu(r)\to\infty,r\to\infty$。函数集 κ 和 κ_∞ 分别称为 κ 类和 κ_∞ 类。$\beta:\mathbb{R}^+\times\mathbb{R}^+\to\mathbb{R}^+$ 称为 κL 类，如果对固定 t，$\beta(\cdot,t)$ 是 κ 类函数，对固定 s，$\beta(s,t)$ 关于 t 是递减的，且当 $t\to\infty$ 时，$\beta(s,t)$ 为零。$L_\infty^n(\Omega)$ 表示函数集，$v(t,x):\mathbb{R}^+\times\Omega\to\mathbb{R}^+$ 且 $\|v(t,x)\|_\Omega=\sup_{t\geqslant 0}\|v(t,x)\|<\infty$。

第二章　分布参数混合时滞神经网络的动力学行为

2.1　分布参数离散和分布时滞神经网络的全局指数稳定

2.1.1　引言

自然界中时滞现象普遍存在，如机械传动系统，大型电网系统、网络控制系统等，都存在着时滞现象，特别是在动力系统中总是不可避免的存在滞后现象。在工程系统当中，时滞往往是系统不稳定和系统性能变差的主要原因之一。在分布参数系统反馈中甚至任意小的时滞也会使系统不稳定[25]。因此对时滞系统稳定性问题进行研究具有重大理论意义和实际价值。

近 20 年来，神经网络因其广泛应用而被许多学者研究，这些应用都依赖于神经网络的动力学行为，其中指数稳定性是最重要的性能之一，尤其是当指数收敛率被用来决定神经元计算速率时。由于有限的信息处理速度，在实际控制系统，尤其在一些生态系统和神经网络中，时滞是常见的。时滞可能会降低系统的质量，甚至导致振荡、分歧和不稳定。因此，时滞系统的稳定性研究具有理论和实际意义。文献[83]中，作者通过构造 Lyapunov 函数，提出了一类时滞神经网络稳定性判据，这里时滞 τ 是非负常数。文献[84]中，作者通过构造 Lyapunov-Krasovskii 泛函和利用线性矩阵不等式方法，给出了一类具有反应扩散项不确定时滞神经网络稳定性充分条件，其中 $\tau(t)$ 是可微的，满足 $\dot{\tau}(t)\leqslant\eta<1$。显然，文献[83,84]中时滞 $\tau(t)$ 的限制条件较强。然而，从当前文献来看，对具有离散和分布时滞分布参数神经网络的时滞依赖和空间依赖指数稳定性的研究很少见。

由于时变时滞和分布时滞在神经网络系统中客观上同时存在，本章中，通过构造的 Lyapunov-Krasovskii 泛函，结合自由权矩阵和分析技巧，得到了具有离散和分布时滞分布参数神经网络的指数稳定性判据，该判据由线性矩阵不等式描述，具有时滞依赖和空间依赖的特点。尽管自由权矩阵思想在文献

[132] 中出现，但据作者所知，具有离散和分布时滞分布参数神经网络指数稳定的研究很少。所得定理和推论中，激励函数的有界性、单调性和可微性不作要求，时滞的导数大小不作限制，放松了对时滞的要求。

2.1.2 问题描述

分布参数离散和分布时滞神经网络模型描述如下：

$$\begin{aligned}\frac{\partial u_i}{\partial t} &= \sum_{k=1}^{m}\frac{\partial}{\partial x_k}\left(D_{ik}(t,x,u)\frac{\partial u_i}{\partial x_k}\right)-a_iu_i+\sum_{j=1}^{n}b_{ij}f_j(u_j(t,x))+\\ &\quad\sum_{j=1}^{n}c_{ij}f_j(u_j(t-d(t),x))+\sum_{j=1}^{n}e_{ij}\int_{t-\tau(t)}^{t}f_j(u_j(s,x))\mathrm{d}s+J_i(t),\\ &\qquad t\geqslant t_0\geqslant 0,x\in\Omega\\ \frac{\partial u_i}{\partial \bar{v}} &= \mathrm{col}\left(\frac{\partial u_i}{\partial x_1},\cdots,\frac{\partial u_i}{\partial x_m}\right)=0,\quad t\geqslant t_0\geqslant 0,x\in\partial\Omega\\ &u_i(t_0+s,x)=\varphi_i(s,x)\\ \frac{\partial u_i(t_0+s,x)}{\partial t}&=\frac{\partial\varphi_i(s,x)}{\partial t},\quad -\tilde{\tau}\leqslant s\leqslant 0,i=1,2,\cdots,n \end{aligned}\tag{2-1}$$

其中，$x=(x_1,x_2,\cdots,x_m)^{\mathrm{T}}\in\Omega,\Omega\subset\mathbb{R}^m$是一具有光滑边界 $\partial\Omega$ 的紧集，其测度 $\mathrm{mes}\Omega>0$；$u_i(t,x)$ 表示第i 个神经元在时间t 和空间 x 的状态；f_j 是第j 个神经元的激励函数；$a_i>0$ 表示在与神经网络不连通并且无外部电压差的情况下第 i 个神经元恢复孤立静息状态的速率；b_{ij}，c_{ij} 和 e_{ij}，$i,j=1,2,\cdots,n$ 是已知常数，表示第i个神经元与第j 个神经元连接权值；足够光滑算子 $D_{ik}=D_{ik}(t,x,u)\geqslant 0$ 表示轴突信号传输过程中的扩散算子；J_i 是对第i 个神经元在 t 时刻的偏置；$d(t)$和$\tau(t)$分别表示网络的离散时变和分布时变是网络的时变时滞，且假设满足 $0\leqslant\tau(t)\leqslant\tau_0$，$0\leqslant d(t)\leqslant d_0$，$\max\{\tau_0,d_0\}=\tilde{\tau}$，$\dot{\tau}(t)\leqslant\mu$，$\dot{d}(t)\leqslant d$；$\varphi_i(s,x)$是有界且一阶连续可微函数；$\bar{v}$ 是 $\partial\Omega$ 的单位外法向量。

假设激励函数满足下列 Lipschitz 条件，即存在正定对角矩阵 $\boldsymbol{L}=\mathrm{diag}(L_1,L_2,\cdots,L_n)>0$，使得

$$|f_j(\xi_1)-f_j(\xi_2)|\leqslant L_j|\xi_1-\xi_2|,\quad \forall\xi_1,\xi_2\in\mathbb{R},j=1,2,\cdots,n\tag{2-2}$$

注 2.1 上面假设中，激励函数的有界性、单调性和可微性不作要求，离散和分布时滞导数大小不作限制。时滞结构比现有文献更具有一般性[17—23]。由式(2-2) 知，系统式(2-1) 存在一个平衡点 $\boldsymbol{u}^*=(u_1^*,u_2^*,\cdots,u_n^*)^{\mathrm{T}}$[27]。

定义 2.1 系统式(2-1) 的平衡点 $\boldsymbol{u}^*=(u_1^*,u_2^*,\cdots,u_n^*)^{\mathrm{T}}$ 是全局指数稳定的，如果存在常数 $\alpha>0$ 和 $\beta\geqslant 1$ 使得对所有 $t\geqslant t_0\geqslant 0$，有

$$\|\boldsymbol{u}(t,x)-\boldsymbol{u}^*\|_2\leqslant\beta\mathrm{e}^{-2\alpha(t-t_0)}\sup_{s\in[-\tau,0]}\left(\|\boldsymbol{\varphi}(s,x)-\boldsymbol{u}^*\|_2,\left\|\frac{\partial(\boldsymbol{\varphi}(s,x)-\boldsymbol{u}^*)}{\partial s}\right\|_2\right)\tag{2-3}$$

设 $z_i(t,x)=u_i(t,x)-u_i^*,i=1,2,\cdots,n$。因此，系统式(2-1)能被转化为下列形式：

$$\begin{aligned}\frac{\partial \boldsymbol{z}(t,x)}{\partial t}&=\sum_{k=1}^{m}\frac{\partial}{\partial x_k}\left(D_k^*\frac{\partial \boldsymbol{z}(t,x)}{\partial x_k}\right)-\boldsymbol{A}z(t,x)+\boldsymbol{B}\bar{\boldsymbol{f}}(\boldsymbol{z}(t,x))+\\&\boldsymbol{C}\bar{\boldsymbol{f}}(\boldsymbol{z}(t-d(t),x))+\boldsymbol{E}\int_{t-\tau(t)}^{t}\bar{\boldsymbol{f}}(\boldsymbol{z}(s,x))\mathrm{d}s\\&\frac{\partial z}{\partial v}|_{\partial\Omega}=0,\quad z(t_0+s,x)=\psi(s,x)\\\frac{\partial z(t_0+s,x)}{\partial t}&=\frac{\partial\psi(s,x)}{\partial t},\quad -\tilde{\tau}\leqslant s\leqslant 0,x\in\Omega\end{aligned}\tag{2-4}$$

式中 $\boldsymbol{z}=(z_1,\cdots,z_n)^{\mathrm{T}}$；$\boldsymbol{D}_k^*=\mathrm{diag}(D_{1k},\cdots,D_{nk})^{\mathrm{T}}$；$\boldsymbol{A}=\mathrm{diag}(a_1,\cdots,a_n)$；$\boldsymbol{B}=(b_{ij})_{n\times n}$；$\boldsymbol{C}=(c_{ij})_{n\times n}$；$\boldsymbol{E}=(e_{ij})_{n\times n}$；$\boldsymbol{\psi}=(\psi_1,\cdots,\psi_n)^{\mathrm{T}}$；$\bar{\boldsymbol{f}}(z)=(\bar{f}_1(z_1),\cdots,\bar{f}_n(z_n))^{\mathrm{T}}$；$\psi_j=\varphi_j-u_j^*$；$\bar{f}_j(z_j)=f_j(z_j+u_j^*)-f_j(u_j^*)$ 且 $\bar{f}_j(0)=0$ 和 $\bar{f}_j(\cdot)$ 满足式(2-2)。

引理 2.1[133]　(Jensen 不等式)

(i) 对任意常数矩阵 $\boldsymbol{\Xi}\in\mathbb{R}^{n\times n}$，$\boldsymbol{\Xi}>0$，标量函数 $d(t)$：$0<d(t)<d$，和向量函数 $\boldsymbol{\omega}$：$[0,d]\rightarrow\mathbb{R}^n$ 使得相关积分关系式有定义，则

$$\left(\int_0^{d(t)}\boldsymbol{\omega}(s)\mathrm{d}s\right)^{\mathrm{T}}\boldsymbol{\Xi}\left(\int_0^{d(t)}\boldsymbol{\omega}(s)\mathrm{d}s\right)\leqslant d(t)\int_0^{d(t)}\boldsymbol{\omega}(s)^{\mathrm{T}}\boldsymbol{\Xi}\boldsymbol{\omega}(s)\mathrm{d}s\tag{2-5}$$

(ii) 对任意常数矩阵 $\boldsymbol{\Xi}\in\mathbb{R}^{n\times n}$，$\boldsymbol{\Xi}>0$，$\Omega\subset\mathbb{R}^n$，$\mathrm{mes}\Omega>0$，如果 ω：$\Omega\rightarrow\mathbb{R}^n$ 是向量函数，使得积分关系式有意义，则

$$\left(\int_\Omega\boldsymbol{\omega}(s)\mathrm{d}s\right)^{\mathrm{T}}\boldsymbol{\Xi}\left(\int_\Omega\boldsymbol{\omega}(s)\mathrm{d}s\right)\leqslant|\Omega|\int_\Omega\boldsymbol{\omega}(s)^{\mathrm{T}}\boldsymbol{\Xi}\boldsymbol{\omega}(s)\mathrm{d}s\tag{2-6}$$

2.1.3　全局指数稳定

定理 2.1　给定 $\alpha>0$，如果存在正定矩阵 $\boldsymbol{P}>0$，$\boldsymbol{Q}>0$，$\boldsymbol{G}>0$，$\boldsymbol{H}>0$，

$$\boldsymbol{\Xi}_0=\begin{bmatrix}\boldsymbol{X}_{11}&\boldsymbol{X}_{12}&\boldsymbol{X}_{13}&\boldsymbol{X}_{14}\\ *&\boldsymbol{X}_{22}&\boldsymbol{X}_{23}&\boldsymbol{X}_{24}\\ *&*&\boldsymbol{X}_{33}&\boldsymbol{X}_{34}\\ *&*&*&\boldsymbol{X}_{44}\end{bmatrix}>0$$

和正定对角阵 $\boldsymbol{R}>0$，适当维数任意矩阵 $\boldsymbol{N}_1$，$\boldsymbol{N}_2$，使得下列线性矩阵不等式成立：

$$\boldsymbol{\Xi}_1=\begin{bmatrix}\tilde{\tau}\boldsymbol{X}_{11}+\boldsymbol{\alpha}_{11} & \tilde{\tau}\boldsymbol{X}_{12}+\boldsymbol{\alpha}_{12} & \tilde{\tau}\boldsymbol{X}_{13}+\boldsymbol{\alpha}_{13} & \tilde{\tau}\boldsymbol{X}_{14}+\boldsymbol{\alpha}_{14}\\ * & \tilde{\tau}\boldsymbol{X}_{22}+\boldsymbol{\alpha}_{22} & \tilde{\tau}\boldsymbol{X}_{23} & \tilde{\tau}\boldsymbol{X}_{24}\\ * & * & \tilde{\tau}\boldsymbol{X}_{33}+\boldsymbol{\alpha}_{33} & \tilde{\tau}\boldsymbol{X}_{34}+\boldsymbol{\alpha}_{34}\\ * & * & * & \tilde{\tau}\boldsymbol{X}_{44}+\boldsymbol{\alpha}_{44}\end{bmatrix}<0 \quad (2-7)$$

$$\boldsymbol{\Xi}_2=\begin{bmatrix}\boldsymbol{X}_{11} & \boldsymbol{X}_{12} & \boldsymbol{X}_{13} & \boldsymbol{X}_{14} & \boldsymbol{\beta}_{15}\\ * & \boldsymbol{X}_{22} & \boldsymbol{X}_{23} & \boldsymbol{X}_{24} & \boldsymbol{\beta}_{25}\\ * & * & \boldsymbol{X}_{33} & \boldsymbol{X}_{34} & \boldsymbol{0}\\ * & * & * & \boldsymbol{X}_{44} & \boldsymbol{0}\\ * & * & * & * & \boldsymbol{\beta}_{55}\end{bmatrix}>0 \quad (2-8)$$

则系统 $\boldsymbol{u}^*$ 的平衡点是唯一的且是全局稳定的。这里

$$\boldsymbol{\alpha}_{11}=-2\boldsymbol{PA}+2\alpha\boldsymbol{P}+2\boldsymbol{PBL}+\boldsymbol{Q}+2\boldsymbol{N}_1+\boldsymbol{LGL}+\tilde{\tau}\boldsymbol{LHL}+4\tilde{\tau}\boldsymbol{A}^{\mathrm{T}}\boldsymbol{RA}-8\tilde{\tau}\boldsymbol{ARB}^{+}\boldsymbol{L}+4\tilde{\tau}\,|\Omega|\,\boldsymbol{LB}^{+\mathrm{T}}\boldsymbol{RB}^{+}\boldsymbol{L}$$

$$\boldsymbol{\alpha}_{12}=-\boldsymbol{N}_1+\boldsymbol{N}_2^{\mathrm{T}},\quad \boldsymbol{\alpha}_{13}=\boldsymbol{PC}-4\tilde{\tau}\boldsymbol{ARC}^{+}+4\tilde{\tau}\,|\Omega|\,\boldsymbol{LB}^{+\mathrm{T}}\boldsymbol{RC}$$

$$\boldsymbol{\alpha}_{14}=\boldsymbol{PE}-4\tilde{\tau}\boldsymbol{ARE}^{+}+4\tilde{\tau}\,|\Omega|\,\boldsymbol{LB}^{+\mathrm{T}}\boldsymbol{RE}^{+},\quad \boldsymbol{\alpha}_{22}=-(\mathrm{e}^{-2\alpha\tau_0}-\mu)\boldsymbol{Q}-2\boldsymbol{N}_2$$

$$\boldsymbol{\alpha}_{33}=4\tilde{\tau}\,|\Omega|\,\boldsymbol{C}^{+\mathrm{T}}\boldsymbol{RC}^{+}-(\mathrm{e}^{-2\alpha d_0}-d)\boldsymbol{G},\quad \boldsymbol{\alpha}_{34}=4\tilde{\tau}\,|\Omega|\,\boldsymbol{C}^{+}\boldsymbol{RE}^{+}$$

$$\boldsymbol{\alpha}_{44}=4\tilde{\tau}\,|\Omega|\,\boldsymbol{E}^{+\mathrm{T}}\boldsymbol{RE}^{+}-\mathrm{e}^{-2\alpha\tilde{\tau}}\tilde{\tau}^{-1}\boldsymbol{H},\quad \boldsymbol{\beta}_{15}=\boldsymbol{N}_1$$

$$\boldsymbol{\beta}_{25}=\boldsymbol{N}_2,\quad \boldsymbol{\beta}_{55}=\mathrm{e}^{-2\alpha\tilde{\tau}}\boldsymbol{R},\quad \boldsymbol{R}=\mathrm{diag}(r_1,r_2,\cdots,r_n)$$

其中,对任一实矩阵 $\boldsymbol{E}=(e_{ij})_{n\times n}$,规定 $\boldsymbol{E}^{+}=(e_{ij}^{+})_{n\times n}$,其中 $e_{ij}^{+}=\max(e_{ij},0)$。

证明 选取一个 Lyapunov-Krasovskii 泛函:

$$\begin{aligned}V(t)=&\int_{\Omega}\boldsymbol{z}(t,x)^{\mathrm{T}}\boldsymbol{Pz}(t,x)\mathrm{d}x+\int_{\Omega}\int_{t-\tau(t)}^{t}\mathrm{e}^{2\alpha(s-t)}\boldsymbol{z}(s,x)^{\mathrm{T}}\boldsymbol{Qz}(s,x)\mathrm{d}s\mathrm{d}x+\\ &\int_{\Omega}\int_{-\tilde{\tau}}^{0}\int_{t+\theta}^{t}\mathrm{e}^{2\alpha(s-t)}\left(\frac{\partial\boldsymbol{z}(s,x)}{\partial s}\right)^{\mathrm{T}}\boldsymbol{R}\frac{\partial\boldsymbol{z}(s,x)}{\partial s}\mathrm{d}s\mathrm{d}\theta\mathrm{d}x+\\ &\int_{\Omega}\int_{t-d(t)}^{t}\mathrm{e}^{2\alpha(s-t)}\bar{\boldsymbol{f}}(\boldsymbol{z}(s,x))^{\mathrm{T}}\boldsymbol{G}\bar{\boldsymbol{f}}(\boldsymbol{z}(s,x))\mathrm{d}s\mathrm{d}x+\\ &\int_{\Omega}\int_{-\tilde{\tau}}^{0}\int_{t+\theta}^{t}\mathrm{e}^{2\alpha(s-t)}\bar{\boldsymbol{f}}(\boldsymbol{z}(s,x))^{\mathrm{T}}\boldsymbol{H}\bar{\boldsymbol{f}}(\boldsymbol{z}(s,x))\mathrm{d}s\mathrm{d}\theta\mathrm{d}x\end{aligned}\quad (2-9)$$

沿着系统式(2-4)计算 $V(t)$ 的导数,有

$$\begin{aligned}\dot{V}(t)+2\alpha V(t)\leqslant&\int_{\Omega}\boldsymbol{z}(t,x)^{\mathrm{T}}(-2\boldsymbol{PA}+2\alpha\boldsymbol{P}+2\boldsymbol{PBL}+\boldsymbol{Q}+2\boldsymbol{N}_1+\\ &\boldsymbol{LGL}+\tilde{\tau}\boldsymbol{LHL})\boldsymbol{z}(t,x)\mathrm{d}x+2\int_{\Omega}\boldsymbol{z}(t,x)^{\mathrm{T}}\boldsymbol{PC}\bar{\boldsymbol{f}}(\boldsymbol{z}(t-d(t),x))\mathrm{d}x+\\ &2\int_{\Omega}\boldsymbol{z}(t,x)^{\mathrm{T}}\boldsymbol{PE}\int_{t-\tau(t)}^{t}\bar{\boldsymbol{f}}(\boldsymbol{z}(s,x))\mathrm{d}s\mathrm{d}x-\end{aligned}$$

$$
\begin{aligned}
&(e^{-2\alpha\tau_0}-\mu)\int_\Omega \boldsymbol{z}(t-\tau(t),x)^{\mathrm T}\boldsymbol{Q}\boldsymbol{z}(t-\tau(t),x)\,\mathrm{d}x+\\
&\int_\Omega \tilde{\tau}[\boldsymbol{z}(t,x)^{\mathrm T}(4\boldsymbol{A}^{\mathrm T}\boldsymbol{R}\boldsymbol{A}-8\boldsymbol{A}\boldsymbol{R}\boldsymbol{B}^{+}\boldsymbol{L}+4|\Omega|\boldsymbol{L}\boldsymbol{B}^{+\mathrm T}\boldsymbol{R}\boldsymbol{B}^{+}\boldsymbol{L})\boldsymbol{z}(t,x)+\\
&\boldsymbol{z}(t,x)^{\mathrm T}(-8\boldsymbol{A}\boldsymbol{R}\boldsymbol{C}^{+}+8|\Omega|\boldsymbol{L}\boldsymbol{B}^{+\mathrm T}\boldsymbol{R}\boldsymbol{C})\bar{f}(\boldsymbol{z}(t-d(t),x))+\\
&\boldsymbol{z}(t,x)^{\mathrm T}(-8\boldsymbol{A}\boldsymbol{R}\boldsymbol{E}^{+}+8|\Omega|\boldsymbol{L}\boldsymbol{B}^{+\mathrm T}\boldsymbol{R}\boldsymbol{E}^{+})\int_{t-\tau(t)}^{t}\bar{\boldsymbol{f}}(\boldsymbol{z}(s,x))\,\mathrm{d}s+\\
&\bar{\boldsymbol{f}}(\boldsymbol{z}(t-d(t),x))^{\mathrm T}(4|\Omega|\boldsymbol{C}^{+\mathrm T}\boldsymbol{A}\boldsymbol{C}^{+})\bar{\boldsymbol{f}}(\boldsymbol{z}(t-d(t),x))+\\
&\bar{\boldsymbol{f}}(\boldsymbol{z}(t-d(t),x))^{\mathrm T}(8|\Omega|\boldsymbol{C}^{+\mathrm T}\boldsymbol{R}\boldsymbol{E}^{+})\int_{t-\tau(t)}^{t}\bar{\boldsymbol{f}}(\boldsymbol{z}(s,x))\,\mathrm{d}s+\\
&\left(\int_{t-\tau(t)}^{t}\bar{\boldsymbol{f}}(\boldsymbol{z}(s,x))\,\mathrm{d}s\right)^{\mathrm T}(4|\Omega|\boldsymbol{E}^{+\mathrm T}\boldsymbol{R}\boldsymbol{E}^{+})\int_{t-\tau(t)}^{t}\bar{\boldsymbol{f}}(\boldsymbol{z}(s,x))\,\mathrm{d}s\Big]\mathrm{d}x-\\
&\mathrm{e}^{-2\alpha\tilde{\tau}}\int_\Omega\int_{t-\tau(t)}^{t}\left(\frac{\partial \boldsymbol{z}(s,x)}{\partial s}\right)^{\mathrm T}\boldsymbol{R}\,\frac{\partial \boldsymbol{z}(s,x)}{\partial s}\,\mathrm{d}s\,\mathrm{d}x-\\
&(\mathrm{e}^{-2\alpha d_0}-d)\int_\Omega \bar{\boldsymbol{f}}(\boldsymbol{z}(t-d(t),x))^{\mathrm T}\boldsymbol{G}\bar{\boldsymbol{f}}(\boldsymbol{z}(t-d(t),x))\,\mathrm{d}x-\\
&\mathrm{e}^{-2\alpha\tilde{\tau}}\,\tilde{\tau}^{-1}\int_\Omega\left(\int_{t-\tau(t)}^{t}\bar{\boldsymbol{f}}(\boldsymbol{z}(s,x))\,\mathrm{d}s\right)^{\mathrm T}\boldsymbol{H}\left(\int_{t-\tau(t)}^{t}\bar{\boldsymbol{f}}(\boldsymbol{z}(s,x))\,\mathrm{d}s\right)\mathrm{d}x+\\
&\int_\Omega 2[\boldsymbol{z}(t,x)^{\mathrm T}\boldsymbol{N}_1+\boldsymbol{z}(t-\tau(t),x)^{\mathrm T}\boldsymbol{N}_2]\times\\
&\left(\boldsymbol{z}(t,x)-\boldsymbol{z}(t-\tau(t),x)-\int_{t-\tau(t)}^{t}\frac{\partial \boldsymbol{z}(s,x)}{\partial s}\,\mathrm{d}s\right)\mathrm{d}x+\\
&\int_\Omega\left(\tilde{\tau}\boldsymbol{\zeta}_1^{\mathrm T}\boldsymbol{\Xi}_0\boldsymbol{\zeta}_1-\int_{t-\tau(t)}^{t}\boldsymbol{\zeta}_1^{\mathrm T}\boldsymbol{\Xi}_0\boldsymbol{\zeta}_1\,\mathrm{d}s\right)\mathrm{d}x=\\
&\int_\Omega\left(\boldsymbol{\zeta}_1^{\mathrm T}\boldsymbol{\Xi}_1\boldsymbol{\zeta}_1-\int_{t-\tau(t)}^{t}\boldsymbol{\zeta}_2^{\mathrm T}\boldsymbol{\Xi}_2\boldsymbol{\zeta}_2\,\mathrm{d}s\right)\mathrm{d}x
\end{aligned}
\tag{2-10}
$$

这里

$$
\boldsymbol{\zeta}_1=\left[\boldsymbol{z}(t,x)^{\mathrm T}\quad \boldsymbol{z}(t-\tau(t),x)^{\mathrm T}\quad \bar{\boldsymbol{f}}(\boldsymbol{z}(t-d(t),x))^{\mathrm T}\quad \left(\int_{t-\tau(t)}^{t}\bar{\boldsymbol{f}}(\boldsymbol{z}(s,x))\,\mathrm{d}s\right)^{\mathrm T}\right]^{\mathrm T}
$$

$$
\begin{aligned}
\boldsymbol{\zeta}_2=\Big[&\bar{\boldsymbol{f}}\left(\boldsymbol{z}(t,x)\right)^{\mathrm T}\quad \boldsymbol{z}(t-\tau(t),x)^{\mathrm T}\quad \bar{\boldsymbol{f}}(\boldsymbol{z}(t-d(t),x))^{\mathrm T}\\
&\left(\int_{t-\tau(t)}^{t}\bar{\boldsymbol{f}}(\boldsymbol{z}(s,x))\,\mathrm{d}s\right)^{\mathrm T}\quad\left(\frac{\partial \boldsymbol{z}(s,x)}{\partial s}\right)^{\mathrm T}\Big]^{\mathrm T}
\end{aligned}
$$

这样，由式(2－7)和式(2－8)，有结论

$$
\dot{V}(t)+2\alpha V(t)<0,\quad t\geqslant t_0\geqslant 0
$$

因此，可以得到

$$
\|\boldsymbol{z}(t,x)\|_2\leqslant\beta\mathrm{e}^{-2\alpha(t-t_0)}\sup_{s\in[-\tilde{\tau},0]}\left[\|\boldsymbol{\varphi}(s,x)-\boldsymbol{u}^*\|_2,\ \left\|\frac{\partial(\boldsymbol{\varphi}(s,x)-\boldsymbol{u}^*)}{\partial s}\right\|_2\right]
$$

$$t \geqslant t_0 \geqslant 0 \tag{2-11}$$

其中，$\beta \geqslant 1$ 是常数。则系统式(2-1)存在唯一平衡点 u^*，且是全局稳定的。

注 2.2 定理 2.1 的证明中，通过构造 Lyapunov-Krasovskii 泛函得到系统式(2-1)新的依赖于时滞和空间的指数稳定性判据，另外自由权矩阵思想在具有分布参数系统的首次引入，以及 Leibniz-Newton 公式和重要不等式的应用，降低了结论的保守性，进一步推广了相关文献结论[52,17]。

当光滑算子 $D_{ik}=0$，模型式(2-1)变成下列模型：

$$\dot{u}_i = -a_i u_i + \sum_{j=1}^{n} b_{ij} f_j(u_j(t)) + \sum_{j=1}^{n} c_{ij} f_j(u_j(t-d(t))) + \sum_{j=1}^{n} e_{ij} \int_{t-\tau(t)}^{t} f_j(u_j(s))\,\mathrm{d}s + J_i \tag{2-12}$$

由式(2-12)，有下列推论。

推论 2.1 给定 $\alpha>0$，如果存在正定矩阵 $\boldsymbol{P}>0$，$\boldsymbol{Q}>0$，$\boldsymbol{G}>0$，$\boldsymbol{H}>0$，$\boldsymbol{\Xi}_0>0$ 正定对角矩阵 $\boldsymbol{R}>0$，适当维数任意矩阵 $\boldsymbol{N}_1$，$\boldsymbol{N}_2$，使得下列线性矩阵不等式成立：

$$\hat{\boldsymbol{\Xi}}_1 = \begin{bmatrix} \tilde{\tau}\boldsymbol{X}_{11}+\boldsymbol{\alpha}'_{11} & \tilde{\tau}\boldsymbol{X}_{12}+\boldsymbol{\alpha}_{12} & \tilde{\tau}\boldsymbol{X}_{13}+\boldsymbol{\alpha}'_{13} & \tilde{\tau}\boldsymbol{X}_{14}+\boldsymbol{\alpha}'_{14} \\ * & \tilde{\tau}\boldsymbol{X}_{22}+\boldsymbol{\alpha}_{22} & \tilde{\tau}\boldsymbol{X}_{23} & \tilde{\tau}\boldsymbol{X}_{24} \\ * & * & \tilde{\tau}\boldsymbol{X}_{33}+\boldsymbol{\alpha}'_{33} & \tilde{\tau}\boldsymbol{X}_{34}+\boldsymbol{\alpha}'_{34} \\ * & * & * & \tilde{\tau}\boldsymbol{X}_{44}+\boldsymbol{\alpha}'_{44} \end{bmatrix} < 0 \tag{2-13}$$

$$\boldsymbol{\Xi}_2 = \begin{bmatrix} \boldsymbol{X}_{11} & \boldsymbol{X}_{12} & \boldsymbol{X}_{13} & \boldsymbol{X}_{14}+\boldsymbol{\beta}_{14} & \boldsymbol{\beta}_{15} \\ * & \boldsymbol{X}_{22} & \boldsymbol{X}_{23} & \boldsymbol{X}_{24} & \boldsymbol{\beta}_{25} \\ * & * & \boldsymbol{X}_{33} & \boldsymbol{X}_{34} & \boldsymbol{0} \\ * & * & * & \boldsymbol{X}_{44} & \boldsymbol{0} \\ * & * & * & * & \boldsymbol{\beta}_{55} \end{bmatrix} > 0 \tag{2-14}$$

则系统式(2-12)是全局指数稳定的。这里

$$\boldsymbol{\alpha}'_{11} = -2\boldsymbol{PA} + 2\alpha\boldsymbol{P} - 2\boldsymbol{PBL} + \boldsymbol{Q} + 2\boldsymbol{N}_1 + \boldsymbol{LGL} + \tilde{\tau}\boldsymbol{LHL} + \tilde{\tau}\boldsymbol{A}^{\mathrm{T}}\boldsymbol{RA} - 2\tilde{\tau}\boldsymbol{A}^{\mathrm{T}}\boldsymbol{RBL} + \tilde{\tau}\boldsymbol{LB}^{\mathrm{T}}\boldsymbol{RBL}$$

$$\boldsymbol{\alpha}'_{13} = \boldsymbol{PC} - \tilde{\tau}\boldsymbol{A}^{\mathrm{T}}\boldsymbol{RC} + \tilde{\tau}\boldsymbol{LB}^{\mathrm{T}}\boldsymbol{RC}, \quad \boldsymbol{\alpha}'_{14} = -\tilde{\tau}\boldsymbol{A}^{\mathrm{T}}\boldsymbol{RE} + \tilde{\tau}\boldsymbol{LB}^{\mathrm{T}}\boldsymbol{RE}$$

$$\boldsymbol{\alpha}'_{33} = \tilde{\tau}\boldsymbol{C}^{\mathrm{T}}\boldsymbol{RC} - (\mathrm{e}^{-2\alpha d_0} - d)\boldsymbol{G}, \quad \boldsymbol{\alpha}'_{34} = \tilde{\tau}\boldsymbol{C}^{\mathrm{T}}\boldsymbol{RE}$$

$$\boldsymbol{\alpha}'_{44} = \tilde{\tau}\boldsymbol{E}^{\mathrm{T}}\boldsymbol{RE} - \mathrm{e}^{-2\alpha\tilde{\tau}}\,\tilde{\tau}^{-1}\boldsymbol{H}$$

其他符号与定理 2.1 相同。

注 2.3　本节描述系统式(2-12)是一个一般的具有分布参数神经网络模型。文献[135]研究了其特殊情形，在激励函数有界和时滞函数可导的条件下得到了全局稳定性判据[88,136]，而在推论2.1中，这些条件都被去掉。

2.1.4　数值例子

本节给出一个简单例子说明稳定性判据的有效性。

例 2.1　考虑离散和分布时滞分布参数神经网络模型：

$$\left.\begin{aligned}&\frac{\partial z}{\partial t}=\frac{\partial(D\partial z/\partial x)}{\partial x}-Az+B\overline{f}(z(t,x))+C\overline{f}(z(t-d(t),x))+\\&\qquad E\int_{t-\tau(t)}^{t}\overline{f}(z(s,x))\mathrm{d}s\\&\left.\frac{\partial z}{\partial x}\right|_{x=0}=\left.\frac{\partial z}{\partial x}\right|_{x=\frac{1}{8}}=0,\quad z(t_0+s,x)=\psi(s,x)\\&\qquad\qquad\frac{\partial z(t_0+s,x)}{\partial t}=\frac{\partial\psi(s,x)}{\partial t}\end{aligned}\right\}\tag{2-15}$$

这里 $\overline{f}(z(t,x))=|z(t,x)|$。系统式(2-15)的参数如下：

$$\alpha=1.5,\quad \tau_0=d_0=\tilde{\tau}=2,\quad \mu=d=2,\quad |\Omega|=\frac{1}{8}$$

$$A=B=C=1,\quad E=-1,\quad P=Q=0.1$$

$$G=H=0.2,\quad N_1=-0.5,\quad N_2=0.5,\quad R=0.1$$

$$\boldsymbol{\Xi}_0=\mathrm{diag}(1,0.1,0.1,0.1),\quad L=1$$

显然，满足

$$\boldsymbol{\Xi}_1<0,\quad \boldsymbol{\Xi}_2>0$$

因此，由定理2.1可知，系统式(2-15)的平衡解是全局指数稳定的。

2.2　分布参数时滞脉冲随机 Cohen-Grossberg 神经网络 p 阶矩指数稳定性

2.2.1　引言

自从Cohen-Grossberg神经网络由Cohen和Grossberg[9]提出后，成功地被应用到信号处理、模式识别等领域。在许多连续渐变的过程或系统中，由于某种原因，在极短的时间内系统会遭受突然的改变或干扰，从而改变原来的运动轨迹，这种变化称为脉冲现象(由于变化时间短往往可以忽略不计，其突变或跳跃的过程可以看作是在某时刻瞬时完成的，该时刻被称为脉冲时刻)。在许多领域，如通信中的调频系统、人口动态以及控制等，都可能有脉冲现象的发生。另外，在物理学、生物学、工程学等学科领域的发展过程中，某些时刻会有突变的现象产生，人们不得不考虑这些瞬时扰动带来的影响，即脉冲现象，这些现象反映在数学模型上就是脉冲偏微分方程。脉冲偏微分方程为准确地刻画这些现象提供了有效的研究工具和可行的研究方法。1991 年 Erbe 等[146]学者在研究单一物种生长模型时给出了脉冲抛物方程稳定性的比较准则，这是国际数学界真正了解的有关脉冲偏微分方程研究的最早结果。近十几年来，有学者开始研究脉冲时滞微分方程。但在研究过程中，遇到许多困难，因为脉冲方程解的不连续性导致了已有的研究方法需要改进或不再适用，从而特别需要有关非连续函数的一般理论及解决问题的新方法。即使连续微分方程的解足够光滑，对应脉冲情形下的初值问题也可能不再有任何解，时滞的连续依赖性也可能丧失。在神经网络领域，当用电子器件实时模拟网络模型时，由于受到现实条件的限制(如电流值的突变等)，脉冲现象也是广泛存在的，因而，考虑脉冲神经网络的动力学特性是很有必要的。近年来，关于具有脉冲效应的时滞神经网络的稳定性已有报道[27,29]。例如，文献[27,29]采用具有脉冲的初始条件下的时滞微分不等式的方法，得到确保脉冲时滞反应扩散神经网络平衡点的指数稳定。

另一方面，在实际的神经网络中，噪声干扰是不可避免的，它是神经网络不稳定的和性能欠佳的主要来源。事实上，通过某些随机输入，可以使得神经网络稳定或不稳定。正如 Haykin[137] 所指出的，在实际神经网络中，轴突传递被看作可以通过神经质释放和其他概率因素的随机波动引入的随机过程。因此，研究随机神经网络有重要意义。近年来，随机神经网络的动态行为，尤其是随机神经网络的稳定性，已经成为一个热门的研究课题。例如文献[75,139]分别给出了具有连续分布时滞反应扩散随机神经网络平衡解的几乎必然指数稳定，均方指数稳定和全局渐近稳定。值得注意的是他们没有考虑脉冲现象和扩散的效应。而具有离散和分布时滞的反应扩散脉冲随机神经网络稳定性研究成果相当少。

文献[62]以 Fubini 定理为基础，将考虑的分布参数系统的解关于空间变量的积分，视为相应的由随机分布参数系统描述的 Hopfield 随机神经网络的解过程去讨论其稳定性，提出并研究了分布参数 Hopfield 随机神经网络的稳定性问题。运用 Ito 微分公式，沿着所考虑的神经网络系统对构造的关于参数空间变量平均的 Lyapunov 泛函进行微分，克服了研究分布参数神经网络系统无相应的 Ito 公式的困难。

在实际神经网络中，时滞、脉冲和随机因素总是存在。这些因素会交织影响神经网络解的性态，使其更加复杂，因而研究进展也较为缓慢。目前，很少有学者考虑这些因素同时发生的分布参数神经网络稳定性问题。本节利用 Halanay 时滞微分不等式和 Lyapunov-Krasovskii 泛函方法，考虑了具有混合时滞和可变系数反应扩散脉冲随机 Cohen-Grossberg 神经网络 p 阶矩指数稳定性，得到了所研究系统的 p 阶矩指数稳定性判据。

2.2.2 模型描述和预备知识

考虑具有混合时滞和可变系数脉冲随机反应扩散 Cohen-Grossberg 神经网络模型：

$$
\begin{aligned}
\mathrm{d}u_i(t,x)= & \sum_{l=1}^{m}\frac{\partial}{\partial x_l}\left(D_{il}\frac{\partial u_i(t,x)}{\partial x_l}\right)\mathrm{d}t-a_i(u_i(t,x))\Big[\bar{d}_i(u_i(t,x))- \\
& \sum_{j=1}^{n}b_{ij}(t)g_j(u_j(t,x))-\sum_{j=1}^{n}\tilde{b}_{ij}(t)\tilde{g}_j(u_j(t-\tau(t),x))- \\
& \sum_{j=1}^{n}\bar{b}_{ij}(t)\int_{-\infty}^{t}k_{ij}(t-s)\bar{g}_j(u_j(s,x))ds+J_i(t)\Big]\mathrm{d}t+ \\
& \sum_{j=1}^{n}\bar{\sigma}_{ij}(t,x,u(t,x),u(t-\tau(t),x))\mathrm{d}w_j(t), \\
& \qquad t\geqslant 0,t\neq t_k,x\in\Omega,k\in\mathbf{Z}^{+} \\
u_i(t,x)= & u_i(t^{-},x)-\theta_{ik}u_i(t^{-},x),\quad t=t_k,x\in\Omega,k\in\mathbf{Z}^{+}
\end{aligned}
\tag{2-16}
$$

其中，时间序列 t_k 称为脉冲时刻且满足 $0<t_0<t_1<\cdots<t_k<t_{k+1}<\cdots,\lim\limits_{k\to\infty}t_k=\infty$；$x=(x_1,x_2,\cdots,x_m)^{\mathrm{T}}\in\Omega\subset\mathbb{R}^m,\Omega=\{x=(x_1,x_2,\cdots,x_m)^{\mathrm{T}}\mid |x_l|<d_l,l=1,2,\cdots,m\}$是具有光滑边界的紧集且测度 $\mathrm{mes}\Omega>0$；$u_i(t,x)$表示第i 个神经元的状态；$b_{ij}(t),\tilde{b}_{ij}(t)$ 和 $\bar{b}_{ij}(t)$ 表示神经元之间的连接权值；$g_j,\tilde{g}_j$ 和$\bar{g}_j$ 表示激活函数；J_i 表示外部输入；$a_i(u_i(t,x))$表示放大函数；$\bar{d}_i(u_i(t,x))$ 表示行为函数；$\tau(t)$ 表示时滞；足够光滑函数 $D_{il}=D_{il}(t,x,u)\geqslant 0$ 表示轴突信号传输过程中的扩散算子；时滞核 $k_{ij}(\cdot)$是定义在$(0,+\infty)$上实值非负连续函数；$u_i(t^{-},x)$ 和 $u_i(t^{+},x)$分别表示 $u_i(t,x)$关于 t 的左右极限；$\bar{\sigma}_{ij}(\cdot)(i,j=1,2,\cdots,n)$ 表示自由扰动的权函数；$w(t)=(w_1(t),\cdots,w_n(t))^{\mathrm{T}}$ 是一标准布朗运动；θ_{ik} 是常数。假设

$$u_i(t_k,x)=u_i(t_k^{+},x)$$

系统式(2-16)具有的边界条件和初始条件如下：

$$u_i(t,x)=0,\quad (t,x)\in[0,+\infty)\times\partial\Omega$$
$$u_i(t_0+s,x)=\psi_i(s,x),\quad (s,x)\in(-\infty,0]\times\Omega \tag{2-17}$$

其中，$\boldsymbol{\psi}=(\psi_1,\cdots,\psi_n)^{\mathrm{T}}\in P\mathbb{C}^b_{F_0}$，$\psi_i(s,x)$为有界连续函数。

设$\boldsymbol{u}^*=(u_1^*,u_2^*,\cdots,u_n^*)^{\mathrm{T}}$系统式(2-16)的平衡点且$\bar{\sigma}_{ij}(t,x,u^*,u^*)=0$。令

$$z_i(t,x)=u_i(t,x)-u_i^*$$

则

$$\begin{aligned}
\mathrm{d}z_i(t,x)=&\sum_{l=1}^{m}\frac{\partial}{\partial x_l}\left(D_{il}\frac{\partial z_i(t,x)}{\partial x_l}\right)\mathrm{d}t-\\
&A_i(z_i(t,x))\Big[B_i(z_i(t,x))-\sum_{j=1}^{n}b_{ij}(t)f_j(z_j(t,x))-\\
&\sum_{j=1}^{n}\tilde{b}_{ij}(t)\tilde{f}_j(z_j(t-\tau(t),x))-\sum_{j=1}^{n}\bar{b}_{ij}(t)\int_{-\infty}^{t}k_{ij}(t-s)\bar{f}_j(z_j(s,x))\mathrm{d}s\Big]\mathrm{d}t+\\
&\sum_{j=1}^{n}\sigma_{ij}(t,x,z(t,x),z(t-\tau(t),x))\mathrm{d}w_j(t),\quad t\geqslant 0,t\neq t_k,x\in\Omega
\end{aligned} \tag{2-18}$$

$$\left.\begin{aligned}
&z_i(t,x)=z_i(t^-,x)-\theta_{ik}z_i(t^-,x),\quad t=t_k,x\in\Omega\\
&z_i(t,x)=0,\quad (t,x)\in[0,+\infty)\times\partial\Omega\\
&z_i(t_0+s,x)=\varphi_i(s,x),\quad (s,x)\in(-\infty,0]\times\Omega
\end{aligned}\right\} \tag{2-19}$$

其中

$$f_j(z_j(t,x))=g_j(z_j(t,x)+u_j^*)-g(u_j^*)$$
$$\tilde{f}_j(z_j(t,x))=\tilde{g}_j(z_j(t,x)+u_j^*)-\tilde{g}_j(u_j^*)$$
$$\bar{f}_j(z_j(t,x))=\bar{g}_j(z_j(t,x)+u_j^*)-\bar{g}_j(u_j^*)$$
$$\varphi_i(s,x)=\psi_i(s,x)-u_i^*$$
$$\begin{aligned}
&\sigma_{ij}(t,x,z(t,x),z(t-\tau(t),x))=\\
&\qquad\bar{\sigma}_{ij}[t,x,z(t,x)+u^*,z(t-\tau(t),x)+u^*]-\bar{\sigma}_{ij}(t,x,u^*,u^*)
\end{aligned}$$
$$A_i(z_i(t,x))=a_i(z_i(t,x)+u_i^*)$$
$$B_i(z_i(t,x))=\bar{d}_i(z_i(t,x)+u_i^*)-\bar{d}_i(u_i^*),\quad i,j=1,2,\cdots,n$$

容易看出系统式(2-18)的零解p阶矩指数稳定相当于系统式(2-16)的平衡解p阶矩指数稳定。

为了叙述方便起见，设$z_i(t,x)=z_i(t)$，$\varphi_i(s,x)=\varphi_i(s)$。

作如下假设：

(A2.1) 存在正数L_j^f，$\Xi_k^i=\{j:\gamma_{ij}\text{ 和 } j\in S\}$使得对所有$\eta_1,\eta_2\in\mathbb{R}$，有

$$|f_j(\eta_1)-f_j(\eta_2)|\leqslant L_j^f|\eta_1-\eta_2|$$
$$|\widetilde{f}_j(\eta_1)-\widetilde{f}_j(\eta_2)|\leqslant L_j^{\widetilde{f}}|\eta_1-\eta_2|$$
$$|\overline{f}_j(\eta_1)-\overline{f}_j(\eta_2)|\leqslant L_j^{\overline{f}}|\eta_1-\eta_2|$$

（A2.2）时滞核 $k_{ij}(\cdot):[0,+\infty)\to[0,+\infty),(i,j\in \mathbf{N})$ 是实值非负连续函数且满足下列条件：

(i) $\int_0^{+\infty}k_{ij}(s)\mathrm{d}s=1$；

(ii) 对所有 $s\in[0,+\infty)$，有 $k_{ij}(s)\leqslant\kappa(s)$，其中 $\kappa(s):[0,+\infty)\to\mathbb{R}^+$ 是连续可积且满足 $\int_0^{+\infty}\kappa(s)\mathrm{e}^{\eta s}\mathrm{d}s<+\infty$，其中 η 表示正常数。

（A2.3）存在正常数 $\widetilde{A}_i,\hat{A}_i$ 使得

$$\hat{A}_i\leqslant A_i(z_i(t))\leqslant\widetilde{A}_i$$

（A2.4）存在正函数 $\overline{\gamma}_i(t)$，使得

$$z_i(t)B_i(z_i(t))\geqslant\overline{\gamma}_i(t)z_i^2(t)$$

（A2.5）对任意 $i,j\in N$，存在非负函数 $\delta_{ij}^0(t)$ 和 $\delta_{ij}^1(t)$，对 $t,\xi_1,\xi_2\in\mathbb{R}$，有

$$\sigma_{ij}^2(t,x,\xi_1,\xi_2)\leqslant\delta_{ij}^0(t)\xi_1{}^2+\delta_{ij}^1(t)\xi_2^2$$

定义 2.2　如果存在正数 α 和 M 使得下式成立：

$$E(\|\boldsymbol{u}(t,x)-\boldsymbol{u}^*\|^p)\leqslant M\mathrm{e}^{-\alpha(t-t_0)}E(\|\boldsymbol{\psi}-\boldsymbol{u}^*\|_\tau^p),\quad t\geqslant t_0\geqslant 0$$

则系统式(2-16)的平衡点 $\boldsymbol{u}(t,x)=\boldsymbol{u}^*$ 是 p 阶矩指数稳定的。当 $p=2$ 时，系统式(2-16)的平衡点是均方指数稳定的。

引理 2.2[65]　设 $\Omega\subset\mathbb{R}^m$ 是紧集，其边界 $\partial\Omega$ 充分光滑。设 $x\in\Omega$，且 $|x_l|<d_l(l=1,\cdots,m)$，$u_i(x)\in C^1(\Omega)$ 是实值函数，在 Ω 的边界上的值消失。则 $m\int_\Omega u_i^2(x)\mathrm{d}x\leqslant\pi^2\int_\Omega\nabla u_i^{\mathrm{T}}\nabla u_i\mathrm{d}x,i=1,\cdots,n$。这里 $\pi=\max_{1\leqslant l\leqslant m}\{d_l\}$。

引理 2.3　（广义 Halanay 不等式）[140]　设正值函数 $r_1(t),r_2(t)$ 和 $r_3(t)$ 定义域为 $[t_0,+\infty),t_0\geqslant 0,\tau$ 表示非负常数，函数 $V(t)\in P\mathbb{C}(\mathbb{R},\mathbb{R}^+)$ 满足不等式：

$$D^+V(t)\leqslant -r_1(t)V(t)+r_2(t)\sup_{t-\tau\leqslant s\leqslant t}V(s)+r_3(t)\int_0^{+\infty}\kappa(s)V(t-s)\mathrm{d}s$$
$$t\neq t_k,t\geqslant t_0$$
$$V(t_k)\leqslant\chi_kV(t_k^-),\quad k\in\mathbf{Z}^+$$

其中，$\chi_k\in\mathbb{R},\kappa(s)\in P\mathbb{C}([0,+\infty],\mathbb{R}^+)$ 符合条件（A2.2）。

假设：

（ⅰ）$r_1(t)>r_2(t)+r_3(t)\int_0^{+\infty}\kappa(s)\mathrm{d}s$；

(ⅱ)存在常数 $M>0,\eta>0$ 使得

$$\prod_{k=1}^{n}\max\{1,\chi_k\}\leqslant Me^{\eta(t_n-t_0)},\quad n\in\mathbf{Z}^+$$

其中,$\lambda\in(0,\eta_0)$满足 $\lambda<r_1(t)-r_2(t)e^{\lambda\tau}-r_3(t)\int_0^{+\infty}\kappa(s)e^{\lambda s}ds$。则

$V(t)\leqslant MV_0e^{-(\lambda-\eta)(t-t_0)},t\geqslant t_0$

这里 $V_0=\sup\limits_{t_0-\max\{\sigma,\tau\}\leqslant s\leqslant t_0}V(s)$。

引理 2.4 (Hardy 不等式)[141] 假设存在常数 $a_k\geqslant 0,p_k>0$,$(k=1,2,\cdots,m+1)$,则下列不等式成立:

$$\left(\prod_{k=1}^{m+1}a_k^{p_k}\right)^{1/S_{m+1}}\leqslant\left(\sum_{k=1}^{m+1}p_ka_k^r\right)^{1/r}S_{m+1}^{-1/r}\tag{2-20}$$

这里,$r>0$ 且 $S_{m+1}=\sum_{k=1}^{m+1}p_k$。在式(2-20)中,如果让 $p_{m+1}=1,r=S_{m+1}=\sum_{k=1}^{m+1}p_k$,则有

$$\left(\prod_{k=1}^{m}a_k^{p_k}\right)a_{m+1}\leqslant\frac{1}{r}\left(\sum_{k=1}^{m}p_ka_k^r\right)+\frac{1}{r}a_{m+1}^r$$

如果让 $p_{m+1}=2,r=S_{m+1}=\sum\limits_{k=1}^{m}p_k+2$,则有

$$\left(\prod_{k=1}^{m}a_k^{p_k}\right)a_{m+1}\leqslant\frac{1}{r}\left(\sum_{k=1}^{m}p_ka_k^r\right)+\frac{2}{r}a_{m+1}^r$$

2.2.3 p 阶矩指数稳定

定理 2.2 假设(A2.1)~(A2.5)成立。如果存在常数 $q_i(i=1,2,\cdots,n),\gamma_k(k=1,2,\cdots,n_1),\mu_k(k=1,2,\cdots,n_2),\varepsilon_k(k=1,2,\cdots,n_3),\beta_k(k=1,2,\cdots,n_4),\xi_{ij},\xi_{ij}^*,\eta_{ij},\eta_{ij}^*,p_{ij},p_{ij}^*,q_{ij},q_{ij}^*,r_{ij},r_{ij}^*,s_{ij},s_{ij}^*,\alpha_{ij},\alpha_{ij}^*\in\mathbb{R}$,使得

(A2.6) $r_1(t)>r_2(t)+r_3(t)\int_0^{+\infty}\kappa(s)ds$;

(A2.7) 存在常数 $M\geqslant 1,\lambda\in(0,\eta)$和 $\alpha\in[0,\lambda)$使得

$$\prod_{k=1}^{n}\max\{1,\max_{i\in\mathbf{N}}(1-\theta_{ik})^p\}\leqslant Me^{\alpha t_n},\quad n\in\mathbf{Z}^+$$

和

$$\lambda<r_1(t)-r_2(t)e^{\lambda\tau}-r_3(t)\int_0^{+\infty}\kappa(s)e^{\lambda s}ds$$

这里

$$r_1(t)=\min_{1\leqslant i\leqslant n}\Big\{p\bar{\alpha}_i\frac{m}{\pi^2}+\hat{A}_i\bar{\gamma}_i(t)-\sum_{j=1}^{n}\sum_{k=1}^{n_1}\gamma_k\widetilde{A}_i\ |b_{ij}(t)|^{p\xi_{ij}/\gamma_k}\ (L_j^f)^{p\eta_{ij}/\gamma_k}-$$

$$\sum_{j=1}^{n}\frac{q_j}{q_i}\widetilde{A}_j\ |b_{ji}(t)|^{p\xi_{ij}^*}\ (L_i^f)^{p\eta_{ji}^*}-$$

$$\sum_{j=1}^{n}\sum_{k=1}^{n_2}\mu_k\widetilde{A}_i\ |\tilde{b}_{ij}(t)|\,pp_{ij}/\mu_k\ (L_j^{\tilde{f}})^{pq_{ij}/\mu_k}-$$

$$\sum_{j=1}^{n}\frac{p(p-1)}{2}\delta_{ij}^0(t)-\sum_{j=1}^{n}\sum_{k=1}^{n_3}\varepsilon_k\widetilde{A}_i\int_0^{+\infty}\kappa(\mu)\,|\bar{b}_{ij}(t)|^{pr_{ij}/\varepsilon_k}\ (L_j^{\bar{f}})^{ps_{ij}/\varepsilon_k}d\mu-$$

$$\frac{p-1}{2}\sum_{j=1}^{n}\sum_{k=1}^{n_4}\beta_k\,|\delta_{ij}^1(t)|^{p\alpha_{ij}/\beta_k}\Big\}$$

$$r_2(t)=\max_{1\leqslant i\leqslant n}\Big\{\sum_{j=1}^{n}\frac{q_j}{q_i}\widetilde{A}_j\ |\tilde{b}_{ji}(t)|^{pp_{ji}^*}\ (L_i^{\tilde{f}})^{pq_{ji}^*}+(p-1)\sum_{j=1}^{n}\frac{q_j}{q_i}\ |\delta_{ji}^1(t)|^{p\alpha_{ji}^*/2}\Big\}$$

$$r_3(t)=\max_{1\leqslant i\leqslant n}\sum_{j=1}^{n}\frac{q_j}{q_i}\widetilde{A}_j\Big[\sum_{k=1}^{n_3}\varepsilon_k\ |\bar{b}_{ji}(t)|^{pr_{ji}^*}\ (L_i^{\bar{f}})^{ps_{ji}^*}\Big],\ \bar{\alpha}_i=\min_{1\leqslant l\leqslant m}\{\sup_{t\geqslant 0,x\in\Omega}D_{il}\}$$

$$p=\sum_{k=1}^{n_1}\gamma_k+1=\sum_{k=1}^{n_2}\mu_k+1=\sum_{k=1}^{n_3}\varepsilon_k+1=\sum_{k=1}^{n_4}\beta_k+2$$

$$n_1\xi_{ij}+\xi_{ij}^*=1,\quad n_1\eta_{ij}+\eta_{ij}^*=1$$

$$n_2p_{ij}+p_{ij}^*=1,n_2q_{ij}+q_{ij}^*=1,n_3r_{ij}+r_{ij}^*=1,n_3s_{ij}+s_{ij}^*=1,n_4\alpha_{ij}+\alpha_{ij}^*=1$$

在系统式(2-16)的平衡点 u^* 是 p 阶矩指数稳定的，这里 $p\geqslant 2$ 是常数。

证明　构造 Lyapunov 泛函如下：

$$V(t,z(t))=\int_\Omega\sum_{i=1}^{n}q_i\ |z_i(t)|^p\mathrm{d}x$$

在不引起歧义的情况下，让 $V(t,z(t))=V(t)$。

对 $V(t)$ 应用 Ito 公式[142]，对任意 $\delta>0$，有

$$V(t+\delta)-V(t)=\int_t^{t+\delta}V_t(s)\mathrm{d}s+\int_t^{t+\delta}V_z(s)\Big\{\sum_{l=1}^{m}\frac{\partial}{\partial x_l}\Big(D_{il}\frac{\partial z_i(s)}{\partial x_l}\Big)-$$

$$A_i(z_i(t))\Big[B_i(z_i(t))-\sum_{j=1}^{n}b_{ij}(t)f_j(z_j(t))-$$

$$\sum_{j=1}^{n}\tilde{b}_{ij}(t)\tilde{f}_j(z_j(t-\tau(t)))-$$

$$\sum_{j=1}^{n}\bar{b}_{ij}(t)\int_{-\infty}^{t}k_{ij}(t-s)\bar{f}_j(z_j(s))\mathrm{d}s\Big]\Big\}\mathrm{d}s+$$

$$\int_t^{t+\delta}V_z(s,z(s))\sum_{j=1}^{n}\sigma_{ij}(s,x,z_i(s),z_j(t-\tau(s)))\mathrm{d}w_j(s)+$$

$$\int_t^{t+\delta} \frac{1}{2}\mathrm{trace}(\boldsymbol{\sigma}^{\mathrm{T}}\mathbf{V}_{zz}(s,z(s))\boldsymbol{\sigma})\mathrm{d}s \leqslant$$

$$\int_t^{t+\delta}\int_\Omega p\Big\{\sum_{i=1}^n q_i\ |z_i(s)|^{p-2}z_i(s)\times$$

$$\sum_{l=1}^m \frac{\partial}{\partial x_l}\Big(D_{il}\ \frac{\partial z_i(s)}{\partial x_l}\Big)-\sum_{i=1}^n q_i\hat{A}_i\gamma_i(s)\ |z_i(s)|^p+$$

$$\sum_{i=1}^n\sum_{j=1}^n q_i\widetilde{A}_iL_j^f\ |z_i(s)|^{p-1}|b_{ij}(s)z_j(s)|+$$

$$\sum_{i=1}^n\sum_{j=1}^n q_i\widetilde{A}_iL_j^{\tilde{f}}\ |z_i(s)|^{p-1}|\tilde{b}_{ij}(s)z_j(s-\tau(s))|+$$

$$\sum_{i=1}^n\sum_{j=1}^n q_i\widetilde{A}_iL_j^{\bar{f}}\int_0^{+\infty}\kappa(\mu)\,|z_i(s)|^{p-1}|\bar{b}_{ij}(s)z_j(s-\mu)|\,\mathrm{d}\mu\Big\}\mathrm{d}x\mathrm{d}s+$$

$$p\int_t^{t+\delta}\int_\Omega\sum_{i=1}^n\sum_{j=1}^n q_i\ |z_i(s)|^{p-1}\sigma_{ij}(s,x,z_i(s),z_j(s-\tau(s)))\mathrm{d}x\mathrm{d}w_j(s)+$$

$$\int_t^{t+\delta}\int_\Omega\frac{p(p-1)}{2}\sum_{i=1}^n\sum_{j=1}^n q_i[\delta_{ij}^0(s)\ |z_i(s)|^p+$$

$$\delta_{ij}^1(s)\ |z_i(s)|^{p-2}\ |z_j(s-\tau(s))|^2]\mathrm{d}x\mathrm{d}s \tag{2-21}$$

由 Green's 公式和 Dirichlet 边界条件,有

$$\int_\Omega\sum_{l=1}^m z_i(t)\frac{\partial}{\partial x_l}\Big(D_{il}\ \frac{\partial z_i(t)}{\partial x_l}\Big)\mathrm{d}x = z_i(t)\sum_{l=1}^m D_{il}\ \frac{\partial z_i(t)}{\partial x_l}\Big|_{\partial\Omega}-$$

$$\sum_{l=1}^m\int_\Omega D_{il}\ \Big(\frac{\partial z_i(t)}{\partial x_l}\Big)^2\mathrm{d}x\leqslant$$

$$-\bar{\alpha}_i\ \frac{m}{\pi^2}\int_\Omega z_i\ (t)^2\mathrm{d}x \tag{2-22}$$

这里 $\bar{\alpha}_i = \min\limits_{1\leqslant l\leqslant m}\{\sup\limits_{t\geqslant 0,x\in\Omega}D_{il}\}$。

由引理 2.4,得

$$pL_j^f\ |z_i(s)|^{p-1}|b_{ij}(s)z_j(s)|=$$

$$p\prod_{k=1}^{n_1}(|b_{ij}(s)|^{\xi_{ij}/\gamma_k}\ (L_j^f)^{\eta_{ij}/\gamma_k}|z_i(s)|)^{\gamma_k}\ |b_{ij}(s)|^{\xi_{ij}^*}\ (L_j^f)^{\eta_{ij}^*}\ |z_j(s)|\leqslant$$

$$\sum_{k=1}^{n_1}\gamma_k\ |b_{ij}(s)|^{p\xi_{ij}/\gamma_k}\ (L_j^f)^{p\eta_{ij}/\gamma_k}\ |z_i(s)|^p+$$

$$|b_{ij}(s)|^{p\xi_{ij}^*}\ (L_j^f)^{p\eta_{ij}^*}\ |z_j(s)|^p \tag{2-23}$$

$$pL_j^{\tilde{f}}\ |z_i(s)|^{p-1}|\tilde{b}_{ij}(s)z_j(s-\tau(s))|\leqslant$$

$$\sum_{k=1}^{n_2}\mu_k\ |\tilde{b}_{ij}(s)|^{pp_{ij}/\mu_k}\ (L_j^{\tilde{f}})^{pq_{ij}/\mu_k}\ |z_i(s)|^p+$$

$$|\tilde{b}_{ij}(s)|^{pp_{ij}^*}(L_j^{\tilde{f}})^{pq_{ij}^*}|z_j(s-\tau(s))|^p \tag{2-24}$$

$$pL_j^{\bar{f}}\int_0^{+\infty}\kappa(\mu)|z_i(s)|^{p-1}|\bar{b}_{ij}(s)z_j(s-\mu)|\mathrm{d}\mu \leqslant$$

$$\sum_{k=1}^{n_2}\varepsilon_k\int_0^{+\infty}\kappa(\mu)[|\bar{b}_{ij}(s)|^{pr_{ij}/\varepsilon_k}(L_j^{\bar{f}})^{ps_{ij}/\varepsilon_k}|z_i(s)|^p +$$

$$|\bar{b}_{ij}(s)|^{pr_{ij}^*}(L_j^{\bar{f}})^{ps_{ij}^*}|z_j(s-\mu)|^p]\mathrm{d}\mu \tag{2-25}$$

$$\frac{p(p-1)}{2}\delta_{ij}^1(s)|z_i(s)|^{p-2}|z_j(s-\tau(s))|^2 =$$

$$\frac{p(p-1)}{2}\prod_{k=1}^{n_4}(|\delta_{ij}^1(s)|^{\alpha_{ij}/\beta_k}|z_i(s)|)^{\beta_k}(|\delta_{ij}^1(s)|^{\alpha_{ij}^*/2}|z_j(s-\tau(s))|)^2 \leqslant$$

$$\frac{p-1}{2}\sum_{k=1}^{n_4}\beta_k|\delta_{ij}^1(s)|^{p\alpha_{ij}/\beta_k}|z_i(s)|^p+(p-1)|\delta_{ij}^1(s)|^{p\alpha_{ij}^*/2}|z_j(s-\tau(s))|^p \tag{2-26}$$

由式(2-21)～式(2-26)得

$$V(t+\delta)-V(t) \leqslant \int_t^{t+\delta}\int_\Omega p\{\sum_{i=1}^n q_i|z_i(s)|^{p-2}z_i(s)\times$$

$$\sum_{l=1}^m\frac{\partial}{\partial x_l}\left(D_{il}\frac{\partial z_i(s)}{\partial x_l}\right)-\sum_{i=1}^n q_i\hat{A}_i\gamma_i(s)|z_i(s)|^p +$$

$$\sum_{i=1}^n\sum_{j=1}^n q_i\tilde{A}_i[\sum_{k=1}^{n_1}\gamma_k|b_{ij}(s)|^{p\xi_{ij}/\gamma_k}(L_j^f)^{p\eta_{ij}/\gamma_k}|z_i(s)|^p+$$

$$|b_{ij}(s)|^{p\xi_{ij}^*}(L_j^f)^{p\eta_{ij}^*}|z_j(s)|^p]+$$

$$\sum_{i=1}^n\sum_{j=1}^n q_i\tilde{A}_i[\sum_{k=1}^{n_2}\mu_k|\tilde{b}_{ij}(s)|^{pp_{ij}/\mu_k}(L_j^{\tilde{f}})^{pq_{ij}/\mu_k}|z_i(s)|^p +$$

$$|\tilde{b}_{ij}(s)|^{pp_{ij}^*}(L_j^{\tilde{f}})^{pq_{ij}^*}|z_j(s-\tau(s))|^p]+$$

$$\sum_{i=1}^n\sum_{j=1}^n q_i\tilde{A}_i\left[\sum_{k=1}^{n_3}\varepsilon_k\int_0^{+\infty}\kappa(\mu)(|\bar{b}_{ij}(s)|^{pr_{ij}/\varepsilon_k}(L_j^{\bar{f}})^{ps_{ij}/\varepsilon_k}|z_i(s)|^p+\right.$$

$$\left.|\bar{b}_{ij}(s)|^{pr_{ij}^*}(L_j^{\bar{f}})^{ps_{ij}^*}|z_j(s-\mu)|^p\mathrm{d}\mu)\right]\}\mathrm{d}x\mathrm{d}s +$$

$$p\int_t^{t+\delta}\int_\Omega\sum_{i=1}^n\sum_{j=1}^n q_i|z_i(s)|^{p-1}\sigma_{ij}(s,z_i(s),z_j(s-\tau(s)))\mathrm{d}x\mathrm{d}w_j(s)+$$

$$\int_t^{t+\delta}\int_\Omega\left\{\sum_{i=1}^n\sum_{j=1}^n q_i\frac{p(p-1)}{2}\delta_{ij}^0(s)|z_i(s)|^p+\right.$$

$$\sum_{i=1}^n\sum_{j=1}^n q_i\left[\frac{p-1}{2}\sum_{k=1}^{n_4}\beta_k|\delta_{ij}^1(s)|^{p\alpha_{ij}/\beta_k}|z_i(s)|^p+\right.$$

$$(p-1)\left|\delta_{ij}^{1}(s)\right|^{p\alpha_{ij}^{*}/2}\left|z_{j}(s-\tau(s))\right|^{p}\Big]\Big\}\mathrm{d}x\mathrm{d}s\leqslant$$

$$\int_{t}^{t+\delta}-\min_{1\leqslant i\leqslant n}\Big\{p\bar{\alpha}_{i}\frac{m}{\pi^{2}}+\hat{A}_{i}\bar{\gamma}_{i}(s)-$$

$$\sum_{j=1}^{n}\sum_{k=1}^{n_{1}}\gamma_{k}\widetilde{A}_{i}\left|b_{ij}(s)\right|^{p\xi_{ij}/\gamma_{k}}(L_{j}^{f})^{p\eta_{ij}/\gamma_{k}}-$$

$$\sum_{j=1}^{n}\frac{q_{j}}{q_{i}}\widetilde{A}_{j}\left|b_{ji}(s)\right|^{p\xi_{ij}^{*}}(L_{i}^{f})^{p\eta_{ji}^{*}}-$$

$$\sum_{j=1}^{n}\sum_{k=1}^{n_{2}}\mu_{k}\widetilde{A}_{i}\left|\tilde{b}_{ij}(s)\right|^{pp_{ij}/\mu_{k}}(L_{j}^{\tilde{f}})^{pq_{ij}/\mu_{k}}-$$

$$\sum_{j=1}^{n}\frac{p(p-1)}{2}\delta_{ij}^{0}(s)-$$

$$\sum_{j=1}^{n}\sum_{k=1}^{n_{3}}\varepsilon_{k}\widetilde{A}_{i}\int_{0}^{+\infty}\kappa(\mu)\left|\bar{b}_{ij}(s)\right|^{pr_{ij}/\varepsilon_{k}}(L_{j}^{\bar{f}})^{ps_{ij}/\varepsilon_{k}}\mathrm{d}\mu-$$

$$\frac{p-1}{2}\sum_{j=1}^{n}\sum_{k=1}^{n_{4}}\beta_{k}\left|\delta_{ij}^{1}(s)\right|^{p\alpha_{ij}/\beta_{k}}\Big\}V(s)\mathrm{d}s+$$

$$\max_{1\leqslant i\leqslant n}\sum_{j=1}^{n}\frac{q_{j}}{q_{i}}\widetilde{A}_{j}\Big[\sum_{k=1}^{n_{3}}\varepsilon_{k}\left|\bar{b}_{ji}(s)\right|^{pr_{ji}^{*}}(L_{i}^{\bar{f}})^{ps_{ji}^{*}}\Big]\int_{0}^{+\infty}\kappa(\mu)V(s-\mu)\mathrm{d}\mu+$$

$$\int_{t}^{t+\delta}\max_{1\leqslant i\leqslant n}\Big\{\sum_{j=1}^{n}\frac{q_{j}}{q_{i}}\widetilde{A}_{j}\left|\tilde{b}_{ji}(s)\right|^{pp_{ji}^{*}}(L_{i}^{\tilde{f}})^{pq_{ji}^{*}}+$$

$$(p-1)\sum_{j=1}^{n}\frac{q_{j}}{q_{i}}\left|\delta_{ji}^{1}(s)\right|^{p\alpha_{ji}^{*}/2}\Big\}V(s-\tau(s))\mathrm{d}s+$$

$$p\int_{t}^{t+\delta}\int_{\Omega}\sum_{i=1}^{n}\sum_{j=1}^{n}q_{i}\left|z_{i}(s)\right|^{p-1}\sigma_{ij}(s,x,z_{i}(s),z_{j}(s-\tau(s)))\mathrm{d}x\mathrm{d}w_{j}(s)$$

(2-27)

由随机分析理论知道

$$E\Big(\int_{t}^{t+\delta}\int_{\Omega}\sum_{i=1}^{n}\sum_{j=1}^{n}q_{i}\left|z_{i}(s)\right|p^{-1}\sigma_{ij}(s,x,z_{i}(s),z_{j}(s-\tau(s)))\mathrm{d}x\mathrm{d}w_{j}(s)\Big)=0$$

(2-28)

则,取期望得

$$EV(t+\delta)-EV(t)\leqslant\int_{t}^{t+\delta}-\min_{1\leqslant i\leqslant n}\Big\{p\bar{\alpha}_{i}\frac{m}{\pi^{2}}+\hat{A}_{i}\bar{\gamma}_{i}(s)-$$

$$\sum_{j=1}^{n}\sum_{k=1}^{n_{1}}\gamma_{k}\widetilde{A}_{i}\left|b_{ij}(s)\right|^{p\xi_{ij}/\gamma_{k}}(L_{j}^{f})^{p\eta_{ij}/\gamma_{k}}-$$

$$\sum_{j=1}^{n}\frac{q_j}{q_i}\widetilde{A}_j\ |b_{ji}(s)|^{p\xi_{ij}^*}\ (L_i^f)^{p\eta_{ji}^*}-$$

$$\sum_{j=1}^{n}\sum_{k=1}^{n_2}\mu_k\widetilde{A}_i\ |\widetilde{b}_{ij}(s)|^{pp_{ij}/\mu_k}\ (L_j^{\tilde{f}})^{pq_{ij}/\mu_k}-$$

$$\sum_{j=1}^{n}\frac{p(p-1)}{2}\delta_{ij}^0(s)-$$

$$\sum_{j=1}^{n}\sum_{k=1}^{n_3}\varepsilon_k\widetilde{A}_i\int_0^{+\infty}\kappa(\mu)\,|\bar{b}_{ij}(s)|^{pr_{ij}/\varepsilon_k}\ (L_j^{\bar{f}})^{p}s_{ij}/\varepsilon_k\mathrm{d}\mu-$$

$$\frac{p-1}{2}\sum_{j=1}^{n}\sum_{k=1}^{n_4}\beta_k\ |\delta_{ij}^1(s)|^{p\alpha_{ij}/\beta_k}\Big\}EV(s)\mathrm{d}s+$$

$$\int_t^{t+\delta}\sum_{i=1}^{n}\max_{1\leqslant j\leqslant n}\Big[\sum_{k=1}^{n_3}\varepsilon_k\ |\bar{b}_{ij}(s)|^{pr_{ij}^*}\ (L_j^{\bar{f}})^{ps_{ij}^*}\Big]\int_0^{+\infty}\kappa(\mu)EV(s-\mu)\mathrm{d}\mu\mathrm{d}s+$$

$$\int_t^{t+\delta}\max_{1\leqslant i\leqslant n}\Big\{\sum_{j=1}^{n}\frac{q_j}{q_i}\ |\widetilde{b}_{ji}(s)|^{pp_{ji}^*}\ (L_i^{\tilde{f}})^{pq_{ji}^*}+$$

$$(p-1)\sum_{j=1}^{n}\frac{q_j}{q_i}\ |\delta_{ji}^1(s)|^{p\alpha_{ji}^*/2}\Big\}EV(s-\tau(s))\mathrm{d}s \qquad (2-29)$$

故

$$D^+EV(t)\leqslant -r_1(t)EV(t)+r_2(t)\sup_{t-\tau\leqslant s\leqslant t}EV(s)+$$
$$r_3(t)\int_0^{+\infty}\kappa(\mu)EV(t-\mu)\mathrm{d}\mu \qquad (2-30)$$

如果 $t=t_k$，则

$$V(t_k)=\int_\Omega\sum_{i=1}^{n}q_i\ |z_i(t_k)|^p\mathrm{d}x=\int_\Omega\sum_{i=1}^{n}q_i\ |z_i(t_k^-)-\theta_{ik}z_i(t_k^-)|^p\mathrm{d}x\leqslant$$
$$\max_{i\in\mathbf{N}}(1-\theta_{ik})^p\int_\Omega\sum_{i=1}^{n}q_i\ |z_i(t_k^-)|^p\mathrm{d}x=\max_{i\in\mathbf{N}}(1-\theta_{ik})^pV(t_k^-) \qquad (2-31)$$

由引理 2.3 得

$$EV(t)\leqslant MEV_0\mathrm{e}^{-\alpha(t-t_0)},\quad i\in\Xi_{uk}^i \qquad (2-32)$$

因此

$$E\ \|\boldsymbol{u}(t,x)-\boldsymbol{u}^*\|^p\leqslant M\mathrm{e}^{-\alpha(t-t_0)}\ \|\boldsymbol{\psi}-\boldsymbol{u}^*\|_\tau^p,\quad t\geqslant t_0\geqslant 0 \qquad (2-33)$$

由定理 2.2 有下列推论。

推论 2.2　假设（A2.1）～（A2.5）成立。如果存在常数

$q_i(i=1,2,\cdots,n)$，使得

(A2.8) $r'_1(t) > r'_2(t) + r'_3(t)\int_0^{+\infty}\kappa(s)\mathrm{d}s$；

(A2.9) 存在常数 $M \geqslant 1, \lambda \in (0,\eta)$ 和 $\alpha \in [0,\lambda)$ 使得

$$\prod_{k=1}^{n}\max\{1,\max_{i\in\mathbf{N}}(1-\theta_{ik})^p\} \leqslant M\mathrm{e}^{\alpha t_n},\quad n\in\mathbf{Z}^+$$

和
$$\lambda < r'_1(t) - r'_2(t)\mathrm{e}^{\lambda\tau} - r'_3(t)\int_0^{+\infty}\kappa(s)\mathrm{e}^{\lambda s}\mathrm{d}s$$

这里

$$r'_1(t) = \min_{1\leqslant i\leqslant n}\Big\{p\bar{\alpha}_i\frac{m}{\pi^2} + \hat{A}_i\bar{\gamma}_i(t) - (p-1)\sum_{j=1}^{n}\widetilde{A}_i|b_{ij}(t)|(L_j^f) -$$
$$\sum_{j=1}^{n}\frac{q_j}{q_i}\widetilde{A}_j|b_{ji}(t)|(L_i^f) - (p-1)\sum_{j=1}^{n}\widetilde{A}_i(L_j^{\tilde{f}})|\tilde{b}_{ij}(t)| - \sum_{j=1}^{n}$$
$$\frac{p(p-1)}{2}\delta_{ij}^0(t) - (p-1)\sum_{j=1}^{n}\widetilde{A}_i\int_0^{+\infty}\kappa(\mu)|\bar{b}_{ij}(t)|(L_j^{\bar{f}})\mathrm{d}\mu -$$
$$\frac{(p-1)(p-2)}{2}\sum_{j=1}^{n}|\delta_{ij}^1(t)|\Big\}$$

$$r'_2(t) = \max_{1\leqslant i\leqslant n}\Big\{\sum_{j=1}^{n}\frac{q_j}{q_i}\widetilde{A}_j|\tilde{b}_{ji}(t)|(L_i^{\tilde{f}}) + (p-1)\sum_{j=1}^{n}\frac{q_j}{q_i}|\delta_{ji}^1(t)|\Big\}$$

$$r'_3(t) = \max_{1\leqslant i\leqslant n}\sum_{j=1}^{n}\frac{q_j}{q_i}\widetilde{A}_j[(p-1)|\bar{b}_{ji}(t)|(L_i^{\bar{f}})]$$

$$p = \sum_{k=1}^{n_1}\gamma_k + 1 = \sum_{k=1}^{n_2}\mu_k + 1 = \sum_{k=1}^{n_3}\varepsilon_k + 1 = \sum_{k=1}^{n_4}\beta_k + 2$$

$$n_1\xi_{ij} + \xi_{ij}^* = 1,\quad n_1\eta_{ij} + \eta_{ij}^* = 1,\quad n_2p_{ij} + p_{ij}^* = 1$$

$$n_2q_{ij} + q_{ij}^* = 1,\quad n_3r_{ij} + r_{ij}^* = 1,\quad n_3s_{ij} + s_{ij}^* = 1,\quad n_4\alpha_{ij} + \alpha_{ij}^* = 1$$

则系统式(2-16)的平衡点 $\boldsymbol{u}^*$ 是 p 阶矩指数稳定的，这里 $p\geqslant 2$ 是常数。

证明 在定理 2.1 的证明中，令 $n_1 = n_2 = n_3 = n_4 = 1, \gamma_k = \mu_k = \varepsilon_k = p-1, \beta_k = p-2, \xi_{ij} = \eta_{ij} = p_{ij} = q_{ij} = r_{ij} = r_{ij} = (p-1)/p, \alpha_{ij} = \beta_k = (p-2)/p, \xi_{ij}^* = \eta_{ij}^* = p_{ij}^* = q_{ij}^* = r_{ij}^* = s_{ij}^* = 1/p, \alpha_{ij}^* = 2/p$ 即可得到推论 2.2。

推论 2.3 假设(A2.1)～(A2.6)成立。如果 $\theta_{ik}\in[0,2]$，则系统式(2-16)的平衡点 $\boldsymbol{u}^*$ 是 p 阶矩指数稳定的，这里 $p\geqslant 2$ 是常数。

定理 2.3 假设(A2.1)～(A2.5)成立。如果存在常数 $p\geqslant 2, \nu_i > 0$，和 $\omega_{ij}, \omega_{ij}^*, \tilde{\omega}_{ij}, \tilde{\omega}_{ij}^*, \upsilon_{ij}, \bar{\upsilon}_{ij}, \bar{\upsilon}_{ij}^*, \rho_{ij}, \rho_{ij}^*, \bar{\rho}_{ij}, \bar{\rho}_{ij}^*, \theta_{ij}, \theta_{ij}^* \in \mathbb{R}, (i,j=1,2,\cdots,n)$ 使得

(A2.10) $\bar{r}_1(t) > \bar{r}_2(t) + \bar{r}_3(t)\int_0^{+\infty}\kappa(s)\mathrm{d}s$；

(A2.11) 存在常数 $M \geqslant 1, \lambda \in (0,\eta)$ 和 $\alpha \in [0,\lambda)$ 使得

$$\prod_{k=1}^{n}\max\{1, \max_{i\in \mathbf{N}}(1-\theta_{ik})^{p}\} \leqslant M\mathrm{e}^{\alpha t_n}, \quad n \in \mathbf{Z}^{+}$$

和
$$\lambda < \bar{r}_1(t) - \bar{r}_2(t)\mathrm{e}^{\lambda\tau} - \bar{r}_3(t)\int_0^{+\infty}\kappa(s)\mathrm{e}^{\lambda s}\mathrm{d}s$$

这里

$$(p-1)\omega_{ij} + \omega_{ij}^{*} = 1, \quad (p-1)\tilde{\omega}_{ij} + \tilde{\omega}_{ij}^{*} = 1$$
$$(p-1)\upsilon_{ij} + \upsilon_{ij}^{*} = 1, \quad (p-1)\bar{\upsilon}_{ij} + \bar{\upsilon}_{ij}^{*} = 1$$
$$(p-1)\rho_{ij} + \rho_{ij}^{*} = 1, \quad (p-1)\bar{\rho}_{ij} + \bar{\rho}_{ij}^{*} = 1, \quad (p-2)\bar{\theta}_{ij} + \bar{\theta}_{ij}^{*} = 1$$

$$\begin{aligned}\bar{r}_1(t) = \min_{1\leqslant i\leqslant n}\Big\{ & -p\bar{\alpha}_i\frac{m}{\pi^2} + p\hat{A}_i\bar{\gamma}_i(t) - \sum_{j=1}^{n}\Big[\widetilde{A}_i(p-1)(L_j^f)^{p\omega_{ij}}\,|b_{ij}(t)|^{p\tilde{\omega}_{ij}} + \\ & \widetilde{A}_i(p-1)(L_j^{\bar{f}})^{p\upsilon_{ij}}\,|\tilde{b}_{ij}(t)|^{p\bar{\upsilon}_{ij}} + (p-1)\widetilde{A}_i(L_j^f)^{p\omega_{ij}}\,|b_{ij}(t)|^{p\tilde{\omega}_{ij}} + \\ & \int_0^{+\infty}\kappa(\mu)(p-1)\widetilde{A}_i(L_j^{\bar{f}})^{p\rho_{ij}}\,|\bar{b}_{ij}(t)|^{p\bar{\rho}_{ij}}\mathrm{d}\mu + \\ & \frac{\nu_j}{\nu_i}\widetilde{A}_j(L_i^f)^{p\omega_{ji}^{*}}\,|b_{ji}(t)|^{p\tilde{\omega}_{ji}^{*}} + \\ & \frac{(p-1)(p-2)}{2}(\delta_{ij}^{1}(t))^{p\bar{\theta}_{ij}} + \frac{p(p-1)}{2}\delta_{ij}^{0}(t)\Big]\Big\}\end{aligned}$$

$$\bar{r}_2(t) = \max_{1\leqslant i\leqslant n}\Big[\sum_{j=1}^{n}\frac{\nu_j}{\nu_i}\widetilde{A}_j(L_i^{\bar{f}})^{p\upsilon_{ji}^{*}}\,|\tilde{b}_{ji}(t)|^{p\bar{\upsilon}_{ji}^{*}} + (p-1)(\delta_{ji}^{1}(t))^{p\bar{\theta}_{ji}^{*}/2}\Big]$$

和
$$\bar{r}_3(t) = \max_{1\leqslant i\leqslant n}\sum_{j=1}^{n}\frac{\nu_j}{\nu_i}\widetilde{A}_j(L_i^{\bar{f}})^{p\rho_{ji}^{*}}\,|\bar{b}_{ji}(t)|^{p\bar{\rho}_{ji}^{*}}$$

则系统式(2－16)的平衡点 $\boldsymbol{u}^{*}$ 是 p 阶矩指数稳定的，这里 $p \geqslant 2$ 是常数。

证明　构造 Lyapunov 泛函

$$\bar{V}(t) = \frac{1}{p}\int_{\Omega}\sum_{i=1}^{n}\nu_i\,|z_i(t)|^{p}\mathrm{d}x \tag{2-34}$$

由定理 2.2 的证明有

$$\begin{aligned}\bar{V}(t+\delta) - \bar{V}(t) \leqslant \int_t^{t+\delta}\int_{\Omega}\frac{1}{p}\Big\{ & \sum_{i=1}^{n}p\bar{\alpha}_i\frac{m}{\pi^2}\nu_i\,|z_i(s)|^{p} - \sum_{i=1}^{n}p\nu_i\hat{A}_i\bar{\gamma}_i(s)\,|z_i(s)|^{p} + \\ & \sum_{i=1}^{n}\sum_{j=1}^{n}p\nu_i\widetilde{A}_iL_j^f\,|z_i(s)|^{p-1}\,|b_{ij}(s)z_j(s)| + \\ & \sum_{i=1}^{n}\sum_{j=1}^{n}p\nu_i\widetilde{A}_iL_j^{\bar{f}}\,|z_i(s)|^{p-1}\,|\tilde{b}_{ij}(s)z_j(s-\tau(s))| +\end{aligned}$$

$$\sum_{i=1}^{n}\sum_{j=1}^{n}p\nu_i\widetilde{A}_iL_j^{\bar f}\int_0^{+\infty}\kappa(\mu)\,|z_i(s)|^{p-1}\,|\bar b_{ij}(s)z_j(s-\mu)|\,\mathrm{d}\mu\Big\}\mathrm{d}x\mathrm{d}s+$$

$$p\int_t^{t+\delta}\int_\Omega\sum_{i=1}^{n}\sum_{j=1}^{n}\nu_i\ |z_i(s)|^{p-1}\sigma_{ij}(s,x,z_i(s),z_j(s-\tau(s)))$$

$$\mathrm{d}x\mathrm{d}w_j(s)+\int_t^{t+\delta}\int_\Omega\frac{p(p-1)}{2}\sum_{i=1}^{n}\sum_{j=1}^{n}\nu_i[\delta_{ij}^0(s)\ |z_i(s)|^p+$$

$$\delta_{ij}^1(s)\ |z_i(s)|^{p-2}\ |z_j(s-\tau(s))|^2]\mathrm{d}x\mathrm{d}s\leqslant$$

$$\frac{1}{p}\int_t^{t+\delta}\int_\Omega\Big\{\sum_{i=1}^{n}p\bar\alpha_i\frac{m}{\pi^2}\nu_i\ |z_i(s)|^p-\sum_{i=1}^{n}p\nu_i\hat{A}_i\bar\gamma_i(s)\ |z_i(s)|^p+$$

$$\sum_{i=1}^{n}\sum_{j=1}^{n}\nu_i\widetilde{A}_i[(p-1)(L_j^f)^{p\omega_{ij}}\ |b_{ij}(s)|^{p\bar\omega_{ij}}\ |z_i(s)|^p+$$

$$(L_j^f)^{p\omega_{ij}^*}\ |b_{ij}(s)|^{p\bar\omega_{ij}^*}\ |z_j(s)|^p]+$$

$$\sum_{i=1}^{n}\sum_{j=1}^{n}\nu_i\widetilde{A}_i[(p-1)(L_j^{\tilde f})^{p\nu_{ij}}\ |\tilde b_{ij}(s)|^{p\bar\nu_{ij}}\ |z_i(s)|^r+$$

$$(L_j^{\tilde f})^{p\nu_{ij}^*}\ |\tilde b_{ij}(s)|^{p\bar\nu_{ij}^*}\ |z_j(s-\tau(s))|^p]+$$

$$\sum_{i=1}^{n}\sum_{j=1}^{n}\nu_i\widetilde{A}_i[(p-1)(L_j^f)^{p\omega_{ij}}\ |b_{ij}(s)|^{p\bar\omega_{ij}}\ |z_i(s)|^p+$$

$$(L_j^f)^{p\omega_{ij}^*}\ |b_{ij}(s)|^{p\bar\omega_{ij}^*}\ |z_j(s)|^p]+$$

$$\sum_{i=1}^{n}\sum_{j=1}^{n}\nu_i\widetilde{A}_i\int_0^{+\infty}\kappa(\mu)[(p-1)(L_j^{\bar f})^{p\rho_{ij}}\ |\bar b_{ij}(s)|^{p\bar\rho_{ij}}\ |z_i(s)|^p+$$

$$(L_j^{\bar f})^{p\rho_{ij}^*}\ |\bar b_{ij}(s)|^{p\bar\rho_{ij}^*}\ |z_j(s-\mu)|^p]\mathrm{d}\mu\}\mathrm{d}x\mathrm{d}s+$$

$$p\int_t^{t+\delta}\int_\Omega\sum_{i=1}^{n}\sum_{j=1}^{n}\nu_i\ |z_i(s)|^{p-1}\sigma_{ij}(s,x,z_i(s),z_j(s-\tau(s)))\mathrm{d}x\mathrm{d}w_j(s)+$$

$$\int_t^{t+\delta}\int_\Omega\sum_{i=1}^{n}\sum_{j=1}^{n}\frac{p(p-1)}{2}\nu_i\delta_{ij}^0(s)\ |z_i(s)|^p\mathrm{d}x\mathrm{d}s+$$

$$\int_t^{t+\delta}\int_\Omega\sum_{i=1}^{n}\sum_{j=1}^{n}\Big[\frac{(p-1)(p-2)}{2}\nu_i\ (\delta_{ij}^1(s))^{p\bar\theta_{ij}}\ |z_i(s)|^p+$$

$$(p-1)(\delta_{ij}^1(s))^{p\bar\theta_{ij}^*/2}\ |z_j(s-\tau(s))|^p]\mathrm{d}x\mathrm{d}s \tag{2-35}$$

两边取期望有

$$E\bar V(t+\delta)-E\bar V(t)\leqslant\int_t^{t+\delta}-\min_{1\leqslant i\leqslant n}\Big\{-p\bar\alpha_i\frac{m}{\pi^2}+p\hat{A}_i\bar\gamma_i(s)-$$

$$\sum_{j=1}^{n}\Big[\widetilde{A}_i(p-1)(L_j^f)^{p\omega_{ij}}\ |b_{ij}(s)|^{p\bar\omega_{ij}}+$$

$$\widetilde{A}_i(p-1)(L_j^{\tilde f})^{p\nu_{ij}}\ |\tilde b_{ij}(s)|^{p\bar\nu_{ij}}+$$

$$(p-1)\widetilde{A}_i\ (L_j^f)^{p\omega_{ij}}\ |b_{ij}(s)|^{p\bar{\omega}_{ij}}+$$

$$\int_0^{+\infty}\kappa(\mu)(p-1)\widetilde{A}_i\ (L_j^{\bar{f}})^{p\rho_{ij}}\ |\bar{b}_{ij}(s)|^{p\bar{\rho}_{ij}}\mathrm{d}\mu+$$

$$\frac{\nu_j}{\nu_i}\widetilde{A}_j\ (L_i^f)^{p\omega_{ji}^*}\ |b_{ji}(s)|^{p\bar{\omega}_{ji}^*}+$$

$$\frac{(p-1)(p-2)}{2}(\delta_{ij}^1(s))^{p\bar{\theta}_{ij}}+\frac{p(p-1)}{2}\delta_{ij}^0(s)\Bigg]\Bigg\}E\bar{V}(s)\mathrm{d}s+$$

$$\int_t^{t+\delta}\max_{1\leqslant i\leqslant n}\sum_{j=1}^n\frac{\nu_j}{\nu_i}\widetilde{A}_j\int_0^{+\infty}\kappa(\mu)(L_i^{\bar{f}})^{p\rho_{ji}^*}\ |\bar{b}_{ji}(s)|^{p\bar{\rho}_{ji}^*}E\bar{V}(s-\mu)\mathrm{d}\mu+$$

$$\int_t^{t+\delta}\max_{1\leqslant i\leqslant n}\Bigg\{\Bigg[\sum_{j=1}^n\frac{\nu_j}{\nu_i}\widetilde{A}_j\ (L_i^{\tilde{f}})^{p\nu_{ji}^*}\ |\tilde{b}_{ji}(s)|^{p\bar{\nu}_{ji}^*}+$$

$$(p-1)(\delta_{ji}^1(s)]^{p\bar{\theta}_{ji}^*/2}\Bigg\}E\bar{V}(s-\tau(s))\mathrm{d}s=$$

$$\int_t^{t+\delta}\Bigg[-\bar{r}_1(t)E\bar{V}(s)+\bar{r}_2(t)E\bar{V}(s-\tau(s))+$$

$$\bar{r}_3(t)\int_0^{+\infty}\kappa(s)E\bar{V}(s-\mu)\mathrm{d}\mu\Bigg]\mathrm{d}s \tag{2-36}$$

当 $t=t_k$ 时，有

$$E\bar{V}(t_k)=\frac{1}{p}\int_\Omega\sum_{i=1}^n\nu_iE(|z_i(t_k)|^p)\mathrm{d}x=\frac{1}{p}\int_\Omega\sum_{i=1}^n\nu_iE(|z_i(t_k^-)-\theta_{ik}z_i(t_k^-)|^p)\mathrm{d}x\leqslant$$

$$\max_{i\in\mathbf{N}}(1-\theta_{ik})^p\ \frac{1}{p}\int_\Omega\sum_{i=1}^n\nu_iE(|z_i(t_k^-)|^p)\mathrm{d}x=\max_{i\in\mathbf{N}}(1-\theta_{ik})^pEV(t_k^-) \tag{2-37}$$

由引理 2.3 得

$$E\bar{V}(t)\leqslant ME\bar{V}_0\mathrm{e}^{-\alpha(t-t_0)},\quad t\geqslant t_0 \tag{2-38}$$

因此

$$E\parallel u(t,x)-u^*\parallel^p\leqslant M\mathrm{e}^{-\alpha(t-t_0)}\ \parallel\psi-u^*\parallel_\tau^p,\quad t\geqslant t_0\geqslant 0 \tag{2-39}$$

推论 2.4　假设(A2.1)～(A2.5)成立。如果存在常数 $\nu_i>0(i=1,2,\cdots,n)$，使得

(A2.12) $\bar{r}'_1(t)>\bar{r}'_2(t)+\bar{r}'_3(t)\int_0^{+\infty}\kappa(s)\mathrm{d}s$；

(A2.13) 存在常数 $M\geqslant 1,\lambda\in(0,\eta)$ 和 $\alpha\in[0,\lambda)$，使得

$$\prod_{k=1}^n\max\{1,\max_{i\in\mathbf{N}}(1-\theta_{ik})^p\}\leqslant M\mathrm{e}^{\alpha t_n},\quad n\in\mathbf{Z}^+$$

和 $$\lambda < \bar{r}_1'(t) - \bar{r}_2'(t)e^{\lambda\tau} - \bar{r}_3'(t)\int_0^{+\infty}\kappa(s)e^{\lambda s}ds$$

这里

$$\omega_{ij} + \omega_{ij}^* = 1,\quad \tilde{\omega}_{ij} + \tilde{\omega}_{ij}^* = 1,\quad \upsilon_{ij} + \upsilon_{ij}^* = 1$$
$$\bar{\upsilon}_{ij} + \bar{\upsilon}_{ij}^* = 1,\quad \rho_{ij} + \rho_{ij}^* = 1,\quad \bar{\rho}_{ij} + \bar{\rho}_{ij}^* = 1$$
$$\bar{\theta}_{ij} + \bar{\theta}_{ij}^* = 1$$

$$\bar{r}_1(t) = \min_{1\leqslant i\leqslant n}\Big\{-2\bar{\alpha}_i\frac{m}{\pi^2} + 2\hat{A}_i\bar{\gamma}_i(t) - \sum_{j=1}^{n}\Big[\widetilde{A}_i(L_j^f)|b_{ij}(t)| + \widetilde{A}_i(L_j^{\tilde{f}})|\tilde{b}_{ij}(t)| + \widetilde{A}_i(L_j^f)|b_{ij}(t)| + \int_0^{+\infty}\kappa(\mu)\widetilde{A}_i(L_j^{\bar{f}})|\bar{b}_{ij}(t)|d\mu + \frac{\nu_j}{\nu_i}\widetilde{A}_j(L_i^f)|b_{ji}(t)| + \delta_{ij}^0(t)\Big]\Big\}$$

$$\bar{r}_2(t) = \max_{1\leqslant i\leqslant n}\Big[\sum_{j=1}^{n}\frac{\nu_j}{\nu_i}\widetilde{A}_j(L_i^{\tilde{f}})|\tilde{b}_{ji}(t)| + (\delta_{ji}^1(t))\Big]$$

和 $$\bar{r}_3(t) = \max_{1\leqslant i\leqslant n}\sum_{j=1}^{n}\frac{\nu_j}{\nu_i}\widetilde{A}_j(L_i^{\bar{f}})|\bar{b}_{ji}(t)|$$

则系统式(2－16)的平衡点 $\boldsymbol{u}^*$ 是在均方意义下指数稳定的。

证明　在定理2.3的条件中让 $p=2$ 且 $\omega_{ij}=\omega_{ij}^*=\tilde{\omega}_{ij}=\tilde{\omega}_{ij}^*=\upsilon_{ij}=\bar{\upsilon}_{ij}=\bar{\upsilon}_{ij}^*=\rho_{ij}=\rho_{ij}^*=\bar{\rho}_{ij}=\bar{\rho}_{ij}^*=\bar{\theta}_{ij}=\bar{\theta}_{ij}^*=\frac{1}{2}(i,j=1,2,\cdots,n)$，即可得到推论2.4。

注2.4　在模型式(2-16)中，当 $b_{ij}(t),\tilde{b}_{ij}(t),\bar{b}_{ij}(t),J_i(t)$ 取常数时，文献[88]对该模型进行了研究。Li和Li[29]研究了当 $\bar{\sigma}_{ij}(\cdot)=\tilde{b}_{ij}(t)=0$ 的特殊情况。目前，很少学者考虑具有时滞和变系数脉冲随机反应扩散神经网络 p 阶矩指数稳定问题。

注2.5　系统式(2－16)中，当 $a_i(u_i(t,x))=1$ 和 $\bar{d}_i(u_i(t,x))=e_iu_i(t,x),e_i>0$，文献[16]提出了该模型。文献[27]通过应用Holder不等式，构造了忽略连续分布时滞的Lyapunov泛函，得到了由代数不等式表示的稳定性判据。文献[27]由于判据中涉及对许多未知参数进行调整，并没有系统的方法来调整这些未知参数，故该稳定性判据是很难检查的。这里得到的结果很容易验证而且考虑了反应扩散神经网络神经元的抑制作用。

注2.6　文献[88]获得了具有连续分布时滞反应扩散Cohen－Grossberg神经网络的稳定性判据。然而，他们得到的稳定性判据中，没有考虑脉冲和随机的影响。

注 2.7　当 $D_{il}=0,\bar{b}_{ij}(t)=0,i,j=1,2,\cdots,n,l=1,2,\cdots,m$，系统式(2－16)归结为随机 Cohen-Grossberg 神经网络，该模型文献[144]已研究。当 $D_{il}=0,i=1,2,\cdots,n,l=1,2,\cdots,m$，文献[145]考虑了该模型。

2.2.4　数值例子

例 2.2　考虑在 $\Omega=\{(x_1,x_2)^{\mathrm{T}}\mid 0<x_k<1/\sqrt{3},k=1,2\}\subset\mathbb{R}^2$ 上的两个神经元的系统式(2－16)，这里

$$t_k=0.5k,\quad k\in\mathbf{Z}^+,\kappa(s)=k_{ij}(s)=s\mathrm{e}^{-s}$$

$$f_j(\eta)=\tilde{f}_j(\eta)=\bar{f}_j(\eta)=\frac{1}{2}(|\eta+1|+|\eta-1|)$$

$$L_j^f=L_j^{\tilde{f}}=L_j^{\bar{f}}=1,D_{il}=1,\quad i,j,l=1,2$$

$$\tau(t)=0.02-0.01\sin\pi t,\quad \tau=\ln 2,\quad n=m=2$$

$$a_1(z_1(t))=2+\cos(z_1(t)),\quad a_2(z_2(t))=2-\sin(z_2(t))$$

$$\bar{d}_1(z_1(t))=(37.6+10.5t)z_1(t),\quad \bar{d}_2(z_2(t))=(28.6+6.3t)z_1(t)$$

$$b_{11}(t)=0.1+0.1t,\quad b_{12}(t)=0.4+0.1t$$

$$b_{21}(t)=0.2+0.1t,\quad b_{22}(t)=0.3+0.1t,$$

$$\tilde{b}_{11}(t)=0.2+0.1t,\quad \tilde{b}_{12}(t)=0.3+0.2t$$

$$\tilde{b}_{21}(t)=0.5+0.1t,\quad \tilde{b}_{22}(t)=0.4+0.1t$$

$$\bar{b}_{11}(t)=0.1+0.2t,\quad \bar{b}_{12}(t)=0.2+t$$

$$\bar{b}_{21}(t)=0.2+0.1t,\quad \bar{b}_{22}(t)=0.1+t$$

$$J_1(t)=1+t,\quad J_2(t)=2+t$$

且 $\boldsymbol{\sigma}(\cdot)$ 满足

$$\begin{aligned}&\mathrm{trace}(\boldsymbol{\sigma}^{\mathrm{T}}(t,x,z_i(t),z_j(t-\tau(t)))\quad \boldsymbol{\sigma}(t,x,z_i(t),z_j(t-\tau(t))))\leqslant\\&\quad z_1^2(t)+z_2^2(t)+z_1^2(t-\tau(t))+z_2^2(t-\tau(t))\end{aligned}$$

令 $p=4,\delta_{ij}^0=\delta_{ij}^1=q_i=1$，通过简单计算，有

$$r'_1(t)=3.6t+12.6,\quad r'_2(t)=8.1+0.6t,\quad r'_3(t)=2.7+1.8t$$

显然

$$r'_1(t)>r'_2(t)+r'_3(t)\int_0^{+\infty}\kappa(s)\mathrm{d}s$$

设 $\alpha=0.5,\theta_{ik}=-0.1$ 和 $M=1$，因此，有

$$\prod_{k=1}^{n}\max\{1,\max_{i\in\mathbf{N}}(1-\theta_{ik})^p\}=1.464\quad 1^n\leqslant 1.6487^n\approx M\mathrm{e}^{\alpha t_n}$$

则取 $\tau=\ln 2$ 和 $\lambda=0.8>0.5$，使得

$$\lambda<r'_1(t)-r'_2(t)\mathrm{e}^{\lambda\tau}-r'_3(t)\int_0^{+\infty}\kappa(s)\mathrm{e}^{\lambda s}\mathrm{d}s$$

故，由推论 2.2 得到有关系统有唯一的平衡点是 4 阶矩指数稳定的。

2.3 分布参数混合时滞脉冲随机神经网络的动态行为

2.3.1 引言

许多生物系统往往处于周期变化的环境下，其动力学呈现出周期性特征，因此，探讨周期神经网络的动力学行为具有实际意义[77-80,82]。文献[79]中，作者研究了较简单的周期神经网络系统，讨论了平衡点的存在性及其稳定性。Rong[77] 利用线性矩阵不等式方法研究了一类离散时滞神经网络的全局周期性问题，并分别得到了时滞无关和时滞相关的周期性判据。文献[80]指出，这种极限环境可以通过存储模式应用到联想记忆中，因为一个平衡点可以看成具有任意周期振荡的特殊形式，所以神经网络的周期性研究比稳定性研究更具有概括性。Cao 等人[82] 研究了一类带有特殊激励函数的 Cohen-Grossberg 神经网络，讨论了该系统的多稳定性与多周期性。

从大脑本身来看，离散时滞并不能真实反映大脑的信息传输过程，而大脑传递信息本身也具有空间结构。因此文献[51]研究了带连续分布时滞的分布参数神经网络周期解及其指数稳定性。文献[76]研究了一类分布参数时滞神经网络的稳定性。基于上述讨论，本节研究反应扩散随机脉冲时滞神经网络的稳定性和周期性问题，得到该系统的稳定性和周期性的新的判断准则。

2.3.2 模型描述与预备知识

考虑具有混合时滞脉冲随机反应扩散神经网络

$$\begin{aligned}
\mathrm{d}u_i(t,x) = {} & \sum_{l=1}^{m} \frac{\partial}{\partial x_l}\left(D_{il}\frac{\partial u_i(t,x)}{\partial x_l}\right)\mathrm{d}t + \Big[-a_i(t)u_i(t,x) + \sum_{j=1}^{n} b_{ij}(t)f_j(u_j(t,x)) + \\
& \sum_{j=1}^{n}\tilde{b}_{ij}(t)\tilde{f}_j(u_j(t-\tau(t),x)) + \sum_{j=1}^{n}\bar{b}_{ij}(t)\int_{-\infty}^{t}k_{ij}(t-s)\bar{f}_j(u_j(s,x))\mathrm{d}s + J_i(t)\Big]\mathrm{d}t + \\
& \sum_{j=1}^{n}\sigma_{ij}(t,x,u(t,x)u(t-\tau(t),x))\mathrm{d}w_j(t) \\
& \qquad t \geqslant 0, t \neq t_k, x \in \Omega, k \in \mathbf{Z}^+ \\
u_i(t,x) = {} & u_i(t^-,x) - \theta_{ik}u_i(t^-,x), \quad t = t_k, x \in \Omega, k \in \mathbf{Z}^+
\end{aligned} \tag{2-40}$$

其中,时间序列 t_k 称为脉冲时刻且满足 $0 < t_0 < t_1 < \cdots < t_k < t_{k+1} < \cdots$, $\lim\limits_{k\to\infty} t_k = \infty$; $x = (x_1, \cdots, x_m)^{\mathrm{T}} \in \Omega \subset \mathbb{R}^m$, $\Omega = \{x = (x_1, \cdots, x_m)^{\mathrm{T}} \mid |x_l| < d_l, l = 1, \cdots, m\}$ 是具有光滑边界的紧集且测度 $\mathrm{mes}\Omega > 0$; $u_i(t,x)$ 表示第 i 个神经元的状态; $b_{ij}(t)$, $\tilde{b}_{ij}(t)$ 和 $\bar{b}_{ij}(t)$ 为神经元之间的连接权值; f_j, $\tilde{f}_j$ 和 $\bar{f}_j$ 表示激活函数; J_i 表示外部输入; $a_i(t)$ 表示与神经网络不连通且无外部附加电压差的情况下的第 i 个神经元恢复孤立静息状态下的速率; $\tau(t)$ 表示时滞且 $0 \leqslant \tau(t) \leqslant \tau$, τ 是一常数; 足够光滑函数 $D_{il} = D_{il}(t,x,u) \geqslant 0$ 表示轴突信号传输过程中的扩散算子; 时滞核 $k_{ij}(\cdot)$ 是定义在 $(0, +\infty)$ 上实值非负连续函数; $u_i(t^-, x)$ 和 $u_i(t^+, x)$ 分别表示 $u_i(t,x)$ 关于 t 的左右极限; $\bar{\sigma}_{ij}(\cdot)(i,j = 1,2,\cdots,n)$ 表示自由扰动的权函数; $w(t) = (w_1(t), \cdots, w_n(t))^{\mathrm{T}}$ 是一标准布朗运动; θ_{ik} 是常数。假设 $u_i(t_k, x) = u_i(t_k^+, x)$。

边值条件和初值条件分别为

$$
\begin{aligned}
u_i(t,x) &= 0, \quad (t,x) \in [0, +\infty] \times \partial\Omega \\
u_i(t_0 + s, x) &= \psi_i(s,x), \quad (s,x) \in (-\infty, 0] \times \Omega
\end{aligned}
\tag{2-41}
$$

这里 $\psi = (\psi_1, \cdots, \psi_n)^{\mathrm{T}} \in PC_{F_0}^{b}$。

实际上,一些神经网络是系统式(2-40)的特殊情况。例如,系统式(2-40)中,当 $\sigma_{ij} = 0, i,j \in \mathbf{N}$ 时,文献[27]和[107]对该确定性模型进行了研究。当 $\theta_{ik} = 0, i = 1,2,\cdots,n, k \in \mathbf{Z}^+$,系统式(2-40)变为具有混合时滞随机反应扩散神经网络,文献[65]和[147]进行了研究。如果 $\theta_{ik} = 0$ 和 $\sigma_{ij} = 0, i,j \in \mathbf{N}, k \in \mathbf{Z}^+$,系统式(2-40)归结为具有混和时滞的确定性连续系统:

$$
\begin{aligned}
\frac{\mathrm{d}u_i(t)}{\mathrm{d}t} = {} & \sum_{l=1}^{m} \frac{\partial}{\partial x_l}\left(D_{il}\frac{\partial u_i(t)}{\partial x_l}\right) - a_i(t)u_i(t) + \sum_{j=1}^{n} b_{ij}(t) f_j(u_j(t,x)) + \\
& \sum_{j=1}^{n} \tilde{b}_{ij}(t)\tilde{f}_j(u_j(t-\tau(t),x)) + \\
& \sum_{j=1}^{n} \bar{b}_{ij}(t)\int_{-\infty}^{t} k_{ij}(t-s)\bar{f}_j(u_j(s,x))\mathrm{d}s + J_i
\end{aligned}
\tag{2-42}
$$

文献[148]对模型式(2-42)的特殊情况的动态行为进行了研究。

本节作如下假设:

(A2.14) 假设 $a_i(t) > 0, b_{ij}(t), \tilde{b}_{ij}(t), \bar{b}_{ij}(t), \tau(t) \geqslant 0$ 和 $J_i(t)$ 是定义在 $[0, +\infty)$ 上的连续周期函数,公共周期为 $\omega > 0$。而且 $\hat{a}_i = \min\limits_{t\in[0,\omega]}\{a_i(t)\}$, $\hat{b}_{ij} = \max\limits_{t\in[0,\omega]}\{|b_{ij}(t)|\}$, $\hat{\tilde{b}} = \max\limits_{t\in[0,\omega]}\{|\tilde{b}_{ij}(t)|\}$, $\hat{\bar{b}} = \max\limits_{t\in[0,\omega]}\{|\bar{b}_{ij}(t)|\}$, $i,j \in \mathbf{N}$。

(A2.15) 存在正定对角矩阵 $\boldsymbol{L}^f=\mathrm{diag}(L_1^f,\cdots,L_n^f)$，$\boldsymbol{L}^{\tilde{f}}=\mathrm{diag}(L_1^{\tilde{f}},\cdots,L_n^{\tilde{f}})$，$\boldsymbol{L}^{\bar{f}}=\mathrm{diag}(L_1^{\bar{f}},\cdots,L_n^{\bar{f}})$，使得对所有 $\eta_1,\eta_2\in\mathbb{R}$有

$$|f_j(\eta_1)-f_j(\eta_2)|\leqslant \boldsymbol{L}_j^f|\eta_1-\eta_2|,\quad |\tilde{f}_j(\eta_1)-\tilde{f}_j(\eta_2)|\leqslant \boldsymbol{L}_j^{\tilde{f}}|\eta_1-\eta_2|$$
$$|\bar{f}_j(\eta_1)-\bar{f}_j(\eta_2)|\leqslant \boldsymbol{L}_j^{\bar{f}}|\eta_1-\eta_2|,\quad j=1,2,\cdots,n$$

(A2.16) 时滞核 $k_{ij}(\cdot):[0,+\infty)\to[0,+\infty)$，$(i,j\in\mathbf{N})$ 是非负实值连续函数，且满足下列条件：

(i) $\int_0^{+\infty}k_{ij}(s)\mathrm{d}s=1$；

(ii) 对 $s\in[0,+\infty)$，有 $k_{ij}(s)\leqslant\kappa(s)$，其中 $\kappa(s):[0,+\infty)\to\mathbb{R}^+$ 是连续可积的，且满足$\int_0^{+\infty}\kappa(s)\mathrm{e}^{\eta s}\mathrm{d}s<+\infty$，这里 η 为正数。

(A2.17) 对 $\omega>0$，存在 $q\in\mathbf{Z}^+$ 使得 $t_k+\omega=t_{k+q}$ 和 $\theta_{ik}+\omega=\theta_{i(k+q)}$，$k\in\mathbf{Z}^+$，$i\in\mathbf{N}$。

(A2.18) 存在非负常数 δ_i 和 γ_i 使得

$$(\sigma_i(t,x\xi'_i,\zeta'_i)-\sigma_i(t,x,\xi_i,\zeta))(\sigma_i(t,x,\xi'_i,\zeta'_i)-\sigma(t,x,\xi_i,\zeta_i))^{\mathrm{T}}\leqslant$$
$$\delta_i|\xi'_i-\xi_i|^2+\gamma_i|\zeta'_i-\zeta_i|^2,\quad \xi_i,\zeta_i,\xi'_i,\zeta'_i\in\mathbb{R}$$

其中，$\sigma_i(t,x,\xi,\zeta)=(\sigma_{i1}(t,x,\xi,\zeta),\cdots,\sigma_{in}(t,x,\xi,\zeta))$ 是$\sigma(t,x,\xi,\zeta)$ 的第i行向量，$i\in\mathbf{N}$。

为叙述方便，在不引起歧义的情况下，把 $u_i(t,x)$，$\psi_i(s,x)$ 分别记为 $u_i(t)$ 或 u_i，$\psi_i(s)$ 或 ψ_i。

定义 2.3 如果存在正常数 ε 和 $M\geqslant1$ 使得

$$E\|\boldsymbol{u}(t,x)-\boldsymbol{u}^*\|_2\leqslant M\|\boldsymbol{\psi}-\boldsymbol{u}^*\|_\tau\mathrm{e}^{-\varepsilon(t-t_0)},\quad t\geqslant t_0\geqslant0 \tag{2-43}$$

则称系统式(2-40)和式(2-41)的平衡点$\boldsymbol{u}^*=(u_1^*,u_2^*,\cdots,u_n^*)$在均方意义下全局指数稳定。

定义 2.4 如果：(i) 系统式(2-40)和式(2-41)存在一个ω-周期解；(ii) 当$t\to+\infty$时，系统式(2-40)和式(2-41)的所有其他解在均方意义下指数收敛到此解，则称系统(2-40)和式(2-41)是在均方意义下全局指数周期的。

引理 2.5[149] 设 p,q,r 和 β_k，$(k\in\mathbf{Z}^+)$ 是非负常数，函数 $V(s)\in P\mathbb{C}^2(\mathbb{R}^n,\mathbb{R}^+)$，$LV$ 与系统式(2-40)，且满足下列不等式：

$$LV(x(t))\leqslant-pV(x(t))+q\sup_{t-\tau\leqslant s\leqslant t}V(x(s))+r\int_0^{+\infty}\kappa(s)V(x(t-s))\mathrm{d}s,$$
$$t\neq t_k,t\geqslant0$$
$$V(x(t_k))\leqslant\beta_kV(x(t_k^-)),\quad k\in\mathbf{Z}^+$$

其中 $\kappa(s)$ 满足(A2.17)。假设：

(i) $p > q + r\int_0^{+\infty}\kappa(s)\mathrm{d}s$；

(ii) 存在常数 $M > 0, \alpha > 0$ 使得

$$\prod_{k=1}^{n}\max\{1,\beta_k\} \leqslant M\mathrm{e}^{\alpha t_n},\quad n \in \mathbf{Z}^+$$

则

$$EV(x(t)) \leqslant MEV_0\mathrm{e}^{-(\lambda-\alpha)t},\quad t \geqslant t_0 \tag{2-44}$$

这里 $EV_0 = \sup\limits_{-\infty\leqslant s\leqslant 0} EV(x(s))$，$\lambda \in (0,\eta)$ 满足 $\lambda < p - q\mathrm{e}^{\lambda\tau} - r\int_0^{+\infty}\kappa(s)\mathrm{e}^{\lambda s}\mathrm{d}s$。

注 2.8　脉冲时滞微分不等式在具有混合时滞脉冲随机反应扩散神经网络的定性分析中具有重要作用。得到的上述结论式(2-44)是文献[150]中连续情况的推广。

引理 2.6[26]　设 $\boldsymbol{a},\boldsymbol{b} \in \mathbb{R}^n$ 和 $\boldsymbol{X}$ 是 $n\times n$ 正定矩阵，则

$$2\boldsymbol{a}^{\mathrm{T}}\boldsymbol{b} \leqslant \boldsymbol{a}^{\mathrm{T}}\boldsymbol{X}\boldsymbol{a} + \boldsymbol{b}^{\mathrm{T}}\boldsymbol{X}^{-1}\boldsymbol{b}$$

2.3.3　均方意义下全局指数周期性

定理 2.4　假设(A2.14) ~ (A2.18) 成立，并进一步假设：

(A2.19) $p > q + r\int_0^{+\infty}\kappa(s)\mathrm{d}s$；

(A2.20) 存在常数 $M \geqslant 1, \lambda \in (0,\eta)$ 和 $\alpha \in [0,\lambda)$ 使得

$$\prod_{k=1}^{n}\max\{1,\beta_k\} \leqslant M\mathrm{e}^{\alpha t_n},\quad n \in \mathbf{Z}^+$$

和

$$\lambda < p - q\mathrm{e}^{\lambda\tau} - g\int_0^{+\infty}\kappa(s)\mathrm{e}^{\lambda s}\mathrm{d}s$$

其中

$$p = 2\sum_{l=1}^{m}\frac{\min\limits_{i\in\mathbf{N}}(D_i)}{d_i^2} + 2\min_{i\in\mathbf{N}}(\hat{a}_i) - \Big[\min_{i\in\mathbf{N}}\Big(\sum_{j=1}^{n}|\hat{b}_{ij}|L_j^f\Big) + \sum_{i=1}^{n}\max_{j\in\mathbf{N}}(|\hat{b}_{ij}|L_j^f) +$$

$$\max_{i\in\mathbf{N}}\Big(\sum_{j=1}^{n}|\hat{\tilde{b}}_{ij}|L_j^{\tilde{f}}\Big) + \max_{i\in\mathbf{N}}\Big(\sum_{j=1}^{n}|\hat{\bar{b}}_{ij}|L_j^{\bar{f}}\Big) + \max_{i\in\mathbf{N}}\{\delta_i\}\Big]$$

$$q = \Big[\sum_{i=1}^{n}\max_{j\in\mathbf{N}}(|\hat{\tilde{b}}_{ij}|L_j^{\tilde{f}}) + \max_{i\in\mathbf{N}}\{\gamma_i\}\Big]$$

$$r = \sum_{i=1}^{n}\max_{j\in\mathbf{N}}(|\hat{\bar{b}}_{ij}|L_j^{\bar{f}}),\quad \beta_k = \max_{i\in\mathbf{N}}\{(1-\theta_{ik})^2\},\quad D_i = \min_{1\leqslant l\leqslant m}\{D_{il}\}$$

系统式(2-40) 和式(2-41) 是在均方意义下全局指数周期的。

证明　对任意 $\boldsymbol{\psi} = (\psi_1,\cdots,\psi_n)^{\mathrm{T}}, \boldsymbol{\varphi} = (\varphi_1,\cdots,\varphi_n)^{\mathrm{T}} \in P\mathbb{C}_{\mathrm{F}_0}^{b}$，设 $\bar{\boldsymbol{u}}(t) =$

$(\bar{u}_1(t),\cdots,\bar{u}_n(t))^{\mathrm{T}}$ 和 $\underline{\boldsymbol{u}}(t)=(\underline{u}_1(t),\cdots,\underline{u}_n(t))^{\mathrm{T}}$ 是系统式(2-40)和式(2-41)分别取不同初值 $\boldsymbol{\psi}$ 和 $\boldsymbol{\varphi}$ 时的解。

令 $z_i(t)=\bar{u}_i(t)-\underline{u}_i(t)$,则

$$\begin{aligned}
\mathrm{d}z_i(t)=&\sum_{l=1}^{m}\frac{\partial}{\partial x_l}\left(D_{il}\frac{\partial z_i(t)}{\partial x_l}\right)\mathrm{d}t+\Big[-a_i(t)z_i(t)+\sum_{j=1}^{n}b_{ij}(t)(f_j(\bar{u}_j(t))-f_j(\underline{u}_j(t)))+\\
&\sum_{j=1}^{n}\tilde{b}_{ij}(t)(\tilde{f}_j(\bar{u}_j(t-\tau(t)))-\tilde{f}_j(\underline{u}_j(t-\tau(t))))+\\
&\sum_{j=1}^{n}\bar{b}_{ij}(t)\int_{-\infty}^{t}k_{ij}(t-s)(\bar{f}_j(\bar{u}_J(s))-\bar{f}_j(\underline{u}_j(s)))\mathrm{d}s\Big]\mathrm{d}t+\\
&\sum_{j=1}^{n}[\sigma_{ij}(t,x,\bar{u}_i(t),\bar{u}_i(t-\tau(t)))-\sigma_{ij}(t,x,\underline{u}_i(t),\underline{u}_i(t-\tau(t)))]\mathrm{d}w_j(t)
\end{aligned}\tag{2-45}$$

构造 Lyapunov 泛函:

$$V(t)=\int_{\Omega}\sum_{i=1}^{n}z_i^2(t)\mathrm{d}x,\quad i\in\mathbf{N}$$

当 $t=t_k$ 时,由式(2-40)和(A2.17)有

$$\begin{aligned}
V(t_k)=&\int_{\Omega}\sum_{i=1}^{n}z_i^2(t_k)\mathrm{d}x=\int_{\Omega}\sum_{i=1}^{n}[\bar{u}_i(t_k)-\underline{u}_i(t_k)]^2\mathrm{d}x=\\
&\int_{\Omega}\sum_{i=1}^{n}[\bar{u}_i(t_k+\omega)-\underline{u}_i(t_k)]^2\mathrm{d}x=\\
&\int_{\Omega}\sum_{i=1}^{n}(1-\theta_{ik})^2[\bar{u}_i(t_{k+q}^{-})-\underline{u}_i(t_k^{-})]^2\mathrm{d}x\leqslant\\
&\max_{i\in\mathbf{N}}(1-\theta_{ik})^2\int_{\Omega}\sum_{i=1}^{n}[\bar{u}_i(t_k^{-}+\omega)-\underline{u}_i(t_k^{-})]^2\mathrm{d}x=\\
&\max_{i\in\mathbf{N}}(1-\theta_{ik})^2V(t_k^{-})
\end{aligned}\tag{2-46}$$

当 $t\in(t_{k-1},t_k]$ 时,沿着系统式(2-45)的算子 $LV(t)$ 为

$$\begin{aligned}
LV(t)=&\int_{\Omega}2\sum_{i=1}^{n}z_i(t)\Big\{\sum_{l=1}^{m}\frac{\partial}{\partial x_l}\left(D_{il}\frac{\partial z_i(t)}{\partial x_l}\right)-a_i(t)z_i(t)+\\
&\sum_{j=1}^{n}b_{ij}(t)\Big[f_j(\bar{u}_j(t))-f_j(\underline{u}_j(t))\Big]+\\
&\sum_{j=1}^{n}\tilde{b}_{ij}(t)\Big[\tilde{f}_j(\bar{u}_j(t-\tau(t)))-\tilde{f}_j(\underline{u}_j(t-\tau(t)))\Big]+\\
&\sum_{j=1}^{n}\bar{b}_{ij}(t)\int_{-\infty}^{t}k_{ij}(t-s)[\bar{f}_j(\bar{u}_j(s))-\bar{f}_j(\underline{u}_j(s))]\mathrm{d}s\Big\}\mathrm{d}x+
\end{aligned}$$

$$\int_{\Omega}\sum_{i=1}^{n}[\sigma_i(t,x,\bar{u}_i(t),\bar{u}_i(t-\tau(t)))-$$
$$\sigma_i(t,x,\underline{u}_i(t),\underline{u}_i(t-\tau(t)))][\sigma_i(t,x,\bar{u}_i(t),\bar{u}_i(t-\tau(t)))-$$
$$\sigma_i(t,x,\underline{u}_i(t),\underline{u}_i(t-\tau(t)))]^{\mathrm{T}}\mathrm{d}x \tag{2-47}$$

结合 Cauchy 不等式和(A2.15) 得

$$\int_{\Omega}z_i(t)\int_{-\infty}^{t}K_{ij}(t-s)[\bar{f}_j(\bar{u}_j(t))-\bar{f}_j(\underline{u}_j(t))]\mathrm{d}s\mathrm{d}x\leqslant$$
$$\int_{\Omega}|z_i(t)|\int_{0}^{+\infty}K_{ij}(s)L_j^{\bar{f}}|z_j(t-s)|\mathrm{d}s\mathrm{d}x=$$
$$\int_{0}^{+\infty}K_{ij}(s)L_j^{\bar{f}}\int_{\Omega}|z_i(t)||z_j(t-s)|\mathrm{d}x\mathrm{d}s\leqslant$$
$$L_j^{\bar{f}}\|z_i(t)\|_2\int_{0}^{+\infty}K_{ij}(s)L_j^{\bar{f}}\|z_j(t-s)\|_2\mathrm{d}s\leqslant$$
$$\frac{1}{2}L_j^{\bar{f}}\left[\|z_i(t)\|_2^2+\left(\int_{0}^{+\infty}K_{ij}(s)\|z_i(t-s)\|_2\mathrm{d}s\right)^2\right]=$$
$$\frac{1}{2}L_j^{\bar{f}}\|z_i(t)\|_2^2+\frac{1}{2}L_j^{\bar{f}}\left(\int_{0}^{+\infty}(K_{ij}(s))^{\frac{1}{2}}(K_{ij}(s))^{\frac{1}{2}}\|z_j(t-s)\|_2\mathrm{d}s\right)^2\leqslant$$
$$\frac{1}{2}L_j^{\bar{f}}\|z_i(t)\|_2^2+\frac{1}{2}L_j^{\bar{f}}\left(\int_{0}^{+\infty}K_{ij}(s)\|z_j(t-s)\|_2^2\mathrm{d}s\right) \tag{2-48}$$

依据 Green's 公式和边界条件有

$$\int_{\Omega}\sum_{l=1}^{m}z_i(t)\frac{\partial}{\partial x_l}\left(D_{il}\frac{\partial z_i(t)}{\partial x_l}\right)\mathrm{d}x=-\sum_{l=1}^{m}\int_{\Omega}D_{il}\left(\frac{\partial z_i(t)}{\partial x_l}\right)^2\mathrm{d}x \tag{2-49}$$

而且由引理 2.2 得

$$-\sum_{l=1}^{m}\int_{\Omega}D_{il}\left(\frac{\partial z_i(t)}{\partial x_l}\right)^2\mathrm{d}x\leqslant-\int_{\Omega}\sum_{l=1}^{m}\frac{D_{il}}{d_1^2}(z_i(t))^2\mathrm{d}x\leqslant$$
$$-\int_{\Omega}\sum_{l=1}^{m}\frac{\min\limits_{i\in\mathrm{N}}(D_i)}{d_l^2}(z_i(t))^2\mathrm{d}x \tag{2-50}$$

由(A2.14) ～ (A2.16),(A2.18) 和式(2-47) 和式(2-48) 有

$$LV(t)\leqslant-2\sum_{l=1}^{m}\sum_{i=1}^{n}\left(\frac{D_{il}}{d_l^2}\|z_i(t)\|_2^2\right)+2\sum_{i=1}^{n}-\hat{a}_i\|z_i(t)\|_2^2+$$
$$\sum_{j=1}^{n}(|\hat{b}_{ij}|L_j^f\|z_i(t)\|_2\|z_j(t)\|_2)+$$
$$\frac{1}{2}\sum_{j=1}^{n}|\hat{\bar{b}}_{ij}|L_j^{\bar{f}}\left[\|z_i(t)\|_2^2+\left(\int_{0}^{+\infty}K_{ij}(s)\|z_j(t-s)\|_2^2\mathrm{d}s\right)\right]+$$
$$\sum_{j=1}^{n}(|\hat{\tilde{b}}_{ij}|L_j^{\tilde{f}}\|z_i(t)\|_2\|z_j(t-\tau(t))\|_2)+$$

$$
\begin{aligned}
&\sum_{i=1}^{n}(\delta_i \| z_i(t) \|_2^2 + \gamma_i \| z_i(t-\tau(t)) \|_2^2) \leqslant \\
&-\sum_{l=1}^{m}\sum_{i=1}^{n}\left(\frac{2D_{il}}{d_l^2} \| z_i(t) \|_2^2\right) + \\
&\sum_{i=1}^{n} -2\hat{a}_i \| z_i(t) \|_2^2 + \sum_{j=1}^{n} | \hat{b}_{ij} | L_j^f (\| z_i(t) \|_2^2 + \| z_j(t) \|_2^2) + \\
&\sum_{j=1}^{n} | \hat{\bar{b}}_{ij} | L_j^{\bar{f}} \left(\| z_i(t) \|_2^2 + \left(\int_0^{+\infty} K_{ij}(s) \| z_j(t-s) \|_2^2 \mathrm{d}s\right)\right) + \\
&\sum_{j=1}^{n} [| \hat{\tilde{b}}_{ij} | L_j^{\tilde{f}} (\| z_i(t) \|_2^2 + \| z_j(t-\tau(t)) \|_2^2)] + \\
&\sum_{i=1}^{n}(\delta_i \| z_i(t) \|_2^2 + \gamma_i \| z_i(t-\tau(t)) \|_2^2) \leqslant \\
&\Bigg\{-2\sum_{l=1}^{m}\frac{\min\limits_{i\in\mathbf{N}}(D_i)}{d_l^2} - 2\min_{i\in\mathbf{N}}(\hat{a}_i) + \Big[\max_{i\in\mathbf{N}}\Big(\sum_{j=1}^{n} | \hat{b}_{ij} | L_j^f\Big) + \\
&\sum_{i=1}^{n}\max_{j\in\mathbf{N}}(| \hat{b}_{ij} | L_j^f) + \max_{i\in\mathbf{N}}\Big(\sum_{j=1}^{n} | \hat{\bar{b}}_{ij} | L_j^{\bar{f}}\Big) + \\
&\max_{i\in\mathbf{N}}\Big(\sum_{j=1}^{n} | \hat{\tilde{b}}_{ij} | L_j^{\tilde{f}}\Big) + \max_{i\in\mathbf{N}}\{\delta_i\}\Big]\Bigg\}\sum_{i=1}^{n} \| z_i(t) \|_2^2 + \\
&\Big[\sum_{i=1}^{n}\max_{j\in\mathbf{N}}(| \hat{\tilde{b}}_{ij} | L_j^{\tilde{f}}) + \max_{i\in\mathbf{N}}\{\gamma_i\}\Big]\sum_{i=1}^{n} \| z_i(t-\tau(t)) \|_2^2 + \\
&\sum_{i=1}^{n}\max_{j\in\mathbf{N}}(| \hat{\bar{b}}_{ij} | L_j^{\bar{f}})\int_0^{+\infty}\kappa(s)\sum_{i=1}^{n} \| z_i(t-s) \|_2^2 \mathrm{d}s
\end{aligned}
\tag{2-51}
$$

由式(2-46),式(2-51)和引理2.5,知道

$$EV(t) \leqslant MEV_0 \mathrm{e}^{-(\alpha-\beta)t}, \quad t \geqslant t_0$$

故

$$\int_{\Omega}\sum_{i=1}^{n}E[\bar{u}_i(t) - \underline{u}_i(t)]^2 \mathrm{d}x \leqslant M \| \varphi - \psi \|_{\tau}^2 \mathrm{e}^{-(\alpha-\beta)t}, \quad t \geqslant t_0$$

由可测函数的积分性质得

$$\int_{\Omega}\sum_{i=1}^{n}[\bar{u}_i(t+\omega) - \bar{u}_i(t)]^2 \mathrm{d}x \leqslant M \| \varphi - \psi \|^2 \mathrm{e}^{-(\alpha-\beta)t}, \quad t \geqslant t_0, \text{a. e.} \tag{2-52}$$

其中,a. e. 表示“几乎”的含义。

根据$\left(\sum_{i=1}^{n} | z_i |\right)^2 \leqslant n\sum_{i=1}^{n} | z_i |^2, z_i \in \mathbb{R}^+$,得到

$$\int_{\Omega}\sum_{i=1}^{n} \mid \bar{u}_i(t+\omega)-\bar{u}_i(t) \mid \mathrm{d}x \leqslant \sqrt{nM}\,\|\varphi-\psi\|\,e^{-0.5(\alpha-\beta)t},\quad t\geqslant t_0,\text{a. e.}$$

注意到

$$\bar{u}_i(t+k\omega)=\bar{u}_i(t)+\sum_{r=1}^{k}[\bar{u}_i(t+r\omega)-\bar{u}_i(t+(r-)\omega)],\quad i\in\mathbf{N}$$

对任意 $t\geqslant t_0$，由式(2-52)，可以看出

$$\begin{aligned}\int_{\Omega}\sum_{r=1}^{\infty}[\bar{u}_i(t+r\omega)-\bar{u}_i(t+(r-1))\omega]\mathrm{d}x &= \int_{\Omega}\lim_{k\to\infty}\sum_{r=1}^{k}[(\bar{u}_i(t+r\omega)-\\ &\quad \bar{u}_i(t+(r-1)\omega))]\mathrm{d}x\leqslant\\ &\quad \sqrt{nM}\,\|\varphi-\psi\|\,\lim_{k\to\infty}\sum_{r=1}^{k}\mathrm{e}^{-0.5(\alpha-\beta)(t+(r-1)\omega)}\leqslant\\ &\quad \sqrt{nM}\,\|\varphi-\psi\|\,\mathrm{e}^{-0.5(\alpha-\beta)t}\lim_{k\to\infty}\sum_{r=1}^{k}\mathrm{e}^{-0.5(\alpha-\beta)(r-1)\omega}\end{aligned}\quad(2-53)$$

因此，$\lim\limits_{k\to\infty}\bar{u}_i(t+k\omega)$ 几乎处处存在。

设 $\hat{\boldsymbol{u}}(t)=(\hat{u}_1(t),\cdots,\hat{u}_n(t))^{\mathrm{T}}$ 是初值为 ϕ 的系统式(2-40)和式(2-41)的解，让 $\hat{u}_i(t)=\lim\limits_{k\to\infty}\bar{u}_i(t+k\omega)$，则 $\hat{\boldsymbol{u}}(t)$ 是 ω 为周期的函数。假设 $\hat{\boldsymbol{v}}(t)=(\hat{v}_1(t),\cdots,\hat{v}_n(t))^{\mathrm{T}}$ 是初值为 ϕ^* 的系统式(2-40)和式(2-41)的另一 ω-周期解，由前面类似的方法，容易证明

$$\begin{aligned}\int_{\Omega}\sum_{i=1}^{n}[\hat{u}_i(t)-\hat{v}_i(t)]^2\mathrm{d}x &= \int_{\Omega}\sum_{i=1}^{n}\sum_{i=1}^{n}[\hat{u}_i(t+k\omega)-\hat{v}_i(t+k\omega)]^2\mathrm{d}x\leqslant\\ &\quad M\,\|\phi-\phi^*\|^2\mathrm{e}^{-(\alpha-\beta)(t+k\omega)},\quad t\geqslant t_0,\quad \text{a. e.}\end{aligned}\quad(2-54)$$

所以，系统式(2-40)和式(2-41)是均方意义下全局指数周期的。

接下来，省略条件(A2.17)和利用线性矩阵不等式技巧，得到了系统式(2-40)和式(2-41)在均方意义下周期解的全局指数稳定性定理。

定理 2.5　假设(A2.14)～A(2.16)和(A2.18)成立。如果存在正定对角矩阵 $\boldsymbol{P}$，正定矩阵 $\boldsymbol{\Xi}_1,\boldsymbol{\Xi}_2$，非负常数 p,q,r 和 $\beta_k,(k\in\mathbf{Z}^+)$，使得

(i) $p>q+r\int_0^{+\infty}\kappa(s)\mathrm{d}s$；

(ii) 存在常数 $M\geqslant 1,\lambda\in(0,\eta)$ 和 $\alpha\in[0,\lambda)$ 使得

$$\prod_{k=1}^{n}\max\{1,\beta_k\}\leqslant M\mathrm{e}^{\alpha t_n},\quad n\in\mathbf{Z}^+$$

和

$$\lambda<p-qe^{\lambda\tau}-r\int_0^{+\infty}\kappa(s)\mathrm{e}^{\lambda s}\mathrm{d}s$$

(iii)　$-\boldsymbol{P}\boldsymbol{D}^*-\boldsymbol{D}^{*\mathrm{T}}\boldsymbol{P}-\boldsymbol{P}\boldsymbol{A}-\boldsymbol{A}^{\mathrm{T}}\boldsymbol{P}+\boldsymbol{P}\boldsymbol{B}\boldsymbol{L}^f+\boldsymbol{L}^f\boldsymbol{B}^{\mathrm{T}}\boldsymbol{P}+\boldsymbol{R}_1+$

$$P\widetilde{B}L^{\tilde{f}}\Xi_1 L^{\tilde{f}}\widetilde{B}^{\mathrm{T}}P + \int_0^{+\infty}\kappa(s)\,\mathrm{d}sP\overline{B}L^{\bar{f}}\Xi_2 L^{\bar{f}}\overline{B}^{\mathrm{T}}P + pP < 0$$

$$\Xi_1^{-1} + R_2 - qP < 0,\quad \Xi_2^{-1} - rP < 0,\quad C_k^{\mathrm{T}}PC_k - \beta_k P < 0$$

则系统式(2-40)和式(2-41)是在均方意义下全局指数周期的。这里

$$A = \mathrm{diag}(a_1,\cdots,a_n),\quad B = (b_{ij})_{n\times n},\quad \widetilde{B} = (\tilde{b}_{ij})_{n\times n}$$

$$\overline{B} = (\bar{b}_{ij})_{n\times n},\quad \beta_k = \max_{i\in\mathbf{N}}\{(1-\theta_{ik})^2\}$$

$$R_1 = \mathrm{diag}(\delta_1,\cdots,\delta_n),\quad R_2 = \mathrm{diag}(\gamma_1,\cdots,\gamma_n)$$

$$D^* = \mathrm{diag}\left(\sum_{l=1}^{m}\frac{D_{1l}}{d_l^2},\cdots,\sum_{l=1}^{m}\frac{D_{nl}}{d_l^2}\right),\quad C_k = \mathrm{diag}(1-\theta_{1k},\cdots,1-\theta_{nk})$$

证明 构造 Lyapunov 泛函如下：

$$V(t) = \int_\Omega z^{\mathrm{T}}(t)Pz(t)\,\mathrm{d}x$$

当 $t = t_k$ 时，有

$$V(t_k) - \beta_k V(t_k^-) = \int_\Omega z^{\mathrm{T}}(t_k^-)C_k^{\mathrm{T}}PC_k z(t_k^-) - z^{\mathrm{T}}(t_k^-)\beta_k Pz(t_k^-)\,\mathrm{d}x =$$

$$\int_\Omega z^{\mathrm{T}}(t_k^-)(C_k^{\mathrm{T}}PC_k - \beta_k P)z(t_k^-)\,\mathrm{d}x < 0 \tag{2-55}$$

对 $t \geqslant t_0, t \neq t_k$，沿着式(2-54)的算子 $LV(t)$ 为

$$LV(t) = \int_\Omega\left(\frac{\partial}{\partial t}z^{\mathrm{T}}Pz + z^{\mathrm{T}}P\frac{\partial z}{\partial t}\right)\mathrm{d}x + \int_\Omega \mathrm{trace}(\sigma^{\mathrm{T}}P\sigma)\,\mathrm{d}x \leqslant$$

$$2\int_\Omega z^{\mathrm{T}}P\Big[\sum_{l=1}^{m}\frac{\partial}{\partial x_l}\left(D_{il}\frac{\partial z}{\partial x_l}\right) - Az(t) + Bg(z(t)) + \widetilde{B}\tilde{g}(z(t-\tau(t)))\Big] +$$

$$\overline{B}\int_{-\infty}^{t}\kappa(t-s)L^{\bar{f}}z(s)\,\mathrm{d}s\Big)\mathrm{d}x + \int_\Omega \mathrm{trace}(\tilde{\sigma}^{\mathrm{T}}P\tilde{\sigma})\,\mathrm{d}x \tag{2-56}$$

其中

$$g(z(t)) = (g_1(z_1(t)),\cdots,g_n(z_n(t)))^{\mathrm{T}}$$

$$\tilde{\sigma} = (\sigma_{ij}(t,x,\xi'_i,\zeta'_i) - \sigma_{ij}(t,x,\xi_i,\zeta_i))_{n\times n}$$

$$\tilde{g}(z(t)) = (\tilde{g}_1(z_1(t-\tau(t))),\cdots,\tilde{g}_n(z_n(t-\tau(t))))^{\mathrm{T}}$$

$$\bar{g}(z(s)) = (\bar{g}_1(z_1(s)),\cdots,\bar{g}_n(z_n(s)))^{\mathrm{T}}$$

$$g_j(z_j(t)) = f_j(\bar{u}_j(t)) - f_j(u_j(t))$$

$$\tilde{g}_j(z_j(t-\tau(t))) = \tilde{f}_j(\bar{u}_j(t-\tau(t))) - \tilde{f}_j(u_j(t-\tau(t)))$$

$$\bar{g}_j(z_j(s)) = \bar{f}_j(\bar{u}_j(s)) - \bar{f}_j(u_j(s)),\quad j = 1,2,\cdots,n$$

由式(2-50)(A2.19)和引理2.6得

$$LV \leqslant 2\int_\Omega(-z^{\mathrm{T}}(t)PD^*z(t) - z^{\mathrm{T}}(t)PAz(t) + z^{\mathrm{T}}(t)PBL^f z(t) +$$

$$
\begin{aligned}
& \boldsymbol{z}^{\mathrm{T}}(t)\boldsymbol{P}\widetilde{\boldsymbol{B}}\boldsymbol{L}^{\widetilde{f}}\boldsymbol{z}(t-\tau(t))+\boldsymbol{z}^{\mathrm{T}}(t)\boldsymbol{P}\overline{\boldsymbol{B}}\int_0^{+\infty}\boldsymbol{\kappa}(s)\boldsymbol{L}^{\overline{f}}\boldsymbol{z}(t-s)\mathrm{d}s\Big)\mathrm{d}x+ \\
& \int_\Omega(\boldsymbol{z}^{\mathrm{T}}(t)\boldsymbol{R}_1\boldsymbol{z}(t)+\boldsymbol{z}^{\mathrm{T}}(t-\tau(t))\boldsymbol{R}_2\boldsymbol{z}(t-\tau(t)))\mathrm{d}x \leqslant \\
& \int_\Omega[\boldsymbol{z}^{\mathrm{T}}(t)(-\boldsymbol{P}\boldsymbol{D}^*-\boldsymbol{D}^{*\mathrm{T}}\boldsymbol{P}-\boldsymbol{P}\boldsymbol{A}-\boldsymbol{A}^{\mathrm{T}}\boldsymbol{P}+\boldsymbol{P}\boldsymbol{B}\boldsymbol{L}^f+\boldsymbol{L}^f\boldsymbol{B}^{\mathrm{T}}\boldsymbol{P}+\boldsymbol{R}_1)\boldsymbol{z}(t)+ \\
& \boldsymbol{z}^{\mathrm{T}}(t)\boldsymbol{P}\widetilde{\boldsymbol{B}}\boldsymbol{L}^{\widetilde{f}}\boldsymbol{\Xi}_1\boldsymbol{L}^{\widetilde{f}}\widetilde{\boldsymbol{B}}^{\mathrm{T}}\boldsymbol{P}\boldsymbol{z}(t)+\boldsymbol{z}^{\mathrm{T}}(t-\tau(t))\boldsymbol{\Xi}_1^{-1}\boldsymbol{z}(t-\tau(t))+ \\
& \int_0^{+\infty}\kappa(s)\boldsymbol{z}^{\mathrm{T}}(t)\boldsymbol{P}\overline{\boldsymbol{B}}\boldsymbol{L}^{\overline{f}}\boldsymbol{\Xi}_2\boldsymbol{L}^{\overline{f}}\overline{\boldsymbol{B}}^{\mathrm{T}}\boldsymbol{P}\boldsymbol{z}(t)\mathrm{d}s]\mathrm{d}x+ \\
& \int_\Omega\Big(\boldsymbol{z}^{\mathrm{T}}(t-\tau(t))\boldsymbol{R}_2\boldsymbol{z}(t-\tau(t))+\int_0^{+\infty}\kappa(s)\boldsymbol{z}^{\mathrm{T}}(t-s)\boldsymbol{\Xi}_2^{-1}\boldsymbol{z}(t-s)\mathrm{d}s\Big)\mathrm{d}x \leqslant \\
& \int_\Omega[\boldsymbol{z}^{\mathrm{T}}(t)(-\boldsymbol{P}\boldsymbol{D}^*-\boldsymbol{D}^{*\mathrm{T}}\boldsymbol{P}-\boldsymbol{P}\boldsymbol{A}-\boldsymbol{A}^{\mathrm{T}}\boldsymbol{P}+\boldsymbol{P}\boldsymbol{B}\boldsymbol{L}^f+\boldsymbol{L}^f\boldsymbol{B}^{\mathrm{T}}\boldsymbol{P}+ \\
& \boldsymbol{R}_1+\boldsymbol{P}\widetilde{\boldsymbol{B}}\boldsymbol{L}^{\widetilde{f}}\boldsymbol{\Xi}_1\boldsymbol{L}^{\widetilde{f}}\widetilde{\boldsymbol{B}}^{\mathrm{T}}\boldsymbol{P}+\int_0^{+\infty}\kappa(s)\mathrm{d}s\boldsymbol{P}\overline{\boldsymbol{B}}\boldsymbol{L}^{\overline{f}}\boldsymbol{\Xi}_2\boldsymbol{L}^{\overline{f}}\overline{\boldsymbol{B}}^{\mathrm{T}}P\Big)\boldsymbol{z}(t)+ \\
& \boldsymbol{z}^{\mathrm{T}}(t-\tau(t))(\boldsymbol{\Xi}_1^{-1}+\boldsymbol{R}_2)\boldsymbol{z}(t-\tau(t))+ \\
& \int_0^{+\infty}\kappa(s)\boldsymbol{z}^{\mathrm{T}}(t-s)\boldsymbol{\Xi}_2^{-1}\boldsymbol{z}(t-s)\mathrm{d}s\Big]\mathrm{d}x \leqslant \\
& \int_\Omega[\boldsymbol{z}^{\mathrm{T}}(t)(-\boldsymbol{P}\boldsymbol{D}^*-\boldsymbol{D}^{*\mathrm{T}}\boldsymbol{P}-\boldsymbol{P}\boldsymbol{A}-\boldsymbol{A}^{\mathrm{T}}\boldsymbol{P}+\boldsymbol{P}\boldsymbol{B}\boldsymbol{L}^f+\boldsymbol{L}^f\boldsymbol{B}^{\mathrm{T}}\boldsymbol{P}+ \\
& \boldsymbol{R}_1+\boldsymbol{P}\widetilde{\boldsymbol{B}}\boldsymbol{L}^{\widetilde{f}}\boldsymbol{\Xi}_1\boldsymbol{L}^{\widetilde{f}}\widetilde{\boldsymbol{B}}^{\mathrm{T}}\boldsymbol{P}+\int_0^{+\infty}\kappa(s)\mathrm{d}s\boldsymbol{P}\overline{\boldsymbol{B}}\boldsymbol{L}^{\overline{f}}\boldsymbol{\Xi}_2\boldsymbol{L}^{\overline{f}}\overline{\boldsymbol{B}}^{\mathrm{T}}\boldsymbol{P}+p\boldsymbol{P}\Big)\boldsymbol{z}(t)+ \\
& \boldsymbol{z}^{\mathrm{T}}(t-\tau(t))(\boldsymbol{\Xi}_1^{-1}+\boldsymbol{R}_2-q\boldsymbol{P})\boldsymbol{z}(t-\tau(t))+ \\
& \int_0^{+\infty}\kappa(s)\boldsymbol{z}^{\mathrm{T}}(t-s)(\boldsymbol{\Xi}_2^{-1}-r\boldsymbol{P})\boldsymbol{z}(t-s)\mathrm{d}s]\mathrm{d}x- \\
& pV(t)+q\sup_{-\infty\leqslant s\leqslant t}V(s)+r\int_0^{+\infty}\kappa(s)V(t-s)\mathrm{d}s
\end{aligned}
\tag{2-57}
$$

由定理 2.5 的条件(iii) 和式(2-57),得到

$$
LV(t)\leqslant -pV(t)+q\sup_{-\infty\leqslant s\leqslant t}V(t)+r\int_0^{+\infty}\boldsymbol{\kappa}(s)V(t-s)\mathrm{d}s \tag{2-58}
$$

由引理 2.5 得

$$
\lambda_{\min}(P)E\ \|\boldsymbol{z}(t)\|_2^2\leqslant EV(t)\leqslant\lambda_{\max}(P)\ \|\boldsymbol{\psi}-\boldsymbol{\varphi}\|_\tau^2\mathrm{e}^{-(\lambda-\alpha)t} \tag{2-59}
$$

因此

$$
E\ \|\boldsymbol{z}(t)\|_2\leqslant\sqrt{\frac{\lambda_{\max}(P)}{\lambda_{\min}(P)}}\ \|\boldsymbol{\psi}-\boldsymbol{\varphi}\|_\tau\mathrm{e}^{-\frac{(\lambda-\alpha)t}{2}} \tag{2-60}
$$

即 $E\ \|\bar{u}_i(t)-u_i(t)\|_2\leqslant\sqrt{\dfrac{\lambda_{\max}(\boldsymbol{P})}{\lambda_{\min}(\boldsymbol{P})}}\ \|\boldsymbol{\psi}-\boldsymbol{\varphi}\|_\tau\mathrm{e}^{-\frac{(\lambda-\alpha)t}{2}},\quad t\geqslant t_0\geqslant 0$

这里
$$M=\sqrt{\frac{\lambda_{\max}(\boldsymbol{P})}{\lambda_{\min}(\boldsymbol{P})}}\geqslant 1$$

类似于定理2.4的证明，可知系统式(2-40)和式(2-41)是在均方意义下全局指数周期的。

由于平衡点被看作具有任意周期的周期解，在系统式(2-40)中，设参数 $a_i(t)=a_i, b_{ij}(t)=b_{ij}, \tilde{b}_{ij}(t)=\tilde{b}_{ij}, \bar{b}_{ij}(t)=\bar{b}_{ij}, J_i(t)=J_i, \tau(t)=\tau, \sigma_{ij}(t,x,u^*,u^*)=0$，这里 $a_i, b_{ij}, \tilde{b}_{ij}, \bar{b}_{ij}, J_i$ 是常数。那么，根据所得结果，如果定理2.4或定理2.5的充分条件满足，唯一的周期解变成具有任意正常数作为周期的周期解。因此，周期解归结为常数解，即平衡解。而且，当 $t\to+\infty$ 时，所有其他解在均方意义下都收敛到平衡解。接下来，应用定理2.4或定理2.5，容易得到下列推论。

推论 2.5 假设(A2.14) ~ (A2.18) 成立。系统式(2-40)和式(2-41)的参数如下：
$$a_i(t)=a_i,\quad b_{ij}(t)=b_{ij},\quad \tilde{b}_{ij}(t)=\tilde{b}_{ij}$$
$$\bar{b}_{ij}(t)=\bar{b}_{ij},\quad J_i(t)=J_i,\quad \tau(t)=\tau,\quad \sigma_{ij}(t,x,u^*,u^*)=0$$
其中，$a_i, b_{ij}, \tilde{b}_{ij}, \bar{b}_{ij}, J_i$ 为常数。若 $\theta_{ik}\in[0,2], i\in\mathbf{N}, k\in\mathbf{Z}^+$，则存在唯一系统式(2-40)和式(2-41)的平衡点在均方意义下是全局指数稳定的。

推论 2.6 假设(A2.15) ~ (A2.17) 成立。系统式(2-40)和式(2-41)的参数 $a_i, b_{ij}, \tilde{b}_{ij}, \bar{b}_{ij}, J_i$ 为常数，且 $\theta_{ik}\in[0,2], i\in\mathbf{N}, k\in\mathbf{Z}^+$。如果存在唯一正定对角矩阵 $\boldsymbol{P}$，正定矩阵 $\boldsymbol{\Xi}_1, \boldsymbol{\Xi}_2$，非负常数 p,q,r 和 $\beta_k,(k\in\mathbf{Z}^+)$，使得

(i) $p>q+r\int_0^{+\infty}\kappa(s)\mathrm{d}s$；

(ii) 存在常数 $M\geqslant 1, \lambda\in(0,\eta)$ 和 $\alpha\in[0,\lambda)$ 使得
$$\prod_{k=1}^{n}\max\{1,\beta_k\}\leqslant M\mathrm{e}^{\alpha t_n},\quad n\in\mathbf{Z}^+$$
和
$$\lambda<p-q\mathrm{e}^{\lambda\tau}-r\int_0^{+\infty}\kappa(s)\mathrm{e}^{\lambda s}\mathrm{d}s$$

(iii)
$$-\boldsymbol{PD}^*-\boldsymbol{D}^{*\mathrm{T}}\boldsymbol{P}-\boldsymbol{PA}-\boldsymbol{A}^{\mathrm{T}}\boldsymbol{P}+\boldsymbol{PBL}^f+\boldsymbol{L}^f\boldsymbol{B}^{\mathrm{T}}\boldsymbol{P}+\boldsymbol{R}_1+$$
$$\boldsymbol{P}\tilde{\boldsymbol{B}}\boldsymbol{L}^{\tilde{f}}\boldsymbol{\Xi}_1\boldsymbol{L}^{\tilde{f}}\tilde{\boldsymbol{B}}^{\mathrm{T}}\boldsymbol{P}+\int_0^{+\infty}\kappa(s)\mathrm{d}s\boldsymbol{P}\bar{\boldsymbol{B}}\boldsymbol{L}^{\bar{f}}\boldsymbol{\Xi}_2\boldsymbol{L}^{\bar{f}}\bar{\boldsymbol{B}}^{\mathrm{T}}\boldsymbol{P}+p\boldsymbol{P}<0$$
$$\boldsymbol{\Xi}_1^{-1}+\boldsymbol{R}_2-p\boldsymbol{P}<0,\quad \boldsymbol{\Xi}_2^{-1}-r\boldsymbol{P}<0,\quad \boldsymbol{C}_k^{\mathrm{T}}\boldsymbol{PC}_k-\beta_k\boldsymbol{P}<0$$
则系统式(2-40)和式(2-41)有唯一平衡点，且在均方意义下是全局指数稳定的。

2.3.4 数值例子

例 2.3 考虑在 $\Omega=\{(x_1,x_2)^{\mathrm{T}}\mid 0<x_l<1, l=1,2\}\subset\mathbb{R}^2$ 上具有两个

神经元的系统式(2-40)的边界条件和初值条件如下：

$$u_i(t,x)=0,\quad (t,x)\in[0,+\infty)\times\partial\Omega$$
$$u_i(s,x)=2\sin\pi x_1x_2^2,\quad i=1,2,\quad (s,x)\in(-\infty,0]\times\Omega \tag{2-61}$$

这里

$$t_k=k,\quad k\in\mathbf{Z}^+,\quad \kappa(s)=k_{ij}(s)=se^{-s}$$
$$f_j(\eta)=\widetilde{f}_j(\eta)=\overline{f}_j(\eta)=\frac{1}{30}(|\eta+1|+|\eta-1|)$$
$$n=m=2,\quad L_j^f=L_j^{\widetilde{f}}=L_j^{\overline{f}}=1,\quad d_l=\varepsilon=1,\quad j,l=1,2$$
$$D_{11}=D_{12}=0.5,\quad D_{21}=0.3,\quad D_{22}=0.7$$
$$\tau(t)=0.02-0.01\sin2\pi t,\quad \tau=\ln2,\quad a_1(t)=10.9-4\cos2\pi t$$
$$a_2(t)=11-\sin2\pi t,\quad \theta_{ik}=-1+k,\quad k\in\mathbf{Z}^+,\quad \delta_i=\gamma_i=1$$
$$\sigma_{ij}(t,x,u_i(t,x),u_i(t-\tau(t),x))=\frac{\sqrt{2}}{2}(\tanh(u_i(t,x))+\tanh(u_i(t-\tau(t),x)))$$
$$b_{11}(t)=0.3+0.1\sin2\pi t,\quad b_{12}(t)=0.4+0.1\sin2\pi t$$
$$b_{21}(t)=0.2+0.1\cos2\pi t,\quad b_{22}(t)=0.3-0.1\cos2\pi t$$
$$\widetilde{b}_{11}(t)=0.2+0.1\sin2\pi t,\quad \widetilde{b}_{12}(t)=0.3-0.2\cos2\pi t$$
$$\widetilde{b}_{21}(t)=0.5+0.1\cos2\pi t,\quad \widetilde{b}_{22}(t)=0.4-0.1\sin2\pi t$$
$$\overline{b}_{11}(t)=0.1-0.2\sin2\pi t,\quad \overline{b}_{12}(t)=0.25-0.1\sin2\pi t$$
$$\overline{b}_{21}(t)=0.2-0.1\cos2\pi t,\quad \overline{b}_{22}(t)=0.1-0.1\cos2\pi t$$
$$J_1(t)=1+\sin2\pi t,\quad J_2(t)=2+\cos2\pi t$$

直接计算得 $p=5.65, q+r\int_0^{+\infty}\kappa(s)\mathrm{d}s=4.45$。设 $\lambda=0.2,\alpha=0,M=1$ 和 $\tau=\ln2$ 满足 $\lambda<p-qe^{\lambda\tau}-r\int_0^{+\infty}\kappa(s)e^{\lambda s}\mathrm{d}s$。仿真结果见图 2.1 ~ 图 2.6。当 $x_2=0.1$ 时，$u(t,x_1,0.1)$ 的状态曲面见图 2.1 ~ 2.2，当 $x_1=0.1$，$u(t,x_2,0.1)$ 的状态曲面见图 2.3 和图 2.4，他们显示出系统式(2-40)和式(2-41)的状态收敛到周期解。为了看得更清楚，画了当 $x_1=0.1,x_2=0.1$ 时的状态曲面(见图 2.5 和图 2.6)。因此，由定理 2.4 和仿真知道系统式(2-40)和式(2-41)是在均方意义下全局指数稳定周期的。

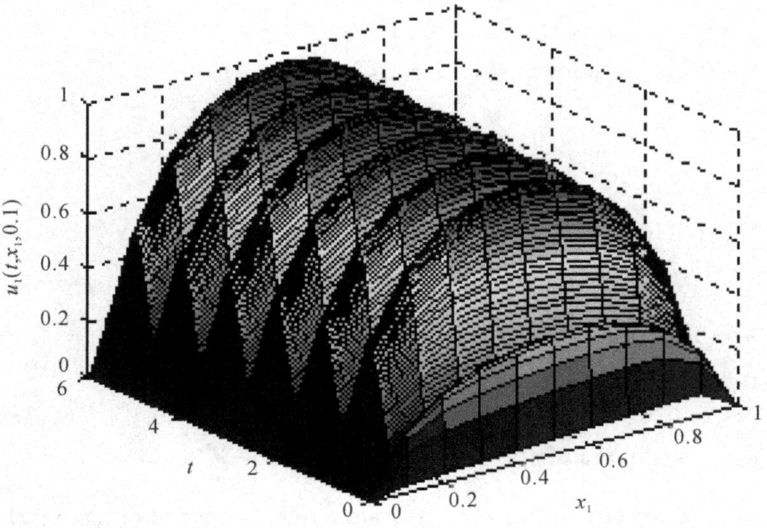

图 2.1　当 $x_2=0.1$ 时 $u_1(t,x_1,0.1)$ 的曲面

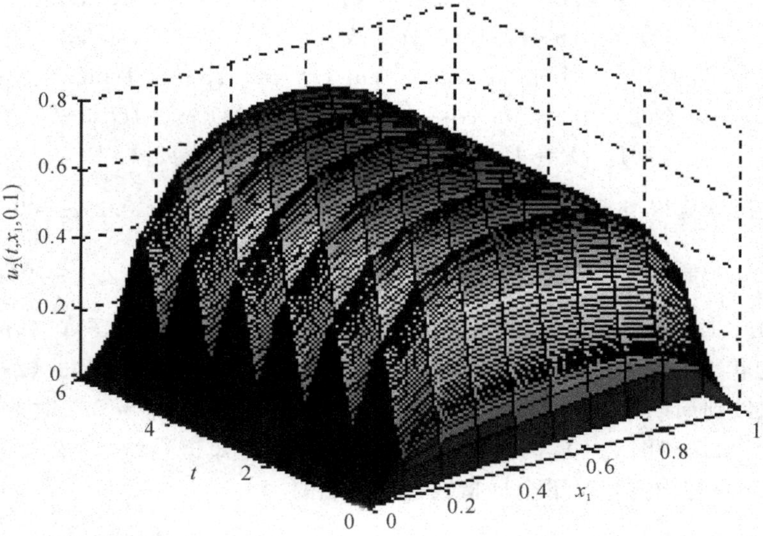

图 2.2　当 $x_2=0.1$ 时 $u_2(t,x_1,0.1)$ 的曲面

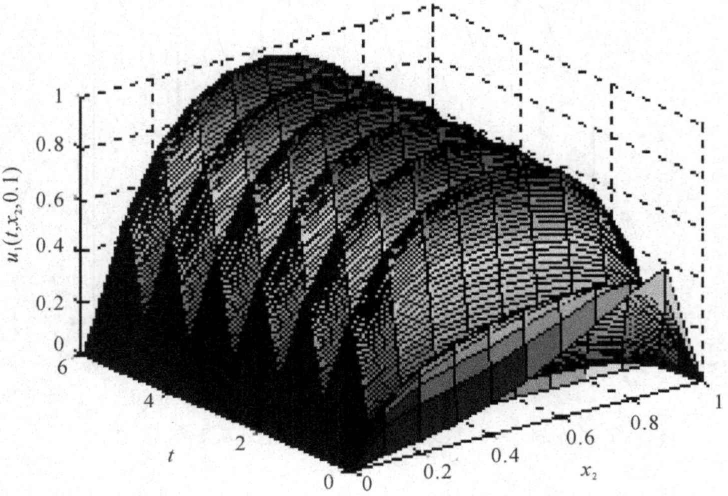

图 2.3　当 $x_1=0.1$ 时 $u_1(t,x_2,0.1)$ 的曲面

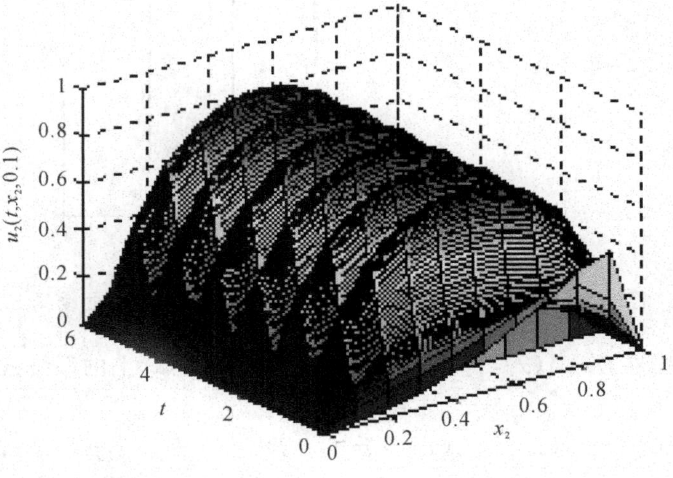

图 2.4　当 $x_1=0.1$ 时 $u_2(t,x_2,0.1)$ 的曲面

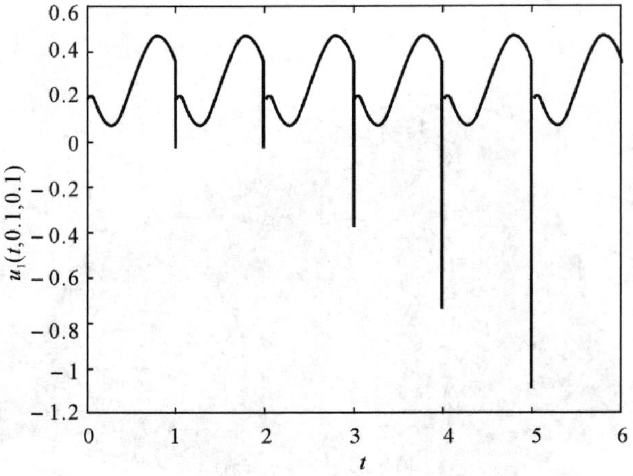

图 2.5 当 $x_1 = 0.1, x_2 = 0.1$ 时的 $u_1(t,0.1,0.1)$ 曲线

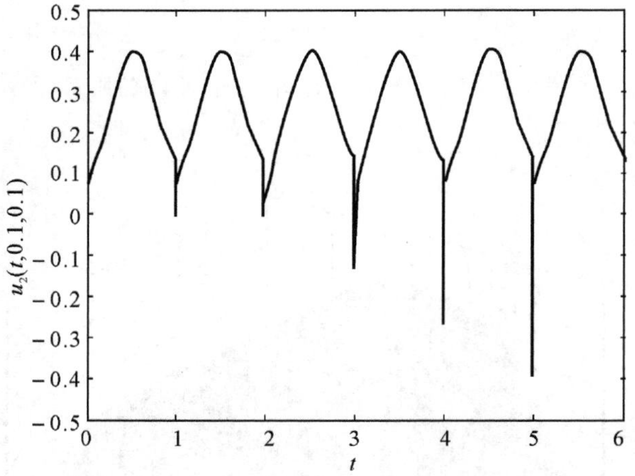

图 2.6 当 $x_1 = 0.1, x_2 = 0.1$ 时 $u_2(t,0.1,0.1)$ 的曲线

例 2.4 考虑在 $\Omega = \{(x_1, x_2)^{\mathrm{T}} \mid 0 < x_l < 1/2, l = 1,2\}$ 上的系统式(2-40)，已知参数如下：

$$t_k = 0.5k,\quad \kappa(s) = k_{ij}(s) = s\mathrm{e}^{-s},\quad D_{il} = 1/8\quad (i,j,l = 1,2)$$

$$J_1(t) = \sin t,\quad J_2(t) = \cos t$$

$$\boldsymbol{A} = \begin{bmatrix} 2 & 0 \\ 0 & 2 \end{bmatrix},\quad \boldsymbol{B} = \begin{bmatrix} 0.5 & -0.5 \\ 0.5 & 0.5 \end{bmatrix},\quad \overline{\boldsymbol{B}} = \widetilde{\boldsymbol{B}} = \begin{bmatrix} 0.25 & 0.25 \\ 0.25 & 0.25 \end{bmatrix}$$

$$\boldsymbol{R}_1 = \boldsymbol{R}_2 = \boldsymbol{D}^* = \begin{bmatrix} 1 & 0 \\ 0 & 1 \end{bmatrix}$$

$$f_j(\eta) = \tilde{f}_j(\eta) = \bar{f}_j(\eta) = \sin\frac{\eta}{2} + \frac{\eta}{2}, \quad j = 1,2$$

$$\tau(t) = 0.1 - 0.1\sin t$$

显然，$f_j(\eta)$，$\tilde{f}_j(\eta)$，$\bar{f}_j(\eta)$，$(i = 1,2)$ 满足条件(A2.15) 且 $\boldsymbol{L}^f = \boldsymbol{L}^{\tilde{f}} = \boldsymbol{L}^{\bar{f}} = \boldsymbol{I}_2$，$\tau(t)$，$J_1(t)$，$J_2(t)$ 是具有公共周期 2π 的连续周期函数。

令 $p = 1$，$q = 0.2$，$r = 0.1$，$\lambda = 0.1$，$\alpha = 0$，$\beta_k = 1$，$\boldsymbol{P} = 2\boldsymbol{I}_2$，$\boldsymbol{C}_k = 0.5\boldsymbol{I}_2$，$\boldsymbol{\Xi}_1 = \boldsymbol{\Xi}_2 = \boldsymbol{I}_2$。通过简单计算，容易检验定理 2.5 中的条件(ⅰ)(ⅱ)(ⅲ)成立。

因此，由定理 2.5 知，存在一个 2π 为周期的解且当 $t \to +\infty$ 时，其他解都在均方意义下收敛到这个解。

注 2.9　在例 2.3 和例 2.4 中，考虑了随机、脉冲和混合时滞等综合因素的影响。因此文献[13,14,18－20]中研究的结果在例 2.4 中不适用。

2.4　本章小结

本章研究了分布参数混合时滞神经网络的动力学行为特性，提出了一类具有离散和分布时滞分布参数神经网络指数稳定性的条件。首先，利用自由权矩阵，构造改进的 Lyapunov－Krasovskii 泛函，获得了用线性矩阵不等式表达的全局指数稳定判据，所得结果依赖于时滞和空间测度。时滞允许时变和时滞函数的导数范围增大。其次，通过利用 Lyapunov 泛函、Young 不等式、Hardy 不等式和具有脉冲的广义 Halanay 时滞微分不等式等工具，建立了具有混合时滞脉冲随机反应扩散 Cohen－Grossberg 神经网络的一系列 p 阶矩指数稳定判据。所得充分条件依赖于反应扩散项。如果系统式(2－16)不考虑随机因素和反应扩散项，则容易导出确定性脉冲 Cohen－Grossberg 神经网络的 p 阶矩指数稳定判据。最后，利用具有脉冲和混合时滞的 L-算子不等式及线性矩阵不等式技巧，研究了具有混合时滞脉冲随机反应扩散神经网络的动态行为，获得了周期解的存在唯一性和指数稳定性以及均方意义下平衡点的全局指数稳定性。

第三章　部分转移概率已知的马尔可夫分布参数混合时滞神经网络稳定性

3.1　引　　言

第二章研究了分布参数混合时滞神经网络的动力学行为。分别考虑了具有离散和分布时滞参数神经网络指数稳定性问题、分布参数时滞脉冲随机Cohen－Grossberg神经网络的p阶矩指数稳定和反应扩散随机脉冲混合时滞神经网络的周期解的存在唯一性和指数稳定性，以及均方意义下平衡点的全局指数稳定性。本章考虑部分转移概率已知的马尔可夫的分布参数混合时滞神经网络稳定性。

马尔可夫跳变系统可以由模型之间的转换由马尔可夫链在有限的模态集确定的一组线性系统描述。这种系统有广泛的应用，许多实际系统都会因内部部件的故障维修、收到突发性环境扰动、子系统之间关联发生改变等原因而发生结构上的改变。自1961年，Krasivskii和Lidskii第一次引入线性切换模型，用连续时间的马尔可夫链来描述系统不同模型结构之间的切换以来，对于具有马尔可夫跳变参数系统的控制一直是研究的热点问题，能控性、滤波、稳定性等问题已经得到了广泛的研究[31,32,59—61,64,67,68]。近年来，马尔可夫跳变系统的应用越来越广泛，在经济系统、电源系统、生化系统、制造系统、电路系统、控制和通信系统、车辆控制和飞行器控制等随处可见。文献[61]通过自由权矩阵方法，减少此前文献中由于模型转换技术或交叉项界定技术所带来的保守性，得到时滞相关稳定性条件。另一方面，据笔者所知，包括文献[61]在内的绝大多数文献所考虑的马尔可夫跳变系统模型都假设时滞部分$\tau(t)$在几个子系统中是相同的，即时滞不随系统切换而改变，然而在实际工程应用中，时滞部分在几个子系统中是相关于系统模型的，因而如果不考虑时滞的模型依赖问题则会给实际应用带来较高的保守性。文献[64]给出了时滞马尔可夫跳变系统模型的时滞依赖稳定性条件。文献[67]和[68]在文献[64]的基础上研究了时滞模型依赖马尔可夫跳变系统的若干问题。

在现实生活中，神经网络经常有一个信息闭锁的现象。人们已经认识到了这一信息锁定问题的处理方式是提取有限状态表示（也称为模态或集群）。事实上，这种具有锁定信息的神经网络有有限的模态，模态可在不同的时间从一个切换（或跳跃）到另一个，并且两个任意不同的模态之间的切换（或跳跃）可以通过马尔可夫链管制。因此，具有马尔可夫跳变参数神经网络的研究具有十分重要的意义。有关这类系统的稳定性、估计与控制等问题的一些研究成果已被文献报道[159,160]。

马尔可夫跳变系统涉及时间演化和事件驱动机制，可以采用模拟随机故障和维修的部件突变现象的变化和在互连子系统中突发性环境的变化等。在这些系统中，跳变过程的转移概率是关键的。目前，几乎所有的马尔可夫神经网络系统中，转移概率都是完全已知的。然而，在大多数情况下，转移概率并不是完全已知的[152—154]。

最近，具有马尔可夫跳变时滞神经网络的研究成为一个很热的课题[74]。例如文献[74]得到了一类具有反应扩散时滞神经网络平衡点的随机指数稳定性。因此，无论在理论还是实践上，考虑具有部分转移概率已知的马尔可夫跳变系统是必要的。但是，转移概率部分信息已知和混合时滞马尔可夫跳变反应扩散神经网络的复杂行为，这类系统研究结果目前很少见。

鉴于上面的讨论，本章研究具有转移概率部分已知和混合时滞马尔可夫跳变随机反应扩散神经网络的均方意义下的渐进稳定，构造了新的 Lyapunov -Krasovskii 泛函和新的自由权矩阵引入方法，得到了所研究系统均方渐近稳定的充分条件。

3.2 问题描述和准备工作

本章考虑具有转移概率部分信息已知和混合时滞随机马尔可夫跳变反应扩散神经网络模型：

$$
\begin{aligned}
\mathrm{d}\boldsymbol{u}(t,x) = {} & \sum_{l=1}^{m}\frac{\partial}{\partial x_l}\Big(\boldsymbol{D}\frac{\partial \boldsymbol{u}(t,x)}{\partial x_l}\Big)\mathrm{d}t + \Big[-\boldsymbol{A}(r(t))\boldsymbol{u}(t,x) + \boldsymbol{B}(r(t))\boldsymbol{f}(\boldsymbol{u}(t,x)) + \\
& \boldsymbol{C}(r(t))\boldsymbol{g}(\boldsymbol{u}(t-d(t),x)) + \boldsymbol{E}(r(t))\int_{t-\tau(t)}^{t}\boldsymbol{h}(\boldsymbol{u}(s,x))\mathrm{d}s + \boldsymbol{J}\Big]\mathrm{d}t + \\
& \boldsymbol{\sigma}\Big(t,x,\boldsymbol{u}(t,x),\boldsymbol{u}(t-d(t),x),\int_{t-\tau(t)}^{t}\boldsymbol{h}(\boldsymbol{u}(s,x))\mathrm{d}s,r(t)\Big)\mathrm{d}\boldsymbol{w}(t), \\
& \qquad t \geqslant t_0 \geqslant 0, x \in \Omega \\
\boldsymbol{u}(t,x) = {} & 0, \quad (t,x) \in [0,+\infty) \times \partial\Omega
\end{aligned}
$$

$$\boldsymbol{u}(t_0+s,x)=\varphi(s,x),\quad (s,x)\in(-\tilde{\tau},0]\times\bar{\Omega} \tag{3-1}$$

其中，$\{r(t),t\geqslant 0\}$ 是一个右连续的在有限状态空间 $S=\{1,2,\cdots,N\}$ 中取值的马尔可夫链，且跳跃转移概率矩阵 $\boldsymbol{\Gamma}=(\gamma_{ij})_{N\times N}$ 由下式确定：

$$\boldsymbol{P}=\{r(t+\delta)=j\mid r(t)=i\}=\begin{cases}\gamma_{ij}\delta+o(\delta), & \text{当 } i\neq j \text{ 时}\\ 1+\gamma_{ij}\delta+o(\delta), & \text{当 } i=j \text{ 时}\end{cases} \tag{3-2}$$

其中 $\delta>0,\lim\limits_{\delta\to 0}o(\delta)/\delta=0$；$\gamma_{ij}\geqslant 0$ 是代表状态从 i 到 j 的转移速度，$i\neq j$ 且 $\gamma_{ii}=-\sum\limits_{i\neq j}\gamma_{ij}$。假设 $x=(x_1,x_2,\cdots,x_m)^{\mathrm{T}}\in\Omega$，$\Omega$ 是具有光滑边界 $\partial\Omega$ 的紧集，测度 $\mathrm{mes}\Omega>0,\bar{\Omega}=\partial\Omega\cup\Omega$；$\boldsymbol{u}(t,x)=(u_1(t,x),\cdots,u_n(t,x))^{\mathrm{T}}\in\mathbb{R}^n$ 为状态向量；$\boldsymbol{A}(r(t))=\mathrm{diag}(a_1(r(t)),\cdots,a_n(r(t)))$ 是对角矩阵且 $a_i(r(t))>0,i\in\mathbf{Z}^+$，$\mathrm{def}\{1,2,\cdots,N\}$；$\boldsymbol{B}(r(t))=(b_{ij}(r(t)))_{n\times n}$，$\boldsymbol{C}(r(t))=(c_{ij}(r(t)))_{n\times n}$ 和 $\boldsymbol{E}(r(t))=(e_{ij}(r(t)))_{n\times n}$ 是连接矩阵，表示神经元的权系数；$\boldsymbol{f}(\boldsymbol{u}(t,x))=(f_1(u_1(t,x)),\cdots,f_n(u_n(t,x)))^{\mathrm{T}}$，$\boldsymbol{g}(\boldsymbol{u}(t,x))=(g_1(u_1(t,x)),\cdots,g_n(u_n(t,x)))^{\mathrm{T}}$ 和 $\boldsymbol{h}(\boldsymbol{u}(s,x))=(h_1(u_1(s,x)),\cdots,h_n(u_n(s,x)))^{\mathrm{T}}$ 为神经元激活函数；$\boldsymbol{J}=(J_1,J_2,\cdots,J_n)^{\mathrm{T}}$ 表示外部输入向量。$d(t)$ 和 $\tau(t)$ 分别表示离散时变时滞和分布时滞，且 $0\leqslant d(t)\leqslant d_0,0\leqslant\tau(t)\leqslant\tau_0,\dot{\tau}(t)\leqslant\mu\leqslant 1,\dot{d}(t)\leqslant d\leqslant 1$，其中 d_0,τ_0,d 和 μ 是正常数，记 $\max\{\tau_0,d_0\}=\tilde{\tau}$；$\boldsymbol{D}=\mathrm{diag}(D_1,D_2,\cdots,D_n)$，$D_i=D_i(t,x,u)\geqslant 0,i=1,2,\cdots,n$，沿 i 个神经元的扩散算子；$\boldsymbol{\sigma}(\cdot)=\boldsymbol{\sigma}(t,x,\boldsymbol{u}(t),\boldsymbol{u}(t-d(t),x),\int_{t-\tau(t)}^{t}\boldsymbol{h}(\boldsymbol{u}(s,x)\mathrm{d}s,r(t))$ 表示噪声强度矩阵；$\boldsymbol{w}(t)=(w_1(t),\cdots,w_n(t))^{\mathrm{T}}$ 是一定义在具有自然流 $\{F_t\}_{t\geqslant 0}$（即 $\{F_t\}_{t\geqslant 0}=\sigma\{\boldsymbol{w}(s):0<s<t\}$）的完备概率空间 $(\bar{\Omega},F,\{F_t\}_{t\geqslant 0},P)$ 的 n-维标准布朗运动，而且，假设布朗运动 $\{w(t):t\geqslant 0\}$ 是独立于马尔可夫链 $\{r(t):t\geqslant 0\}$，$\bar{\boldsymbol{n}}$ 是曲面 $\partial\Omega$ 的外法向量，$\varphi_i(s,x),i\in\mathbf{Z}^+$ 是给定在 $(-\tilde{\tau},0]\times\Omega$ 上连续有界。

由于连续时间马尔可夫跳变系统的转移概率依赖于转移速率，跳跃过程中的转移率被认为是部分可用的，即矩阵 $\boldsymbol{\Theta}$ 中的一些元素是已知的而其余元素是未知的。例如，带 N 个操作模式系统式(3-1)的转移率矩阵 $\boldsymbol{\Theta}$ 可表述为

$$\boldsymbol{\Theta}=\begin{bmatrix}\gamma_{11} & ? & \gamma_{13} & \cdots & \gamma_{1N}\\ ? & ? & \gamma_{23} & \cdots & \gamma_{2N}\\ \vdots & \vdots & \vdots & & \vdots\\ ? & \gamma_{2N} & ? & \cdots & \gamma_{NN}\end{bmatrix} \tag{3-3}$$

其中，“ ? ”表示未知转移率。

$\forall i \in S$，$\boldsymbol{\Xi}^i$ 表示 $\boldsymbol{\Xi}^i = \boldsymbol{\Xi}_k^i \cup \boldsymbol{\Xi}_{uk}^i$，其中 $\boldsymbol{\Xi}_k^i = \{j:\gamma_{ij}$ 是已知对 $j \in S\}$，$\boldsymbol{\Xi}_{uk}^i = \{j:\gamma_{ij}$ 是未知对 $j \in S\}$。而且，当 $\boldsymbol{\Xi}_k^i \neq \boldsymbol{\phi}$，进一步可描述为 $\boldsymbol{\Xi}_k^i = \{k_1^i, k_2^i, \cdots, k_n^i\}$，这里 $1 \leqslant n \leqslant N, n \in \mathbf{N}^*, k_j^i \in \mathbf{N}^*, 1 \leqslant k_j^i \leqslant N, j = 1,2,\cdots,n$，代表转移概率矩阵 $\boldsymbol{\Theta}$ 的第 i 行，集合 $\boldsymbol{\Xi}_k^i$ 第 j 个已知元素。

注 3.1 当 $\boldsymbol{\Xi}_{uk}^i = \boldsymbol{\phi}, \boldsymbol{\Xi}_k^i = \boldsymbol{\Xi}$ 表示跳变过程完全可获得，$\boldsymbol{\Xi}_{uk}^i = \boldsymbol{\Xi}^i, \boldsymbol{\Xi}_k^i = \boldsymbol{\phi}$ 表示跳变过程完全不可获得。然而，在大多数情况下，马尔可夫跳变系统的转移概率不是完全已知的。最近，文献[152-154]研究了具有部分转移概率已知马尔可夫跳变集中参数系统。具有部分转移概率已知马尔可夫跳变分布参数系统的稳定性问题比较复杂，目前还未见相关文献。

为了简便，设 $r(t) = i \in S$，则

$$\begin{aligned}
\mathrm{d}\boldsymbol{u}(t,x) = {} & \sum_{l=1}^{n} \frac{\partial}{\partial x_l}\left(\boldsymbol{D}\frac{\partial \boldsymbol{u}(t,x)}{\partial x_l}\right)\mathrm{d}t + \Big[-\boldsymbol{A}_i\boldsymbol{u}(t,x) + \boldsymbol{B}_i\boldsymbol{f}(\boldsymbol{u}(t,x)) + \\
& \boldsymbol{C}_i\boldsymbol{g}(\boldsymbol{u}(t-d(t),x)) + \boldsymbol{E}_i\int_{t-\tau(t)}^{t}\boldsymbol{h}(\boldsymbol{u}(s,x))\mathrm{d}s + \boldsymbol{J}\Big]\mathrm{d}t + \\
& \boldsymbol{\sigma}_i\left(t,x,\boldsymbol{u}(t,x),\boldsymbol{u}(t-d(t),x),\int_{t-\tau(t)}^{t}\boldsymbol{h}(\boldsymbol{u}(s,x))\mathrm{d}s\right)\mathrm{d}\boldsymbol{w}(t), \\
& t \geqslant t_0 \geqslant 0, x \in \Omega
\end{aligned} \tag{3-4}$$

作如下假设：

(A3.1) 存在正定对角矩阵 $\boldsymbol{L}^f = \mathrm{diag}(L_1^f,\cdots,L_n^f)$，$\boldsymbol{L}^g = \mathrm{diag}(L_1^g,\cdots,L_n^g)$，$\boldsymbol{L}^h = \mathrm{diag}(L_1^h,\cdots,L_n^h)$，使得对所有 $\xi_1,\xi_2 \in \mathbb{R}, \xi_1 \neq \xi_2, j \in \mathbf{Z}^+$，有 $0 \leqslant \dfrac{f_j(\xi_1)-f_j(\xi_2)}{\xi_1-\xi_2} \leqslant L_j^f, 0 \leqslant \dfrac{g_j(\xi_1)-g_j(\xi)_2}{\xi_1-\xi_2} \leqslant L_j^g, 0 \leqslant \dfrac{h_j(\xi_1)-h_j(\xi_2)}{\xi_1-\xi_2} \leqslant L_j^h$ 成立；

(A3.2) 存在对角矩阵 $\boldsymbol{\Sigma}_{i1}, \boldsymbol{\Sigma}_{i2}$ 和 $\boldsymbol{\Sigma}_{i3}(i \in S)$ 使得对所有 $\zeta_1,\zeta_2,\zeta_3 \in \mathbb{R}^n$，$\mathrm{trace}[(\sigma_i(t,x,\zeta_1,\zeta_2,\zeta_3))^{\mathrm{T}} = (\sigma_i(t,x,\zeta_1,\zeta_2,\zeta_3))] \leqslant |\boldsymbol{\Sigma}_{i1}\zeta_1|^2 + |\boldsymbol{\Sigma}_{i2}\zeta_2|^2 + |\boldsymbol{\Sigma}_{i3}\zeta_3|^2$ 成立；

(A3.3) 存在常数 D_i^*，使得 $D_i \geqslant D_i^* \geqslant 0, i \in \mathbf{Z}^+$；

(A3.4) $\sigma_i\left(t,x,\boldsymbol{u}^*,\boldsymbol{u}^*,\int_{t-\tau(t)}^{t}h(u^*(s,x))\mathrm{d}s\right) = 0$，其中 $\boldsymbol{u}^*$ 为系统式(3-1)的平衡点。

注 3.2 由假设(A3.1)～(A3.4)，利用文献[155]的方法不难得到系统式(3-1)的平衡点 $\boldsymbol{u}^*$ 是存在且唯一的。

设 $\boldsymbol{u}^* = (u_1^*, u_2^*, \cdots, u_n^*)^{\mathrm{T}}$，令 $\boldsymbol{z}(t)\mathrm{def}\boldsymbol{u}(t,x) - \boldsymbol{u}^*$，则有

$$\mathrm{d}\boldsymbol{z}(t) = \sum_{l=1}^{n}\frac{\partial}{\partial x_l}\left(\boldsymbol{D}\frac{\partial \boldsymbol{z}(t)}{\partial x_l}\right)\mathrm{d}t + \Big[-\boldsymbol{A}_i\boldsymbol{z}(t) + \boldsymbol{B}_i\bar{\boldsymbol{f}}(\boldsymbol{z}(t)) + \boldsymbol{C}_i\bar{\boldsymbol{g}}(\boldsymbol{z}(t-d(t))) +$$

$$\boldsymbol{E}_i\int_{t-\tau(t)}^{t}\bar{\boldsymbol{h}}(\boldsymbol{z}(s))\mathrm{d}s\Big]\mathrm{d}t+\boldsymbol{\sigma}_i\Big(t,x,\boldsymbol{z}(t),\boldsymbol{z}(t-d(t)),\int_{t-\tau(t)}^{t}\bar{\boldsymbol{h}}(\boldsymbol{z}(s))\mathrm{d}s\Big)\mathrm{d}w(t),$$
$$t\geqslant t_0,x\in\Omega \qquad (3-5)$$

$$z(t)=0,\quad t\geqslant t_0,x\in\partial\Omega,\quad \boldsymbol{z}(t_0+s)=\boldsymbol{\varphi}(s)-\boldsymbol{u}^*,\quad (s,x)\in(-\tilde{\tau},0]\times\bar{\Omega}$$

其中 $\bar{\boldsymbol{f}}(\boldsymbol{z}(t))=\boldsymbol{f}(\boldsymbol{z}(t)+\boldsymbol{u}^*)-\boldsymbol{f}(\boldsymbol{u}^*)$，$\bar{\boldsymbol{g}}(\boldsymbol{z}(t))=\boldsymbol{g}(\boldsymbol{z}(t)+\boldsymbol{u}^*)-\boldsymbol{g}(\boldsymbol{u}^*)$

$$\bar{\boldsymbol{h}}(\boldsymbol{z}(s))=\boldsymbol{h}(\boldsymbol{z}(s)+\boldsymbol{u}^*)-\boldsymbol{h}(\boldsymbol{u}^*),\quad \bar{\boldsymbol{f}}(\boldsymbol{z}(t))=(\bar{f}_1(z_1(t)),\cdots,\bar{f}_n(z_n(t)))^{\mathrm{T}}$$
$$\bar{\boldsymbol{g}}(\boldsymbol{z}(t))=(\bar{g}_1(z_1(t)),\cdots,\bar{g}_n(z_n(t)))^{\mathrm{T}},\quad \bar{\boldsymbol{h}}(\boldsymbol{z}(s))=(\bar{h}_1(z_1(s)),\cdots,\bar{h}_n(z_n(s)))^{\mathrm{T}}$$

显然，$\bar{f}_j(z_j(t))$，$\bar{g}_j(z_j(t))$ 和 $\bar{h}_j(z_j(s))$ 满足假设(A3.1)。这样，系统式(3-1)的稳定性问题相当于系统式(3-5)的稳定性问题。

定义 3.1 如果存在 $\delta>0$，对任意 $\varepsilon>0$，当 $t\geqslant t_0\geqslant 0$ 和 $\|\boldsymbol{\varphi}(s,x)-\boldsymbol{u}^*\|_\tau<\delta$ 时，有

$$E\|\boldsymbol{u}(t,x)-\boldsymbol{u}^*\|_2^2<\varepsilon$$

且
$$\lim_{t\to\infty}E\|\boldsymbol{u}(t,x)-\boldsymbol{u}^*\|_2^2=0 \qquad (3-6)$$

其中 $\|\boldsymbol{\varphi}-\boldsymbol{u}^*\|_\tau=\sup\limits_{-\tilde{\tau}\leqslant s\leqslant 0}\|\boldsymbol{\varphi}(s,x)-\boldsymbol{u}^*\|_2$，则称系统式(3-1)的平衡点 $\boldsymbol{u}^*=(u_1^*,u_2^*,\cdots,u_n^*)^{\mathrm{T}}$ 是均方渐近稳定的。

引理 3.1[156] 设 $\Omega\subset\mathbb{R}^n$ 是具有光滑边界的有界开区域。如果 $\boldsymbol{h}=\boldsymbol{h}(x)$ 是定义在 Ω 上的光滑函数且 $\boldsymbol{h}|_{\partial\Omega}=0$，则下列不等式成立：

$$\int_\Omega \boldsymbol{h}^2(x)\mathrm{d}x\leqslant\alpha\int_\Omega(\partial\boldsymbol{h}(x)/\partial x)^2\mathrm{d}x \qquad (3-7)$$

其中，$|\Omega|$ 是 Ω 的测度，$\alpha=(|\Omega|/\omega_m)^{1/m}>0$；$\omega_m$ 是 $\mathbb{R}^m$ 中单位球的表面积。

3.3 均方意义下的渐近稳定性

定理 3.1 假设(A3.1)～(A3.4)成立。如果存在正定对角矩阵 $\boldsymbol{P}_i$，$\boldsymbol{\Lambda}_i=\boldsymbol{\Lambda}_i^{\mathrm{T}}$，正定对称矩阵 $\boldsymbol{Q}_1,\boldsymbol{Q}_2,\boldsymbol{G},\boldsymbol{W},\boldsymbol{K}_1,\boldsymbol{K}_2$，适当维数的正定对角矩阵 $\boldsymbol{M}_1,\boldsymbol{M}_2$ 和标量 $\rho_i>0$，使得下列线性矩阵不等式成立：

$$\boldsymbol{\Xi}_1=\begin{bmatrix}\boldsymbol{\alpha}_{11}&\boldsymbol{0}&\boldsymbol{0}&\boldsymbol{\alpha}_{14}&\boldsymbol{\alpha}_{15}&\boldsymbol{\alpha}_{16}&\boldsymbol{0}&\boldsymbol{0}\\ *&\boldsymbol{\alpha}_{22}&\boldsymbol{0}&\boldsymbol{0}&\boldsymbol{0}&\boldsymbol{0}&\boldsymbol{0}&\boldsymbol{0}\\ *&*&\boldsymbol{\alpha}_{33}&\boldsymbol{0}&\boldsymbol{0}&\boldsymbol{0}&\boldsymbol{0}&\boldsymbol{0}\\ *&*&*&\boldsymbol{\alpha}_{44}&\boldsymbol{0}&\boldsymbol{0}&\boldsymbol{0}&\boldsymbol{0}\\ *&*&*&*&\boldsymbol{\alpha}_{55}&\boldsymbol{0}&\boldsymbol{0}&\boldsymbol{0}\\ *&*&*&*&*&\boldsymbol{\alpha}_{66}&\boldsymbol{0}&\boldsymbol{0}\\ *&*&*&*&*&*&\boldsymbol{\alpha}_{77}&\boldsymbol{0}\\ *&*&*&*&*&*&*&\boldsymbol{\alpha}_{88}\end{bmatrix}<0 \qquad (3-8)$$

$$\boldsymbol{P}_i \leqslant \rho_i \boldsymbol{I} \tag{3-9}$$

$$\boldsymbol{P}_j - \boldsymbol{\Lambda}_i \leqslant 0,\quad j \in \boldsymbol{\Xi}_{uk}^i,\quad j \neq i \tag{3-10}$$

$$\boldsymbol{P}_i - \boldsymbol{\Lambda}_i \geqslant 0,\quad j \in \boldsymbol{\Xi}_{uk}^i,\quad j = i \tag{3-11}$$

这里 $$\begin{aligned}\boldsymbol{\alpha}_{11} = & -\boldsymbol{P}_i\boldsymbol{A}_i - \boldsymbol{A}_i\boldsymbol{P}_i - \boldsymbol{P}_i\boldsymbol{R} - \boldsymbol{R}\boldsymbol{P}_i + \boldsymbol{Q}_1 + \boldsymbol{Q}_2 + \boldsymbol{L}^g\boldsymbol{G}\boldsymbol{L}^g + \\ & \sum_{j\in \boldsymbol{E}_k^i}\gamma_{ij}(\boldsymbol{P}_j - \boldsymbol{\Lambda}_i) + \rho_i\boldsymbol{\Sigma}_{i1}^{\mathrm{T}}\boldsymbol{\Sigma}_{i1} + \tau_0\boldsymbol{L}^h\boldsymbol{W}\boldsymbol{L}^h + \\ & \tau_0 \mid \Omega \mid \boldsymbol{L}^h\boldsymbol{K}_1\boldsymbol{L}^h + d_0 \mid \Omega \mid \boldsymbol{L}^g\boldsymbol{K}_2\boldsymbol{L}^g\end{aligned}$$

$$\alpha_{14} = \boldsymbol{P}_i\boldsymbol{B}_i + \boldsymbol{L}^f\boldsymbol{M}_1^{\mathrm{T}},\quad \boldsymbol{\alpha}_{15} = \boldsymbol{P}_i\boldsymbol{C}_i,\quad \boldsymbol{\alpha}_{16} = \boldsymbol{P}_i\boldsymbol{E}_i$$

$$\boldsymbol{\alpha}_{22} = -(1-\mu)\boldsymbol{Q}_1,\quad \boldsymbol{\alpha}_{33} = \boldsymbol{L}^g\boldsymbol{M}_2\boldsymbol{L}^g + \rho_i\boldsymbol{\Sigma}_{i2}^{\mathrm{T}}\boldsymbol{\Sigma}_{i2} - (1-d)\boldsymbol{Q}_2$$

$$\boldsymbol{\alpha}_{44} = -2M_1,\quad \boldsymbol{\alpha}_{55} = -(1-d)\boldsymbol{G} - \boldsymbol{M}_2,\quad \boldsymbol{\alpha}_{66} = \rho_i\boldsymbol{\Sigma}_{i3}^{\mathrm{T}}\boldsymbol{\Sigma}_{i3} - \tau_0 W$$

$$\boldsymbol{\alpha}_{77} = -\tau_0^{-1}\boldsymbol{K}_1,\quad \boldsymbol{\alpha}_{88} = -d_0^{-1}\boldsymbol{K}_2$$

$$\boldsymbol{R} = \mathrm{diag}\{-D_1^*/\alpha, \cdots, -D_n^*/\alpha\}$$

则在部分转移概率已知的矩阵式(3-3)的情况下，系统式(3-1)的平衡点 $\boldsymbol{u}^*$ 是均方意义下渐近稳定的。

证明　考虑 Lyapunov-Krasovskii 泛函

$$\begin{aligned}V(t,z(t),i) = & \int_\Omega \boldsymbol{z}(t)^{\mathrm{T}}\boldsymbol{P}_i\boldsymbol{z}(t)\mathrm{d}x + \int_\Omega\int_{t-\tau(t)}^t \boldsymbol{z}(s)^{\mathrm{T}}\boldsymbol{Q}_1\boldsymbol{z}(s)\mathrm{d}s\mathrm{d}x + \\ & \int_\Omega\int_{t-d(t)}^t \boldsymbol{z}(s)^{\mathrm{T}}\boldsymbol{Q}_2\boldsymbol{z}(s)\mathrm{d}s\mathrm{d}x + \int_\Omega\int_{t-d(t)}^t \bar{\boldsymbol{g}}(\boldsymbol{z}(s))^{\mathrm{T}}\boldsymbol{G}\bar{\boldsymbol{g}}(\boldsymbol{z}(s))\mathrm{d}s\mathrm{d}x + \\ & \int_\Omega\int_{-\tau_0}^0\int_{t+\theta}^t \bar{\boldsymbol{h}}(\boldsymbol{z}(s))^{\mathrm{T}}\boldsymbol{W}\bar{\boldsymbol{h}}(\boldsymbol{z}(s))\mathrm{d}s\mathrm{d}\theta\mathrm{d}x + \\ & \int_{-d_0}^0\int_{t+\theta}^t\left(\int_\Omega \bar{\boldsymbol{g}}(\boldsymbol{z}(s))\mathrm{d}x\right)^{\mathrm{T}}\boldsymbol{K}_2\left(\int_\Omega \bar{\boldsymbol{g}}(\boldsymbol{z}(s))\mathrm{d}x\right)\mathrm{d}s\mathrm{d}\theta + \\ & \int_{-\tau_0}^0\int_{t+\theta}^t\left(\int_\Omega \bar{\boldsymbol{h}}(z(s))\mathrm{d}x\right)^{\mathrm{T}}\boldsymbol{K}_2\left(\int_\Omega \bar{\boldsymbol{h}}(\boldsymbol{z}(s))\mathrm{d}x\right)\mathrm{d}s\mathrm{d}\theta\end{aligned}$$

把算子 L 作用在 $V(t,z(t),i)$ 上有

$$\begin{aligned}LV(t,\boldsymbol{z}(t),i) = & V_t(t,\boldsymbol{z}(t),i) + V_z(t,\boldsymbol{z}(t),i)\Big[\sum_{l=1}^n \frac{\partial}{\partial x_l}\left(\boldsymbol{D}\frac{\partial \boldsymbol{z}(t)}{\partial x_l}\right)\mathrm{d}t - \boldsymbol{A}_i\boldsymbol{z}(t) + \\ & \boldsymbol{B}_i\bar{\boldsymbol{f}}(\boldsymbol{z}(t)) + \boldsymbol{C}_i\bar{\boldsymbol{g}}(\boldsymbol{z}(t-d(t))) + \boldsymbol{E}_i\int_{t-\tau(t)}^t \bar{\boldsymbol{h}}(\boldsymbol{z}(s))\mathrm{d}s\Big] + \\ & \frac{1}{2}\mathrm{trace}[\boldsymbol{\sigma}_i^{\mathrm{T}}(\cdot)\boldsymbol{V}_{zz}(t,z,i)\boldsymbol{\sigma}_i(\cdot)] + \sum_{j=1}^N \gamma_{ij}V(t,z(t),j)\end{aligned} \tag{3-12}$$

其中 $$V_t(t,\boldsymbol{z}(t),i) = \frac{\partial V(t,\boldsymbol{z}(t),i)}{\partial t}$$

$$V_z(t,\boldsymbol{z}(t),i) = \left(\frac{\partial V(t,z(t),i)}{\partial z_1},\cdots,\frac{\partial V(t,z(t),i)}{\partial z_n}\right)$$

和
$$V_{zz}(t,z(t),i)=\left(\frac{\partial^2 V(t,z(t),i)}{\partial z_i \partial z_j}\right)$$

沿着式(3-5),弱无穷小算子为 $LV(t,z,i)$ 为

$$\begin{aligned}
LV(t,z,i)=&\int_{\Omega}\left\{2\boldsymbol{z}(t)^{\mathrm{T}}\boldsymbol{P}_i\left(\frac{\partial \boldsymbol{z}(t)}{\partial t}\right)+\sum_{j=1}^{N}\gamma_{ij}\boldsymbol{z}(t)^{\mathrm{T}}\boldsymbol{P}_j\boldsymbol{z}(t)+\mathrm{trace}[\boldsymbol{\sigma}_i^{\mathrm{T}}(\cdot)\boldsymbol{P}_i\boldsymbol{\sigma}_i(\cdot)]\right\}\mathrm{d}x+\\
&\int_{\Omega}[\boldsymbol{z}(t)^{\mathrm{T}}\boldsymbol{Q}_1\boldsymbol{z}(t)-(1-\dot{\tau}(t))\boldsymbol{z}(t-\tau(t))^{\mathrm{T}}\boldsymbol{Q}_1\boldsymbol{z}(t-\tau(t))]\mathrm{d}x+\\
&\int_{\Omega}[\boldsymbol{z}(t)^{\mathrm{T}}\boldsymbol{Q}_2\boldsymbol{z}(t)-(1-\dot{d}(t))\boldsymbol{z}(t-d(t))^{\mathrm{T}}\boldsymbol{Q}_2\boldsymbol{z}(t-d(t))]\mathrm{d}x+\\
&\int_{\Omega}[\bar{\boldsymbol{g}}(\boldsymbol{z}(t))^{\mathrm{T}}\boldsymbol{G}\bar{\boldsymbol{g}}(\boldsymbol{z}(t))-(1-\dot{d}(t))\bar{\boldsymbol{g}}(\boldsymbol{z}(t-d(t)))^{\mathrm{T}}\boldsymbol{G}\bar{\boldsymbol{g}}(\boldsymbol{z}(t-d(t)))]\mathrm{d}x+\\
&\int_{\Omega}\left[\tau_0\bar{\boldsymbol{h}}(\boldsymbol{z}(t))^{\mathrm{T}}\boldsymbol{W}\bar{\boldsymbol{h}}(\boldsymbol{z}(t))-\int_{t-\tau(t)}^{t}\bar{\boldsymbol{h}}(\boldsymbol{z}(s))^{\mathrm{T}}\boldsymbol{W}\bar{\boldsymbol{h}}(\boldsymbol{z}(s))\mathrm{d}s\right]\mathrm{d}x+\\
&\int_{-\tau_0}^{0}\left(\int_{\Omega}\bar{\boldsymbol{h}}(\boldsymbol{z}(t))\mathrm{d}x\right)^{\mathrm{T}}\boldsymbol{K}_1\left(\int_{\Omega}\bar{\boldsymbol{h}}(\boldsymbol{z}(t))\mathrm{d}x\right)\mathrm{d}\theta-\\
&\int_{-\tau_0}^{0}\left(\int_{\Omega}\bar{\boldsymbol{h}}(\boldsymbol{z}(t+\theta))\mathrm{d}x\right)^{\mathrm{T}}\boldsymbol{K}_1\left(\int_{\Omega}\bar{\boldsymbol{h}}(\boldsymbol{z}(t+\theta))\mathrm{d}x\right)\mathrm{d}\theta+\\
&\int_{-d_0}^{0}\left(\int_{\Omega}\bar{\boldsymbol{g}}(\boldsymbol{z}(t))\mathrm{d}x\right)^{\mathrm{T}}\boldsymbol{K}_2\left(\int_{\Omega}\bar{\boldsymbol{g}}(\boldsymbol{z}(t))\mathrm{d}x\right)\mathrm{d}\theta-\\
&\int_{-d_0}^{0}\left(\int_{\Omega}\bar{\boldsymbol{g}}(\boldsymbol{z}(t+\theta))\mathrm{d}x\right)^{\mathrm{T}}\boldsymbol{K}_2\left(\int_{\Omega}\bar{\boldsymbol{g}}(\boldsymbol{z}(t+\theta))\mathrm{d}x\right)\mathrm{d}\theta
\end{aligned}\tag{3-13}$$

考虑转移概率部分已知的情况,对任意矩阵 $\boldsymbol{\Lambda}_i=\boldsymbol{\Lambda}_i^{\mathrm{T}}$,由于 $\sum_{j=1}^{N}\gamma_{ij}=0$,则下述等式成立:

$$-\boldsymbol{z}(t)^{\mathrm{T}}\sum_{j=1}^{N}\gamma_{ij}\boldsymbol{\Lambda}_i\boldsymbol{z}(t)=0\tag{3-14}$$

由(A3.1)有

$$\begin{gathered}
\int_{\Omega}\bar{\boldsymbol{f}}(\boldsymbol{z}(t))^{\mathrm{T}}\boldsymbol{M}_1\boldsymbol{L}^f\boldsymbol{z}(t)-\bar{\boldsymbol{f}}(\boldsymbol{z}(t))^{\mathrm{T}}\boldsymbol{M}_1\bar{\boldsymbol{f}}(\boldsymbol{z}(t))\mathrm{d}x>0\\
\int_{\Omega}\boldsymbol{z}(t-d(t))^{\mathrm{T}}\boldsymbol{L}^g\boldsymbol{M}_2\boldsymbol{L}^g\boldsymbol{z}(t-d(t))-\bar{\boldsymbol{g}}(\boldsymbol{z}(t-d(t)))^{\mathrm{T}}\boldsymbol{M}_2\bar{\boldsymbol{g}}(\boldsymbol{z}(t-d(t)))\mathrm{d}x\geqslant 0
\end{gathered}\tag{3-15}$$

其中,$\boldsymbol{M}_1$ 和 $\boldsymbol{M}_2$ 是正定对角矩阵。

根据 Jensen 不等式,得

$$\begin{aligned}
&\int_{-\tau_0}^{0}\left(\int_{\Omega}\bar{\boldsymbol{h}}(\boldsymbol{z}(t))\mathrm{d}x\right)^{\mathrm{T}}\boldsymbol{K}_1\left(\int_{\Omega}\bar{\boldsymbol{h}}(\boldsymbol{z}(t))\mathrm{d}x\right)\mathrm{d}\theta-\\
&\qquad\int_{-\tau_0}^{0}\left(\int_{\Omega}\bar{\boldsymbol{h}}(\boldsymbol{z}(t+\theta))\mathrm{d}x\right)^{\mathrm{T}}\boldsymbol{K}_1\left(\int_{\Omega}\bar{\boldsymbol{h}}(\boldsymbol{z}(t+\theta))\mathrm{d}x\right)\mathrm{d}\theta\leqslant
\end{aligned}$$

$$\tau_0 \mid \Omega \mid \int_\Omega \bar{\boldsymbol{h}}(\boldsymbol{z}(t))^{\mathrm{T}} \boldsymbol{K}_1 \bar{\boldsymbol{h}}(\boldsymbol{z}(t)) \mathrm{d}x -$$
$$\tau_0^{-1} \left(\int_{t-\tau(t)}^{t} \int_\Omega \bar{\boldsymbol{h}}(\boldsymbol{z}(s)) \mathrm{d}x \mathrm{d}s \right)^{\mathrm{T}} \boldsymbol{K}_1 \left(\int_{t-\tau(t)}^{t} \int_\Omega \bar{\boldsymbol{h}}(\boldsymbol{z}(s)) \mathrm{d}x \mathrm{d}s \right) -$$
$$\tau_0^{-1} \left(\int_{t-\tau(t)}^{t} \int_\Omega \bar{\boldsymbol{h}}(\boldsymbol{z}(s)) \mathrm{d}x \mathrm{d}s \right)^{\mathrm{T}} \boldsymbol{K}_1 \left(\int_{t-\tau(t)}^{t} \int_\Omega \bar{\boldsymbol{h}}(\boldsymbol{z}(s)) \mathrm{d}x \mathrm{d}s \right) \tag{3-16}$$

$$\int_{-d_0}^{0} \left(\int_\Omega \bar{\boldsymbol{g}}(\boldsymbol{z}(t)) \mathrm{d}x \right)^{\mathrm{T}} \boldsymbol{K}_2 \left(\int_\Omega \bar{\boldsymbol{g}}(\boldsymbol{z}(t)) \mathrm{d}x \right) \mathrm{d}\theta -$$
$$\int_{-d_0}^{0} \left(\int_\Omega \bar{\boldsymbol{g}}(\boldsymbol{z}(t+\theta)) \mathrm{d}x \right)^{\mathrm{T}} \boldsymbol{K}_2 \left(\int_\Omega \bar{\boldsymbol{g}}(\boldsymbol{z}(t+\theta)) \mathrm{d}x \right) \mathrm{d}\theta \leqslant$$
$$d_0 \mid \Omega \mid \int_\Omega \bar{\boldsymbol{g}}(\boldsymbol{z}(t))^{\mathrm{T}} \boldsymbol{K}_2 \bar{\boldsymbol{g}}(\boldsymbol{z}(t)) \mathrm{d}x -$$
$$d_0^{-1} \left(\int_{t-d(t)}^{t} \int_\Omega \bar{\boldsymbol{g}}(\boldsymbol{z}(s)) \mathrm{d}x \mathrm{d}s \right)^{\mathrm{T}} \boldsymbol{K}_2 \left(\int_{t-d(t)}^{t} \int_\Omega \bar{\boldsymbol{g}}(\boldsymbol{z}(s)) \mathrm{d}x \mathrm{d}s \right) \tag{3-17}$$

$$\int_\Omega \int_{t-\tau(t)}^{t} \bar{\boldsymbol{h}}(\boldsymbol{z}(s))^{\mathrm{T}} \boldsymbol{W} \bar{\boldsymbol{h}}(\boldsymbol{z}(s)) \mathrm{d}s \mathrm{d}x \leqslant$$
$$-\tau_0^{-1} \int_\Omega \left[\int_{t-\tau(t)}^{t} \bar{h}(\boldsymbol{z}(s)) \mathrm{d}s \right]^{\mathrm{T}} \boldsymbol{W} \left[\int_{t-\tau(t)}^{t} \bar{h}(\boldsymbol{z}(s)) \mathrm{d}s \right] \mathrm{d}x \tag{3-18}$$

根据边界条件，$D_i \geqslant 0$ 和引理 3.1，应用 Green's 公式，有

$$\int_\Omega \sum_{l=1}^{m} z_i(t) \frac{\partial}{\partial x_l} \left(D_i \frac{\partial z_i(t)}{\partial x_l} \right) \mathrm{d}x = \sum_{l=1}^{m} \int_\Omega \frac{\partial}{\partial x_l} \left(D_i \frac{\partial z_i(t)}{\partial x_l} z_i(t) \right) \mathrm{d}x -$$
$$\sum_{l=1}^{m} \int_\Omega D_i \left(\frac{\partial z_i(t)}{\partial x_l} \right)^2 \mathrm{d}x =$$
$$\int_{\partial\Omega} D_i z_i(t) \frac{\partial z_i(t)}{\partial \nu} \mathrm{d}s - \sum_{l=1}^{m} \int_\Omega D_i \left(\frac{\partial z_i(t)}{\partial x_l} \right)^2 \mathrm{d}x \leqslant$$
$$-\frac{D_i^*}{\alpha} \int_\Omega z_i(t)^2 \mathrm{d}x \tag{3-19}$$

其中
$$\alpha = (\mid \Omega \mid / \omega_m)^{1/m} > 0$$

由式(3－14)～和式(3－19)得

$$LV(t, \boldsymbol{z}(t), i) \leqslant \int_\Omega \boldsymbol{z}(t)^{\mathrm{T}} \Big(-\boldsymbol{P}_i \boldsymbol{A}_i - \boldsymbol{A}_i \boldsymbol{P}_i - \boldsymbol{P}_i \boldsymbol{R} - \boldsymbol{R} \boldsymbol{P}_i + \boldsymbol{Q}_1 + \boldsymbol{Q}_2 + \boldsymbol{L}^g \boldsymbol{G} \boldsymbol{L}^g +$$
$$\sum_{j \in \Xi_k^i} \gamma_{ij} (\boldsymbol{P}_j - \boldsymbol{A}_i) + \rho_i \boldsymbol{\Sigma}_{i1}^{\mathrm{T}} \boldsymbol{\Sigma}_{i1} + \tau_0 \boldsymbol{L}^h \boldsymbol{W} \boldsymbol{L}^h + \tau_0 \mid \Omega \mid \boldsymbol{L}^h \boldsymbol{K}_1 \boldsymbol{L}^h +$$
$$d_0 \mid \Omega \mid \boldsymbol{L}^g \boldsymbol{K}_2 \boldsymbol{L}^g \Big) \boldsymbol{z}(t) \mathrm{d}x + \int_\Omega \boldsymbol{z}(t)^{\mathrm{T}} (\boldsymbol{P}_i \boldsymbol{B}_i + \boldsymbol{L}^f \boldsymbol{M}_1^{\mathrm{T}}) \bar{\boldsymbol{f}}(\boldsymbol{z}(t)) \mathrm{d}x +$$

$$\int_{\Omega} \boldsymbol{z}(t)^{\mathrm{T}} \sum_{j \in \Xi_{uk}^{i}} \gamma_{ij} (\boldsymbol{P}_j - \boldsymbol{A}_i) \boldsymbol{z}(t) \mathrm{d}x + \int_{\Omega} \bar{\boldsymbol{f}}(\boldsymbol{z}(t))^{\mathrm{T}} (\boldsymbol{B}_i^{\mathrm{T}} \boldsymbol{P}_i + \boldsymbol{M}_1 L^f) \boldsymbol{z}(t) \mathrm{d}x +$$
$$\int_{\Omega} \boldsymbol{z}(t)^{\mathrm{T}} (\boldsymbol{P}_i \boldsymbol{C}_i) \bar{\boldsymbol{g}}(\boldsymbol{z}(t-d(t))) \mathrm{d}x + \int_{\Omega} \bar{\boldsymbol{g}}(\boldsymbol{z}(t-d(t)))^{\mathrm{T}} (\boldsymbol{C}_i^{\mathrm{T}} \boldsymbol{P}_i) \boldsymbol{z}(t) \mathrm{d}x +$$
$$\int_{\Omega} \boldsymbol{z}(t)^{\mathrm{T}} \boldsymbol{P}_i \boldsymbol{E}_i \int_{t-\tau(t)}^{t} \bar{\boldsymbol{h}}(\boldsymbol{z}(s)) \mathrm{d}s \mathrm{d}x + \int_{\Omega} \left(\int_{t-\tau(t)}^{t} \bar{\boldsymbol{h}}(\boldsymbol{z}(s)) \mathrm{d}s \right)^{\mathrm{T}} \boldsymbol{E}_i^{\mathrm{T}} \boldsymbol{P}_i \boldsymbol{z}(t) \mathrm{d}x +$$
$$\int_{\Omega} \boldsymbol{z}(t-\tau(t))^{\mathrm{T}} [-(1-\mu)\boldsymbol{Q}_1] \boldsymbol{z}(t-\tau(t)) \mathrm{d}x -$$
$$\int_{\Omega} \bar{\boldsymbol{g}}(\boldsymbol{z}(t-d(t)))^{\mathrm{T}} [(1-d)\boldsymbol{G} + \boldsymbol{M}_2] \bar{\boldsymbol{g}}(\boldsymbol{z}(t-d(t))) \mathrm{d}x -$$
$$2\int_{\Omega} \bar{\boldsymbol{f}}(\boldsymbol{z}(t))^{\mathrm{T}} \boldsymbol{M}_1 \bar{\boldsymbol{f}}(\boldsymbol{z}(t)) \mathrm{d}x + \int_{\Omega} \boldsymbol{z}(t-d(t))^{\mathrm{T}} (\boldsymbol{L}^g \boldsymbol{M}_2^{\mathrm{T}} \boldsymbol{L}^g + \rho_i \boldsymbol{\Sigma}_{i2}^{\mathrm{T}} \bar{\boldsymbol{h}}_{i2} -$$
$$(1-d)\boldsymbol{Q}_2) \times \boldsymbol{z}(t-d(t)) \mathrm{d}x + \int_{\Omega} \left(\int_{t-\tau(t)}^{t} \bar{\boldsymbol{h}}(\boldsymbol{z}(s)) \mathrm{d}s \right)^{\mathrm{T}}$$
$$(\rho_i \boldsymbol{\Sigma}_{i3}^{\mathrm{T}} \boldsymbol{\Sigma}_{i3} - \tau_0^{-1} \boldsymbol{W}) \left(\int_{t-\tau(t)}^{t} \bar{\boldsymbol{h}}(\boldsymbol{z}(s)) \mathrm{d}s \right) \mathrm{d}x -$$
$$\tau_0^{-1} \left(\int_{t-\tau(t)}^{t} \int_{\Omega} \bar{\boldsymbol{h}}(\boldsymbol{z}(s)) \mathrm{d}x \mathrm{d}s \right)^{\mathrm{T}} \boldsymbol{K}_1 \left(\int_{t-\tau(t)}^{t} \int_{\Omega} \bar{\boldsymbol{h}}(\boldsymbol{z}(s)) \mathrm{d}x \mathrm{d}s \right) -$$
$$d_0^{-1} \left(\int_{t-d(t)}^{t} \int_{\Omega} \bar{\boldsymbol{g}}(\boldsymbol{z}(s)) \mathrm{d}x \mathrm{d}s \right)^{\mathrm{T}} \boldsymbol{K}_2 \left(\int_{t-d(t)}^{t} \int_{\Omega} \bar{\boldsymbol{g}}(\boldsymbol{z}(s)) \mathrm{d}x \mathrm{d}s \right) =$$
$$\int_{\Omega} \boldsymbol{\zeta}_1^{\mathrm{T}} \boldsymbol{\Xi}_1 \boldsymbol{\zeta}_1 \mathrm{d}x \tag{3-20}$$

这里

$$\zeta_1 = \Big[\boldsymbol{z}(t)^{\mathrm{T}} \quad \boldsymbol{z}(t-\tau(t))^{\mathrm{T}} \quad \boldsymbol{z}(t-d(t))^{\mathrm{T}} \quad \bar{\boldsymbol{f}}(\boldsymbol{z}(t))^{\mathrm{T}} \quad \bar{\boldsymbol{g}}(\boldsymbol{z}(t-d(t)))^{\mathrm{T}}$$
$$\left(\int_{t-\tau(t)}^{t} \bar{\boldsymbol{h}}(\boldsymbol{z}(s)) \mathrm{d}s \right)^{\mathrm{T}} \quad \left(\int_{t-\tau(t)}^{t} \int_{\Omega} \bar{\boldsymbol{h}}(\boldsymbol{z}(s)) \mathrm{d}x \mathrm{d}s \right)^{\mathrm{T}} \quad \left(\int_{t-d(t)}^{t} \int_{\Omega} \bar{\boldsymbol{g}}(\boldsymbol{z}(s)) \mathrm{d}x \mathrm{d}s \right)^{\mathrm{T}} \Big]^{\mathrm{T}}$$

由定理 3.1 的条件，注意到对所有 $j \neq i$，$\gamma_{ii} = -\sum_{j=1, j\neq i}^{N} \gamma_{ij}$ 和 $\gamma_{ij} \geqslant 0$，即对所有 $i \in S$，有 $\gamma_{ii} < 0$。因此，当 $i \in \boldsymbol{\Xi}_k^i$ 时，由式(3-8) ~ 式(3-11) 和 $\zeta_1 \neq 0$，我们可推出

$$\boldsymbol{L}\boldsymbol{V}(t, z(t), i) < 0 \tag{3-21}$$

另一方面，如果 $i \in \Xi_{uk}^i$，根据式(3-8) ~ 式(3-11) 和 $\zeta_1 \neq 0$，则式(3-21) 成立。所以，如果 $\| \boldsymbol{u}(t_0, x) - \boldsymbol{u}^* \|_2 < \delta$ 且 $k \to \infty$，则 $\lim_{t\to\infty} E \| \boldsymbol{u}(t, x) - \boldsymbol{u}^* \|_2 = 0$，即结论成立。

注 3.3 定理 3.1 的证明中，建立了更一般的 Lyapunov 泛函。容易看出，定理 3.1 推广了文献[20] 中时滞和空间以及扩散项独立的重要结果。定理

3.1 是依赖于时滞和空间以及扩散项的。自由权矩阵新的引入方法，使得依赖时滞和空间以及扩散项的稳定性判据比现有结果有较少保守性。

注 3.4　当 $D_i = 0, i = 1,2,\cdots,n$，系统式(3-2)变为

$$\left.\begin{aligned}&\mathrm{d}\boldsymbol{u}(t) = \Big[-\boldsymbol{A}_i\boldsymbol{u}(t) + \boldsymbol{B}_i\boldsymbol{f}(\boldsymbol{u}(t)) + \boldsymbol{C}_i\boldsymbol{g}(\boldsymbol{u}(t-d(t))) + \\&\qquad \boldsymbol{E}_i\int_{t-\tau(t)}^{t}\boldsymbol{h}(u(s))\mathrm{d}s + \boldsymbol{J}\Big]\mathrm{d}t + \\&\qquad \sigma_i\Big(t,\boldsymbol{u}(t),\boldsymbol{u}(t-d(t)),\int_{t-\tau(t)}^{t}\boldsymbol{h}(\boldsymbol{u}(s))\mathrm{d}s\Big)\mathrm{d}\boldsymbol{w}(t), \\&\qquad\qquad t \geqslant t_0 \geqslant 0, \\&\qquad \boldsymbol{u}(t_0+s) = \boldsymbol{\varphi}(s), \quad s \in (-\tilde{\tau},0]\end{aligned}\right\} \tag{3-22}$$

系统式(3-22)是系统式(3-1)的一种特殊情况。在文献[157]中，作者考虑了下述模型

$$\dot{\boldsymbol{u}} = -\boldsymbol{A}\boldsymbol{u} + \boldsymbol{B}\boldsymbol{f}(\boldsymbol{u}(t)) + \boldsymbol{C}\boldsymbol{g}(\boldsymbol{u}(t-d(t))) + \boldsymbol{E}\int_{t-\tau(t)}^{t}\boldsymbol{h}(\boldsymbol{u}(s))\mathrm{d}s + \boldsymbol{J}$$

的指数稳定。然而，利用线性矩阵不等式技巧来研究具有部分转移概率已知和混合时滞的随机马尔可夫跳变神经网络渐近稳定性的研究结果很少。

由式(3-22)，得到下列推论。

推论 3.1　假设(A3.1)～(A3.4)成立，如果存在正定对角矩阵 $\boldsymbol{P}_i,\boldsymbol{\Lambda}_i = \boldsymbol{\Lambda}_i^{\mathrm{T}}$，正定对称矩阵 $\boldsymbol{Q}_1,\boldsymbol{Q}_2,\boldsymbol{G},\boldsymbol{W},\boldsymbol{K}_1,\boldsymbol{K}_2$，适当位数的正定对角矩阵 $\boldsymbol{M}_1,\boldsymbol{M}_2$ 和标量 $\rho_i > 0$，使得下列线性矩阵不等式成立：

$$\boldsymbol{\Xi}_2 = \begin{bmatrix}\bar{\boldsymbol{\alpha}}_{11} & \boldsymbol{0} & \boldsymbol{0} & \boldsymbol{\alpha}_{14} & \boldsymbol{\alpha}_{15} & \boldsymbol{\alpha}_{16} & \boldsymbol{0} \\ * & \bar{\boldsymbol{\alpha}}_{22} & \boldsymbol{0} & \boldsymbol{0} & \boldsymbol{0} & \boldsymbol{0} & \boldsymbol{0} \\ * & * & \bar{\boldsymbol{\alpha}}_{33} & \boldsymbol{0} & \boldsymbol{0} & \boldsymbol{0} & \boldsymbol{0} \\ * & * & * & \bar{\boldsymbol{\alpha}}_{44} & \boldsymbol{0} & \boldsymbol{0} & \boldsymbol{0} \\ * & * & * & * & \bar{\boldsymbol{\alpha}}_{55} & \boldsymbol{0} & \boldsymbol{0} \\ * & * & * & * & * & \bar{\boldsymbol{\alpha}}_{66} & \boldsymbol{0} \\ * & * & * & * & * & * & \bar{\boldsymbol{\alpha}}_{77}\end{bmatrix} < 0 \tag{3-23}$$

$$\boldsymbol{P}_i \leqslant \rho_i\boldsymbol{I} \tag{3-24}$$

$$\boldsymbol{P}_j - \boldsymbol{\Lambda}_i \leqslant 0, \quad j \in \Xi_{uk}^i, \quad j \neq i \tag{3-25}$$

$$\boldsymbol{P}_i - \boldsymbol{\Lambda}_i \geqslant 0, \quad j \in \Xi_{uk}^i, \quad j = i \tag{3-26}$$

其中

$$\bar{\boldsymbol{\alpha}}_{11} = -\boldsymbol{P}_i\boldsymbol{A}_i - \boldsymbol{A}_i\boldsymbol{P}_i - \boldsymbol{P}_i\boldsymbol{R} - \boldsymbol{R}\boldsymbol{P}_i + \boldsymbol{Q}_1 + \boldsymbol{Q}_2 + \boldsymbol{L}^g\boldsymbol{G}\boldsymbol{L}^g + \sum_{j\in U_k^i}\gamma_{ij}(\boldsymbol{P}_j - \boldsymbol{\Lambda}_i) +$$

$$\rho_i \boldsymbol{\Sigma}_{i1}^{\mathrm{T}} \boldsymbol{\Sigma}_{i1} + \tau_0 \boldsymbol{L}^h \mathbf{K}_1 L^h + d_0 \boldsymbol{L}^g \mathbf{K}_2 \boldsymbol{L}^g$$

$$\bar{\boldsymbol{\alpha}}_{66} = \rho_i \boldsymbol{\Sigma}_{i3}^{\mathrm{T}} \boldsymbol{\Sigma}_{i3} - \tau_0^{-1} \mathbf{K}_1, \quad \bar{\boldsymbol{\alpha}}_{77} = - d_0^{-1} \mathbf{K}_2$$

其他符号同定理 3.1,则在部分转移概率已知的矩阵式(3－3) 的条件下,系统式(3－22) 在均方意义下是渐近稳定的。

证明　通过构造下列 Lyapunov 泛函:

$$\begin{aligned}\boldsymbol{V}(t,\boldsymbol{z}(t),i) = {} & \boldsymbol{z}(t)^{\mathrm{T}} \boldsymbol{P}_i \boldsymbol{z}(t) + \int_{t-\tau(t)}^{t} \boldsymbol{z}(s)^{\mathrm{T}} \boldsymbol{Q}_1 \boldsymbol{z}(s) \mathrm{d}s + \int_{t-d(t)}^{t} \boldsymbol{z}(s)^{\mathrm{T}} \boldsymbol{Q}_2 \boldsymbol{z}(s) \mathrm{d}s + \\ & \int_{t-d(t)}^{t} \bar{\boldsymbol{g}}(\boldsymbol{z}(s))^{\mathrm{T}} \boldsymbol{G} \bar{\boldsymbol{g}}(\boldsymbol{z}(s)) \mathrm{d}s + \int_{-d_0}^{0} \int_{t+\theta}^{t} \bar{\boldsymbol{g}}(\boldsymbol{z}(s))^{\mathrm{T}} \mathbf{K}_2 \bar{\boldsymbol{g}}(\boldsymbol{z}(s)) \mathrm{d}s\mathrm{d}\theta + \\ & \int_{-\tau_0}^{0} \int_{t+\theta}^{t} (\bar{\boldsymbol{h}}(\boldsymbol{z}(s)))^{\mathrm{T}} \mathbf{K}_1 (\bar{\boldsymbol{h}}(\boldsymbol{z}(s))) \mathrm{d}s\mathrm{d}\theta\end{aligned}$$

沿着系统式(3－22) 计算弱无穷小算子,类似于定理 3.1 的证明容易得到系统式(3－22) 在均方意义下是渐近稳定的。

3.4　数值例子

本章给出算例证明定理3.1的有效性。考虑具有三个模态的系统式(3-1)描述如下:

$$\boldsymbol{A}_1 = \begin{bmatrix} 6 & 0.1 \\ 0.6 & 13 \end{bmatrix}, \quad \boldsymbol{A}_2 = \begin{bmatrix} 15 & 0.6 \\ 0.7 & 10 \end{bmatrix}, \quad \boldsymbol{A}_3 = \begin{bmatrix} 10 & 0.5 \\ 0.6 & 11 \end{bmatrix}$$

$$\boldsymbol{B}_1 = \begin{bmatrix} 0.1 & 0.2 \\ 0.2 & 0.1 \end{bmatrix}, \quad \boldsymbol{B}_2 = \begin{bmatrix} 0.5 & 0.3 \\ 0.5 & 0.1 \end{bmatrix}, \quad \boldsymbol{B}_3 = \begin{bmatrix} 0.3 & 0.4 \\ 0.2 & 0.1 \end{bmatrix}$$

$$\boldsymbol{C}_1 = \boldsymbol{C}_2 = \boldsymbol{C}_3 = \begin{bmatrix} 0.5 & 0 \\ 0 & 0.5 \end{bmatrix}$$

$$\boldsymbol{E}_1 = \boldsymbol{E}_2 = \boldsymbol{E}_3 = \begin{bmatrix} 0.1 & 0 \\ 0 & 0.1 \end{bmatrix}$$

$$\boldsymbol{\Sigma}_{11} = \boldsymbol{\Sigma}_{12} = \boldsymbol{\Sigma}_{13} = 1.2\boldsymbol{I}, \quad \boldsymbol{\Sigma}_{21} = \boldsymbol{\Sigma}_{22} = \boldsymbol{\Sigma}_{23} = 0.8\boldsymbol{I}$$

$$\boldsymbol{\Sigma}_{31} = \boldsymbol{\Sigma}_{32} = \boldsymbol{\Sigma}_{33} = 1.1\boldsymbol{I}$$

$$\tau_0 = d_0 = 0.6, \quad \mu = d = 0.2, \quad |\Omega| = \omega_m = \pi$$

$$\boldsymbol{L}^f = \boldsymbol{L}^g = \boldsymbol{L}^h = \boldsymbol{I}, \quad D_1 = D_2 = D_3 = D_1^* = D_2^* = D_3^* = 1, \quad \boldsymbol{R} = - \boldsymbol{I}$$

转移概率矩阵如下:

$$\boldsymbol{\Theta} = \begin{bmatrix} -0.3 & ? & ? \\ ? & 0.1 & ? \\ ? & ? & 0.15 \end{bmatrix}$$

在式(3-8)～式(3-11)中，通过应用MATLAB LMI控制工具箱，得到下列可行解：

$$\boldsymbol{P}_1=\begin{bmatrix}1.9466 & 0\\ 0 & 1.9466\end{bmatrix},\quad \boldsymbol{P}_2=\begin{bmatrix}1.9072 & 0\\ 0 & 1.9072\end{bmatrix}$$

$$\boldsymbol{P}_3=\begin{bmatrix}1.7064 & 0\\ 0 & 1.7064\end{bmatrix},\quad \boldsymbol{Q}_1=\begin{bmatrix}1.3124 & 0.1123\\ 0.1123 & 3.3850\end{bmatrix}$$

$$\boldsymbol{Q}_2=\begin{bmatrix}5.1903 & 0.1019\\ 0.1019 & 7.1036\end{bmatrix},\quad \boldsymbol{G}=\begin{bmatrix}0.8189 & 0.0984\\ 0.0984 & 2.6072\end{bmatrix}$$

$$\boldsymbol{\Lambda}_1=\begin{bmatrix}3.6542 & 0.3005\\ 0.3005 & 22.2842\end{bmatrix},\quad \boldsymbol{\Lambda}_2=\begin{bmatrix}0.9530 & -0.0010\\ -0.0010 & 0.9875\end{bmatrix}$$

$$\boldsymbol{\Lambda}_3=\begin{bmatrix}0.8493 & 0.0014\\ 0.0014 & 0.8382\end{bmatrix},\quad \boldsymbol{W}=\begin{bmatrix}5.2683 & 0.1424\\ 0.1424 & 7.9714\end{bmatrix}$$

$$\boldsymbol{K}_1=\begin{bmatrix}0.6909 & 0.0599\\ 0.0599 & 1.8031\end{bmatrix},\quad \boldsymbol{K}_2=\begin{bmatrix}0.7028 & 0.0597\\ 0.0597 & 1.8035\end{bmatrix}$$

$$\boldsymbol{A}_1=\begin{bmatrix}3.9211 & 0\\ 0 & 3.9211\end{bmatrix},\quad \boldsymbol{A}_2=\begin{bmatrix}1.2151 & 0\\ 0 & 1.2151\end{bmatrix}$$

因此，由定理3.1可知，系统式(3-1)在均方意义下是渐近稳定的。

3.5　本章小结

本章基于线性矩阵不等式和自由权矩阵技巧，探讨了一类具有部分转移概率已知和混合时滞随机马尔可夫跳变反应扩散神经网络在均方意义下是渐近稳定的问题。通过应用Lyapunov稳定性分析方法，得到的依赖时滞和依赖空间以及扩散项的的稳定性判据并用一个数值例子验证了所得判据的有效性。

第四章 马尔可夫跳变分布参数时滞神经网络的几乎输入状态稳定性

4.1 引 言

自1989年，文献[171]提出了输入状态稳定的概念后，它迅速成为现代非线性反馈设计和分析的基本概念，著名控制专家Kokotovic等[172]指出输入状态稳定性起了一个中心统一的地位和作用。输入状态稳定的应用非常广泛，除了上述文献提到的Backstepping递归设计外，例如奇异摄动分析、全局小增益定理、和有界控制器的反馈镇定等[171—177,143,90—92]。此外，这一概念有许多等价形式，从耗散性和经典的类Lyapunov函数的角度表明了输入状态稳定的数学本质[173,174]。文献[175]指出输入状态稳定是关于上确界范数的有限增益和有限增益的非线性推广。该性质考虑了初始状态，这完全一致于经典的Lyapunov稳定性，并且将有限线性增益替换为“非线性增益”，这表明对一般非线性算子有很强的要求。一个输入状态稳定的系统，当分别被一致有界或能量有界的信号激励时，表现出低的超调量和低的总能量响应，这些都是非常可取的定性特征。然而，在有些情况下，反馈设计并不能保证输入状态稳定；或者在递归设计中的某一个步骤中，仅能得到一个比输入状态稳定更弱的性质。

神经网络易受噪声影响，如控制中的干扰或观测误差。这样，神经网络不仅要求稳定而且要有输入状态稳定性。文献[91]利用Lyapunov函数得到非线性反馈矩阵范数条件下保证输入状态稳定，也确保了一类神经网络的全局渐近稳定性。文献[92]给出了具有可变输入递归神经网络的两个输入状态收敛结果，得到了切换Hopfield时滞神经网络的输入状态稳定判据，该判据是由线性矩阵不等式表示。目前，具有马尔可夫分布参数时滞神经网络输入状态稳定性的研究未见到。受上面讨论的启发，本章研究具有混合时滞马尔可夫分布参数神经网络的几乎输入状态稳定。

4.2　模型描述和预备知识

考虑具有马尔可夫跳变参数时滞分布参数神经网络：

$$\begin{aligned}\frac{\partial u_i(t,x)}{\partial t}=&\sum_{l=1}^{m}\frac{\partial}{\partial x_l}\left(D_{il}\frac{\partial u_i(t,x)}{\partial x_l}\right)-a_i(r(t))u_i(t,x)+\sum_{j=1}^{n}w_{ij}(r(t))g_j(u_j(t,x))+\\&\sum_{j=1}^{n}h_{ij}(r(t))g_j(u_j(t-\tau_j(t),x))+\\&\sum_{j=1}^{n}b_{ij}(r(t))\int_{-\infty}^{t}k_{ij}(t-s)g_j(u_j(s,x))\mathrm{d}s+\nu_i(t,x),\quad t\geqslant 0,x\in\Omega\end{aligned}\tag{4-1}$$

其中 $x=(x_1,\cdots,x_m)^{\mathrm{T}}\in\Omega$；$u_i(t,x)$ 为第 i 个神经元在时间 t 的状态变量；$\boldsymbol{A}(r(t))=\mathrm{diag}(a_1(r(t)),\cdots,a_n(r(t)))$ 是对角矩阵；$a_i(r(t))>0$，$\boldsymbol{B}(r(t))=(b_{ij}(r(t)))_{n\times n}$，$\boldsymbol{W}(r(t))=(w_{ij}(r(t)))_{n\times n}$ 和 $\boldsymbol{H}(r(t))=(h_{ij}(r(t)))_{n\times n}$ 表示连接矩阵；g_j 表示第 j 个神经元在时间 t 和空间 x 的激活函数；$\boldsymbol{v}(t,x)=(v_1(t,x),v_2(t,x),\cdots,v_n(t,x))^{\mathrm{T}}$ 表示外部输入向量；$\tau_j(t)$ 表示时变时滞且满足 $0\leqslant\tau_j(t)\leqslant\tau$ 和 $\dot{\tau}_j(t)\leqslant\mu<1$；$D_{il}=D_{il}(t,x,u)\geqslant 0$ 表示轴突信号传输过程中的扩散算子；$k_{ij}(\cdot)$ 表示时滞核。

马尔可夫链 $\{r(t),t\geqslant 0\}$ 是有限状态空间 $S=\{1,2,\cdots,N\}$ 中取值的马尔可夫过程，且转移概率矩阵 $\boldsymbol{\Gamma}=(\gamma_{ij})_{N\times N}$：

$$P\{r(t+\delta)=j\mid r(t)=i\}=\begin{cases}\gamma_{ij}\delta+o(\delta), & 如果\ i\neq j\\ 1+\gamma_{ij}\delta+o(\delta), & 如果\ i=j\end{cases}$$

其中，$\delta>0$，$\lim\limits_{\delta\to 0}o(\delta)/\delta=0$；$\gamma_{ij}\geqslant 0$ 代表状态从 i 到 j 的转化速度，如果 $i\neq j$ 且 $\gamma_{ii}=-\sum\limits_{i\neq j}\gamma_{ij}$。几乎每一个 $r(t)$ 的采样路径是在 R^+ 的任何有限子区间内进行数量有限的跳跃的右连续阶梯函数。

系统式(4－1)的边界条件和初始条件如下：

$$\begin{aligned}u_i(t,x)&=0,\quad (t,x)\in[0,+\infty)\times\partial\Omega\\ u_i(s,x)&=\varphi_i(s,x),\quad (s,x)\in(-\infty,0]\times\Omega\end{aligned}\tag{4-2}$$

其中，$\varphi(s,x)=(\varphi_1(s,x),\cdots,\varphi_n(s,x))^{\mathrm{T}}$，$\varphi_i(s,x)$ 是连续有界函数。

在不引起歧义的情况下，记 $u_i(t,x)=u_i(t)$，$\varphi_i(s,x)=\varphi_i(s)$，$v_i(t,x)=v_i(t)$。

为了得到主要结果，假设如下条件成立：

(A4.1) 存在正常数 L_j 使得对所有 $\eta_1,\eta_2\in\mathbb{R}$ 有

$$0 \leqslant \frac{g_j(\eta_1) - g_j(\eta_2)}{\eta_1 - \eta_2} \leqslant L_j$$

(A4.2) 时滞核 $k_{ij}(\cdot):[0,+\infty) \to [0,+\infty)(i,j=1,2,\cdots,n)$ 是实值非负连续函数且满足下列条件：

(i) $\int_0^{+\infty} k_{ij}(s)\mathrm{d}s = 1$；

(ii) 对所有 $s \in [0,+\infty)$ 有 $\int_0^{+\infty} sk_{ij}(s)\mathrm{d}s \leqslant +\infty$；

(iii) $\int_0^{+\infty} sk_{ij}(s)\mathrm{e}^{\xi s}\mathrm{d}s < +\infty$，其中 ξ 是一正常数。

注 4.1 由假设(A4.1)和(A4.2)，当 $v_i(t,x)$ 给定时，容易证明系统式(4-1)的平衡点是存在且唯一的[155]。

定义 4.1 如果存在一类 κL 函数 β 和一类 κ 函数 γ，使得对任意初始值 φ 和任何有界输入 $v(t)$，对所有 $t \geqslant 0$，$u(t)$ 存在并满足

$$E\| \boldsymbol{u}(t) \|_2 \leqslant \beta(E\| \boldsymbol{\varphi} \|,t) + \gamma(E\| \boldsymbol{v}(t) \|_\Omega) \tag{4-3}$$

则系统式(4-1)输入状态稳定的。

注 4.2 对任何有界输入 $\boldsymbol{v}(t)$，式(4-3)保证状态 $\boldsymbol{u}(t)$ 是有界的。即如果时滞反应扩散神经网络是全局输入状态稳定的，那么时滞反应扩散神经网络输入状态应该仍然有界。因此，时滞反应扩散神经网络是有界输入有界输出稳定的。

引理 4.1[27] (Hardy-Sobolev不等式) 设 $\Omega \subset \mathbb{R}^m (m \geqslant 3)$ 含原点的有界开集且 $u \in H^1(\Omega) = \left\{ y \mid y \in L^2(\Omega), D_i y = \frac{\partial y}{\partial x_i} \in L^2(\Omega), 1 \leqslant i \leqslant m \right\}$，则存在一常数 $C_m = C_m(\Omega)$ 使得 $\frac{(m-2)^2}{4}\int_\Omega \frac{\boldsymbol{u}^2}{|x|^2}\mathrm{d}x \leqslant \int_\Omega |\nabla \boldsymbol{u}|^2 \mathrm{d}x + C_m \int_{\partial\Omega} \boldsymbol{u}^2 \mathrm{d}S$。

注 4.3 Hardy-Sobolev 不等式是一重要不等式，在偏微分方程中被广泛应用[161]。文献[148]引理 1 中，$\boldsymbol{u} \in C^1(\Omega)$，而这里假设 $\boldsymbol{u} \in H^1(\Omega)$。

4.3 几乎输入状态稳定

定理 4.1 假设(A4.1)和(A4.2)满足，对任意 $r(t) = i \in S$，如果存在常数 $q_i(i) > 0, i,j = 1,2,\cdots,n$，使得

$$-\Xi - 2a_i(i) + 2|w_{ii}(i)|L_i + \sum_{j=1,j\neq i}^{n} |w_{ij}(i)| + \sum_{j=1,j\neq i}^{n} \frac{q_j(i)}{q_i(i)} |w_{ji}(i)| L_i^2 +$$

$$\sum_{j=1}^{n}|h_{ij}(i)|L_j+\sum_{j=1}^{n}|b_{ij}(i)|+\sum_{j=1}^{n}\frac{q_j(i)}{q_i(i)}|b_{ji}(i)|L_i^2+$$

$$\sum_{j=1}^{n}\frac{|h_{ji}(i)|}{1-\mu}e^{2\alpha\tau}\frac{q_j(i)}{q_i(i)}L_i+\sum_{j=1}^{n}\gamma_{ij}q_i(j)+1<0 \tag{4-4}$$

其中 $\Xi=\frac{\underline{\alpha}(m-2)^2}{2\pi^2}$，$\underline{\alpha}=\min\{D_{il},i=1,\cdots,n;l=1,\cdots,m\}>0$，$\pi$ 是 Ω 的径向界，系统式(4-1)和式(4-2)是几乎输入状态稳定的。

证明　如果条件式(4-4)成立，可以选一正数 ε(可以非常小)使得对 $i=1,2,\cdots,n$，有

$$-\Xi-2a_i(i)+2|w_{ii}(i)|L_i+\sum_{j=1,j\neq i}^{n}|w_{ij}(i)|+\sum_{j=1,j\neq i}^{n}\frac{q_j(i)}{q_i(i)}|w_{ji}(i)|L_i^2+$$

$$\sum_{j=1}^{n}|h_{ij}(i)|L_j+\sum_{j=1}^{n}|b_{ij}(i)|+\sum_{j=1}^{n}\frac{q_j(i)}{q_i(i)}|b_{ji}(i)|L_i^2+$$

$$\sum_{j=1}^{n}\frac{|h_{ji}(i)|}{1-\mu}e^{2\alpha\tau}\frac{q_j(i)}{q_i(i)}L_i+\sum_{j=1}^{n}\gamma_{ij}q_i(j)+1+\varepsilon<0 \tag{4-5}$$

考虑如下函数：

$$F_i(y_i)=2y_i-\Xi-2a_i(i)+2|w_{ii}(i)|L_i+\sum_{j=1,j\neq i}^{n}|w_{ij}(i)|+$$

$$\sum_{j=1,j\neq i}^{n}\frac{q_j(i)}{q_i(i)}|w_{ji}(i)|L_i^2+\sum_{j=1}^{n}|h_{ij}(i)|L_j+$$

$$\sum_{j=1}^{n}|b_{ij}(i)|+\sum_{j=1}^{n}\frac{q_j(i)}{q_i(i)}|b_{ji}(i)|L_i^2\int_0^{+\infty}k_{ji}(s)e^{2y_is}ds+$$

$$\sum_{j=1}^{n}\frac{|h_{ji}(i)|}{1-\mu}e^{2\alpha\tau}\frac{q_j(i)}{q_i(i)}L_i+\sum_{j=1}^{n}\gamma_{ij}q_i(j)+1 \tag{4-6}$$

由式(4-6)和(A4.2)，得到 $F_i(0)<-\varepsilon<0$ 和 $F_i(y_i)$，$y_i\in[0,+\infty)$ 是连续的，而且当 $y_i\to+\infty$ 有 $F_i(y_i)\to+\infty$。这样，存在常数 $\alpha_i\in(0,+\infty)$ 使得

$$F_i(\alpha_i)=2\alpha_i-\Xi-2a_i(i)+2|w_{ii}(i)|L_i+\sum_{j=1,j\neq i}^{n}|w_{ij}(i)|+$$

$$\sum_{j=1,j\neq i}^{n}\frac{q_j(i)}{q_i(i)}|w_{ji}(i)|L_i^2+\sum_{j=1}^{n}|h_{ij}(i)|L_j+$$

$$\sum_{j=1}^{n}|b_{ij}(i)|+\sum_{j=1}^{n}\frac{q_j(i)}{q_i(i)}L_i^2|b_{ji}(i)|\int_0^{+\infty}k_{ji}(s)e^{2\alpha_is}ds+$$

$$\sum_{j=1}^{n}\frac{|h_{ji}(i)|}{1-\mu}e^{2\alpha\tau}\frac{q_j}{q_i}L_i+\sum_{j=1}^{n}\gamma_{ij}q_I(j)+1=0 \tag{4-7}$$

设 $\alpha = \min\limits_{1\leqslant i\leqslant n}\{\alpha_i\}$，显然 $\alpha > 0$，可以得到

$$F_i(\alpha) = 2\alpha - \Xi - 2a_i(i) + 2\mid w_{ii}(i)\mid L_i + \sum_{j=1,j\neq i}^{n}\mid w_{ij}(i)\mid + \sum_{j=1,j\neq i}^{n}\frac{q_j(i)}{q_i(i)}\mid w_{ji}(i)\mid L_i^2 + \sum_{j=1}^{n}\mid h_{ij}(i)\mid L_j + \sum_{j=1}^{n}\mid b_{ij}(i)\mid + \sum_{j=1}^{n}\frac{q_j(i)}{q_i(i)}\mid b_{ji}(i)\mid L_i^2\int_0^{+\infty}k_{ji}(s)\mathrm{e}^{2\alpha s}\mathrm{d}s + \sum_{j=1}^{n}\frac{\mid h_{ji}(i)\mid}{1-\mu}\mathrm{e}^{2\alpha\tau}\frac{q_j}{q_i}L_i + \sum_{j=1}^{n}\gamma_{ij}q_i(j) + 1 \leqslant 0 \tag{4-8}$$

给定 $\varphi \in L^p_{F_0}((-\infty,0]\times\Omega;\mathbb{R}^n)$，任意固定模态 $i\in S$。令 $\phi_i(t) = t - \tau_j(t)$，由于 $\dot{\phi}_j(t) = 1-\dot{\tau}_j(t)\geqslant 1-\mu > 0$，故 $\phi_j(t)$ 有反函数，假设其反函数为 $\phi_j^{-1}(t)$。构造 Lyapunov 泛函：

$$V(t,u(t),r(t)=i) = \int_\Omega\sum_{i=1}^{n}q_i(i)\Big[\mathrm{e}^{2\alpha t}u_i(t)^2 + \frac{1}{1-\mu}\sum_{j=1}^{n}\mid h_{ij}(i)\mid L_j\int_{t-\tau_j(t)}^{t}u_j(s)^2\mathrm{e}^{2\alpha(s+\tau_j(\phi_j^{-1}(s)))}\mathrm{d}s + \sum_{j=1}^{n}\mid b_{ij}(i)\mid\int_0^{+\infty}k_{ij}(s)\int_{t-s}^{t}g_j(u_j(z))^2\mathrm{e}^{2\alpha(z+s)}\mathrm{d}z\mathrm{d}s\Big]\mathrm{d}x \tag{4-9}$$

沿着系统式(4-1)，有

$$\begin{aligned}LV(t,u(t),r(t)=i) &= \lim_{\Delta\to 0^+}\frac{1}{\Delta}[E\{V(t+\Delta,u(t+\Delta),r(t+\Delta))\mid u(t),r(t)=i\} - \\ &\quad V(t,u(t),r(t)=i)] = \int_\Omega\mathrm{e}^{2\alpha t}\sum_{i=1}^{n}q_i(i)\Big\{2u_i(t)\Big[\sum_{l=1}^{m}\frac{\partial}{\partial x_l}\Big(D_{il}\frac{\partial u_i(t)}{\partial x_l}\Big) - \\ &\quad a_i(i)u_i(t) + \sum_{j=1}^{n}w_{ij}(i)g_j(u_j(t)) + \sum_{j=1}^{n}h_{ij}(i)g_j(u_j(t-\tau_j(t))) + \\ &\quad \sum_{j=1}^{n}b_{ij}(i)\int_{-\infty}^{t}k_{ij}(t-s)g_j(u_j(s))\mathrm{d}s + v(t)\Big] + 2\alpha u_i^2(t) + \\ &\quad \sum_{j=1}^{n}\frac{\mid h_{ij}(i)\mid}{1-\mu}L_j[\mathrm{e}^{2\alpha\tau}u_j(t)^2 - (1-\mu)\mu_j(t-\tau_j(t))^2] + \\ &\quad \sum_{j=1}^{n}\mid b_{ij}(i)\mid\Big[\int_0^{+\infty}\mathrm{e}^{2\alpha s}k_{ij}(s)g_j(u_j(t))^2\mathrm{d}s - \\ &\quad \int_0^{+\infty}k_{ij}(s)g_j(u_j(t-s))^2\mathrm{d}s\Big]\Big\}\mathrm{d}x \leqslant \\ &\quad \int_\Omega\mathrm{e}^{2\alpha t}\sum_{i=1}^{n}q_i(i)\Big\{\Big[2u_i(t)\sum_{l=1}^{m}\frac{\partial}{\partial x_l}\Big(D_{il}\frac{\partial u_i(t)}{\partial x_l}\Big) - 2a_i(i)u_i(t)^2 +\end{aligned}$$

$$2\mid w_{ii}(i)\mid L_i u_i(t)^2+2\sum_{j=1,j\neq i}^{n}\mid w_{ij}(i)\mid\mid u_i(t)\mid\mid g_j(u_j(t))\mid+$$

$$2\mid u_i(t)\mid\sum_{j=1}^{n}\mid h_{ij}(i)\mid L_j\mid u_j(t-\tau_j(t))\mid+$$

$$2\mid u_i(t)\mid\sum_{j=1}^{n}\mid b_{ij}(i)\mid\int_{-\infty}^{t}k_{ij}(t-s)\mid g_j(u_j(s))\mid \mathrm{d}s+2\mid u_i(t)\mid v_i(t)\mid\Big]+$$

$$2\alpha u_i(t)^2+\sum_{j=1}^{n}\frac{\mid h_{ij}(i)\mid}{1-\mu}L_j[\mathrm{e}^{2\alpha\tau}u_j(t)^2-(1-\mu)u_j(t-\tau_j(t))^2]+$$

$$\sum_{j=1}^{n}\gamma_{ij}q_i(j)u_i(t)^2+\sum_{j=1}^{n}\mid b_{ij}(i)\mid\Big[\int_0^{+\infty}k_{ij}(s)\mathrm{e}^{2\alpha s}\mid g_j(u_j(t))\mid^2\mathrm{d}s-$$

$$\int_0^{+\infty}k_{ij}(s)\mid g_j(u_j(t-s))\mid^2\mathrm{d}s\Big]\Big\}\mathrm{d}x \tag{4-10}$$

由 Young 不等式和(A4.2)，得

$$2\sum_{j=1,j\neq i}^{n}\mid w_{ij}(i)\mid\mid u_i(t)\mid\mid g_j(u_j(t))\mid\leqslant\sum_{j=1,j\neq i}^{n}\mid w_{ij}(i)\mid\mid u_i(t)\mid^2+\sum_{j=1,j\neq i}^{n}\mid w_{ij}(i)\mid g_j(u_j(t))\mid^2 \tag{4-11}$$

且

$$z\mid u_i(t)\Big|\sum_{j=1}^{n}\Big|b_{ij}(i)\Big|\int_{\infty}^{t}k_{ij}(t-s)\Big|g_j(u_j(s,x))\mid^2\mathrm{d}s\leqslant$$

$$\sum_{j=1}^{n}|b_{ij}(i)||u_i(t)|^2+\sum_{j=1}^{n}|b_{ij}(i)|\int_{-\infty}^{t}k_{ij}(t-s)|g_j(u_j(s,x))|^2\mathrm{d}s \tag{4-12}$$

应用 Green 公式，Dirichlet 边界条件和引理 4.1，有

$$2\int_\Omega\sum_{l=1}^{m}u_i(t)\frac{\partial}{\partial x_l}\Big(D_{il}\frac{\partial u_i(t)}{\partial x_l}\Big)\mathrm{d}x=-2\sum_{l=1}^{m}\int_\Omega D_{il}\Big(\frac{\partial u_i(t)}{\partial x_l}\Big)^2\mathrm{d}x<$$

$$-\frac{\underline{\alpha}(m-2)^2}{2\pi^2}\int_\Omega u_i(t)^2\mathrm{d}x=$$

$$-\Xi\int_\Omega u_i(t)^2\mathrm{d}x \tag{4-13}$$

由式(4-11)～式(4-13)和(A4.2)可推得

$$LV(t,u,i)\leqslant\int_\Omega\mathrm{e}^{2\alpha t}\sum_{i=1}^{n}q_i(i)\{[-\Xi u_i(t)^2-2a_i(i)u_i(t)^2+2\mid w_{ii}(i)\mid L_i u_i(t)^2+$$

$$\sum_{j=1,j\neq i}^{n} |w_{ij}(i)||u_i(t)|^2+\sum_{j=1,j\neq i}^{n}|w_{ij}(i)|L_j^2|u_j(t)|^2+$$
$$\sum_{j=1}^{n}|h_{ij}(i)|L_j(|u_i(t)|^2+|u_j(t-\tau_j(t))|^2)+\sum_{j=1}^{n}|b_{ij}(i)||u_i(t)|^2+$$
$$\sum_{j=1}^{n}|b_{ij}(i)|\int_{-\infty}^{t}k_{ij}(t-s)|g_j(u_j(s))|^2\mathrm{d}s+|u_i(t)|^2+v_i(t)^2\Big]+$$
$$\sum_{j=1}^{n}\frac{|h_{ij}(i)|}{1-\mu}L_j\mathrm{e}^{2\alpha\tau}|u_j(t)|^2-\sum_{j=1}^{n}|h_{ij}(i)|L_j|u_j(t-\tau_j(t))|^2+$$
$$\sum_{j=1}^{n}\gamma_{ij}q_i(j)u_i(t)^2+2\alpha u_i(t)^2+\sum_{j=1}^{n}|b_{ij}(i)|\Big[\int_0^{+\infty}k_{ij}(s)\mathrm{e}^{2\alpha s}|g_j(u_j(t))|^2\mathrm{d}s-$$
$$\int_0^{+\infty}k_{ij}(s)|g_j(u_j(t-s))|^2\mathrm{d}s\Big]\Big\}\mathrm{d}x=$$
$$\int_\Omega \mathrm{e}^{2\alpha t}\sum_{i=1}^{n}q_i(i)\Big[\Big(-\Xi-2a_i(i)+2|w_{ii}(i)|L_i+\sum_{j=1,j\neq i}^{n}|w_{ij}(i)|+$$
$$\sum_{j=1,j\neq i}^{n}\frac{q_j(i)}{q_i(i)}|w_{ji}(i)|L_i^2+\sum_{j=1}^{n}|h_{ij}(i)|L_j+\sum_{j=1}^{n}|b_{ij}(i)|+$$
$$\sum_{j=1}^{n}\frac{q_j(i)}{q_i(i)}|b_{ji}(i)|L_i^2\int_0^{+\infty}k_{ji}(s)\mathrm{e}^{2\alpha s}\mathrm{d}s+\sum_{j=1}^{n}\frac{|h_{ji}(i)|}{1-\mu}\mathrm{e}^{2\alpha\tau}\frac{q_j(i)}{q_i(i)}L_i+$$
$$1+2\alpha+\sum_{j=1}^{n}\gamma_{ij}q_i(j)\Big)|u_i(t)|^2+v_i(t)^2\Big]\mathrm{d}x \tag{4-14}$$

由 Dynkin's 公式和式(4 - 14) 得

$$EV(t,u,i)\leqslant EV(0,\varphi(0),i)+\Big\{\int_0^t \mathrm{e}^{2\alpha\xi}\sum_{i=1}^{n}q_i(i)\Big[\Big(-\Xi-2a_i(i)+2|w_{ii}(i)|L_i+$$
$$\sum_{j=1,j\neq i}^{n}|w_{ij}(i)|+\sum_{j=1,j\neq i}^{n}\frac{q_j(i)}{q_i(i)}|w_{ji}(i)|L_i^2+\sum_{j=1}^{n}|h_{ij}(i)|L_j+$$
$$\sum_{j=1}^{n}|b_{ij}(i)|+\sum_{j=1}^{n}\frac{q_j(i)}{q_i(i)}|b_{ji}(i)|L_i^2\int_0^{+\infty}k_{ji}(s)\mathrm{e}^{2\alpha s}\mathrm{d}s+$$
$$\sum_{j=1}^{n}\frac{|h_{ji}(i)|}{1-\mu}\mathrm{e}^{2\alpha\tau}\frac{q_j(i)}{q_i(i)}L_i+1+2\alpha+\sum_{j=1}^{n}\gamma_{ij}q_i(j)\Big)E\|u_i(\xi)\|_2^2\Big]\mathrm{d}\xi\Big\}+$$
$$\frac{n}{2\alpha}E\|v(t)\|_\Omega^2(\mathrm{e}^{2\alpha t}-1) \tag{4-15}$$

因为

$$V(t,u,i)\geqslant\sum_{i=1}^{n}q_i(i)\mathrm{e}^{2\alpha t}\|u_i(t)\|_2^2\geqslant\min_{1\leqslant i\leqslant n}\{q_i(i)\}\mathrm{e}^{2\alpha t}\sum_{i=1}^{n}\|u_i(t)\|_2^2,\quad t\geqslant 0 \tag{4-16}$$

和

$$V(0,\varphi(0),0)=\int_{\Omega}\sum_{i=1}^{n}q_i(i)\Big[\varphi_i(0)^2+\frac{1}{1-\mu}\sum_{j=1}^{n}|h_{ij}(0)|L_j\int_{-\tau_j(0)}^{0}u_j^2(s,x)e^{2\alpha(s+\tau_j(\psi_j^{-1}(s)))}ds+\sum_{j=1}^{n}|b_{ij}(0)|\int_0^{+\infty}k_{ij}(s)\int_{-s}^{0}g_j(u_j(z,x))^2e^{2\alpha(z+s)}dzds\Big]dx\leqslant$$
$$\max_{1\leqslant i\leqslant n}\{q_i(0)\}\sum_{i=1}^{n}\Big\{\|\varphi_i(0)\|_2^2+\sum_{j=1}^{n}|b_{ij}(0)|L_j^2\int_0^{+\infty}k_{ij}(s)\Big[\int_{-s}^{0}\|u_j(z,x)\|_2^2e^{2\alpha(z+s)}dz\Big]ds+\frac{1}{1-\mu}\sum_{j=1}^{n}|h_{ij}(0)|L_j\int_{-\tau}^{0}\|u_i(s)\|_2^2e^{2\alpha(s+\tau_j(\psi_j^{-1}(s)))}ds\Big\}\leqslant$$
$$\max_{1\leqslant i\leqslant n}\{q_i(0)\}\Big\{\sum_{j=1}^{n}|b_{ji}(0)|L_i^2\int_0^{+\infty}se^{2\alpha s}k_{ji}(s)ds\Big\}+\frac{\tau e^{2\alpha\tau}}{1-\mu}\sum_{j=1}^{n}|h_{ij}(0)|L_j\Big\}\|\varphi_i\|_2^2\tag{4-17}$$

结合式(4-4)和式(4-14)～式(4-16)，得到

$$E[\|u(t)\|_2]\leqslant\left(\frac{\max\limits_{1\leqslant i\leqslant n}\{q_i(0)\}}{\min\limits_{1\leqslant i\leqslant n}\{q_i(i)\}}\right)^{1/2}e^{-\alpha t}\Big\{1+\max_{1\leqslant i\leqslant n}\Big\{\sum_{j=1}^{n}|b_{ji}(0)|L_i^2\int_0^{+\infty}se^{2\alpha s}k_{ji}(s)ds\Big\}+\frac{\tau e^{2\alpha\tau}}{1-\mu}\sum_{j=1}^{n}|h_{ij}(0)|L_j\Big\}^{1/2}E[\|\varphi\|]+\left(\frac{n}{2\alpha\min\limits_{1\leqslant i\leqslant n}\{q_i(i)\}}\right)^{1/2}E[\|v(t)\|_{\Omega}]\tag{4-18}$$

所以，由式(4-3)，得到系统式(4-1)和式(4-2)是几乎输入状态稳定的。

注 4.4　本章考虑带Dirichlet边界条件的马尔可夫跳变反应扩散神经网络。结果由一些不等式表示且易于检验。值得注意的是，Hardy-Sobolev的应用使得几乎输入状态依赖反应扩散项。而且我们发现一个有趣现象，只要系统式(4-1)的扩散算子 D_{il} 充分大，则总能满足式(4-4)。这表示足够大的扩散算子 D_{il} 总可以使得系统式(4-1)和式(4-2)是几乎输入状态稳定的。

注 4.5　如果不考虑马尔可夫跳变参数，即马尔可夫链 $\{r(t),t\geqslant 0\}$ 仅取一个值1(即 $S=\{1\}$)。为简便，记 $a_i(1)=a_i$，$w_{ij}(1)=w_{ij}$，$h_{ij}(1)=h_{ij}$，$b_{ij}(1)=b_{ij}$。系统式(4-1)将归结为下列确定性时滞反应扩散神经网络系统：

$$\frac{\partial u_i(t,x)}{\partial t}=\sum_{l=1}^{m}\frac{\partial}{\partial x_l}\Big(D_{il}\frac{\partial u_i(t,x)}{\partial x_l}\Big)-a_iu_i(t,x)+\sum_{j=1}^{n}w_{ij}g_j(u_j(t,x))+\sum_{j=1}^{n}h_{ij}g_j(u_j(t-\tau_j(t),x))+$$

$$\sum_{j=1}^{n} b_{ij}\int_{-\infty}^{t} k_{ij}(t-s)g_j(u_j(s,x))\mathrm{d}s + v_i(t), \quad t \geqslant 0, x \in \Omega \tag{4-19}$$

应该指出，系统式(4－19)的特殊情况被一些学者所研究[148,58]。文献[162]考虑了不含反应扩散项确定性时滞神经网络几乎输入状态稳定的条件。文献[58]和[148]分别研究了反应扩散时滞神经网络鲁棒指数稳定和全局指数稳定。

给出系统式(4－19)的平衡点是几乎输入状态稳定的条件。定理4.2的证明类似于定理4.1的证明，故省略其证明过程。

定理4.2 假设(A4.1)和(A4.2)成立。对任意 $i, j = 1,2,\cdots,n$，如果存在常数 $q_i > 0$，使得

$$-\varXi - 2a_i + 2\mid w_{ii}\mid L_i + \sum_{j=1,j\neq i}^{n}\mid w_{ij}\mid + \sum_{j=1,j\neq i}^{n}\frac{q_j}{q_i}\mid w_{ji}\mid L_i^2 +$$

$$\sum_{j=1}^{n}\mid h_{ij}\mid L_j + \sum_{j=1}^{n}\mid b_{ij}\mid + \sum_{j=1}^{n}\frac{q_j}{q_i}\mid b_{ji}\mid L_i^2 + \sum_{j=1}^{n}\frac{\mid h_{ji}\mid}{1-\mu}\mathrm{e}^{2\alpha\tau}\frac{q_j}{q_i}L_i + 1 < 0 \tag{4-20}$$

则系统式(4－19)和式(4－2)是几乎输入状态稳定的。

注4.6 如果 $v_i(t) = 0$，定理4.1归结为具有马尔可夫跳变参数时滞反应扩散神经网络几乎指数稳定充分条件。同样地，当 $v_i(t) = 0$ 时，定理4.2变成时滞反应扩散神经网络指数稳定充分条件。

一些著名的神经网络模型是模型式(4－1)的特殊情况。在系统式(4－1)和式(4－2)中，忽略反应扩散项的角色，系统式(4－1)将变成如下时滞神经网络：

$$\mathrm{d}u_i(t) = \Big[-a_i(r(t))u_i(t) + \sum_{j=1}^{n} w_{ij}(r(t))g_j(u_j(t)) + \sum_{j=1}^{n} h_{ij}(r(t))g_j(u_j(t-\tau_j(t))) + \sum_{j=1}^{n} b_{ij}(r(t))\int_{-\infty}^{t} k_{ij}(t-s)g_j(u_j(s))\mathrm{d}s + v_i(t)\Big]\mathrm{d}t, \ t \geqslant 0 \tag{4-21}$$

由定理4.1和定理4.2，不难得到下列结果。

推论4.1 假设(A4.1)和(A4.2)满足。如果存在常数 $q_i(i) > 0$，$r(t) = i \in S$，$i, j = 1,2,\cdots,n$，使得

$$-2a_i(i) + 2\mid w_{ii}(i)\mid L_i + \sum_{j=1,j\neq i}^{n}\mid w_{ii}(i)\mid + \sum_{j=1,j\neq i}^{n}\frac{q_j(i)}{q_i(i)}\mid w_{ji}(i)\mid L_i^2 +$$

$$\sum_{j=1}^{n}|h_{ij}(i)|L_j+\sum_{j=1}^{n}|b_{ij}(i)|+\sum_{j=1}^{n}\frac{q_j(i)}{q_i(i)}|b_{ji}(i)|L_i^2+$$

$$\sum_{j=1}^{n}\frac{|h_{ji}(i)|}{1-\mu}e^{2\alpha\tau}\frac{q_j(i)}{q_i(i)}L_i+\sum_{j=1}^{n}\gamma_{ij}q_i(j)+1<0 \qquad (4-22)$$

则系统式(4－21)是几乎输入状态稳定的。

推论 4.2　假设(A4.1)和(A4.2)满足。如果存在常数 $q_i>0, i,j=1,2,\cdots,n$，使得

$$-2a_i+2|w_{ii}|L_i+\sum_{j=1,j\neq i}^{n}|w_{ij}|+\sum_{j=1,j\neq i}^{n}\frac{q_j}{q_i}|w_{ji}|L_i^2+\sum_{j=1}^{n}|h_{ij}|L_j+$$

$$\sum_{j=1}^{n}|b_{ij}|+\sum_{j=1}^{n}\frac{q_j}{q_i}|b_{ji}|L_i^2+\sum_{j=1}^{n}\frac{|h_{ji}|}{1-\mu}e^{2\alpha\tau}\frac{q_j}{q_i}L_i+1<0$$

$$(4-23)$$

则系统式(4－21)是几乎输入状态稳定的。

注 4.7　文献[162]研究了当 $b_{ij}=0$ 时式(4－21)表示的模型，给出了时滞神经网络输入状态稳定性判据。推论 4.2 比文献[162]中定理 1 具有一般性。而且，定理 4.1 与马尔可夫跳变参数有关，且通过简单计算容易检验。目前，具有马尔可夫跳变参数混合时滞神经网络输入状态稳定性研究工作相当少。

4.4　数 值 例 子

例 4.1　考虑具有马尔可夫跳变参数反应扩散时滞神经网络：

$$\begin{aligned}\frac{\partial u_i(t,x)}{\partial t}=&\sum_{l=1}^{m}\frac{\partial}{\partial x_l}\left(D_{il}\frac{\partial u_i(t,x)}{\partial x_l}\right)-a_i(r(t))u_i(t,x)+\\&\sum_{j=1}^{n}w_{ij}(r(t))g_j(u_j(t,x))+\sum_{j=1}^{n}h_{ij}(r(t))g_j(u_j(t-\tau_j(t),x))+\\&\sum_{j=1}^{n}b_{ij}(r(t))\int_{-\infty}^{t}k_{ij}(t-s)g_j(u_j(s,x))ds+v_i(t),\quad t\geqslant 0,x\in\Omega\\&u_i(t,x)=0,\quad (t,x)\in[0,+\infty)\times\partial\Omega,\\&u_i(s,x)=\varphi_i(s,x),(s,x)\in(-\infty,0]\times\Omega\end{aligned}\qquad(4-24)$$

这里　$\Omega=\{(x_1,\cdots,x_4)^{\mathrm{T}}\,|-1<x_k<1,k=1,\cdots,4\}\subset R^4$

$$k_{ij}(s)=se^{-s},\quad n=2,m=4,\pi=2$$

$$\mu=0.5,\quad \tau=\ln 2,\quad \alpha=0.5,\quad g_j(\eta)=\frac{1}{2}(|\eta+1|-|\eta-1|)$$

$$L_j = 1,\quad D_{il} = 1,\quad i,j = 1,2,l = 1,\cdots,4$$

$$\tau_1(t) = \tau_2(t) = 0.5(1+\sin t),\quad v(t) = [\sin t \quad \cos 2t]^{\mathrm{T}}$$

转移概率矩阵和参数为

$$\boldsymbol{\Gamma} = \begin{bmatrix} -0.1 & 0.1 \\ 0.2 & -0.2 \end{bmatrix},\quad \boldsymbol{A}(1) = \begin{bmatrix} 3 & 0 \\ 0 & 2 \end{bmatrix},\quad \boldsymbol{A}(2) = \begin{bmatrix} 3 & 0 \\ 0 & 1.5 \end{bmatrix}$$

$$\boldsymbol{W}(1) = \begin{bmatrix} 0.2 & -0.1 \\ 0.1 & -0.3 \end{bmatrix},\quad \boldsymbol{W}(2) = \begin{bmatrix} 0.1 & 0 \\ 0.1 & -0.1 \end{bmatrix}$$

$$\boldsymbol{H}(1) = \begin{bmatrix} 0.2 & 0 \\ 0 & 0.1 \end{bmatrix},\quad \boldsymbol{H}(2) = \begin{bmatrix} 0.5 & -0.1 \\ 0.3 & 0.1 \end{bmatrix}$$

$$\boldsymbol{B}(1) = \begin{bmatrix} 0 & 1 \\ 1 & -1 \end{bmatrix},\quad \boldsymbol{B}(2) = \begin{bmatrix} 1 & 0 \\ -1 & 1 \end{bmatrix}$$

通过简单计算得

$$-\Xi - 2a_1(1) + 2\,|\,w_{11}(1)\,|\,L_1 + \sum_{j=1,j\neq i}^{n} |\,w_{1j}(1)\,| + \sum_{j=1,j\neq i}^{n} \frac{q_j(1)}{q_1(1)}\,|\,w_{j1}(1)\,|\,L_1^2 +$$
$$\sum_{j=1}^{n} |\,h_{1j}(1)\,|\,L_j + \sum_{j=1}^{n} |\,b_{1j}(1)\,| + \sum_{j=1}^{n} \frac{q_j(1)}{q_1(1)}\,|\,b_{j1}(1)\,|\,L_1^2 +$$
$$\sum_{j=1}^{n} \frac{|\,h_{j1}(1)\,|}{1-\mu}\mathrm{e}^{2\alpha\tau}\frac{q_j(1)}{q_1(1)}L_1 + \sum_{j=1}^{n}\gamma_{1j}q_1(j) + 1 = -3.7 < 0$$

$$-\Xi - 2a_2(1) + 2\,|\,w_{22}(1)\,|\,L_2 + \sum_{j=1,j\neq i}^{n} |\,w_{2j}(1)\,| + \sum_{j=1,j\neq i}^{n} \frac{q_j(1)}{q_2(1)}\,|\,w_{j2}(1)\,|\,L_2^2 +$$
$$\sum_{j=1}^{n} |\,h_{2j}(1)\,|\,L_j + \sum_{j=1}^{n} |\,b_{2j}(1)\,| + \sum_{j=1}^{n} \frac{q_j(1)}{q_2(1)}\,|\,b_{j2}(1)\,|\,L_2^2 +$$
$$\sum_{j=1}^{n} \frac{|\,h_{j2}(1)\,|}{1-\mu}\mathrm{e}^{2\alpha\tau}\frac{q_j(1)}{q_2(1)}L_2 + \sum_{j=1}^{n}\gamma_{2j}q_2(j) + 1 = -1.1 < 0$$

$$-\Xi - 2a_1(2) + 2\,|\,w_{11}(2)\,|\,L_1 + \sum_{j=1,j\neq i}^{n} |\,w_{1j}(2)\,| + \sum_{j=1,j\neq i}^{n} \frac{q_j(2)}{q_1(2)}\,|\,w_{j1}(2)\,|\,L_1^2 +$$
$$\sum_{j=1}^{n} |\,h_{1j}(2)\,|\,L_j + \sum_{j=1}^{n} |\,b_{1j}(2)\,| + \sum_{j=1}^{n} \frac{q_j(2)}{q_1(2)}\,|\,b_{j1}(2)\,|\,L_1^2 +$$
$$\sum_{j=1}^{n} \frac{|\,h_{j1}(2)\,|}{1-\mu}\mathrm{e}^{2\alpha\tau}\frac{q_j(2)}{q_1(2)}L_1 + \sum_{j=1}^{n}\gamma_{1j}q_1(j) + 1 = -1.8 < 0$$

$$-\Xi - 2a_2(2) + 2\,|\,w_{22}(2)\,|\,L_2 + \sum_{j=1,j\neq i}^{n} |\,w_{2j}(2)\,| + \sum_{j=1,j\neq i}^{n} \frac{q_j(2)}{q_2(2)}\,|\,w_{j2}(2)\,|\,L_2^2 +$$
$$\sum_{j=1}^{n} |\,h_{2j}(2)\,|\,L_j + \sum_{j=1}^{n} |\,b_{2j}(2)\,| + \sum_{j=1}^{n} \frac{q_j(2)}{q_2(2)}\,|\,b_{j2}(2)\,|\,L_2^2 +$$

$$\sum_{j=1}^{n}\frac{|h_{j2}(2)|}{1-\mu}e^{2\alpha\tau}\frac{q_j(2)}{q_2(2)}L_2+\sum_{j=1}^{n}\gamma_{2j}q_2(j)+1=-0.7<0$$

根据定理4.1,系统式(4-24)是几乎输入状态稳定的。状态的轨迹变化如图4.1～4.6所示,图4.7马尔可夫切换序列情形,由图4.1～4.6验证系统式(4-24)是几乎输入状态稳定的。

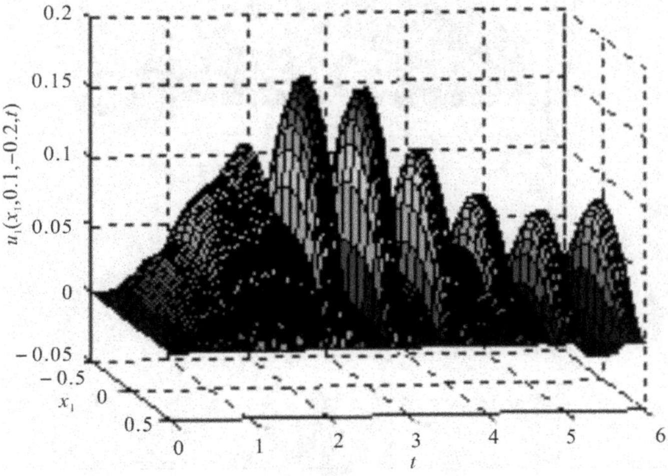

图 4.1　$u_1(x_1,0.1,-0.2,t)$ 的状态曲面

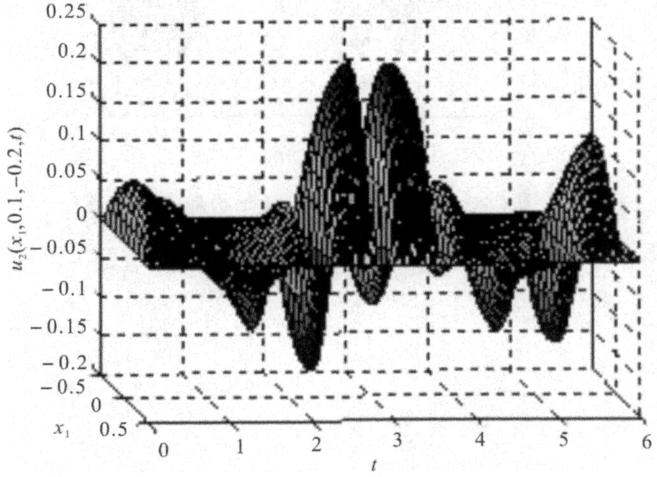

图 4.2　$u_2(x_1,0.1,-0.2,t)$ 的状态曲面

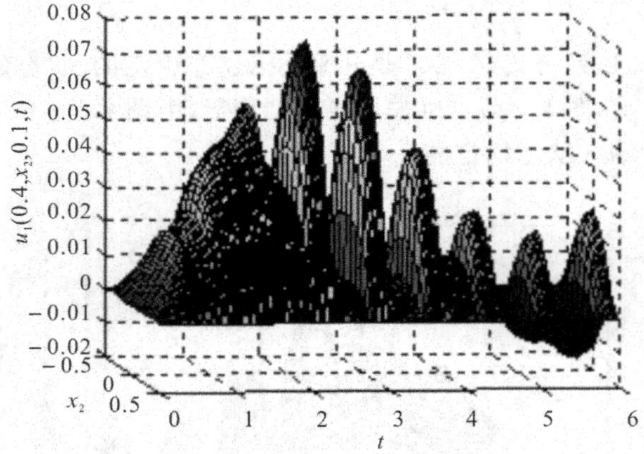

图 4.3 $u_1(0.4,x_2,0.1,t)$ 的状态曲面

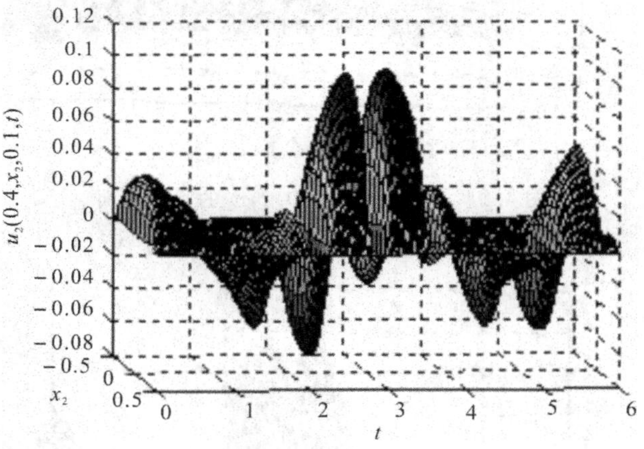

图 4.4 $u_2(0.4,x_2,0.1,t)$ 是状态曲面

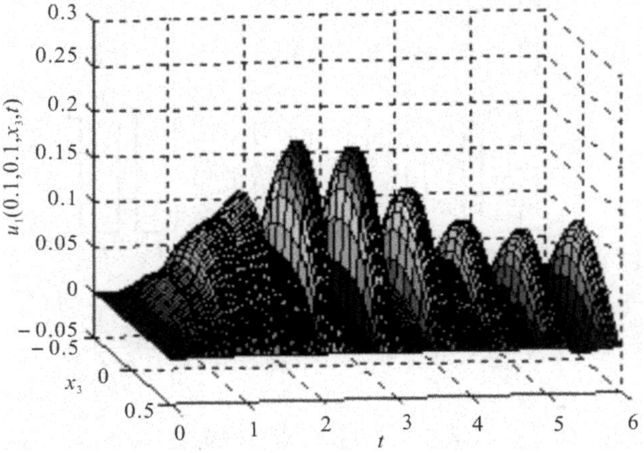

图 4.5　$u_1(0.1,0.1,x_3,t)$ 的状态曲面

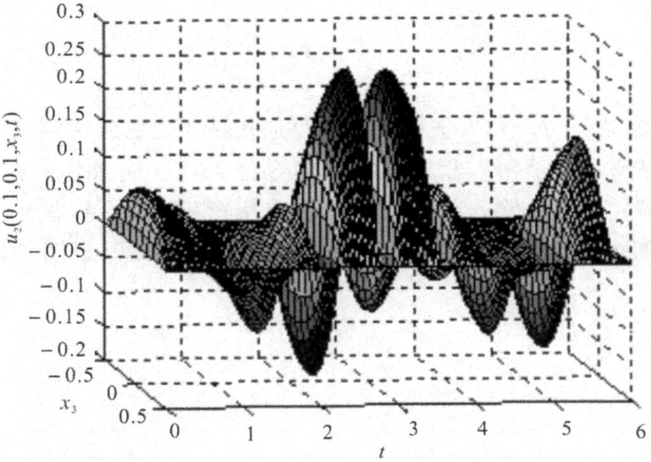

图 4.6　$u_2(0.1,0.1,x_3,t)$ 的状态曲面

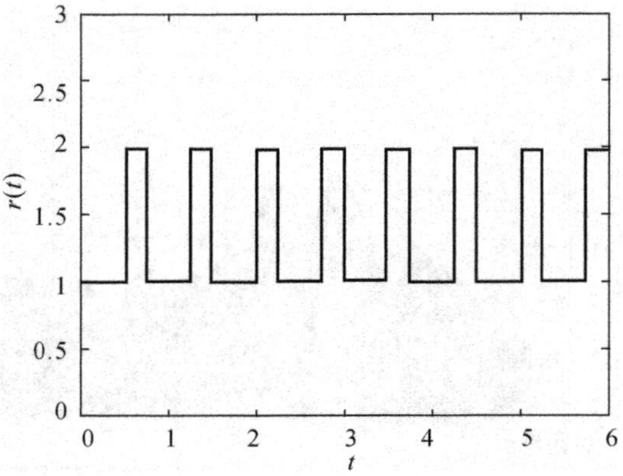

图 4.7　马尔可夫切换序列

而且由推论 4.1,可知不含反应扩散项的系统式(4-23)是几乎输入状态稳定的。

4.5 本章小结

本章研究了具有马尔可夫跳变参数反应扩散时滞神经网络几乎输入状态稳定问题,得到了几乎输入状态稳定新的充分条件。偏微分方程中 Hardy-Sobolev 不等式在几乎输入状态稳定中被应用,得到的结果具有时滞依赖和空间依赖的特征,且与马尔可夫跳变参数有关。数值例子证明了所用方法的可行性。

第五章 时变线性分布参数系统的鲁棒指数稳定性

5.1 引 言

在第二、三、四章笔者研究了分布参数时滞神经网络的指数稳定、渐进稳定、p 阶矩指数稳定、几乎输入状态稳定等。本章考虑更一般的时变线性分布参数系统的鲁棒指数稳定性分析，时变线性分布参数神经网络系统是本章所考虑系统的特殊情况。

众所周知，由于存在模型误差、测量误差、数字误差等，使动态系统不可避免地存在着不确定因素。这些不确定因素会对系统性能产生一定的影响，特别是对系统的稳定性产生影响，因此不确定时滞系统稳定性问题被众多学者研究[45,81]。由于不确定时滞分布参数系统稳定性的复杂性，目前不确定时滞系统稳定性问题的研究均局限于集中参数系统的研究，分布参数系统相关研究报道相当少。

近年来已有一些作者利用 Lyapunov 函数研究了带时滞的偏微分方程的稳定性。文献[164]把 Lyapunov 第二方法推广到 Banach 空间中的抽象非线性时滞系统，研究了在 Dirichlet 条件下带常时滞的热方程和波动方程的稳定性。Nicaise[25]考虑了时滞波动方程的稳定性和不稳定性条件。最近，Fridman[165]把 Lyapunov-Krasovskii 方法推广到 Hilbert 空间中的时滞线性系统，其中有界线性算子作用在时滞状态，研究了一类时滞线性分布参数系统的指数稳定性。然而，上述文献都没有考虑系统的不确定性问题。

本章对于一类不确定性分布参数系统的鲁棒指数稳定性进行研究。利用推广到 Hilbert 空间的 Lyapunov-Krasovskii 方法和不等式技巧，结合 Newton-Leibniz 公式，给出了系统鲁棒指数稳定的充分条件，并且此条件用线性算子不等式表示出来，其中决策变量是 Hilbert 空间的算子。在此基础上，进一步运用推广的线性矩阵不等式方法研究了系统的可稳定化问题。

5.2 问题描述与预备知识

设t是Hilbert空间，其内积为$\langle\cdot,\cdot\rangle$，诱导范数为$\|\cdot\|$。$L(H)$表示一切由$H$到$H$的有界线性算子的全体，$B(H)$表示一切由$H$到$H$的线性算子的全体，$P^*$表示$P$的伴随算子，$P>0$表示$P$是正算子，$I$为单位算子。

定义5.1[166]　设T是Hilbert空间H上的有界线性算子，如果$T^*=T$，则称T是自伴算子。$x\in\Omega$，进而如果对任意的$x\in H$，有$\langle Tx\rangle>0$，则称T为正算子。

考虑不确定时滞分布参数控制系统：

$$\dot{x}(t)=(A_1+\Delta A_1)x(t)+(A_2+\Delta A_2)x(t-\tau(t))+(B+\Delta B)u(t),\quad t\geqslant t_0$$
$$x_{t_0}=\phi(\theta),\quad \theta\in[-h,0],\quad \phi(t)\in W \tag{5-1}$$

其中$x(\cdot)$，$u(\cdot)$分别为状态、控制输入；A_1的定义域为$D(A_1)$，$\overline{D(A_1)}=H$。线性算子A_1是H上的一个C_0半群$T(t)$的无穷小生成元，且$\|T(t)\|\leqslant Me^{\omega t}$，$M\geqslant 1$，$\omega\in\mathbf{R}$，$t\geqslant t_0$；$A_2,B\in L(H)$。$\tau(t)\in C^1([t_0,+\infty),(0,h])$为时滞，$\dot{\tau}(t)\leqslant k<1$，$h>0$，$k$为常数。$\phi(t)\in W$是初始函数，$\|\phi(t)\|_W=\sqrt{|A\phi(0)|^2+\|\phi(t)\|_{C^1([-h,0),H)}}$，$W=C([-h,0],D(A))\cap C^1([-h,0],H))$，$x_{t_0}=x(t_0+\theta)$，$t_0\geqslant 0$。

不确定线性算子$\Delta A_1,\Delta A_2,\Delta B\in L(H)$分别为$A_1,A_2,B$的有界扰动满足下列条件存在算子$\hat{A}_1>0$，$\hat{A}_2>0$，$\hat{B}>0$，使得$\Delta A_1^*\Delta A_2\leqslant\hat{A}_2$，$\Delta B^*\Delta B\leqslant\hat{B}$。

首先考虑当$u(t)=0$的情形：

$$\dot{x}(t)=(A_1+\Delta A_1)x(t)+(A_2+\Delta A_2)x(t-\tau(t)),\quad t\geqslant t_0$$
$$x_{t_0}=\phi(\theta),\quad \theta\in[-h,0],\quad \phi(t)\in W \tag{5-2}$$

由文献[167]的定理3.1知$A_1+\Delta A_1$是H上的一个C_0半群$Q(t)$的无穷小生成元，且$\|Q(t)\|\leqslant Me^{(\omega+M\|\Delta A_1\|)t}$。类似文献[165]引理3证明初值问题(5-2)的解在$[t_0,+\infty)$上是适定的，其适度解(mild solution)可由积分方程表示如下：

$$x(t)=T(t-t_0)x(t_0)+\int_{t_0}^{t}T(t-s)[\Delta A_1x(s)+(A_2+\Delta A_2)x(s-\tau(s))]\mathrm{d}s,\quad t\geqslant t_0$$

定义5.2　系统式(5-2)是鲁棒指数稳定的，给定$\alpha>0$，对任意不确定算子$\Delta A_1,\Delta A_2\in L(H)$，如果存在正数$G\geqslant 1$，使得对每个解$x(t,t_0,\phi)$满足下

列估计式：

$$\| x(t,t_0,\phi) \| \leqslant G e^{-\alpha(t-t_0)} \| \phi \|_W, \quad \forall t \geqslant t_0$$

引理 5.1　对给定的自伴算子矩阵 $\boldsymbol{S}=\begin{bmatrix}\boldsymbol{S}_{11} & \boldsymbol{S}_{12}\\ \boldsymbol{S}_{21} & \boldsymbol{S}_{22}\end{bmatrix}$，其中 $\boldsymbol{S}_{11},\boldsymbol{S}_{12},\boldsymbol{S}_{21},\boldsymbol{S}_{22}\in B(H)$，$\boldsymbol{S}_{11}=\boldsymbol{S}_{11}^*$，$\boldsymbol{S}_{21}=\boldsymbol{S}_{12}^*$，$\boldsymbol{S}_{22}=\boldsymbol{S}_{22}^*$，$\boldsymbol{S}_{11},\boldsymbol{S}_{12}$ 可逆，以下三个条件等价：

(i)$\boldsymbol{S}<0$；

(ii)$\boldsymbol{S}_{11}<0,\boldsymbol{S}_{22}-\boldsymbol{S}_{12}^*\boldsymbol{S}_{11}^{-1}\boldsymbol{S}_{12}<0$；

(iii)$\boldsymbol{S}_{22}<0,\boldsymbol{S}_{11}-\boldsymbol{S}_{12}\boldsymbol{S}_{22}^{-1}\boldsymbol{S}_{12}^*<0$。

证　(i)⇔(ii)　$\boldsymbol{S}<0\Leftrightarrow\langle\varsigma,\boldsymbol{S}\varsigma\rangle<0\Leftrightarrow$

$$\left\langle\begin{bmatrix}\boldsymbol{I} & \boldsymbol{0}\\ -\boldsymbol{S}_{21}\boldsymbol{S}_{11}^{-1} & \boldsymbol{I}\end{bmatrix}^*\varsigma\boldsymbol{S}\begin{bmatrix}\boldsymbol{I} & \boldsymbol{0}\\ -\boldsymbol{S}_{21}\boldsymbol{S}_{11}^{-1} & \boldsymbol{I}\end{bmatrix}^*\varsigma\right\rangle<0\Leftrightarrow$$

$$\left\langle\varsigma,\begin{bmatrix}\boldsymbol{I} & \boldsymbol{0}\\ -\boldsymbol{S}_{21}\boldsymbol{S}_{11}^{-1} & I\end{bmatrix}\begin{bmatrix}\boldsymbol{S}_{11} & \boldsymbol{S}_{12}\\ \boldsymbol{S}_{21} & \boldsymbol{S}_{22}\end{bmatrix}\begin{bmatrix}\boldsymbol{I} & \boldsymbol{0}\\ -\boldsymbol{S}_{21}\boldsymbol{S}_{11}^{-1} & I\end{bmatrix}^*\varsigma\right\rangle<0\Leftrightarrow$$

$$\left\langle\varsigma,\begin{bmatrix}\boldsymbol{S}_{11} & \boldsymbol{0}\\ \boldsymbol{0} & \boldsymbol{S}_{22}-\boldsymbol{S}_{21}\boldsymbol{S}_{11}^{-1}\boldsymbol{S}_{12}\end{bmatrix}\varsigma\right\rangle<0\Leftrightarrow\boldsymbol{S}_{11}<0,\boldsymbol{S}_{22}<\boldsymbol{S}_{12}^*\boldsymbol{S}_{11}^{-1}\boldsymbol{S}_{12}<0$$

其中 $\varsigma=(\varsigma_1\varsigma_2)\in H\times H$。

(i)⇔(ii)　$\boldsymbol{S}<0\Leftrightarrow\langle\varsigma,\boldsymbol{S}\varsigma\rangle<0\Leftrightarrow$

$$\left\langle\begin{bmatrix}\boldsymbol{I} & \boldsymbol{0}\\ -\boldsymbol{S}_{21}\boldsymbol{S}_{11}^{-1} & \boldsymbol{I}\end{bmatrix}^*\varsigma\,\mathrm{S}\begin{bmatrix}\boldsymbol{I} & \boldsymbol{0}\\ -\boldsymbol{S}_{21}\boldsymbol{S}_{11}^{-1} & \boldsymbol{I}\end{bmatrix}^*\varsigma\right\rangle<0\Leftrightarrow$$

$$\left\langle\begin{bmatrix}\boldsymbol{I} & -\boldsymbol{S}_{12}\boldsymbol{S}_{22}^{-1}\\ \boldsymbol{0} & \boldsymbol{I}\end{bmatrix}^*\varsigma,\boldsymbol{S}\begin{bmatrix}\boldsymbol{I} & -\boldsymbol{S}_{12}\boldsymbol{S}_{22}^{-1}\\ \boldsymbol{0} & \boldsymbol{I}\end{bmatrix}^*\varsigma\right\rangle<0\Leftrightarrow$$

$$\left\langle\varsigma,\begin{bmatrix}\boldsymbol{I} & -\boldsymbol{S}_{12}\boldsymbol{S}_{22}^{-1}\\ 0 & \boldsymbol{I}\end{bmatrix}\begin{bmatrix}\boldsymbol{S}_{11} & \boldsymbol{S}_{12}\\ \boldsymbol{S}_{21} & \boldsymbol{S}_{22}\end{bmatrix}\begin{bmatrix}\boldsymbol{I} & -\boldsymbol{S}_{12}\boldsymbol{S}_{22}^{-1}\\ \boldsymbol{0} & \boldsymbol{I}\end{bmatrix}^*\varsigma\right\rangle<0\Leftrightarrow$$

$$\left\langle\varsigma,\begin{bmatrix}\boldsymbol{S}_{11}-\boldsymbol{S}_{12}\boldsymbol{S}_{22}^{-1}\boldsymbol{S}_{12}^* & \boldsymbol{0}\\ \boldsymbol{0} & \boldsymbol{S}_{22}\end{bmatrix}\varsigma\right\rangle<0\Leftrightarrow$$

$$\boldsymbol{S}_{22}<0,\boldsymbol{S}_{11}-\boldsymbol{S}_{12}\boldsymbol{S}_{22}^{-1}\boldsymbol{S}_{12}^*<0$$

其中 $\varsigma=(\varsigma_1,\varsigma_2)\in H\times H$。

注 5.1　引理 5.1 在证明不确定性分布参数系统的鲁棒指数稳定性和稳

定化中起到重要作用，使鲁棒稳定性和稳定化的条件可以表示成线性算子不等式形式。显然当我们把引理中的线性算子看作是适当维数矩阵时，引理 5.1 为 Schur 补定理。

引理 5.2 设 $N, N^* \in B(H)$，若 $N^* N \leqslant \hat{N}, \alpha > 0$，则对任意 $x, y \in H$ 有

$$2\langle x, Ny\rangle \leqslant \alpha\langle x, x\rangle + \frac{1}{\alpha}\langle y, \hat{N}y\rangle$$

证明

$$0 \leqslant \left\langle \sqrt{a}x = \frac{1}{\sqrt{\alpha}}Ny, \sqrt{\alpha}x - \frac{1}{\sqrt{\alpha}}Ny \right\rangle =$$

$$\alpha\langle x, x\rangle - 2\langle x, Ny\rangle + \frac{1}{\alpha}\langle Ny, Ny\rangle =$$

$$\alpha\langle x, x\rangle - \langle x, Ny\rangle + \frac{1}{\alpha}\langle y, N^* Ny\rangle \leqslant$$

$$\alpha\langle x, x\rangle - 2\langle x, Ny\rangle + \frac{1}{\alpha}\langle y, \hat{N}y\rangle$$

所以 $2\langle x, Ny\rangle \leqslant \alpha\langle x, x\rangle + \frac{1}{\alpha}\langle y, \hat{N}y\rangle$

引理 5.3[164] 设 $z \in W^{1,2}([a,b], R)$，$z(a) = z(b) = 0$，则

$$\int_a^b z^2(s)\mathrm{d}s \leqslant \frac{(b-a)^2}{\pi^2}\int_a^b \left[\frac{\mathrm{d}z(s)}{\mathrm{d}s}\right]\mathrm{d}s$$

引理 5.4 （Jensen's 不等式）[133] 设 H 是 Hilbert 空间，$\langle \cdot, \cdot \rangle$ 表示内积，常数 $l > 0$ 且 $x \in L^2([a,b], H)$，则对任意 $P \in L(H)$ 且 $P > 0$ 有下列不等式成立：

$$l\int_0^l \langle x(s), Px(s)\rangle \mathrm{d}s \geqslant \left\langle \int_0^l x(s)\mathrm{d}s, P\int_0^l x(s)\mathrm{d}s \right\rangle$$

考虑依赖 x 和 $\dot{x}$ 的 Lyapunov-Krasovskii 泛函，给定连续泛函 $V: R \times W \times C([-h, 0], H) \to R$，沿着初值问题(1) 的解 $x_t(t_0, \phi)$，$t \geqslant t_0$ 右导数的上确界定义：

$$\dot{V}(t, \phi, \dot{\phi}) = \limsup_{s \to 0^+} \frac{1}{s}[V(t+s, x_{t+s}(t, \phi), \dot{x}_{t+s}(t, \phi) - V(t, \phi, \dot{\phi})]$$

5.3　稳定性分析和稳定化设计

5.3.1　鲁棒稳定性分析

定理 5.1　给定 $\alpha > 0$，如果存在满足式(5－3)的 $P,Q,R \in B(H)$ 且 $P > 0, Q \geqslant 0, R \geqslant 0$，和正常数 $\alpha_1, \alpha_2, \beta_j (j = 1,2,\cdots,10)$，使式(5－4)成立：

$$c_1\langle x(t),x(t)\rangle \leqslant \langle x(t),Px(t)\rangle c_2[\langle x(t),x(t)\rangle + \langle Ax(t),Ax(t)\rangle]$$
$$\langle x(t),Qx(t)\rangle \leqslant c_3\langle x(t),x(t)\rangle, \langle x(t),Rx(t)\rangle \leqslant c_4\langle x(t),x(t)\rangle$$
$$\langle x(t),R^2x(t)\rangle \leqslant c_5\langle x(t),x(t)\rangle \tag{5-3}$$

其中 $c_i (i = 1,\cdots,5)$ 为正常数。

$$\begin{bmatrix} S_1 & hA_1^* RA_2 + \dfrac{e^{-2\alpha h}R}{h} + PA_2 & 0 & a_1A_1^*R & (\alpha_1+\alpha_2)P & 0 \\ hA_2^*RA_1 + \dfrac{e^{-2\alpha h}}{h}R + A_2^*P & S_2 & \dfrac{e^{-2\alpha h}}{h}R & 0 & 0 & a_2A_2^*R \\ 0 & \dfrac{e^{-2\alpha h}R}{h} & -\dfrac{e^{2\alpha h}}{h}R & 0 & 0 & 0 \\ a_1RA_1 & 0 & 0 & -I & 0 & 0 \\ (\alpha_1+\alpha_2)P & 0 & 0 & 0 & -(\alpha_1+\alpha_2)I & 0 \\ 0 & \alpha_2RA_2 & 0 & 0 & 0 & -I \end{bmatrix} < 0 \tag{5-4}$$

其中

$$S_1 = 2PA_1 + \frac{1}{\alpha_1}\hat{A}_1 + hA_1^*RA_1 + \frac{h}{2\beta_1}\hat{A}_1 + \frac{h}{2\beta_2}\hat{A}_1 + hc_4\hat{A}_1 + \frac{h\beta_3}{2}\hat{A}_1 + \frac{h\beta_5}{2}\hat{A}_1 + \frac{h}{2\beta_7}\hat{A}_2 + \frac{h}{2\beta_8}\hat{A}_1 + \frac{c_5h}{2\beta_{10}}\hat{A}_1 + Q + 2\alpha P - \frac{e^{-2\alpha h}}{h}R$$

$$S_2 = -e^{-2\alpha h}\left[(1-k)Q + \frac{2R}{h}\right] + \frac{1}{2\alpha_2}\hat{A}_2 + \frac{h}{2\beta_4}\hat{A}_2 + hA_2^*RA_2 + \frac{c_5h}{2\beta_5}\hat{A}_2 + \frac{h}{2}\beta_6\hat{A}_2 + c_4h\hat{A}_2 + \frac{h}{2\beta_7}\hat{A}_2 + \frac{h}{2}\beta_8A_2^*RA_2 + \frac{h}{2}(\beta_9+\beta_{10})\hat{A}_2$$

$$a_1^2 = \frac{\beta_1 h}{2} + \frac{\beta_2 h}{2} + \frac{\beta_4 h}{2} + \frac{h}{2\beta_9}, \quad a_2^2 = \frac{h}{2\beta_3} + \frac{h}{2\beta_6} + \frac{h\beta_7}{2}, \quad a_1 a_2 > 0$$

则系统式(5-2)是鲁棒指数稳定的。

证明 考虑 Lyapunov 泛函

$$\tilde{V}(t)\mathrm{def}V(t,x_t,\dot{x}_t) = \langle x(t), Px(t)\rangle + \int_{t-\tau(t)}^{t} \mathrm{e}^{2\alpha(s-t)}\langle x(s), Qx(s)\rangle \mathrm{d}s + \int_{-h}^{0}\int_{t+\theta}^{t} \mathrm{e}^{2\alpha(s-t)}\langle \dot{x}(s), R\dot{x}(s)\rangle \mathrm{d}s\mathrm{d}\theta \tag{5-5}$$

由条件式(5-3)容易验证存在正常数 λ_1, λ_2 使得

$$\lambda_1 \mid \phi(0) \mid^2 \leqslant V(t, x_t, \dot{x}_t) \leqslant \lambda_2 \parallel \phi \parallel_W^2$$

$$\begin{aligned}\dot{\tilde{V}}(t) + 2\alpha\tilde{V}(t) = {} & 2\langle x(t), P\dot{x}(t)\rangle + \langle x(t), Qx(t)\rangle - \mathrm{e}^{-2\alpha\tau(t)}(1-\dot{\tau}(t))\langle x(t-\tau(t)), \\ & Qx(t-\tau(t))\rangle + \int_{-h}^{0}\langle \dot{x}(t), R\dot{x}(t)\rangle \mathrm{d}\theta - \\ & \int_{-h}^{0} \mathrm{e}^{2\alpha\theta}\langle \dot{x}(t+\theta), R\dot{x}(t+\theta)\rangle \mathrm{d}\theta + 2\alpha\langle x(t), Px(t)\rangle \leqslant \\ & 2\langle x(t), P\dot{x}(t)\rangle + \langle x(t), Qx(t)\rangle + h\langle \dot{x}(t), R\dot{x}(t)\rangle - \\ & \mathrm{e}^{-2\alpha h}(1-k)\langle x(t-\tau(t)), Qx(t-\tau(t))\rangle - \\ & \mathrm{e}^{-2\alpha h}\int_{t-h}^{t}\langle \dot{x}(s), R\dot{x}(s)\rangle \mathrm{d}s + 2\alpha\langle x(t), Px(t)\rangle\end{aligned}$$

由引理 5.4，得

$$\int_{t-\tau(t)}^{t}\langle \dot{x}(s), R\dot{x}(s)\rangle \mathrm{d}s \geqslant \frac{1}{h}\left\langle \int_{t-\tau(t)}^{t}\dot{x}(s)\mathrm{d}s, R\int_{t-\tau(t)}^{t}\dot{x}(s)\mathrm{d}s\right\rangle$$

$$\int_{t-h}^{t-\tau(t)}\langle \dot{x}(s), R\dot{x}(s)\rangle \mathrm{d}s \geqslant \frac{1}{h}\left\langle \int_{t-h}^{t-\tau(t)}\dot{x}(s)\mathrm{d}s, R\int_{t-h}^{t-\tau(t)}\dot{x}(s)\mathrm{d}s\right\rangle$$

所以
$$\begin{aligned}\dot{\tilde{V}}(t) + 2\alpha\tilde{V}(t) \leqslant {} & 2\langle x(t), P\dot{x}(t)\rangle + \langle x(t), Qx(t)\rangle + 2\alpha\langle x(t), Px(t)\rangle + \\ & h\langle \dot{x}(t), R\dot{x}(t)\rangle - \mathrm{e}^{-2\alpha h}(1-k)\langle x(t-\tau(t)), Qx(t-\tau(y))\rangle - \\ & \frac{\mathrm{e}^{-2\alpha h}}{h}\langle x(t) - x(t-\tau(t)), R(x(t) - x(t-\tau(t)))\rangle - \\ & \frac{\mathrm{e}^{-2\alpha h}}{h}\langle x(t-\tau(t)) - x(t-h), R(x(t-\tau(t)) - x(t-h))\rangle\end{aligned}$$

由引理 5.2 与条件式(5-3)有

$$\begin{aligned}2\langle x(t), P\dot{x}(t)\rangle = {} & 2[\langle x(t), PA_1x(t)\rangle + \langle x(t), P\Delta A_1x(t)\rangle + \\ & \langle x(t), PA_2x(t-\tau(t))\rangle + \langle x(t), P\Delta A_2x(t- \\ & \tau(t))\rangle] \leqslant \langle x(t), 2PA_1x(t)\rangle + \\ & \left\langle x(t), \left(\alpha_1P^2 + \frac{1}{\alpha_1}\hat{A}_1\right)x(t)\right\rangle +\end{aligned}$$

$$\langle x(t),2PA_2x(t-\tau(t))\rangle+\langle x(t),\alpha_2P^2x(t)\rangle+$$
$$\left\langle x(t-\tau(t)),\frac{1}{\alpha_2}\hat{A}_2x(t-\tau(t))\right\rangle$$

$$\begin{aligned}\langle\dot{x}(t),R\dot{x}(t)\rangle\leqslant&\langle x(t),A_1^*RA_1x(t)\rangle+\frac{\beta_1}{2}\langle x(t),A_1^*R^2A_1x(t)\rangle+\\&\frac{1}{2\beta_1}\langle x(t),\hat{A}_1x(t)\rangle+\frac{\beta_2}{2}\langle x(t),A_1^*R^2A_1x(t)\rangle+\\&\frac{1}{2\beta_2}\langle x(t),\hat{A}_1x(t)\rangle+\langle x(t),c_4\hat{A}_1x(t)\rangle+\\&\langle x(t),A_1^*RA_2x(t-\tau(t))\rangle+\frac{\beta_3}{2}\langle x(t),\hat{A}_1x(t)\rangle+\\&\frac{1}{2\beta_3}\langle x(t-\tau(t)),A_2^*R^2A_2x(t-\tau(t))\rangle+\frac{\beta_4}{2}\langle x(t),A_1^*R^2A_1x(t)\rangle+\\&\frac{1}{2\beta_4}\langle x(t-\tau(t)),\hat{A}_2x(t-\tau(t))\rangle+\\&\langle x(t-\tau(t)),A_2^*RA_2x(t-\tau(t))\rangle+\frac{\beta_5}{2}\langle x(t),\hat{A}_1x(t)\rangle+\\&\frac{c_5}{2\beta_5}\langle x(t-\tau(t)),\hat{A}_2x(t-\tau(t))\rangle+\frac{\beta_6}{2}\langle x(t-\tau(t)),\hat{A}_2x(t-\\&\tau(t))\rangle+\frac{1}{2\beta_6}\langle x(t-\tau(t)),A_2^*R^2A_2x(t-\tau(t))\rangle+c_4\langle x(t-\\&\tau(t)),\hat{A}_2x(t-\tau(t))\rangle+\langle x(t-\tau(t)),A_2^*RA_1x(t)\rangle+\frac{\beta_7}{2}\langle x(t-\\&\tau(t)),A_2^*R^2A_2x(t-\tau(t))\rangle+\frac{1}{2\beta_7}\langle x(t-\tau(t)),\hat{A}_2x(t-\tau(t))\rangle+\\&\frac{\beta_8}{2}\langle x(t-\tau(t)),A_2^*R^2A_2x(t-\tau(t))\rangle+\frac{1}{2\beta_8}\langle x(t),\hat{A}_1x(t)\rangle+\\&\frac{1}{2\beta_9}\langle x(t),A_1^*R^2A_1x(t)\rangle+\frac{\beta_9}{2}\langle x(t-\tau(t)),\hat{A}_2x(t-\tau(t))\rangle+\\&\frac{\beta_{10}}{2}\langle x(t-\tau(t)),\hat{A}_2x(t-\tau(t)\rangle+\frac{c_5}{2\beta_{10}}\langle x(t),\hat{A}_1x(t)\rangle\end{aligned}$$

因而,若下述矩阵不等式成立:

$$\boldsymbol{M}=\begin{bmatrix}X_{11}&X_{12}&X_{13}\\ *&X_{22}&X_{23}\\ *&*&X_{33}\end{bmatrix}<0\qquad(5-6)$$

其中

$$X_{11}=2PA_1+\alpha_1P^2+\frac{1}{\alpha_1}\hat{A}_1+\alpha_2P^2+h\Big[A_1^*RA_1+\frac{\beta_1}{2}A_1^*R^2A_1+\frac{1}{2\beta_1}\hat{A}_1+$$
$$\frac{1}{2}\beta_2A_1^*R^2A_1+\frac{1}{2\beta_2}\hat{A}_1+c_4\hat{A}_1+\frac{1}{2}\beta_3\hat{A}_1+\frac{\beta_4}{2}A_1^*R^2A_1+\frac{\beta_5}{2}\hat{A}_1+$$
$$\frac{1}{2\beta_8}\hat{A}_1+\frac{1}{2\beta_9}A_1^*R^2A_1+\frac{c_5}{2\beta_{10}}\hat{A}_1\Big]+Q+2\alpha P-\frac{\mathrm{e}^{-2\alpha h}}{h}R$$

$$X_{12}=hA_1^*RA_2+\frac{R\mathrm{e}^{-2\alpha h}}{h}+PA_2,\quad X_{13}=0$$

$$X_{22}=-\mathrm{e}^{-2\alpha h}\Big[(1-k)Q+\frac{2R}{h}\Big]+\frac{1}{\alpha_2}\hat{A}_2+h\Big[\frac{1}{2\beta_3}A_2^*R^2A_2+\frac{1}{2\beta_4}\hat{A}_2+A_2^*RA_2+$$
$$\frac{c_5}{2\beta_5}\hat{A}_2+\frac{1}{2}\beta_6\hat{A}_2+\frac{1}{2\beta_6}A_2^*R^2A_2+c_4\hat{A}_2+\frac{1}{2}\beta_7A_2^*R^2A_2+$$
$$\frac{1}{2\beta_7}\hat{A}_2+\frac{1}{2}\beta_8A_2^*RA_2+\frac{1}{2}(\beta_9+\beta_{10})\hat{A}_2\Big]$$

$$X_{23}=\frac{R\mathrm{e}^{-2\alpha h}}{h},\quad X_{33}=-\frac{\mathrm{e}^{-2\alpha h}}{h}R$$

则
$$\dot{\tilde{V}}(t)+2\alpha\tilde{V}(t)\leqslant\langle\xi(t),M\xi(t)\rangle\leqslant 0 \tag{5-7}$$
其中
$$\xi(t)=\mathrm{col}\{x(t),x(t-\tau(t)),x(t-h)\}$$

由引理5.1知，式(5-4)与式(5-6)等价，所以当不等式(5-4)满足时，不等式(5-7)成立。故 $\tilde{V}(t)\leqslant \mathrm{e}^{-2\alpha(t-t_0)}V(t_0)$，即 $\|x(t,t_0,\varphi)\|\leqslant \mathrm{e}^{-\alpha(t-t_0)}a\|\varphi_W\|$，其中 $a=[c_2+h(c_3+h^2c_4/2)]/c_1$，所以结论成立。

在式(5-5)中，当 $R=0$ 时有如下结论。

推论5.1 给定 $\alpha>0$，如果存在 $P>0,Q\geqslant 0$ 且 $P,Q\in B(H)$ 满足式(5-3)，正数 α_1,α_2，使下式成立：

$$\begin{bmatrix} S_3 & PA_2 & (\alpha_1+\alpha_2)P \\ A_2^*P & S_4 & 0 \\ (\alpha_1+\alpha_2)P & 0 & -(\alpha_1+\alpha_2)I \end{bmatrix}<0 \tag{5-8}$$

其中
$$S_3=2PA+\frac{1}{\alpha_1}\hat{A}_1+2\alpha P+Q$$
$$S_4=\frac{1}{\alpha_2}\hat{A}_2-\mathrm{e}^{-2\alpha h}(1-k)Q$$

则系统式(5-2)是鲁棒指数稳定的，且不等式 $\|x(t,t_0,\varphi)\|\leqslant \mathrm{e}^{-\alpha t}a\|\varphi\|_W$，$a=(c_2+hc_3)/c_1$。

在定理5.1的基础上，在线性反馈 $u=Kx$ 作用下，进一步考虑系统式(5-1)的稳定化问题。

5.3.2　鲁棒稳定化设计

定理 5.2　给定 $\alpha>0$,如果存在 $P,Q,R,K\in B(H)$ 且 $P>0,Q\geqslant 0$, $R\geqslant 0$ 满足式(5-3)和正数 $\alpha_1,\alpha_2,\beta_j(j=1,2,\cdots,10),\gamma_i(i=0,1,\cdots,20)$,使式(5-9)成立:

$$
\left[\begin{array}{cccccc}
S_3 & X_{12} & 0 & a_7K^*B^* & 2hc_4K^*B^* & a_6(A_1+BK)^* \\
X_{12}^* & S_4 & \dfrac{e^{-2\alpha h}}{h}R & 0 & 0 & 0 \\
0 & \dfrac{e^{-2\alpha h}}{h}R & \dfrac{e^{-2\alpha h}}{h}R & 0 & 0 & 0 \\
a_7BK & 0 & 0 & -I & 0 & 0 \\
2hc_4BK & 0 & 0 & 0 & -2hc_4I & 0 \\
a_6(A_1+BK) & 0 & 0 & 0 & 0 & -I \\
a_5RBK & 0 & 0 & 0 & 0 & 0 \\
a_4K & 0 & 0 & 0 & 0 & 0 \\
a_3RA_1 & 0 & 0 & 0 & 0 & 0 \\
a_0P & 0 & 0 & 0 & 0 & 0 \\
0 & -a_8RA_2 & 0 & 0 & 0 & 0
\end{array}\right.
$$

$$
\left.\begin{array}{ccccc}
a_5K^*B^* & a_4K^* & a_3A_1^*R & a_0P & 0 \\
0 & 0 & 0 & 0 & a_8A_2^*R \\
0 & 0 & 0 & 0 & 0 \\
0 & 0 & 0 & 0 & 0 \\
0 & 0 & 0 & 0 & 0 \\
0 & 0 & 0 & 0 & 0 \\
-I & 0 & 0 & 0 & 0 \\
0 & -\hat{B}^{-1} & 0 & 0 & 0 \\
0 & 0 & -I & 0 & 0 \\
0 & 0 & 0 & 0 & -I
\end{array}\right]<0 \qquad (5-9)
$$

其中

$$S_3=S_1+h\left(\frac{1}{2\gamma_2}\hat{A}_1+\frac{c_5}{2\gamma_6}\hat{A}_1+\frac{c_5}{2\gamma_{10}}\hat{B}+\frac{\gamma_{11}}{2}\hat{A}_1+\frac{c_5}{2}\gamma_{12}\hat{A}_1+\frac{c_5}{2\gamma_{19}}\hat{A}_1\right)$$

$$S_4=S_2+h\left(\frac{1}{2\gamma_4}\hat{A}_2+\frac{c_5}{2\gamma_9}\hat{A}_2+\frac{\gamma_{16}}{2}\hat{A}_2+\frac{\gamma_{17}c_5}{2}\hat{A}_2+\frac{c_5}{2\gamma_{20}}\hat{A}_2\right)$$

$$a_0^2=\alpha_1+\alpha_2+\gamma_0+\gamma_1$$

$$a_3^2=a_1^2+\frac{\gamma_{18}}{2},\quad a_5^2=hc_5\left(\frac{\gamma_2}{2}+\frac{\gamma_3}{2}+\frac{\gamma_4}{2}+\frac{1}{2\gamma_{11}}+\frac{1}{2\gamma_{13}}+\frac{1}{2\gamma_{16}}\right)$$

$$a_4^2=\frac{1}{\gamma_1}+h\left(\frac{1}{2\gamma_3}+\frac{\gamma_5}{2}+\frac{\gamma_6}{2}+\frac{\gamma_7}{2}+\frac{c_5}{2\gamma_7}+\frac{\gamma_8}{2}+\frac{\gamma_9}{2}+\frac{1}{2\gamma_{12}}+\right.$$

$$\left.\frac{\gamma_{13}}{2}+\frac{\gamma_{14}}{2}+\frac{c_5}{2\gamma_{14}}+\frac{1}{2\gamma_{15}}+\frac{1}{2\gamma_{17}}\right)$$

$$a_6^2=h\left(\frac{c_5}{2\gamma_5}+\frac{\gamma_{10}}{2}\right),\quad a_7^2=\frac{1}{\gamma_0}+h\left(\frac{1}{2\gamma_{18}}+\frac{\gamma_{19}}{2}+\frac{\gamma_{20}}{2}\right),\quad a_8^2=a_2^2+\frac{h}{2\gamma_8}+\frac{\gamma_{15}h}{2}$$

$a_0,a_i(i=3,4,\cdots,8)$ 均为正数，则系统式(5-1)可指数稳定化。

证明　系统式(5-1)加入控制器 $u=Kx$，仿照定理5.1的证明当不等式(5-10)成立时，有

$$\boldsymbol{N}=\begin{pmatrix}Y_{11}+X_{11} & Y_{12}+X_{12} & Y_{13}+X_{13}\\ * & Y_{22}+X_{22} & Y_{23}+X_{23}\\ * & * & Y_{33}+X_{33}\end{pmatrix}\tag{5-10}$$

其中

$$Y_{11}=\gamma_0P^2+\frac{1}{\gamma_0}K^*B^*BK+\gamma_1P^2+\frac{1}{\gamma_1}K^*\hat{B}K+$$

$$h\left[\frac{1}{2}\gamma_2c_5K^*B^*BK+\frac{1}{2\gamma_2}\hat{A}_1+\frac{1}{2}\gamma_3c_5K^*B^*BK+\frac{1}{2\gamma_3}K^*\hat{B}K+\right.$$

$$\frac{1}{2}\gamma_4c_5K^*B*BK+\frac{1}{2}\gamma_5K^*\hat{B}K+\frac{1}{2\gamma_5}c_5(A_1+BK)^*(A_1+BK)+$$

$$\frac{1}{2}\gamma_6K^*\hat{B}K+\frac{c_5}{2\gamma_6}\hat{A}_1+\frac{1}{2}\gamma_7K^*\hat{B}K+\frac{c_5}{2\gamma_7}K^*\hat{B}K+$$

$$\frac{1}{2}\gamma_8K^*\hat{B}K+\frac{1}{2}\gamma_9K^*\hat{B}K+\frac{1}{2}\gamma_{10}(A_1+BK)^*(A_1+BK)+\frac{c_5}{2\gamma_{10}}\hat{B}+$$

$$\frac{1}{2}\gamma_{11}\hat{A}_1+\frac{1}{2\gamma_{11}}c_5K^*B^*BK+\frac{c_5}{2}\gamma_{12}\hat{A}_1+\frac{1}{2\gamma_{12}}K^*\hat{B}K+$$

$$\frac{1}{2}\gamma_{13}K^*\hat{B}K+\frac{1}{2\gamma_{13}}c_5K^*B^*BK+\frac{1}{2}\gamma_{14}K^*\hat{B}K+\frac{c_5}{2\gamma_{14}}K^*\hat{B}K+$$

$$\frac{1}{2\gamma_{15}}K^*\hat{B}K+\frac{1}{2\gamma_{16}}c_5K^*B^*BK+\frac{1}{2\gamma_{17}}K^*\hat{B}K+\frac{\gamma_{18}}{2}A_1^*R^*RA_1+$$

$$\left.\frac{1}{2\gamma_{18}}K^*B^*BK+\frac{\gamma_{19}}{2}K^*B^*BK+\frac{c_5}{2\gamma_{19}}\hat{A}_1+\frac{\gamma_{20}}{2}K^*B^*BK+2c_4K^*B^*BK\right]$$

$$Y_{12}=0,\quad Y_{13}=0,Y_{23}=0,\quad Y_{33}=0$$

$$Y_{22}=h\Big[\frac{1}{2\gamma_4}\hat{A}_2+\frac{1}{2\gamma_8}A_2^*R^2A_2+\frac{c_5}{2\gamma_9}\hat{A}_2+\frac{1}{2}\gamma_{15}A_2^*R^2A_2+$$
$$\frac{1}{2}\gamma_{16}\hat{A}_2+\frac{c_5}{2}\gamma_{17}\hat{A}_2+\frac{c_5}{2\gamma_{20}\hat{A}_2}\Big]$$

有

$$\dot{V}(t)+2\alpha V(t)\leqslant\langle\xi(t),N\xi(t)\rangle\leqslant 0 \tag{5-11}$$

其中$(\overline{\Omega},F,\{F_t\}_{t\geqslant 0},P)$。

由引理 5.4 知，式(5－10) 与式(5－9) 等价，所以不等式(5－9) 满足时式(5－11) 成立。接下来仿照定理 5.1 的证明即可得到结论。

5.4　抛物型系统的稳定性分析

考虑带 Dirichlet 边值条件的时滞抛物型方程：

$$w_t=b_2w_{\xi\xi}+b_1\omega_{\xi}+b_0w+b_3w(\xi,t-\tau(t)),\quad 0\leqslant\xi\leqslant l,t\geqslant t_0 \tag{5-12}$$

$$w(0,t)=w(l,t)=0,\quad t\geqslant t_0 \tag{5-13}$$

其中，$b_2>0,b_0,b_1,b_3$ 均为参数；$\tau(t)$ 为时滞，$\dot{\tau}(t)\leqslant k<1,0<\tau(t)\leqslant h$，$\tau(t)\in C^1,h>0,k$ 为常数。

设 Hilbert 空间 $H=L^2(0,l)$，在微分方程式(5－1) 中，令 $A_1=b_2\dfrac{\partial^2}{\partial\xi^2}+b_1\dfrac{\partial}{\partial\xi},\Delta A_1=b_0,A_2=b_3,\Delta A_2=0$，得式(5－12)。

考虑下列 Lyapunov-Krasovskii 泛函：

$$V=p\int_0^l w^2(\xi,t)\mathrm{d}\xi+q\int_{t-\tau(t)}^t\int_0^l \mathrm{e}^{2\alpha(s-t)}w^2(\xi,s)\mathrm{d}\xi\mathrm{d}s$$

其中，$p,q>0$。

由引理 5.3 有

$$\langle x,2pA_1x\rangle=\int_0^l(2pb_2ww_{\xi\xi}+22pb_1ww_{\xi})\mathrm{d}x\leqslant -2pb_2\frac{\pi^2}{l^2}\int_0^l w^2\mathrm{d}\xi$$

在式(5－8) 中取 $\hat{A}_1=b_0^2,\hat{A}_2=0,P=p>0,Q=q>0$。如果下列线性矩阵不等式式(5－14) 成立，则式(5－8) 成立：

$$\begin{bmatrix} S_5 & pb_3 & (\alpha_1+\alpha_2)p \\ pb_3 & -\mathrm{e}^{2\alpha h(1-k)}q & 0 \\ (\alpha_1+\alpha_2)p & 0 & -(\alpha_1+\alpha_2) \end{bmatrix}<0 \tag{5-14}$$

其中 $S_5 = -2pb_2\frac{\pi^2}{l^2} + \frac{1}{\alpha_1}b_0^2 - 2\alpha p + q$，从而得到下列定理。

定理 5.3 给定 $\alpha > 0$，如果存在常量 $p > 0, q > 0$ 和正数 α_1, α_2，使线性矩阵不等式(5－14) 成立。则边值问题式(5－12) 和式(5－13) 是指数稳定的，且有式$\int_0^l w^2(\xi,t)\mathrm{d}\xi \leqslant G\mathrm{e}^{-2\alpha(t-t_0)} \sup\limits_{s\in[t_0-h,t_0]}\int_0^l w^2(\xi,s)\mathrm{d}x, t \geqslant t_0, G = 1 + hq/p$ 成立。

例 5.1 考虑线性反应扩散方程：

$$w_t = 0.1w_{\xi\xi} + 0.1w_\xi + 0.03w + 2w(\xi, t-\tau(t)),\quad 0 \leqslant \xi \leqslant \pi, t \geqslant t_0 \tag{5-15}$$

$$w(0,t) = w(\pi,t) = 0,\quad t \geqslant t_0 \tag{5-16}$$

其中 $\tau(t) = 0.2\sin^2 2.5t$。

我们有 $h = 0.2, k = 0.5$。取 $\alpha_1 = \alpha_2 = 1, \alpha = 1.5, p = 3.5, q = 1.5$，由定理 5.3 知系统式(5－12) 是鲁棒指数稳定的，$G \approx 1.0857$，系统式(5－15) 和式(5－16) 的解满足

$$\int_0^l w^2(\xi,t)\mathrm{d}\xi \leqslant 1.1\mathrm{e}^{-2\alpha(t-t_0)} \sup_{s\in[t_0-h,t_0]}\int_0^l w^2(\xi,s)\mathrm{d}\xi$$

5.5 本章小结

本章在改进的 Lyapunov 泛函基础上，结合 Newton-Leibniz 公式，研究了一类不确定性分布参数系统的鲁棒指数稳定性和稳定化问题。给出了系统鲁棒指数稳定性的充分条件，并且此条件可以表示成线性算子不等式形式，其中决策变量是 Hilbert 空间的线性算子。在此基础上，进一步考虑了系统的鲁棒稳定化问题。本书工作能推广到更一般的多时滞不确定性系统。

第六章　分布参数时滞 BAM 神经网络全局指数同步

6.1　引　　言

鉴于混沌系统具有对初始条件的敏感依赖性，混沌系统难以进行同步或控制。因此，使两个或两个以上的混沌系统实现同步一直是一个有趣和具有挑战性的问题。自从 Aihara 提出混沌神经网络模型且仿真了生物神经元的混沌行为[95]，混沌神经网络吸引了各国学者广泛关注，并且被应用到优化组合、保密通信、信息科学等领域[87,93]。文献［87,93］考虑了具有分布参数系统的各种动态行为，例如神经网络稳定性、周期振荡和同步等问题。Wang 等讨论了一类时滞反应扩散神经网络的脉冲控制与同步，构造了一类时滞反应扩散神经网络的自适应同步控制器并获得了驱动-响应系统的指数同步判据[102]。另一方面，虽然具有离散时滞的时滞反馈模型是少数的细胞组成的简单电路的良好逼近，但是由于存在多种轴突大小和长度的众多的平行途径，神经网络通常有空间范围，有沿这些途径传导速度的分布及传播时滞的分布。因此，离散和连续分布时滞的神经网络模型更合适。

目前，分布参数时滞 BAM 神经网络的全局指数同步的文献相当少，在偏微分方程中，Poincaré 不等式在扩散算子的推理中广泛应用[28]。本章利用 Poincaré 不等式、Young 不等式和 Lyapunov 稳定性理论，考虑了一类具有时变和分布时滞分布参数 BAM 神经网络的全局指数同步问题，得到的全局指数同步判据由代数不等式表示。

6.2　模型描述和预备知识

本章考虑一类由偏微分方程描述的 BAM 神经网络模型：

$$\frac{\partial u_i}{\partial t}=\sum_{k=1}^{l}\frac{\partial}{\partial x_k}\left(D_{ik}\frac{\partial u_i}{\partial x_k}\right)-p_i(u_i(t,x))+\sum_{j=1}^{n}b_{ji}f_j(v_j(t,x))+$$

$$\sum_{j=1}^{n}\tilde{b}_{ji}f_j(v_j(t-\theta_{ji}(t),x))+\sum_{j=1}^{n}\bar{b}_{ji}\int_{-\infty}^{t}k_{ji}(t-s)f_j(v_j(s,x))\mathrm{d}s+I_i(t)$$

$$\frac{\partial v_j}{\partial t}=\sum_{k=1}^{l}\frac{\partial}{\partial x_k}\left(D_{jk}^{*}\frac{\partial v_j}{\partial x_k}\right)-q_j(v_j(t,x))+\sum_{i=1}^{m}d_{ij}g_i(u_i(t,x))+$$
$$\sum_{i=1}^{m}\tilde{d}_{ij}g_i(u_i(t-\tau_{ij}(t),x))+\sum_{i=1}^{m}\bar{d}_{ij}\int_{-\infty}^{t}\bar{k}_{ij}(t-s)g_i(u_i(s,x))\mathrm{d}s+J_j(t) \tag{6-1}$$

其中$\boldsymbol{x}=(x_1,x_2,\cdots,x_l)^{\mathrm{T}}\in\Omega\subset\mathbb{R}^l$；$\boldsymbol{u}=(u_1,u_2,\cdots,u_m)^{\mathrm{T}}\in\mathbb{R}^m$；$\boldsymbol{v}=(v_1,v_2,\cdots,v_n)^{\mathrm{T}}\in\mathbb{R}^n$；$u_i(t,x)$ 和 $v_j(t,x)$ 分别表示第i个神经元和第j个神经元在时间 t 和空间 x 的状态变量；b_{ji}，$\tilde{b}_{ji}$，$\bar{b}_{ji}$，d_{ij}，$\bar{d}_{ij}$ 和 $\tilde{d}_{ij}$ 是已知的常数，分别表示神经元之间的轴突连接的强度；f_j 和 g_i 分别表示神经元的激活函数和信号传输函数；I_i 和 J_i 分别表示第i个神经元和第j个神经元的外部输入；p_i 和 q_j 是可微的实值函数，关于神经元充电时间的导数为正值；$\tau_{ij}(t)$ 和 $\theta_{ji}(t)$ 分别表示离散时滞和时变时滞；$D_{ik}\geqslant 0$ 和 $D_{jk}^{*}\geqslant 0$，分别表示沿第i个神经元和第j个神经元的传输扩散系数，$i=1,2,\cdots,m$，$k=1,2,\cdots,l$ 和 $j=1,2,\cdots,n$。

系统式(6-1)边界条件和初始条件分别为

$$\frac{\partial u_i}{\partial n}:=\left(\frac{\partial u_i}{\partial x_1},\frac{\partial u_i}{\partial x_2},\cdots,\frac{\partial u_i}{\partial x_l}\right)^{\mathrm{T}}=0,\quad \frac{\partial v_j}{\partial \bar{n}}:=\left(\frac{\partial v_j}{\partial x_1},\frac{\partial v_j}{\partial x_2},\cdots,\frac{\partial v_j}{\partial x_l}\right)^{\mathrm{T}}=0,$$
$$t\geqslant 0,x\in\partial\Omega \tag{6-2}$$

$$U_i(s,x)=\varphi_{ui}(s,x),V_j(s,x)=\varphi_{vj}(s,x)(s,x)\in(-\infty,0]\times\Omega \tag{6-3}$$

这里 $\bar{n}$ 是 $\partial\Omega$ 的外法向量，向量函数 $\boldsymbol{\varphi}=\begin{pmatrix}\varphi_u\\ \varphi_v\end{pmatrix}=(\varphi_{u1},\cdots,\varphi_{um},\varphi_{v1},\cdots,\varphi_{vn})^{\mathrm{T}}\in C$ 连续有界，其中 $C=\left\{\varphi\mid\varphi=\begin{pmatrix}\varphi_u\\ \varphi_v\end{pmatrix},\varphi:\begin{pmatrix}(-\infty,0]\times\mathbb{R}^m\\(-\infty,0]\times\mathbb{R}^n\end{pmatrix}\rightarrow\mathbb{R}^{m+n}\right\}$，$C$ 是连续函数巴拿赫空间，定义其范数：

$$\|\varphi\|=\left\|\begin{pmatrix}\varphi_u\\ \varphi_v\end{pmatrix}\right\|=\sup_{-\infty\leqslant s\leqslant 0}\left[\int_{\Omega}\sum_{i=1}^{m}|\varphi_{ui}|^r\mathrm{d}x\right]+\sup_{-\infty\leqslant s\leqslant 0}\left[\int_{\Omega}\sum_{j=1}^{n}|\varphi_{vj}|^r\mathrm{d}x\right],\quad r\geqslant 2$$

本章作如下假设：

(A6.1) 时变时滞 $\tau_{ij}(t)$，$\theta_{ji}(t)$ 是连续可微函数且满足：

$$0\leqslant\tau_{ij}(t)\leqslant\tau_{ij},\quad 0\leqslant\theta_{ji}(t)\leqslant\theta_{ji},\quad \dot{\tau}_{ij}(t)\leqslant\mu_\tau<1,\quad \dot{\theta}_{ji}(t)\leqslant\mu_\theta<1$$
$$\tau=\max_{1\leqslant i\leqslant m,1\leqslant j\leqslant n}\{\tau_{ij}\},\quad \theta=\max_{1\leqslant i\leqslant m,1\leqslant j\leqslant m}\{\theta_{ji}\}$$

其中 $\tau_{ij}\geqslant 0$，$\theta_{ji}\geqslant 0$，$\tau>0$，$\theta>0$，$t\geqslant 0$。

(A6.2) $p_i(\cdot)$ 和 $q_j(\cdot)$ 是连续可微函数

$$a_i=\inf_{\zeta\in\mathbb{R}}p'_i(\zeta)>0,\quad p_i(0)=0$$
$$c_j=\inf_{\zeta\in\mathbb{R}}q'_j(\zeta)>0,\quad q_j(0)=0$$

(A6.3) 激活函数是有界的且满足 Lipschitz 条件，即存在正常数 L_j^f 和 L_i^g 使得对所有 $\eta_1,\eta_2\in\mathbb{R}$，有

$$|f_j(\eta_1)-f_j(\eta_2)|\leqslant L_j^f|\eta 1-\eta_2|,\quad |g_i(\eta_1)-g_i(\eta_2)|\leqslant L_i^g|\eta_1-\eta_2|$$

(A6.4) 时滞核 $K_{ji}(s),\overline{K}_{ij}(s):[0,\infty)\to[0,\infty),(i=1,2,\cdots,m,j=1,2,\cdots,n)$ 是实值非负连续函数且满足

(i) $\int_0^{+\infty}K_{ji}(s)\mathrm{d}s=1,\int_0^{+\infty}\overline{K}_{ji}(s)\mathrm{d}s=1$；

(ii) $\int_0^{+\infty}sK_{ji}(s)\mathrm{d}s<\infty,\int_0^{+\infty}s\overline{K}_{ij}(s)\mathrm{d}s<\infty$；

(iii) 存在正数 μ 使得

$$\int_0^{+\infty}se^{\mu s}K_{ji}(s)\mathrm{d}s<\infty,\quad \int_0^{+\infty}se^{\mu s}\overline{K}_{ij}(s)\mathrm{d}s<\infty$$

把系统式(6-1)作为驱动系统。响应系统描述如下：

$$\begin{aligned}\frac{\partial\tilde{u}_i(t,x)}{\partial t}=&\sum_{k=1}^{l}\frac{\partial}{\partial x_k}\left(D_{ik}\frac{\partial\tilde{u}_i(t,x)}{\partial x_k}\right)-p_i(\tilde{u}_i(t,x))+\sum_{j=1}^{n}b_{ji}f_j(\tilde{v}_j(t,x))+\\&\sum_{j=1}^{n}\tilde{b}_{ji}f_j(\tilde{v}_j(t-\theta_{ji}(t),x))+\sum_{j=1}^{n}\bar{b}_{ji}\int_{-\infty}^{t}k_{ji}(t-s)f_j(\tilde{v}_j(s,x))\mathrm{d}s+\\&I_i(t)+\sigma_i(t,x)\end{aligned}$$

$$\begin{aligned}\frac{\partial\tilde{v}_j(t,x)}{\partial t}=&\sum_{k=1}^{l}\frac{\partial}{\partial x_k}\left(D_{jk}^*\frac{\partial\tilde{v}_j(t,x)}{\partial x_k}\right)-q_j(\tilde{v}_j(t,x))+\sum_{i=1}^{m}d_{ij}g_i(\tilde{u}_i(t,x))+\\&\sum_{i=1}^{m}\tilde{d}_{ij}g_i(\tilde{u}_i(t-\tau_{ij}(t),x))+\sum_{i=1}^{m}\bar{d}_{ij}\int_{-\infty}^{t}\bar{k}_{ij}(t-s)g_i(\tilde{u}_i(s,x))\mathrm{d}s+\\&J_j(t)+\vartheta_j(t,x)\end{aligned}\tag{6-4}$$

其中

$$\tilde{\boldsymbol{u}}(t,x)=(\tilde{u}_1(t,x),\cdots,\tilde{u}_m(t,x))^{\mathrm{T}},\quad \tilde{\boldsymbol{v}}(t,x)=(\tilde{v}_1(t,x),\cdots,\tilde{v}_n(t,x))^{\mathrm{T}}$$

$$\boldsymbol{\sigma}(t,x)=(\sigma_1(t,x),\cdots,\sigma_m(t,x))^{\mathrm{T}},\quad \boldsymbol{\vartheta}(t,x)=(\vartheta_1(t,x),\cdots,\vartheta_n(t,x))^{\mathrm{T}}$$

$\sigma_i(t,x)$ 和 $\vartheta_j(t,x)$ 表示将适当设计有一定的控制目标的外部控制输入。

系统式(6-3)边界条件和初始条件为

$$\frac{\partial\tilde{u}_i}{\partial n}:=\left(\frac{\partial\tilde{u}_i}{\partial x_1},\frac{\partial\tilde{u}_i}{\partial x_2},\cdots,\frac{\partial\tilde{u}_i}{\partial x_l}\right)^{\mathrm{T}}=0,\quad \frac{\partial\tilde{v}_j}{\partial n}:=\left(\frac{\partial\tilde{v}_j}{\partial x_1},\frac{\partial\tilde{v}_j}{\partial x_2},\cdots,\frac{\partial\tilde{v}_j}{\partial x_l}\right)^{\mathrm{T}}=0,$$
$$t\geqslant 0,x\in\partial\Omega\tag{6-5}$$

和 $\tilde{u}_i(s,x)=\psi_{ui}(s,x),\quad \tilde{v}_j(s,x)=\psi_{vj}(s,x),\quad (s,x)\in(-\infty,0]\times\Omega$

$$\tag{6-6}$$

其中 $\boldsymbol{\psi}=\begin{pmatrix}\psi_{\tilde{u}}\\\psi_{\tilde{v}}\end{pmatrix}=(\psi_{\tilde{u}1},\cdots,\psi_{\tilde{u}m},\psi_{\tilde{v}1},\cdots,\psi_{\tilde{v}n})^{\mathrm{T}}\in C$。

定义 6.1 如果存在控制输入 $\boldsymbol{\sigma}(t,x)$,$\boldsymbol{\vartheta}(t,x)$ 和 $r \geqslant 2$,进一步存在常数 $\alpha > 0$ 和 $\beta \geqslant 1$ 使得

$$\| \boldsymbol{u}(t,x) - \tilde{\boldsymbol{u}}(t,x) \| + \| \boldsymbol{v}(t,x) - \tilde{\boldsymbol{v}}(t,x) \| \leqslant \beta \mathrm{e}^{-2\alpha t}$$
$$(\| \boldsymbol{\varphi}_u(s,x) - \boldsymbol{\psi}_{\tilde{u}(s,x)} \| + \| \boldsymbol{\varphi}_v(s,x) - \boldsymbol{\psi}_{\tilde{v}(s,x)} \|, \quad t \geqslant 0$$

这里
$$\| \boldsymbol{u}(t,x) - \tilde{\boldsymbol{u}}(t,x) \| = \int_\Omega \sum_{i=1}^{m} | u_i(t,x) - \tilde{u}_i(t,x) |^r \mathrm{d}x$$

$$\| \boldsymbol{v}(t,x) - \tilde{\boldsymbol{v}}(t,x) \| = \int_\Omega \sum_{j=1}^{n} | v_j(t,x) - \tilde{v}_j(t,x) |^r \mathrm{d}x, \quad r \geqslant 2$$

$(\boldsymbol{u}(t,x),\boldsymbol{v}(t,x))$ 和 $(\tilde{\boldsymbol{u}}(t,x),\tilde{\boldsymbol{v}}(t,x))$ 分别为驱动-响应系统式(6-1) 和式(6-4) 满足边界条件式(6-2)、式(6-3) 和初始条件式(6-5)、式(6-6) 的解,则驱动-响应系统式(6-1) 和式(6-4) 是全局指数同步的。

引理 6.1[30] (Poincaré 不等式) 设 $\Omega \subset \mathbb{R}^m$ 是具有光滑边界 $\partial\Omega$ 的有界区域。$\boldsymbol{u}(x) \in H_0^1(\Omega)$ 是实值函数且 $\left.\dfrac{\partial u(x)}{\partial \bar{n}}\right|_{\partial\Omega} = 0$。那么

$$\int_\Omega | \boldsymbol{u}(x) |^2 \mathrm{d}x \leqslant \frac{1}{\lambda_1} \int_\Omega | \nabla \boldsymbol{u}(x) |^2 \mathrm{d}x$$

这里 λ_1 是下列 Neumann 边界问题正的最小特征值:

$$\left.\begin{aligned} & -\Delta\varphi(x) = \lambda_1 \boldsymbol{\varphi}(x), \quad x \in \Omega \\ & \left.\frac{\partial u(x)}{\partial \bar{n}}\right|_{\partial\Omega} = 0, \quad x \in \partial\Omega \end{aligned}\right\} \tag{6-7}$$

6.3 全局指数同步

令同步误差信号为

$$e_i(t,x) = u_i(t,x) - \tilde{u}_i(t,x), \quad \omega_j(t,x) = v_j(t,x) - \tilde{v}_j(t,x)$$
$$\boldsymbol{e}(t,x) = (e_1(t,x), \cdots, e_m(t,x))^{\mathrm{T}}$$
$$\boldsymbol{\omega}(t,x) = (\omega_1(t,x), \cdots, \omega_n(t,x))^{\mathrm{T}}$$

则由式(6-1) 和式(6-3) 得

$$\begin{aligned} \frac{\partial e_i(t,x)}{\partial t} = & \sum_{k=1}^{l} \frac{\partial}{\partial x_k}\left(D_{ik} \frac{\partial e_i(t,x)}{\partial x_k}\right) - \tilde{p}_i(e_i(t,x)) + \sum_{j=1}^{n} b_{ji} \tilde{f}_j(\omega_j(t,x)) + \\ & \sum_{j=1}^{n} \tilde{b}_{ji} \tilde{f}_j(\omega_j(t - \theta_{ji}(t),x)) + \\ & \sum_{j=1}^{n} \bar{b}_{ji} \int_{-\infty}^{t} k_{ji}(t-s) \tilde{f}_j(\omega_j(s,x)) \mathrm{d}s - \sigma_i(t,x) \end{aligned}$$

$$\frac{\partial \omega_j(t,x)}{\partial t} = \sum_{k=1}^{l} \frac{\partial}{\partial x_k}\left(D_{jk}^* \frac{\partial \omega_j(t,x)}{\partial x_k}\right) - \tilde{q}_j(\omega_j(t,x)) + \sum_{i=1}^{m}(d_{ij}\tilde{g}_i(e_i(t,x))) + \sum_{i=1}^{m}(\tilde{d}_{ij}\tilde{g}_i(e_i(t-\tau_{ij}(t),x))) + \sum_{i=1}^{m}\bar{d}_{ij}\int_{-\infty}^{t}\bar{k}_{ij}(t-s)\tilde{g}_i(e_i(s,x))\mathrm{d}s - \vartheta_j(t,x) \tag{6-8}$$

其中

$$\tilde{f}_j(\omega_j(t,x)) = f_j(v_j(t,x)) - f_j(\tilde{v}_j(t,x))$$
$$\tilde{g}_i(e_i(t,x)) = g_i(u_i(t,x)) - g_i(\tilde{u}_i(t,x))$$
$$\tilde{p}_i(e_i(t,x)) = p_i(u_i(t,x)) - p_i(\tilde{u}_i(t,x))$$
$$\tilde{q}_j(\omega_j(t,x)) = q_j(v_j(t,x)) - q_j(\tilde{v}_j(t,x))$$

具有状态反馈的控制输入设计如下：

$$\sigma_i(t,x) = \sum_{k=1}^{m}\mu_{ik}e_k(t,x),\quad \vartheta_j(t,x) = \sum_{k=1}^{n}\rho_{jk}\omega_k(t,x)$$
$$i = 1,2,\cdots,m,\quad j = 1,2,\cdots,n$$

即

$$\boldsymbol{\sigma}(t,x) = \boldsymbol{\mu}e(t,x),\quad \boldsymbol{\vartheta}(t,x) = \boldsymbol{\rho}\omega(t,x) \tag{6-9}$$

其中 $\boldsymbol{\mu} = (\mu_{ik})_{m\times m}$ 和 $\boldsymbol{\rho} = (\rho_{jk})_{n\times n}$ 是控制增益矩阵。

定理 6.1　假设(A6.1)～(A6.4)成立。如果存在 $w_i > 0(i = 1,2,\cdots,n+m)$，$r \geqslant 2$，$\gamma_{ij} > 0$，$\beta_{ji} > 0$，使得式(6-9)中的控制器 $\boldsymbol{\mu}$ 和 $\boldsymbol{\rho}$ 满足

$$w_i\left[-rna_i^{r-1}D_i\lambda_1 - rna_i^r - rn\mu_{ii}a_i^{r-1} + 2(r-1)\sum_{j=1}^{n}a_i^r + (r-1)\sum_{j=1}^{n}a_i^r\beta_{ji}^{-\frac{r}{r-1}} + (r-1)\sum_{k=1,i\neq k}^{m}a_i^r\right] + \sum_{j=1}^{n}w_{m+j}m^r\left[|d_{ij}|^r(L_i^g)^r + |\tilde{d}_{ij}|^r\frac{\mathrm{e}^{\tau}}{1-\mu_\tau}(L_i^g)^r + |\bar{d}_{ij}|^r\gamma_{ij}^r(L_i^g)^r\right] + n^r\sum_{k=1,i\neq k}^{m}|\mu_{ki}|^r w_k < 0$$

和

$$w_{m+j}\left[-rmc_j^{r-1}D_j^*\lambda_1 - rmc_j^r - rm\rho_{jj}c_j^{r-1} + 2(r-1)\sum_{i=1}^{m}c_j^r + (r-1)\sum_{k=1,j\neq k}^{n}c_j^r + (r-1)\sum_{i=1}^{m}c_j^r\gamma_{ij}^{\frac{r}{r-1}}\right] + \sum_{i=1}^{m}w_i n^r\left[|b_{ji}|^r(L_j^f)^r + |\tilde{b}_{ji}|^r\frac{\mathrm{e}^{\theta}}{1-\mu_\theta}(L_j^{\tilde{f}})^r + |\bar{b}_{ji}|^r\beta_{ji}^r(L_j^{\bar{f}})^r\right] + m^r\sum_{k=1,j\neq k}^{n}|\rho_{kj}|^r w_{k+m} < 0 \tag{6-10}$$

其中 $i=1,2,\cdots,m,j=1,2,\cdots,n$；$L_j^f$ 和 L_i^g 是 Lipschitz 常数，$D_i=\min\limits_{1\leqslant k\leqslant l} D_{ik}$，$D_j^*=\min\limits_{1\leqslant k\leqslant l} D_{jk}^*$；$\lambda_1$ 如式(6-7) 中定义。则驱动-响应系统式(6-1) 和式(6-4) 全局指数同步。

证明　如果式(6-10) 满足，总可以找到正数 $\delta>0$ 使得

$$w_i\Big[-rma_i^{r-1}D_i\lambda_1-rma_i^r-rm\mu_{ii}a_i^{r-1}+2(r-1)\sum_{j=1}^n a_i^r+(r-1)\sum_{j=1}^n a_i^r\beta_{ji}^{-\frac{r}{r-1}}+(r-1)\sum_{k=1,j\neq i}^m a_i^r\Big]+\sum_{j=1}^n w_{m+j}m^r\Big[|d_{ij}|^r(L_i^g)^r+|\tilde{d}_{ij}|^r\frac{\mathrm{e}^\tau}{1-\mu_\tau}(L_i^g)^r+|\bar{d}_{ij}|^r\gamma_{ij}^r(L_i^g)^r\Big]+n^r\sum_{k=1,i\neq k}^m|\mu_{ki}|^r w_k+\delta<0$$

和

$$w_{m+j}\Big[-rmc_j^{r-1}D_j^*\lambda_1-rmc_j^r-rm\rho_{jj}c_j^{r-1}+2(r-1)\sum_{i=1}^m c_j^r+(r-1)\sum_{k=1,j\neq k}^n c_j^r+(r-1)\sum_{i=1}^m c_j^r\gamma_{ij}^{-\frac{r}{r-1}}\Big]+\sum_{i=1}^m w_i n^r\Big[|b_{ji}|^r(L_j^f)^r+|\tilde{b}_{ji}|^r+\frac{\mathrm{e}^\theta}{1-\mu_\theta}(L_j^f)^r+|\bar{b}_{ji}|^r\beta_{ji}^r(L_j^f)^r\Big]+m^r\sum_{k=1,j\neq k}^n|\rho_{kj}|^r w_{k+m}+\delta<0 \tag{6-11}$$

其中 $i=1,2,\cdots,m,j=1,2,\cdots,n$。

考虑函数

$$F_i(x_i^*)=w_i\Big[-rma_i^{r-1}D_i\lambda_1-rma_i^r-rm\mu_{ii}a_i^{r-1}+2(r-1)\sum_{j=1}^n a_i^r+(r-1)\sum_{k=1,i\neq k}^m a_i^r+(r-1)\sum_{j=1}^n a_i^r\beta_{ji}^{-\frac{r}{r-1}}\int_0^{+\infty}k_{ji}(s)\mathrm{d}s+2x_i^*na_i^{r-1}\Big]+\sum_{j=1}^n w_{m+j}m^r\Big[|d_{ij}|^r(L_i^g)^r+|\tilde{d}_{ij}|^r\frac{\mathrm{e}^\tau}{1-\mu_\tau}(L_i^g)^r+|\bar{d}_{ij}|^r\gamma_{ij}^r(L_i^g)^r\int_0^{+\infty}\mathrm{e}^{2x_i^*s}\bar{k}_{ij}(s)\mathrm{d}s\Big]+n^r\sum_{k=1,i\neq k}^m|\mu_{ki}|^r w_k$$

和

$$G_j(y_j^*)=w_{m+j}\Big[-rmc_j^{r-1}D_j^*\lambda_1-rmc_j^r-rm\rho_{jj}c_j^{r-1}+2(r-1)\sum_{i=1}^m c_j^r+(r-1)\sum_{k=1,j\neq k}^n c_j^r+(r-1)\sum_{i=1}^m c_j^r\gamma_{ij}^{-\frac{r}{r-1}}\int_0^{+\infty}\bar{k}_{ij}(s)\mathrm{d}s+2y_j^*mc_j^{r-1}\Big]+\sum_{i=1}^m w_i n^r\Big[|b_{ji}|^r(L_j^f)^r+|\tilde{b}_{ji}|^r\frac{\mathrm{e}^\theta}{1-\mu_\theta}(L_j^f)^r+$$

$$|\overline{b}_{ji}|^r\beta_{ji}^r(L_j^f)^r\int_0^{+\infty}\mathrm{e}^{2y_j^*s}k_{ji}(s)\mathrm{d}s\Big]+m^r\sum_{k=1,j\neq k}^{n}|\rho_{kj}|^r w_{k+m} \tag{6-12}$$

其中 $x_i^*,y_j^*\in[0,+\infty),i=1,2,\cdots,m,j=1,2,\cdots,n$。

由式(6-12)和(A6.4)，得到 $F_i(0)<-\delta<0,G_j(0)<-\delta<0;F_i(x_i^*)$ 和 $G_j(y_j^*),x_i^*,y_j^*\in[0,+\infty)$ 是连续的。而且，当 $x_i^*\to+\infty$ 时，有 $F_i(x_i^*)\to+\infty$，且当 $y_j^*\to+\infty$ 时，有 $G_j(y_j^*)\to+\infty$，因此，存在常数 $\varepsilon_i,\nu_j\in[0,+\infty)$ 使得

$$\begin{aligned}F_i(\varepsilon_i)=&w_i\Big[-ma_i^{r-1}D_i\lambda_i-ma_i^r-m\mu_{ii}a_i^{r-1}+2(r-1)\sum_{j=1}^{n}a_i^r+(r-1)\sum_{k=1,i\neq k}^{m}a_i^r+\\&(r-1)\sum_{j=1}^{n}a_i^r\beta_{ji}^{-\frac{r}{r-1}}\int_0^{+\infty}k_{ji}(s)\mathrm{d}s+2\varepsilon_i na_i^{r-1}\Big]+\\&\sum_{j=1}^{n}w_{m+j}m^r\Big[|d_{ij}|^r(L_i^g)^r+|\widetilde{d}_{ij}|^r\frac{\mathrm{e}^\tau}{1-\mu_\tau}(L_i^g)^r+\\&|\overline{d}_{ij}|^r\gamma_{ij}^r(L_i^g)^r\int_0^{+\infty}\mathrm{e}^{2\varepsilon_i s}\overline{k}_{ij}(s)\mathrm{d}s\Big]+n^r\sum_{k=1,i\neq k}^{m}|\mu_{ki}|^r w_k=0\end{aligned}$$

和

$$\begin{aligned}G_j(\nu_j)=&w_{m+j}\Big[-rmc_j^{r-1}D_j^*\lambda_1-rmc_j^r-rm\rho_{jj}c_j^{r-1}+2(r-1)\sum_{i=1}^{m}c_j^r+\\&(r-1)\sum_{k=1,j\neq k}^{n}c_j^r+(r-1)\sum_{i=1}^{m}c_j^r\gamma_{ij}^{-\frac{r}{r-1}}\int_0^{+\infty}\overline{k}_{ij}(s)\mathrm{d}s+2\nu_j mc_j^{r-1}\Big]+\\&\sum_{i=1}^{m}w_i n^r\Big[|b_{ji}|^r(L_j^f)^r+|\widetilde{b}_{ji}|^r\frac{\mathrm{e}^\theta}{1-\mu_\theta}(L_j^f)^r+|\overline{b}_{ji}|^r\beta_{ji}^r(L_j^f)^r\int_0^{+\infty}\mathrm{e}^{2\nu_j s}k_{ji}(s)\mathrm{d}s\Big]+\\&m^r\sum_{k=1,j\neq k}^{n}|\rho_{kj}|^r w_{k+m}=0\end{aligned}\tag{6-13}$$

令 $\alpha=\min\limits_{1\leqslant i\leqslant m,1\leqslant j\leqslant n}\{\varepsilon_i,\nu_j\}$，则

$$\begin{aligned}F_i(\alpha)=&w_i\Big[-ma_i^{r-1}D_i\lambda_1-ma_i^r-m\mu_{ii}a_i^{r-1}+2(r-1)\sum_{j=1}^{n}a_i^r+(r-1)\sum_{k=1,i\neq k}^{m}a_i^r+\\&(r-1)\sum_{j=1}^{n}a_i^r\beta_{ji}^{-\frac{r}{r-1}}\int_0^{+\infty}k_{ji}(s)\mathrm{d}s+2\alpha na_i^{r-1}\Big]+\sum_{j=1}^{n}w_{m+j}m^r\Big[|d_{ij}|^r(L_i^g)^r+\\&|\widetilde{d}_{ij}|^r\frac{\mathrm{e}^\tau}{1-\mu_\tau}(L_i^g)^r+|\overline{d}_{ij}|^r\gamma_{ij}^r(L_i^g)^r\int_0^{+\infty}\mathrm{e}^{2\alpha s}\overline{k}_{ij}(s)\mathrm{d}s\Big]+\\&n^r\sum_{k=1,i\neq k}^{m}|\mu_{ki}|^r w_k\leqslant0\end{aligned}$$

和

$$G_j(\alpha) = w_{m+j}\Big[-rmc_j^{r-1}D_j^*\lambda_1 - rmc_j^r - rm\rho_{jj}c_j^{r-1} + 2(r-1)\sum_{i=1}^{m}c_j^r +$$

$$(r-1)\sum_{k=1,j\neq k}^{n}c_j^r + (r-1)\sum_{i=1}^{m}c_j^r\gamma_{ij}^{-\frac{r}{r-1}}\int_0^{+\infty}\bar{k}_{ij}(s)\mathrm{d}s + 2\alpha mc_j^{r-1}\Big] +$$

$$\sum_{i=1}^{m}w_i n^r\Big(|b_{ji}|^r(L_j^f)^r + |\tilde{b}_{ji}|^r\frac{\mathrm{e}^{\theta}}{1-\mu_\theta}(L_j^f)^r + |\bar{b}_{ji}|^r\beta_{ji}^r(L_j^f)^r\int_0^{+\infty}\mathrm{e}^{2\alpha s}k_{ji}(s)\mathrm{d}s\Big) +$$

$$m^r\sum_{k=1,j\neq k}^{n}|\rho_{kj}|^r w_{k+m} \leqslant 0 \tag{6-14}$$

在式(6-8)两边同乘以 $e_i(t,x)$ 并在 Ω 上积分，得

$$\frac{1}{2}\frac{\mathrm{d}}{\mathrm{d}t}\int_\Omega e_i(t,x)^2\mathrm{d}x = \int_\Omega\sum_{k=1}^{l}e_i(t,x)\frac{\partial}{\partial x_k}\Big(D_{ik}\frac{\partial e_i(t,x)}{\partial x_k}\Big)\mathrm{d}x -$$

$$p'_i(\xi_i)\int_\Omega e_i(t,x)^2\mathrm{d}x + \int_\Omega\sum_{j=1}^{n}b_{ji}e_i(t,x)\tilde{f}_j(\omega_j(t,x))\mathrm{d}x +$$

$$\sum_{j=1}^{n}\int_\Omega\tilde{b}_{ji}e_i(t,x)\tilde{f}_j(\omega_j(t-\theta_{ji}(t),x))\mathrm{d}x +$$

$$\sum_{j=1}^{n}\int_\Omega\bar{b}_{ji}e_i(t,x)\int_{-\infty}^{t}k_{ji}(t-s)\tilde{f}_j(\omega_j(s,x))\mathrm{d}s\mathrm{d}x -$$

$$\int_\Omega\sum_{k=1}^{m}e_i(t,x)\mu_{ik}e_k(t,x)\mathrm{d}x \tag{6-15}$$

由 Neumann 边界条件式(6-2)，有

$$\int_\Omega\sum_{k=1}^{l}e_i(t,x)\frac{\partial}{\partial x_k}\Big(D_{ik}\frac{\partial e_i(t,x)}{\partial x_k}\Big)\mathrm{d}x =$$

$$\int_\Omega\sum_{k=1}^{l}e_i(t,x)\nabla\Big(D_{ik}\frac{\partial e_i(t,x)}{\partial x_k}\Big)\mathrm{d}x =$$

$$\int_{\partial\Omega}\sum_{k=1}^{l}e_i(t,x)D_{ik}\frac{\partial e_i(t,x)}{\partial x_k}\mathrm{d}x - \int_\Omega\sum_{k=1}^{l}D_{ik}\Big(\frac{\partial e_i(t,x)}{\partial x_k}\Big)^2\mathrm{d}x =$$

$$-\sum_{k=1}^{l}\int_\Omega D_{ik}\Big(\frac{\partial e_i(t,x)}{\partial x_k}\Big)^2\mathrm{d}x \tag{6-16}$$

而且由引理 6.1 可推得

$$-\sum_{k=1}^{l}\int_\Omega D_{ik}\Big(\frac{\partial e_i(t,x)}{\partial x_k}\Big)^2\mathrm{d}x \leqslant -\sum_{k=1}^{l}\int_\Omega D_i\Big(\frac{\partial e_i(t,x)}{\partial x_k}\Big)^2\mathrm{d}x \leqslant -D_i\lambda_i\|e_i(t,x)\|_2^2 \tag{6-17}$$

由式(6-13)～式(6-17)，条件(A6.2)和(A6.3)，得

$$\frac{\mathrm{d}}{\mathrm{d}t}\int_{\Omega}|e_i(t,x)|^2\mathrm{d}x\leqslant -2D_i\lambda_1\int_{\Omega}|e_i(t,x)|^2\mathrm{d}x-2a_i\int_{\Omega}|e_i(t,x)|^2\mathrm{d}x+$$
$$2\int_{\Omega}\sum_{j=1}^{n}|b_{ji}||e_i(t,x)|L_j^f|\omega_j(t,x)|\mathrm{d}x+$$
$$2\sum_{j=1}^{n}\int_{\Omega}|\tilde{b}_{ji}||e_i(t,x)||\tilde{f}_j(\omega_j(t-\theta_{ji}(t),x))|\mathrm{d}x+$$
$$2\sum_{j=1}^{n}\int_{\Omega}|\bar{b}_{ji}|\int_{-\infty}^{t}k_{ji}(t-s)|e_i(t,x)||\tilde{f}_j(\omega_j(s,x))|\mathrm{d}s\mathrm{d}x-$$
$$2\int_{\Omega}\sum_{k=1}^{m}|e_i(t,x)|\mu_{ik}|e_k(t,x)|\mathrm{d}x \tag{6-18}$$

类似，式(6－8)的第二式两边同乘以 $\omega_j(t,x)$，有

$$\frac{\mathrm{d}}{\mathrm{d}t}\int_{\Omega}|\omega_j(t,x)|^2\mathrm{d}x\leqslant -2D_j^*\lambda_1\int_{\Omega}|\omega_j(t,x)|^2\mathrm{d}x-2c_j\int_{\Omega}|\omega_j(t,x)|^2\mathrm{d}x+$$
$$2\int_{\Omega}\sum_{i=1}^{m}|d_{ij}|L_i^g|e_i(t,x)||\omega_j(t,x)|\mathrm{d}x+$$
$$2\sum_{i=1}^{m}\int_{\Omega}|\tilde{d}_{ij}||\tilde{g}_i(e_i(t-\tau_{ij}(t),x))||\omega_j(t,x)|\mathrm{d}x+$$
$$2\sum_{i=1}^{m}\int_{\Omega}|\bar{d}_{ij}|\int_{-\infty}^{t}\bar{k}_{ij}(t-s)|\tilde{g}_i(e_i(s,x))||\omega_j(t,x)|\mathrm{d}s\mathrm{d}x-$$
$$2\int_{\Omega}\sum_{k=1}^{n}\rho_{jk}|\omega_k(t,x)||\omega_j(t,x)|\mathrm{d}x \tag{6-19}$$

考虑下列 Lyapunov 泛函：

$$V(t)=\int_{\Omega}\sum_{i=1}^{m}w_i\Big[ma_i^{r-1}|e_i(t,x)|^r\mathrm{e}^{2\alpha t}+\sum_{j=1}^{n}|\tilde{b}_{ji}|^r n^r\frac{\mathrm{e}^{\theta}}{1-\mu_\theta}\int_{t-\theta_{ji}(t)}^{t}\mathrm{e}^{2\alpha\xi}|\tilde{f}_j(\omega_j(\xi,x))|^r\mathrm{d}\xi+$$
$$\sum_{j=1}^{n}|\bar{b}_{ji}|^r n^r\beta_{ji}^r\int_0^{+\infty}k_{ji}(s)\int_{t-s}^{t}\mathrm{e}^{2\alpha(s+\xi)}|\tilde{f}_j(\omega_j(\xi,x))|^r\mathrm{d}\xi\mathrm{d}s\Big]\mathrm{d}x+$$
$$\int_{\Omega}\sum_{j=1}^{n}w_{m+j}\Big[mc_j^{r-1}|\omega_j(t,x)|^r\mathrm{e}^{2\alpha t}+$$
$$\sum_{i=1}^{m}|\tilde{d}_{ij}|^r m^r\frac{\mathrm{e}^{\tau}}{1-\mu_\tau}\int_{t-\tau_{ij}(t)}^{t}\mathrm{e}^{2\alpha\xi}|\tilde{g}_i(e_i(\xi,x))|^r\mathrm{d}\xi+$$
$$\sum_{i=1}^{m}|\bar{d}_{ij}|^r m^r\gamma_{ij}^r\int_0^{+\infty}\bar{k}_{ij}(s)\int_{t-s}^{t}\mathrm{e}^{2\alpha(s+\xi)}|\tilde{g}_i(e_i(\xi,x))|^r\mathrm{d}\xi\mathrm{d}s\Big]\mathrm{d}x \tag{6-20}$$

沿着系统式(6－8)计算 Dini 导数：

$$D^+V(t)\leqslant\int_{\Omega}\sum_{i=1}^{m}w_i\Big[ma_i^{r-1}|e_i(t,x)|^{r-1}\frac{\partial|e_i(t,x)|}{\partial t}\mathrm{e}^{2\alpha t}+2\alpha\mathrm{e}^{2\alpha t}na_i^{r-1}|e_i(t,x)|^r+$$

$$
\begin{aligned}
& e^{2\alpha t}\sum_{j=1}^{n} \mid \tilde{b}_{ji} \mid^{r} n^{r} \frac{e^{\theta}}{1-\mu_{\theta}} \mid \tilde{f}_{j}(\omega_{j}(t,x)) \mid^{r} + \\
& e^{2\alpha t}\sum_{j=1}^{n} \mid \bar{b}_{ji} \mid^{r} n^{r} \beta_{ji}^{r} \int_{0}^{+\infty} e^{2\alpha s} k_{ji}(s) \mid \tilde{f}_{j}(\omega_{j}(t,x)) \mid^{r} ds - \\
& \sum_{j=}^{n} \mid \tilde{b}_{ji} \mid^{r} n^{r} \frac{e^{\theta}}{1-\mu_{\theta}} (1-\dot{\theta}_{ji}(t)) e^{2\alpha(t-\theta_{ji}(t))} \mid \tilde{f}_{j}(\omega_{j}(t-\theta_{ji}(t),x)) \mid^{r} - \\
& e^{2\alpha t}\sum_{j=1}^{n} \mid \bar{b}_{ji} \mid^{r} n^{r} \beta_{ji}^{r} \int_{0}^{+\infty} k_{ji}(s) \mid \tilde{f}_{j}(\omega_{j}(t-s,x)) \mid^{r} ds \Big] dx + \\
& \int_{\Omega} \sum_{j=1}^{n} w_{m+j} \Big[rmc_{j}^{r-1} \mid \omega_{j}(t,x) \mid^{r-1} \frac{\partial \mid \omega_{j}(t,x) \mid}{\partial t} e^{2\alpha t} + \\
& 2\alpha e^{2\alpha t} mc_{j}^{r-1} \mid \omega_{j}(t,x) \mid^{r} + e^{2\alpha t} \sum_{i=1}^{m} \mid \tilde{d}_{ij} \mid^{r} m^{r} \frac{e^{\tau}}{1-\mu_{\tau}} \mid \tilde{g}_{i}(e_{i}(t,x)) \mid^{r} - \\
& \sum_{i=1}^{m} \mid \tilde{d}_{ij} \mid^{r} m^{r} \frac{e^{\tau}}{1-\mu_{\tau}} e^{2\alpha(t-\tau_{ij}(t))} (1-\dot{\tau}_{ij}(t)) \mid \tilde{g}_{i}(e_{i}(t-\tau_{ij}(t),x)) \mid^{r} + \\
& e^{2\alpha t}\sum_{i=1}^{m} \mid \bar{d}_{ij} \mid^{r} m^{r} \gamma_{ij}^{r} \int_{0}^{+\infty} e^{2\alpha s} \bar{k}_{ij}(s) \mid \tilde{g}_{i}(e_{i}(t,x)) \mid^{r} ds - \\
& e^{2\alpha t}\sum_{i=1}^{m} \mid \bar{d}_{ij} \mid^{r} m^{r} \gamma_{ij}^{r} \int_{0}^{+\infty} \bar{k}_{ij}(s) \mid \tilde{g}_{i}(e_{i}(t-s,x)) \mid^{r} ds \Big] dx \qquad (6-21)
\end{aligned}
$$

由式(6－21)和 Young 不等式，得到

$$
\begin{aligned}
D^{+} V(t) \leqslant & \int_{\Omega} e^{2\alpha t} \sum_{i=1}^{m} \Big\{ w_{i} \Big[-rna_{i}^{r-1} D_{i} \lambda_{1} - rna_{i}^{r} + 2(r-1) \sum_{j=1}^{n} a_{i}^{r} + 2\alpha na_{i}^{r-1} + \\
& - rn\mu_{ii} a_{i}^{r-1} + (r-1) \sum_{j=1}^{n} a_{i}^{r} \beta_{ji}^{-\frac{r}{r-1}} \int_{-\infty}^{t} k_{ji}(t-s) ds \Big] + \\
& \sum_{j=1}^{n} w_{m+k} m^{r} \Big(\mid d_{ij} \mid^{r} (L_{i}^{g})^{r} + \mid \tilde{d}_{ij} \mid^{r} \frac{e^{\tau}}{1-\mu_{\tau}} (L_{i}^{g})^{r} + \\
& \mid \bar{d}_{ij} \mid^{r} \gamma_{ij}^{r} \int_{0}^{+\infty} e^{2\alpha s} \bar{k}_{ij}(s) (L_{i}^{g})^{r} ds \Big) + n^{r} \sum_{k=1, i\neq k}^{m} \mid \mu_{ki} \mid^{r} w_{k} \Big\} \mid e_{i}(t,x) \mid^{r} dx + \\
& \int_{\Omega} e^{2\alpha t} \sum_{j=1}^{n} \Big\{ w_{m+j} \Big[- rmc_{j}^{r-1} D_{j}^{*} \lambda_{1} - rmc_{j}^{r} - rm\rho_{jj} c_{j}^{r-1} + 2(r-1) \sum_{i=1}^{m} r_{j}^{r} + \\
& (r-1) \sum_{k=1, j\neq k}^{n} c_{j}^{r} + (r-1) \sum_{i=1}^{m} c_{j}^{r} \gamma_{ij}^{-\frac{r}{r-1}} \int_{-\infty}^{t} \bar{k}_{ij}(t-s) ds + 2\alpha mc_{j}^{r-1} \Big] + \\
& \sum_{i=1}^{m} w_{i} n^{r} \Big(\mid b_{ji} \mid^{r} (L_{j}^{f})^{r} + \mid \tilde{b}_{ji} \mid^{r} \frac{e^{\theta}}{1-\mu_{\theta}} (L_{j}^{f})^{r} + \mid \bar{b}_{ji} \mid^{r} \beta_{ji}^{r} (L_{j}^{f})^{r} \int_{0}^{+\infty} e^{2\alpha s} k_{ji}(s) ds \Big) + \\
& m^{r} \sum_{k=1, j\neq k}^{n} \mid \rho_{kj} \mid^{r} w_{k+m} \Big\} \mid \omega_{j}(t,x) \mid^{r} dx \qquad (6-22)
\end{aligned}
$$

由式(6-10)得

$$D^{+}V(t)\leqslant 0$$

因此

$$V(t)\leqslant V(0),\ t\geqslant 0 \tag{6-23}$$

因为

$$V(0)=\int_{\Omega}\sum_{i=1}^{m}w_i\Big[na_i^{r-1}\mid e_i(0,x)\mid^r+\sum_{j=1}^{n}\mid\tilde{b}_{ji}\mid^r n^r\frac{e^{\theta}}{1-\mu_{\theta}}\int_{-\theta_{ji}(t)}^{0}\mid\tilde{f}_j(\omega_j(\xi,x))\mid^r d\xi+$$
$$\sum_{j=1}^{n}\mid\bar{b}_{ji}\mid^r n^r\beta_{ji}^r\int_0^{+\infty}k_{ji}(s)\int_{-s}^{0}e^{2\alpha(s+\xi)}\mid\tilde{f}_j(\omega_j(\xi,x))\mid^r d\xi ds\Big]dx+$$
$$\int_{\Omega}\sum_{j=1}^{n}w_{m+j}\Big[mcIr-1_j\mid\omega_j(0,x)\mid^r+\sum_{i=1}^{m}\mid\tilde{d}_{ij}\mid^r m^r\frac{e^{\tau}}{1-\mu_{\tau}}\int_{-\tau_{ij}(t)}^{0}\mid\tilde{g}_i(e_i(\xi,x))\mid^r d\xi+$$
$$\sum_{i=1}^{m}\mid\bar{d}_{ij}\mid^r m^r\gamma_{ij}^r\int_0^{+\infty}\bar{k}_{ij}(s)\int_{-s}^{0}e^{2\alpha(s+\xi)}\mid\tilde{g}_i(e_i(\xi,x))\mid^r d\xi ds]dx\leqslant\max_{1\leqslant i\leqslant m}\{w_i\}+$$
$$\max_{1\leqslant j\leqslant n}\{w_{m+j}\}\max_{1\leqslant j\leqslant n}\Big[\sum_{i=1}^{m}\mid\bar{d}_{ij}\mid^r m^r(L_i^g)^r\gamma_{ij}^r\int_0^{+\infty}\bar{k}_{ij}(s)se^{2\alpha s}ds\Big]+$$
$$\max_{1\leqslant j\leqslant n}\{w_{m+j}\}\max_{1\leqslant j\leqslant n}\Big[\sum_{i=1}^{m}\mid\tilde{d}_{ij}\mid^r(L_i^g)^r m^r\frac{e^{\tau}\tau}{1-\mu_{\tau}}\Big]\Big\}\parallel\varphi_u(s,x)-\psi_u(s,x)\parallel^r+$$
$$\Big\{\max_{1\leqslant j\leqslant n}\{w_{m+j}\}+\max_{1\leqslant i\leqslant m}\{w_i\}\max_{1\leqslant i\leqslant m}\Big[\sum_{j=1}^{n}\mid\bar{b}_{ji}\mid^r n^r(L_j^f)^r\beta_{ji}^r\int_0^{+\infty}se^{2\alpha s}k_{ji}(s)ds\Big]+$$
$$\max_{1\leqslant i\leqslant m}\{w_i\}\max_{1\leqslant i\leqslant m}\Big[\sum_{j=1}^{n}\mid\tilde{b}_{ji}\mid^r n^r(L_j^g)^r\frac{e^{\theta}\theta}{1-\mu_{\theta}}\Big]\Big\}\parallel\varphi_v(s,x)-\psi_v(s,x)\parallel^r \tag{6-24}$$

注意到

$$e^{2\alpha t}(\min_{1\leqslant i\leqslant m+n}w_i)(\parallel e(t,x)\parallel+\parallel\omega(t,x)\parallel)\leqslant V(t),\quad t\geqslant 0 \tag{6-25}$$

令

$$\beta=\max\Big\{\max_{1\leqslant i\leqslant m}\{w_i\}+\max_{1\leqslant j\leqslant n}\{w_{m+j}\}\max\Big[\sum_{i=1}^{m}\mid\bar{d}_{ij}\mid^r m^r(L_i^g)^r\gamma_{ij}^r\int_0^{+\infty}\bar{k}_{ij}(s)se^{2\alpha s}ds\Big]+$$
$$\max_{1\leqslant j\leqslant n}\{w_{m+j}\}\max_{1\leqslant j\leqslant n}\Big[\sum_{i=1}^{m}\mid\tilde{d}_{ij}\mid^r(L_i^g)^r m^r\frac{e^{\tau}\tau}{1-\mu_{\tau}}\Big],$$
$$\max_{1\leqslant j\leqslant n}\{w_{m+j}\}+\max_{1\leqslant i\leqslant m}\{w_i\}\max_{1\leqslant i\leqslant m}\Big[\sum_{j=1}^{n}\mid\bar{b}_{ji}\mid^r n^r(L_j^f)^r\beta_{ji}^r\int_0^{+\infty}se^{2\alpha s}k_{ji}(s)ds\Big]+$$
$$\max_{1\leqslant i\leqslant m}\{w_i\}\max_{1\leqslant i\leqslant m}\Big[\sum_{j=1}^{n}\mid\tilde{b}_{ji}\mid^r n^r(L_j^g)^r\frac{e^{\theta}\theta}{1-\mu_{\theta}}\Big]\Big\}\Big/\min_{1\leqslant i\leqslant m+n}\{w_i\}$$

显然，$\beta \geqslant 1$。

故有

$$\| \boldsymbol{e}(t,x) \| + \| \boldsymbol{\omega}(t,x) \| \leqslant \beta \mathrm{e}^{-2\alpha t} (\| \boldsymbol{\varphi}_u(s,x) - \boldsymbol{\psi}_{\tilde{u}}(s,x) \| + \| \boldsymbol{\varphi}_v(s,x) - \boldsymbol{\psi}_{\tilde{v}}(s,x) \|), \quad t \geqslant 0 \tag{6-26}$$

其中 $\beta \geqslant 1$ 是一常数。所以驱动-响应系统式(6 - 1) 和式(6 - 4) 是全局指数同步。

注 6.1　在定理 6.1 中，Poincaré 不等式的应用是重要一步，这样，所得充分条件包含扩散项。我们注意到文献[126] 中的结论都忽略了扩散项，即那些判据与扩散项无关。因此，比较文献[126] 中的结果，定理 6.1 是新的。

注 6.2　值得注意的是本章考虑的分布参数系统模型中包含时变时滞和分布时滞，构造了新的 Lyapunov 泛函。所用研究方法可以推广到其他几种具有分布参数神经网络模型，例如细胞神经网络、Cohen-Grossberg 神经网络等。

注 6.3　在定理 6.1 的结论中，考虑了反应扩散项对同步的影响。进一步，注意到一个有趣现象，只要系统中扩散系数充分大，式(6 - 10) 总可以满足。这表明充分大的扩散系数总可以保证驱动-响应系统是全局指数稳定的。

系统式(6 - 1) 退化为常微分方程表示的 BAM 神经网络系统：

$$\begin{aligned} \dot{u}_i &= - p_i(u_i(t)) + \sum_{j=1}^{n} b_{ji} f_j(v_j(t)) + \sum_{j=1}^{n} \tilde{b}_{ji} f_j(v_j(t-\theta_{ji}(t))) + \\ &\quad \sum_{j=1}^{n} \bar{b}_{ji} \int_{-\infty}^{t} k_{ji}(t-s) f_j(v_j(s)) \mathrm{d}s + I_i(t) \\ \dot{v}_j &= - q_j(v_j(t)) + \sum_{i=1}^{m} d_{ij} g_i(u_i(t)) + \sum_{i=1}^{m} \tilde{d}_{ij} g_i(u_i(t-\tau_{ij}(t))) + \\ &\quad \sum_{i=1}^{m} \bar{d}_{ij} \int_{-\infty}^{t} \bar{k}_{ij}(t-s) g_i(u_i(s)) \mathrm{d}s + J_j(t) \end{aligned} \tag{6-27}$$

系统式(6 - 4) 相应的响应系统为

$$\begin{aligned} \dot{\tilde{u}}_i(t) &= - p_i(\tilde{u}_i(t)) + \sum_{j=1}^{n} b_{ji} f_j(\tilde{v}_j(t)) + \sum_{j=1}^{n} \tilde{b}_{ji} f_j(\tilde{v}_j(t-\theta_{ji}(t))) + \\ &\quad \sum_{j=1}^{n} \bar{b}_{ji} \int_{-\infty}^{t} k_{ji}(t-s) f_j(\tilde{v}_j(s)) \mathrm{d}s + I_i(t) + \sigma_i(t) \\ \tilde{v}_j(t) &= - q_j(\tilde{v}_j(t)) + \sum_{i=1}^{m} d_{ij} g_i(\tilde{u}_i(t)) + \sum_{i=1}^{m} \tilde{d}_{ij} g_i(\tilde{u}_i(t-\tau_{ij}(t))) + \\ &\quad \sum_{i=1}^{m} \bar{d}_{ij} \int_{-\infty}^{t} \bar{k}_{ij}(t-s) g_i(\tilde{u}_i(s)) \mathrm{d}s + J_j(t) + \vartheta_j(t) \end{aligned} \tag{6-28}$$

定义同步误差信号 $e_i(t)=u_i(t)-\tilde{u}_i(t)$，$\omega_j(t)=v_j(t)-\tilde{v}_j(t)$，那么由式(6－27)和式(6－28)有

$$\dot{e}_i(t)=-\tilde{p}_i(e_i(t))+\sum_{j=1}^{n}b_{ji}\tilde{f}_j(\omega_j(t))+\sum_{j=1}^{n}\tilde{b}_{ji}\tilde{f}_j(\omega_j(t-\theta_{ji}(t)))+\sum_{j=1}^{n}\bar{b}_{ji}\int_{-\infty}^{t}k_{ji}(t-s)\tilde{f}_j(\omega_j(s))\mathrm{d}s-\sigma_i(t)$$

$$\dot{\omega}_j(t)=-\tilde{q}_j(\omega_j(t))+\sum_{i=1}^{m}d_{ij}\tilde{g}_i(e_i(t))+\sum_{i=1}^{m}\tilde{d}_{ij}\tilde{g}_i(e_i(t-\tau_{ij}(t)))+\sum_{i=1}^{m}\bar{d}_{ij}\int_{-\infty}^{t}\bar{k}_{ij}(t-s)\tilde{g}_i(e_i(s))\mathrm{d}s-\vartheta_j(t) \tag{6-29}$$

考虑下列控制输入：

$$\sigma_i(t)=\sum_{k=1}^{m}\mu_{ik}e_k(t),\quad \vartheta_j(t)=\sum_{k=1}^{n}\rho_{jk}\omega_k(t),\quad i=1,2,\cdots,m,j=1,2,\cdots,n \tag{6-30}$$

由定理 6.1，有下列结果。

推论 6.1　假设(A6.1)～(A6.4)成立。如果存在 $w_i>0(i=1,2,\cdots,n+m)$，$r\geqslant 2$，$\gamma_{ij}>0$，$\beta_{ji}>0$，使得式(6－9)中控制器增益矩阵 $\boldsymbol{\mu}$ 和 $\boldsymbol{\rho}$ 满足

$$w_i\left[-ma_i^r-m\mu_{ii}a_i^{r-1}+2(r-1)\sum_{j=1}^{n}a_i^r+(r-1)\sum_{j=1}^{n}a_i^r\beta_{ji}^{\frac{r}{r-1}}+(r-1)\sum_{k=1,i\neq k}^{m}a_i^r\right]+\sum_{j=1}^{n}w_{m+j}m^r\left[|d_{ij}|^r(L_i^g)^r+|\tilde{d}_{ij}|^r\frac{\mathrm{e}^{\tau}}{1-\mu_\tau}(L_i^g)^r+|\bar{d}_{ij}|^r\gamma_{ij}^r(L_i^g)^r\right]+n^r\sum_{k=1,i\neq k}^{m}|\mu_{ki}|^r w_k<0$$

和

$$w_{m+j}\left[-mc_j^r-m\rho_{jj}c_j^{r-1}+2(r-1)\sum_{i=1}^{m}c_j^r+(r-1)\sum_{k=1,j\neq k}^{n}c_j^r+(r-1)\sum_{i=1}^{m}c_j^r\gamma_{ij}^{\frac{r}{r-1}}\right]+\sum_{i=1}^{m}w_in^r\left(|b_{ji}|^r(L_j^f)^r+|\tilde{b}_{ji}|^r\frac{\mathrm{e}^{\theta}}{1-\mu_\theta}(L_j^f)^r+|\bar{b}_{ji}|^r\beta_{ji}^r(L_j^{\bar{f}})^r\right)+m^r\sum_{k=1,j\neq k}^{n}|\rho_{kj}|^r w_{k+m}<0 \tag{6-31}$$

其中 $i=1,2,\cdots,m$；$j=1,2,\cdots,n$；L_j^f 和 L_i^g 是 Lipschitz 常数，则驱动-响应系统式(6－27)和式(6－28)是全局指数同步的。

6.4 数值例子

例 6.1 考虑在 $\Omega=\{(x_1,x_2)^{\mathrm{T}}\mid 0<x_k<\sqrt{0.2}\pi,k=1,2\}\subset\mathbb{R}^2$ 上的分布参数驱动-响应系统：

$$\frac{\partial u_i}{\partial t}=\frac{\partial^2 u_i}{\partial x^2}-a_iu_i(t,x)+\sum_{j=1}^{n}b_{ji}f_j(v_j(t,x))+\sum_{j=1}^{n}\tilde{b}_{ji}f_j(v_j(t-\theta_{ji}(t),x))+$$
$$\sum_{j=1}^{n}\bar{b}_{ji}\int_{-\infty}^{t}k_{ji}(t-s)f_j(v_j(s,x))\mathrm{d}s+I_i$$
$$\frac{\partial v_j}{\partial t}=\frac{\partial^2 v_j}{\partial x^2}-c_jv_j(t,x)+\sum_{i=1}^{m}d_{ij}g_i(u_i(t,x))+\sum_{i=1}^{m}\tilde{d}_{ij}g_i(u_i(t-\tau_{ij}(t),x))+$$
$$\sum_{i=1}^{m}\bar{d}_{ij}\int_{-\infty}^{t}\bar{k}_{ij}(t-s)g_i(u_i(s,x))\mathrm{d}s+J_j \tag{6-32}$$

和

$$\frac{\partial\tilde{u}_i(t,x)}{\partial t}=\frac{\partial^2\tilde{u}_i(t,x)}{\partial x^2}-a_i\tilde{u}_i(t,x)+\sum_{j=1}^{2}b_{ji}f_j(\tilde{v}_j(t,x))+$$
$$\sum_{j=1}^{2}\tilde{b}_{ji}f_j(\tilde{v}_j(t-\theta_{ji}(t),x))+\sum_{j=1}^{2}\bar{b}_{ji}\int_{-\infty}^{t}k_{ji}(t-s)f_j(\tilde{v}_j(s,x))\mathrm{d}s+$$
$$I_i(t)+\sum_{k=1}^{2}\mu_{ik}e_k(t,x)\ \frac{\partial\tilde{v}_j(t,x)}{\partial t}=\frac{\partial^2\tilde{v}_j(t,x)}{\partial x^2}-c_j\tilde{v}_j(t,x)+$$
$$\sum_{i=1}^{2}d_{ij}g_i(\tilde{u}_i(t,x))+\sum_{i=1}^{2}\tilde{d}_{ij}g_i(\tilde{u}_i(t-\tau_{ij}(t),x))+$$
$$\sum_{i=1}^{2}\bar{d}_{ij}\int_{-\infty}^{t}\bar{k}_{ij}(t-s)g_i(\tilde{u}_i(s,x))\mathrm{d}s+$$
$$J_j(t)+\sum_{k=1}^{2}\rho_{jk}\omega_k(t,x)$$

其中

$$n=m=r=2,\quad k_{ji}(t)=\bar{k}_{ij}(t)=t\mathrm{e}^{-t}$$
$$f_j(\eta)=g_i(\eta)=\frac{1}{2}(|\eta+1|+|\eta-1|)$$
$$L_j^f=L_j^{\bar{f}}=L_i^g=L_i^{\bar{g}}=1,\quad i,j=1,2$$
$$\lambda_1=5,\quad \tau=\theta=\ln 2\quad a_1=1,a_2=2,c_1=2,c_2=1$$
$$\mu_\tau=\mu_\theta=0.2,\quad d_{11}=0.5,\quad d_{12}=1,\quad d_{21}=0.5$$
$$d_{22}=0.2,\quad \bar{d}_{11}=0.2,\quad \bar{d}_{12}=0.6,\quad \bar{d}_{21}=0.5$$
$$\bar{d}_{22}=0.8,\quad b_{11}=0.5,\quad b_{12}=0.6,\quad b_{21}=1,\quad b_{22}=-0.8$$

$$\bar{b}_{11}=-1,\quad \bar{b}_{12}=0.2,\quad \bar{b}_{21}=0.5,\quad \bar{b}_{22}=0.4$$
$$\mu_{11}=0.5,\quad \mu_{12}=0.3,\quad \mu_{21}=0.7,\quad \mu_{22}=0.1$$
$$\rho_{11}=0.6,\quad \rho_{12}=2,\quad \rho_{21}=1,\quad \rho_{22}=0.4$$

令 $w_1=w_2=w_3=w_4=1,\beta_{11}=\beta_{12}=\beta_{21}=\beta_{22}=1$ 和 $\gamma_{11}=\gamma_{12}=\gamma_{21}=\gamma_{22}=1$，通过简单计算得

$$-rma_1^{r-1}\lambda_1-rma_1^r-rn\mu_{11}a_1^{r-1}+2(r-1)\sum_{j=1}^{2}a_1^r+(r-1)\sum_{j=1}^{2}a_1^r\beta_{j1}^{\frac{r}{r-1}}+$$
$$(r-1)a_1^r+\sum_{j=1}^{2}m^r(|d_{1j}|^r(L_1^g)^r+|\bar{d}_{1j}|^r\gamma_{1j}^r(L_1^{\bar{g}})^r)+$$
$$n^r|\mu_{12}|^r=-12.04<0$$

$$-rma_2^{r-1}\lambda_1-rma_2^r-rn\mu_{22}a_2^{r-1}+2(r-1)\sum_{j=1}^{2}a_2^r+(r-1)\sum_{j=1}^{2}a_2^r\beta_{j2}^{\frac{r}{r-1}}+$$
$$(r-1)a_2^r+\sum_{j=1}^{2}m^r(|d_{2j}|^r(L_2^g)^r+|\bar{d}_{2j}|^r\gamma_{2j}^r(L_2^{\bar{g}})^r)+$$
$$n^r|\mu_{21}|^r=-22.12<0$$

$$-rmc_1^{r-1}\lambda_1-rmc_1^r-rm\rho_{11}c_1^{r-1}+2(r-1)\sum_{i=1}^{2}c_1^r+(r-1)c_1^r+$$
$$(r-1)\sum_{i=1}^{2}c_1^r\gamma_{i1}^{\frac{r}{r-1}}+\sum_{i=1}^{2}n^r(|b_{1i}|^r(L_1^f)^r+$$
$$|\bar{b}_{1i}|^r\beta_{1i}^r(L_1^{\bar{f}})^r)+m^r|\rho_{12}|^r=-9.8<0$$

$$-rmc_2^{r-1}\lambda_1-rmc_2^r-rm\rho_{22}c_2^{r-1}+2(r-1)\sum_{i=1}^{2}c_2^r+(r-1)c_2^r+$$
$$(r-1)\sum_{i=1}^{2}c_2^r\gamma_{i2}^{\frac{r}{r-1}}+\sum_{i=1}^{2}n^r(|b_{2i}|^r(L_2^f)^r+$$
$$|\bar{b}_{2i}|^r\beta_{2i}^r(L_2^{\bar{f}})^r)+m^r|\rho_{21}|^r=-9.4<0$$

因此，由定理 6.1 可知，式(6-32)和式(6-33)是全局指数同步的。

6.5　本章小结

本章考虑了一类具有时变时滞和分布时滞的分布参数 BAM 神经网络的全局指数同步。通过构造适当的 Lyapunov 泛函，引入一些实参数和应用不等式技巧，建立了包含扩散系数的充分条件。由定理 6.1 的条件式(6-10)，知道扩散系数直接影响具有时变时滞和分布时滞的分布参数 BAM 神经网络的全局指数同步行为。与先前的文献比较，本章的结论考虑了扩散影响。

第七章　分布参数时滞神经网络自适应同步

7.1　分布参数时滞随机神经网络自适应同步

7.1.1　引言

适当地选择神经网络的参数和时滞，系统会表现出一些复杂的动态行为，甚至分岔、混沌等动力学特性。另外，由于扩散现象在神经网络中不可避免，具有反应扩散项的神经网络系统也吸引了广泛关注[101-107]。基于设计的自适应控制器，获得了确保系统同步的充分条件。另一方面，在神经网络的电路设计中，随机现象经常出现，某些随机因素的输入会使系统变得稳定或不稳定[101]。因此，考虑具有随机影响的反应扩散时滞神经网络的混沌同步是有重要意义的。

从上面的分析可知，包含扩散影响的同步更合理。尽管对于神经网络系统的混沌特性及同步问题的研究已经受到广大实际工程和理论工作者的重视，然而，关于分布参数时滞神经网络的自适应同步依赖于扩散项的研究结果报道相当少。本章通过构造 Lyapunov 泛函和随机分析技巧，设计了神经网络系统的自适应算法，研究了具有混合时滞分布参数神经网络的自适应随机同步。

7.1.2　问题描述和预备知识

本章考虑由偏微分方程描述的随机神经网络系统：

$$\mathrm{d}\boldsymbol{u}(t,x)=\sum_{l=1}^{m}\frac{\partial}{\partial x_l}\left(\boldsymbol{D}_l\frac{\partial \boldsymbol{u}(t,x)}{\partial x_l}\right)\mathrm{d}t+\Big[-\boldsymbol{A}\boldsymbol{u}(t,x)+\boldsymbol{B}\boldsymbol{f}(\boldsymbol{u}(t,x))+$$

$$\boldsymbol{C}\boldsymbol{f}(\boldsymbol{u}(t-d(t),x))+\boldsymbol{E}\int_{-\infty}^{t}\boldsymbol{K}(t-s)\boldsymbol{f}(\boldsymbol{u}(s,x))\mathrm{d}s+\boldsymbol{J}\Big]\mathrm{d}t,$$

$$t\geqslant 0,x\in\Omega$$

$$\boldsymbol{u}(t,x)=\boldsymbol{0},\quad (t,x)\in(-\infty,+\infty)\times\partial\Omega$$

$$\boldsymbol{u}(s,x)=\boldsymbol{\varphi}(s,x),\quad (s,x)\in(-\infty,0]\times\Omega \tag{7-1}$$

其中 $\boldsymbol{x}=(x_1,x_2,\cdots,x_m)^{\mathrm{T}}\in\Omega,\Omega=\{x\mid x_i\mid<d_l,l=1,2,\cdots,m\}\subset\mathbb{R}^m$ 是具有光滑边界的紧集，$\mathrm{mes}\Omega>0,d_l>0$ 是常数；$\boldsymbol{u}(t,x)=(u_1(t,x),\cdots,u_n(t,x))^{\mathrm{T}}\in\mathbb{R}^n$ 表示第 i 个神经元在空间 x 和时间 t 的状态变量；$\boldsymbol{A}=\mathrm{diag}\{a_1,\cdots,a_n\}$ 是对角矩阵，$a_i>0$；$\boldsymbol{B}=(b_{ij})_{n\times n}$，$\boldsymbol{C}=(c_{ij})_{n\times n}$ 和 $\boldsymbol{E}=(e_{ij})_{n\times n}$ 表示连接矩阵；$\boldsymbol{f}(\boldsymbol{u}(t,x))=(f_1(u_1(t,x)),\cdots,f_n(u_n(t,x)))^{\mathrm{T}}$ 表示神经元激活函数；$\boldsymbol{J}=(J_1,J_2,\cdots,J_n)^{\mathrm{T}}$ 表示外部输入向量；$d(t)$ 表示未知时变时滞，且 $0\leqslant d(t)\leqslant d$，$0\leqslant\dot{d}(t)\leqslant\mu<1$，其中 d 和 μ 是常数；$\boldsymbol{K}(t-s)=\mathrm{diag}[k_1(t-s),\cdots,k_n(t-s)]$ 表示时滞核，$k_j(\cdot)$ 表示定义在 $[0,+\infty)$ 上的实值非负连续函数，且 $\int_0^{+\infty}k_j(\theta)\mathrm{d}\theta=1$；$\boldsymbol{D}_l=\mathrm{diag}(D_{1l},D_{2l},\cdots,D_{nl})$，$D_{il}=D_{il}(t,x,u)\geqslant 0$，表示沿第 i 个神经元传输扩散算子；$\boldsymbol{\varphi}(s,x)=(\varphi_1(s,x),\cdots,\varphi_n(s,x))^{\mathrm{T}}\in C^2_{\mathrm{F}_0}[(-\infty,0)\times\Omega;\mathbb{R}^n]$，$i,j=1,2,\cdots,n,l=1,2,\cdots,m$。

为了观察系统式(7－1)的同步行为，随机响应系统设计为

$$
\begin{aligned}
\mathrm{d}\tilde{\boldsymbol{u}}(t,x)=&\sum_{l=1}^{m}\frac{\partial}{\partial x_l}\left(\boldsymbol{D}_l\frac{\partial\tilde{u}(t,x)}{\partial x_l}\right)\mathrm{d}t+\Big[-\boldsymbol{A}\tilde{\boldsymbol{u}}(t,x)+\boldsymbol{B}\boldsymbol{f}(\tilde{\boldsymbol{u}}(t,x))+\\
&\boldsymbol{C}\boldsymbol{f}(\tilde{\boldsymbol{u}}(t-d(t),x))+\boldsymbol{E}\int_{-\infty}^{t}\boldsymbol{K}(t-s)\boldsymbol{f}(\tilde{\boldsymbol{u}}(s,x))\mathrm{d}s+\boldsymbol{J}+\boldsymbol{u}^*(t,x)\Big]\mathrm{d}t+\\
&\boldsymbol{\sigma}\left[t,e(t,x),e(t-d(t),x),\int_{-\infty}^{t}\boldsymbol{K}(t-s)\overline{\boldsymbol{f}}(\boldsymbol{e}(s,x)\mathrm{d}s\right]\mathrm{d}\boldsymbol{w}(t),\\
&\qquad t\geqslant 0,x\in\Omega\\
&\tilde{\boldsymbol{u}}(t,x)=\boldsymbol{0},\quad(t,x)\in(-\infty,+\infty)\times\partial\Omega\\
&\tilde{\boldsymbol{u}}(s,x)=\tilde{\boldsymbol{\varphi}}(s,x),\quad(s,x)\in(-\infty,0]\times\Omega
\end{aligned}
\tag{7-2}
$$

其中 $\tilde{\boldsymbol{\varphi}}(s,x)=(\tilde{\varphi}_1(s,x),\cdots,\tilde{\varphi}_n(s,x))^{\mathrm{T}}\in C^2_{\mathrm{F}_0}[(-\infty,0)\times\Omega;\mathbb{R}^n]$，同步误差为 $\boldsymbol{e}(t,x)=\tilde{\boldsymbol{u}}(t,x)-\boldsymbol{u}(t,x)$，$\boldsymbol{u}^*(t,x)$ 是控制向量；$\boldsymbol{\sigma}(\cdot)$ 表示噪声强度矩阵；$\boldsymbol{w}(t)=(w_1(t),\cdots,w_n(t))^{\mathrm{T}}$ 表示定义在完备概率空间$(\bar{\Omega},F,\{F_t\}_{t\geqslant 0},P)$上的 n-维标准布朗运动。

定义 $\overline{\boldsymbol{f}}(\boldsymbol{e}(\cdot))=\boldsymbol{f}(\boldsymbol{e}(\cdot)+\boldsymbol{u}(\cdot))-\boldsymbol{f}(\boldsymbol{u}(\cdot))$，响应系统式(7-2)的控制输入设计如下：

$$
\boldsymbol{u}^*(t,x)=-\boldsymbol{\Xi}(t,x)\overline{\boldsymbol{f}}(\boldsymbol{e}(t,x))-\boldsymbol{\Xi}^*(t,x)\overline{\boldsymbol{f}}(\boldsymbol{e}(t-d(t),x))
\tag{7-3}
$$

其中 $\boldsymbol{\Xi}(t,x)=\mathrm{diag}(\Xi_i(t,x))$ 和 $\boldsymbol{\Xi}^*(t,x)=\mathrm{diag}(\Xi_i^*(t,x))$ 是待定的增益矩阵。把式(7－3)代入式(7－2)，并把式(7－1)与式(7－2)作差得

$$
\mathrm{d}\boldsymbol{e}(t,x)=\sum_{l=1}^{m}\frac{\partial}{\partial x_l}\left(\boldsymbol{D}_l\frac{\partial\boldsymbol{e}(t,x)}{\partial x_l}\right)\mathrm{d}t+\Big[-\boldsymbol{A}\boldsymbol{e}(t,x)+(\boldsymbol{B}-\boldsymbol{\Xi}(t))\overline{\boldsymbol{f}}(\boldsymbol{e}(t,x))+
$$

$$(\boldsymbol{C}-\boldsymbol{\Xi}^{*}(t))\bar{\boldsymbol{f}}(\boldsymbol{e}(t-d(t),x))+\boldsymbol{E}\int_{-\infty}^{t}\boldsymbol{K}(t-s)\bar{\boldsymbol{f}}(\boldsymbol{e}(s,x))\mathrm{d}s\Big]\mathrm{d}t+$$

$$\boldsymbol{\sigma}\Big[t,\boldsymbol{e}(t,x),\boldsymbol{e}(t-d(t),x),\int_{-\infty}^{t}\boldsymbol{K}(t-s)\bar{\boldsymbol{f}}(\boldsymbol{e}(s,x))\mathrm{d}s\Big]\mathrm{d}w(t),$$

$$t\geqslant 0,x\in\Omega$$

$$\boldsymbol{e}(t,x)=\boldsymbol{0},\quad (t,x)\in(-\infty,+\infty)\times\partial\Omega$$

$$\boldsymbol{e}(s,x)=\boldsymbol{\varphi}(s,x)-\tilde{\boldsymbol{\varphi}}(s,x),\quad (s,x)\in(-\infty,0]\times\Omega \tag{7-4}$$

注 7.1 在文献[99,102]中,状态反馈控制器设计和时滞反馈控制器分别设计为 $\boldsymbol{u}^{*}(t,x)=\boldsymbol{\Xi e}(t,x)$ 和 $\boldsymbol{u}^{*}(t,x)=\boldsymbol{\Xi e}(t,x)+\boldsymbol{\Xi}^{*}\boldsymbol{e}(t-d(t),x)$。然而,一些实际网络中,仅输出信号 $\bar{\boldsymbol{f}}(\boldsymbol{e}(\cdot))$ 可测,而 $\boldsymbol{e}(t,x)$ 不能完全测量,因此,在响应系统中设计输出反馈控制器(7-3)是放宽了对系统的要求。

本节作如下假设:

(A7.1) 存在正定矩阵 $\boldsymbol{L}=\mathrm{diag}(L_1,\cdots,L_n)$ 使得

$$0\leqslant\frac{f_j(\xi_1)-f_j(\xi)}{\xi_1-\xi_2}\leqslant L_j$$

$$\xi_1,\xi_2\in R,\quad \xi_1\neq\xi_2,\quad j=1,2,\cdots,n$$

(A7.2) 存在正定矩阵 $\boldsymbol{\Sigma}_1,\boldsymbol{\Sigma}_2$ 和 $\boldsymbol{\Sigma}_3$ 使得

$$\mathrm{trace}[(\boldsymbol{\sigma}(t,\zeta_1,\zeta_2,\zeta_3))^{\mathrm{T}}(\boldsymbol{\sigma}(t,\zeta_1,\zeta_2,\zeta_3))]\leqslant|\boldsymbol{\Sigma}_1\zeta_1|^2+|\boldsymbol{\Sigma}_2\zeta_2|^2+|\boldsymbol{\Sigma}_3\zeta_3|^2,$$

$$\zeta_1,\zeta_2,\zeta_3\in\mathbb{R}^n$$

为了简单起见,把 $\boldsymbol{\sigma}\Big[t,\boldsymbol{e}(t,x),\boldsymbol{e}(t-d(t),x),\int_{-\infty}^{t}\boldsymbol{K}(t-s)\bar{\boldsymbol{f}}(\boldsymbol{e}(s,x))\mathrm{d}s\Big]$,$u(t,x),\boldsymbol{e}(t,x)$ 分别记为 $\boldsymbol{\sigma}(\cdot),u(t),\boldsymbol{e}(t)$。

设 $C_1^2(\mathbb{R}^{+}\times\mathbb{R}^n;\mathbb{R}^{+})$ 表示非负函数 $V(t,\boldsymbol{e}(t))$ 在 $\mathbb{R}^{+}\times\mathbb{R}^n$ 上的集合,其中 $V(t,\boldsymbol{e}(t))$ 关于 $\boldsymbol{e}$ 二阶连续可微,关于 t 一阶连续可微。

若 $V\in C_1^2(\mathbb{R}^{+}\times\mathbb{R}^n;\mathbb{R}^{+})$,则沿着系统(7-4),我们定义算子

$$LV=V_t(t,\boldsymbol{e}(t))+V_e(t,\boldsymbol{e}(t))\Big[\sum_{l=1}^{n}\frac{\partial}{\partial x_l}\Big(D_{il}\frac{\partial\boldsymbol{e}(t)}{\partial x_l}\Big)-\boldsymbol{Ae}(t)+(\boldsymbol{B}-\boldsymbol{\Xi}(t))\bar{\boldsymbol{f}}(\boldsymbol{e}(t))+$$

$$(\boldsymbol{C}-\boldsymbol{\Xi}^{*}(t))\bar{\boldsymbol{f}}(\boldsymbol{e}(t-d(t)))+\boldsymbol{E}\int_{-\infty}^{t}\boldsymbol{K}(t-s)\bar{\boldsymbol{f}}(\boldsymbol{e}(s))\mathrm{d}s\Big]+$$

$$\frac{1}{2}\mathrm{trace}[\boldsymbol{\sigma}^{\mathrm{T}}\boldsymbol{V}_{ee}\boldsymbol{\sigma}] \tag{7-5}$$

其中

$$\boldsymbol{V}_t(t,\boldsymbol{e}(t))=\frac{\partial V(t,\boldsymbol{e}(t))}{\partial t}$$

$$\boldsymbol{V}_e(t,\boldsymbol{e}(t))=\Big(\frac{\partial V(t,\boldsymbol{e}(t))}{\partial e_1},\cdots,\frac{\partial V(t,\boldsymbol{e}(t))}{\partial e_n}\Big)$$

$$\boldsymbol{V}_{ee}(t,\boldsymbol{e}(t))=\left(\frac{\partial^2 V(t,\boldsymbol{e}(t))}{\partial e_i \partial e_j}\right)_{n\times n}$$

定义 7.1　如果存在 $\delta>0$ 和对任意 $\varepsilon>0$，当 $t>0$ 和 $\|\boldsymbol{\varphi}(0)-\widetilde{\boldsymbol{\varphi}}(0)\|_2^2$ 时，满足

$$E\|u(t,x)-\tilde{u}(t,x)\|_2^2<\varepsilon \quad 和 \quad \lim_{t\to\infty}E\|u(t,x)-\tilde{u}(t,x)\|_2^2=0 \tag{7-6}$$

则称驱动系统式(7－1)和响应系统式(7－2)是随机渐近同步的。

7.1.3　自适应输出反馈同步

定理 7.1　假设(A7.1)和(A7.2)成立。对给定 $\mu>0$，反馈强度 $\varXi_i(t,x)$ 和 $\varXi_i^*(t,x)$ 由下列定律更新：

$$\frac{\partial \varXi_i(t,x)}{\partial t}=-\gamma_i \bar{f}_i^2(e_i(t,x))$$

$$\frac{\partial \varXi_i^*(t,x)}{\partial t}=-\gamma_i^* \bar{f}_i(e_i(t,x))\bar{f}_i(e_i(t-d(t),x)) \tag{7-7}$$

这里 γ_i 和 γ_i^* 是任意正常数。如果存在正定对角矩阵 $\boldsymbol{P}_1,\widetilde{\boldsymbol{Q}},\boldsymbol{M}_1$，正定对称矩阵 $\boldsymbol{P}_2,\boldsymbol{P}_3,\boldsymbol{G}_1,\boldsymbol{G}_2$ 和标量 $\rho>0$，使得下列线性矩阵不等式成立：

$$\widetilde{\boldsymbol{\varXi}}_1=\begin{bmatrix} \widetilde{\boldsymbol{\Pi}}_{11} & \boldsymbol{0} & \widetilde{\boldsymbol{\Pi}}_{13} & \widetilde{\boldsymbol{\Pi}}_{14} & \boldsymbol{0} & \boldsymbol{P}_1\boldsymbol{C} & \boldsymbol{P}_1\boldsymbol{E} \\ * & \widetilde{\boldsymbol{\Pi}}_{22} & \boldsymbol{0} & \boldsymbol{0} & \boldsymbol{0} & \boldsymbol{0} & \boldsymbol{0} \\ * & * & \widetilde{\boldsymbol{\Pi}}_{33} & \boldsymbol{0} & \boldsymbol{0} & \boldsymbol{0} & \boldsymbol{0} \\ * & * & * & \widetilde{\boldsymbol{\Pi}}_{44} & \boldsymbol{0} & \boldsymbol{0} & \boldsymbol{0} \\ * & * & * & * & \widetilde{\boldsymbol{\Pi}}_{55} & \boldsymbol{0} & \boldsymbol{0} \\ * & * & * & * & * & -\boldsymbol{G}_1 & \boldsymbol{0} \\ * & * & * & * & * & * & -\boldsymbol{G}_2 \end{bmatrix} \tag{7-8}$$

$$\boldsymbol{P}_1\leqslant \rho\boldsymbol{I} \tag{7-9}$$

其中 $\widetilde{\boldsymbol{\Pi}}_{11}=-2\boldsymbol{P}_1\boldsymbol{D}^*-2\boldsymbol{P}_1\boldsymbol{A}_1+\rho\boldsymbol{\Sigma}_1^{\mathrm{T}}\boldsymbol{\Sigma}_1+\dfrac{1}{1-\mu}\boldsymbol{P}_2$，$\boldsymbol{\Pi}_{22}=\rho\boldsymbol{\Sigma}_2^{\mathrm{T}}\boldsymbol{\Sigma}_2-\boldsymbol{P}_{22}$，$\boldsymbol{\Pi}_{44}=\boldsymbol{G}_1-\boldsymbol{P}_3$，$\boldsymbol{\Pi}_{33}=\widetilde{\boldsymbol{Q}}+\dfrac{1}{1-\mu}\boldsymbol{P}_3-2\boldsymbol{M}_1$，$\boldsymbol{\Pi}_{55}=\boldsymbol{G}_2+\rho\boldsymbol{\Sigma}_3^{\mathrm{T}}\boldsymbol{\Sigma}_3-\widetilde{\boldsymbol{Q}}$，$\boldsymbol{\Pi}_{13}=\boldsymbol{P}_1\boldsymbol{B}-\boldsymbol{P}_1\varepsilon+\boldsymbol{M}_1\boldsymbol{L}$，$\boldsymbol{\Pi}_{14}=-2\boldsymbol{P}_1\varepsilon^*$，$\boldsymbol{D}^*=\mathrm{diag}\left\{\sum_{l=1}^{m}\dfrac{D_{1l}}{d_l^2},\cdots,\sum_{l=1}^{m}\dfrac{D_{nl}}{d_l^2}\right\}$，$\varepsilon_i>0$，$\varepsilon_i^*>0$ 是常数，则两个耦合系统式(7－1)和式(7－2)是随机渐近同步的。

证明　考虑 Lyapunov-Krasovskii 泛函

$$V(t,\boldsymbol{e}(t))=\int_{\Omega}\Big[\boldsymbol{e}(t)^{\mathrm{T}}\boldsymbol{P}_1\boldsymbol{e}(t)+\sum_{i=1}^{n}\frac{p_{1i}}{L_i\gamma_i}(\Xi_i(t,x)-\varepsilon_i)^2+$$
$$\sum_{i=1}^{n}\frac{p_{1i}}{L_i\gamma_i^*}(\Xi_i^*(t,x)-\varepsilon_i^*)^2\Big]\mathrm{d}x+\frac{1}{1-\mu}\int_{\Omega}\int_{t-d(t)}^{t}\boldsymbol{e}(s)^{\mathrm{T}}\boldsymbol{P}_2\boldsymbol{e}(s)\mathrm{d}s\mathrm{d}x+$$
$$\frac{1}{1-\mu}\int_{\Omega}\int_{t-d(t)}^{t}\overline{\boldsymbol{f}}(\boldsymbol{e}(s))^{\mathrm{T}}\boldsymbol{P}_3\overline{\boldsymbol{f}}(\boldsymbol{e}(s))\mathrm{d}s\mathrm{d}x+$$
$$\int_{\Omega}\sum_{j=1}^{n}q_j\int_0^{\infty}K_j(\theta)\int_{t-\theta}^{t}\overline{f}_j^2(e_j(s))\mathrm{d}s\mathrm{d}\theta\mathrm{d}x$$

其中 $\boldsymbol{P}_1=\mathrm{diag}\{p_{11},\cdots,p_{1n}\}$，和 $\widetilde{\boldsymbol{Q}}=\mathrm{diag}\{q_1,\cdots,q_n\}$ 是正定对角矩阵，$\varepsilon_i>0$，$\varepsilon_i^*>0$ 是待定常数。

由式(7-4) 和式(7-5)，计算 $LV(t,\boldsymbol{e}(t))$ 得

$$LV(t,\boldsymbol{e}(t))=2\int_{\Omega}\Big\{\boldsymbol{e}(t)^{\mathrm{T}}\boldsymbol{P}_1\Big[D_l\frac{\partial\boldsymbol{e}(t)}{\partial x_l}\Big]-\boldsymbol{A}\boldsymbol{e}(t)+(\boldsymbol{B}+\boldsymbol{\Xi}(t))\overline{\boldsymbol{f}}(\boldsymbol{e}(t))+$$
$$(\boldsymbol{C}-\boldsymbol{\Xi}^*(t))\overline{\boldsymbol{f}}(\boldsymbol{e}(t-d(t)))+E\Big(\int_{-\infty}^{t}\boldsymbol{K}(t-s)\overline{\boldsymbol{f}}(\boldsymbol{e}(s))\mathrm{d}s\Big)\Big]+$$
$$\sum_{i=1}^{n}\frac{2p_{1i}}{L_i}(\Xi_i(t)-\varepsilon_i)\overline{f}_i^2(e_i(t))+\sum_{i=1}^{n}\frac{2p_{1i}}{L_i}(\Xi_i^*(t)-$$
$$\varepsilon_i^*)\overline{f}_i(e_i(t))\overline{f}_i(e_i(t-d(t)))+\mathrm{trace}[\boldsymbol{\sigma}^{\mathrm{T}}\mathbf{V}_{ee}\boldsymbol{\sigma}]+$$
$$\int_{\Omega}\Big[\frac{1}{1-\mu}\boldsymbol{e}(t)^{\mathrm{T}}\boldsymbol{P}_2\boldsymbol{e}(t)-\frac{1-\dot{d}(t)}{1-\mu}\boldsymbol{e}(t-d(t))^{\mathrm{T}}\boldsymbol{P}_2\boldsymbol{e}(t-d(t))\Big]\mathrm{d}x+$$
$$\int_{\Omega}\Big[\frac{1}{1-\mu}\overline{\boldsymbol{f}}(\boldsymbol{e}(t))^{\mathrm{T}}\boldsymbol{P}_3\overline{\boldsymbol{f}}(\boldsymbol{e}(t))-\frac{1-\dot{d}(t)}{1-\mu}\overline{\boldsymbol{f}}(\boldsymbol{e}(t-d(t)))^{\mathrm{T}}\boldsymbol{P}_3\overline{\boldsymbol{f}}(\boldsymbol{e}(t-d(t)))\Big]\mathrm{d}x+$$
$$\int_{\Omega}\sum_{j=1}^{n}q_j\int_0^{\infty}K_j(\theta)\overline{h}_j^2(e_j(t))\mathrm{d}\theta\mathrm{d}x+\int_{\Omega}\sum_{j=1}^{n}q_j\int_0^{\infty}K_j(\theta)\overline{h}_j^2(e_j(t-\theta))\mathrm{d}\theta\mathrm{d}x$$

(7-10)

由(A7.1) 得

$$\sum_{i=1}^{n}\frac{2p_{1i}}{L_i}(\Xi_i(t)-\varepsilon_i)\overline{f}_i^2(e_i(t))=2\overline{\boldsymbol{f}}(\boldsymbol{e}(t))^{\mathrm{T}}\boldsymbol{L}^{-1}\boldsymbol{P}_1(\boldsymbol{\Xi}(t)-\boldsymbol{\varepsilon})\overline{\boldsymbol{f}}(\boldsymbol{e}(t))\leqslant$$
$$2\boldsymbol{e}(t)^{\mathrm{T}}\boldsymbol{P}_1(\boldsymbol{\Xi}(t)-\boldsymbol{\varepsilon})\overline{\boldsymbol{f}}(\boldsymbol{e}(t))$$

(7-11)

$$\sum_{i=1}^{n}\frac{2p_{1i}}{L_i}(\Xi_i^*(t)-\varepsilon_i^*)\overline{f}_i(e_i(t,x))\overline{f}_i(e_i(t-d(t)))=$$
$$2\boldsymbol{f}(\boldsymbol{e}(t))\boldsymbol{L}^{-1}\boldsymbol{P}_1(\boldsymbol{\Xi}^*(t)-\boldsymbol{\varepsilon}^*)\overline{\boldsymbol{f}}(\boldsymbol{e}(t-d(t)))\leqslant$$
$$\boldsymbol{e}(t)^{\mathrm{T}}2\boldsymbol{P}_1(\boldsymbol{\Xi}^*(t)-\boldsymbol{\varepsilon}^*)\overline{\boldsymbol{f}}(\boldsymbol{e}(t-d(t)))\qquad(7-12)$$

由 $0\leqslant\dot{d}(t)\leqslant\mu<1$，得

$$-\frac{1-\dot{d}(t)}{1-\mu}\leqslant -1 \tag{7-13}$$

由引理 2.5 得

$$2\boldsymbol{e}(t)^{\mathrm{T}}\boldsymbol{P}_1\boldsymbol{C}\overline{\boldsymbol{f}}(\boldsymbol{e}(t-d(t)))\leqslant \boldsymbol{e}(t)^{\mathrm{T}}\boldsymbol{P}_1\boldsymbol{C}\boldsymbol{G}_1^{-1}\boldsymbol{C}^{\mathrm{T}}\boldsymbol{P}_1\boldsymbol{e}(t)+\overline{\boldsymbol{f}}(\boldsymbol{e}(t-d(t)))^{\mathrm{T}}\boldsymbol{G}_1\overline{\boldsymbol{f}}(\boldsymbol{e}(t-d(t))) \tag{7-14}$$

$$2\boldsymbol{e}(t)^{\mathrm{T}}\boldsymbol{P}_1\boldsymbol{E}\int_{-\infty}^{t}\boldsymbol{K}(t-s)\overline{\boldsymbol{f}}(\boldsymbol{e}(s))\mathrm{d}s\leqslant \boldsymbol{e}(t)^{\mathrm{T}}\boldsymbol{P}_1\boldsymbol{E}\boldsymbol{G}_2^{-1}\boldsymbol{E}^{\mathrm{T}}\boldsymbol{P}_1\boldsymbol{e}(t)+\left(\int_{-\infty}^{t}\boldsymbol{K}(t-s)\overline{\boldsymbol{f}}(\boldsymbol{e}(s))\mathrm{d}s\right)^{\mathrm{T}}\boldsymbol{G}_2\left(\int_{-\infty}^{t}\boldsymbol{K}(t-s)\overline{\boldsymbol{f}}(\boldsymbol{e}(s))\mathrm{d}s\right) \tag{7-15}$$

$$\begin{aligned}
&\int_{\Omega}\sum_{j=1}^{n}q_j\int_{0}^{\infty}K_j(\theta)\overline{f}_j^2(e_j(t))\mathrm{d}\theta\mathrm{d}x-\int_{\Omega}\sum_{j=1}^{n}q_j\int_{0}^{\infty}K_j(\theta)\overline{f}_j^2(e_j(t-\theta))\mathrm{d}\theta\mathrm{d}x=\\
&\int_{\Omega}\overline{\boldsymbol{f}}(\boldsymbol{e}(t))^{\mathrm{T}}\widetilde{\boldsymbol{Q}}\,\overline{\boldsymbol{f}}(\boldsymbol{e}(t))\mathrm{d}x-\int_{\Omega}\sum_{j=1}^{n}q_j\int_{0}^{\infty}K_j(\theta)\mathrm{d}\theta\int_{0}^{\infty}K_j(\theta)\overline{f}_j^2(e_j(t-\theta))\mathrm{d}\theta\mathrm{d}x\leqslant\\
&\int_{\Omega}\overline{\boldsymbol{f}}(\boldsymbol{e}(t))^{\mathrm{T}}\widetilde{\boldsymbol{Q}}\,\overline{\boldsymbol{f}}(\boldsymbol{e}(t))\mathrm{d}x-\int_{\Omega}\sum_{j=1}^{n}q_j\left[\int_{0}^{\infty}K_j(\theta)\overline{f}_j(e_j(t-\theta))\mathrm{d}\theta\right]^2\mathrm{d}x=\\
&\int_{\Omega}\overline{\boldsymbol{f}}(\boldsymbol{e}(t))^{\mathrm{T}}\widetilde{\boldsymbol{Q}}\,\overline{\boldsymbol{f}}(\boldsymbol{e}(t))\mathrm{d}x-\\
&\int_{\omega}\left(\int_{-\infty}^{t}\boldsymbol{K}(t-\theta)\overline{\boldsymbol{f}}(\boldsymbol{e}(\theta))\mathrm{d}\theta\right)^{\mathrm{T}}\widetilde{\boldsymbol{Q}}\left(\int_{-\infty}^{t}\boldsymbol{K}(t-\theta)\overline{\boldsymbol{f}}(\boldsymbol{e}(\theta))\mathrm{d}\theta\right)\mathrm{d}x
\end{aligned} \tag{7-16}$$

根据 Green's 公式和 Dirichlet 边界条件及引理 2.2，有

$$\int_{\Omega}\sum_{l=1}^{m}e_i(t)\frac{\partial}{\partial x_l}\left(D_{il}\frac{\partial e_i(t)}{\partial x_l}\right)\mathrm{d}x=-\sum_{l=1}^{m}\int_{\Omega}D_{il}\left(\frac{\partial e_i(t)}{\partial x_l}\right)^2\mathrm{d}x\leqslant -\int_{\Omega}\sum_{l=1}^{m}\frac{D_{il}}{d_l^2}(e_i(t))^2\mathrm{d}x \tag{7-17}$$

由(A7.1)得

$$2\overline{\boldsymbol{f}}(\boldsymbol{e}(t))^{\mathrm{T}}\boldsymbol{M}_1\boldsymbol{L}\boldsymbol{e}(t)-2\overline{\boldsymbol{f}}(\boldsymbol{e}(t))^{\mathrm{T}}\boldsymbol{M}_1\overline{\boldsymbol{f}}(\boldsymbol{e}(t))\geqslant 0 \tag{7-18}$$

式中，$\boldsymbol{M}_1$ 是正定对角矩阵。

把式(7-9)和式(7-11)～式(7-18)代入式(7-10)，由(A7.2)可推得

$$\begin{aligned}
LV(t,\boldsymbol{e}(t))\leqslant 2\int_{\Omega}\Big[&\boldsymbol{e}(t)^{\mathrm{T}}\Big(-2\boldsymbol{P}_1\boldsymbol{D}^*-2\boldsymbol{P}_1\boldsymbol{A}+\boldsymbol{P}_1\boldsymbol{C}\boldsymbol{G}_1^{-1}\boldsymbol{C}^{\mathrm{T}}\boldsymbol{P}_1+\boldsymbol{P}_1\boldsymbol{E}\boldsymbol{G}_2^{-1}\boldsymbol{E}^{\mathrm{T}}\boldsymbol{P}_1+\\
&\rho\boldsymbol{\Sigma}_1^{\mathrm{T}}\boldsymbol{\Sigma}_1+\frac{1}{1-\mu}\boldsymbol{P}_2\Big)\boldsymbol{e}(t)+\boldsymbol{e}(t-d(t))^{\mathrm{T}}(\rho\boldsymbol{\Sigma}_2^{\mathrm{T}}\boldsymbol{\Sigma}_2-\boldsymbol{P}_2)\boldsymbol{e}(t-d(t))+\\
&\overline{\boldsymbol{f}}(\boldsymbol{e}(t))^{\mathrm{T}}\Big(\widetilde{\boldsymbol{Q}}+\frac{1}{1-\mu}\boldsymbol{P}_3-2\boldsymbol{M}_1\Big)\overline{\boldsymbol{f}}(\boldsymbol{e}(t))+
\end{aligned}$$

$$
\begin{aligned}
&\bar{\boldsymbol{f}}(\boldsymbol{e}(t-d(t)))^{\mathrm{T}}(\boldsymbol{G}_1-\boldsymbol{P}_3)\bar{\boldsymbol{f}}(\boldsymbol{e}(t-d(t)))+\\
&\boldsymbol{e}(t)^{\mathrm{T}}(2\boldsymbol{P}_1\boldsymbol{B}-2\boldsymbol{P}_1\boldsymbol{\varepsilon}+2\boldsymbol{M}_1\boldsymbol{L})\bar{\boldsymbol{f}}(\boldsymbol{e}(t))-\\
&2\boldsymbol{e}(t)^{\mathrm{T}}\boldsymbol{P}_1\boldsymbol{\varepsilon}^*\bar{\boldsymbol{f}}(\boldsymbol{e}(t-d(t)))+\\
&\left(\int_{-\infty}^{t}\boldsymbol{K}(t-s)\bar{\boldsymbol{f}}(\boldsymbol{e}(s))\mathrm{d}s\right)^{\mathrm{T}}(\boldsymbol{G}_2+\rho\boldsymbol{\Sigma}_3^{\mathrm{T}}\boldsymbol{\Sigma}_3-\tilde{\boldsymbol{Q}})\left(\int_{-\infty}^{t}\boldsymbol{K}(t-s)\bar{\boldsymbol{f}}(\boldsymbol{e}(s))\mathrm{d}s\right)\Bigg]\mathrm{d}x=\\
&\int_{\Omega}\boldsymbol{\eta}^{\mathrm{T}}\boldsymbol{\Xi}_1\boldsymbol{\eta}\mathrm{d}x\leqslant 0 \qquad (7-19)
\end{aligned}
$$

其中

$$
\boldsymbol{\eta}=\left[\boldsymbol{e}(t)^{\mathrm{T}}\quad \boldsymbol{e}(t-d(t))^{\mathrm{T}}\quad \bar{\boldsymbol{f}}(\boldsymbol{e}(t))^{\mathrm{T}}\quad \bar{\boldsymbol{f}}(\boldsymbol{e}(t-d)))^{\mathrm{T}}\quad \left(\int_{-\infty}^{t}\boldsymbol{K}(t-s)\bar{\boldsymbol{f}}(\boldsymbol{e}(s))\mathrm{d}s\right)^{\mathrm{T}}\right]^{\mathrm{T}}
$$

$$
\boldsymbol{D}^*=\mathrm{diag}\left(\sum_{l=1}^{m}\frac{D_{1l}}{d_l^2},\cdots,\sum_{l=1}^{m}\frac{D_{nl}}{d_l^2}\right),\quad \boldsymbol{\Xi}_1=\begin{bmatrix}\boldsymbol{\Pi}_{11} & \mathbf{0} & \boldsymbol{\Pi}_{13} & \boldsymbol{\Pi}_{14} & \mathbf{0}\\ * & \boldsymbol{\Pi}_{22} & \mathbf{0} & \mathbf{0} & \mathbf{0}\\ * & * & \boldsymbol{\Pi}_{33} & \mathbf{0} & \mathbf{0}\\ * & * & * & \boldsymbol{\Pi}_{44} & \mathbf{0}\\ * & * & * & * & \boldsymbol{\Pi}_{55}\end{bmatrix}<0
$$

$$
\boldsymbol{\Pi}_{11}=-2\boldsymbol{P}_1\boldsymbol{D}^*-2\boldsymbol{P}_1\boldsymbol{A}+\boldsymbol{P}_1\boldsymbol{C}\boldsymbol{G}_1^{-1}\boldsymbol{C}^{\mathrm{T}}\boldsymbol{P}_1+\boldsymbol{P}_1\boldsymbol{E}\boldsymbol{G}_2^{-1}\boldsymbol{E}^{\mathrm{T}}\boldsymbol{P}_1+\rho\boldsymbol{\Sigma}_1^{\mathrm{T}}\boldsymbol{\Sigma}_1+\frac{1}{1-\mu}\boldsymbol{P}_2
$$

由 Schur 定理和假设有 $\boldsymbol{\Xi}_1<0$ 当且仅当 $\tilde{\boldsymbol{\Xi}}_1<0$。根据定理 7.1 的条件，如果 $\eta\neq 0$,可以得到 $LV<0$。这样当 $\|\varphi(0)-\tilde{\varphi}(0)\|_2^2<\delta$ 时,有 $\lim\limits_{t\to\infty}E\|u(t)-\tilde{u}(t)\|_2^2=0$,所以两个系统式(7-1)和式(7-2)是随机渐近同步的。

注 7.2 在定理 7.1 的证明中,构造了新的 Lyapunov 泛函。文献[99]中的自适应同步判据是独立于空间和忽略了扩散项的影响。然而,定理 7.1 是依赖于空间测度和考虑了扩散项的影响,值得注意的是定理 7.1 只依赖于时滞导数的上界。因此,新的结果比文献[99]的结果具有低保守性的特征。

当 $D_{il}=0$ 时,系统式(7-1)和式(7-2)分别退化为常微分方程描述系统式(7-20)和式(7-21):

$$
\mathrm{d}\boldsymbol{u}(t)=\left[-\boldsymbol{A}\boldsymbol{u}(t)+\boldsymbol{B}\boldsymbol{f}(\boldsymbol{u}(t))+\boldsymbol{C}\boldsymbol{f}(\boldsymbol{u}(t-d(t)))+\boldsymbol{E}\int_{-\infty}^{t}\boldsymbol{K}(t-s)\boldsymbol{f}(\boldsymbol{u}(s))\mathrm{d}s+\boldsymbol{J}\right]\mathrm{d}t,
$$

$$
t\geqslant 0,\boldsymbol{u}(s)=\boldsymbol{\varphi}(s),\quad s\in(-\infty,0] \qquad (7-20)
$$

和

$$
\begin{aligned}
\mathrm{d}\tilde{\boldsymbol{u}}(t)=&\big[-\boldsymbol{A}\tilde{\boldsymbol{u}}(t)+\boldsymbol{B}\boldsymbol{f}(\tilde{\boldsymbol{u}}(t))+\boldsymbol{C}\boldsymbol{f}(\tilde{\boldsymbol{u}}(t-d(t)))+\\
&\boldsymbol{E}\int_{-\infty}^{t}\boldsymbol{K}(t-s)\boldsymbol{f}(\tilde{\boldsymbol{u}}(s))\mathrm{d}s+\boldsymbol{J}+\boldsymbol{u}^*(t)\Big]\mathrm{d}t+\boldsymbol{\sigma}(t)\mathrm{d}w(t),\ t\geqslant 0\\
&\tilde{\boldsymbol{u}}(s)=\tilde{\boldsymbol{\varphi}}(s),\quad s\in(-\infty,0] \qquad (7-21)
\end{aligned}
$$

则有下列推论。

推论 7.1　假设(A7.1)和(A7.2)成立。给定 $\mu>0$，反馈强度$\boldsymbol{\Xi}_i(t)$ 和 $\boldsymbol{\Xi}_i^*(t)$ 由下列定律更新：

$$\dot{\Xi}_i(t)=-\gamma_i\overline{f}_i^2(e_i(t)) \quad 和 \quad \dot{\Xi}_i^*(t)=-\gamma_i^*\overline{f}_i(e_i(t))\overline{f}_i(e_i(t-d(t))) \tag{7-22}$$

如果存在正定对角矩阵 $\boldsymbol{P}_1,\widetilde{\boldsymbol{Q}},\boldsymbol{M}_1$，正定对称矩阵 $\boldsymbol{P}_2,\boldsymbol{P}_3,\boldsymbol{G}_1,\boldsymbol{G}_2$，以及标量 $\rho>0$，使得下列线性矩阵不等式成立：

$$\widetilde{\boldsymbol{\Xi}}_1=\begin{bmatrix} \overline{\boldsymbol{\Pi}}_{11} & \boldsymbol{0} & \boldsymbol{\Pi}_{13} & \boldsymbol{\Pi}_{14} & \boldsymbol{0} & \boldsymbol{P}_1\boldsymbol{C} & \boldsymbol{P}_1\boldsymbol{E} \\ * & \boldsymbol{\Pi}_{22} & \boldsymbol{0} & \boldsymbol{0} & \boldsymbol{0} & \boldsymbol{0} & \boldsymbol{0} \\ * & * & \boldsymbol{\Pi}_{33} & \boldsymbol{0} & \boldsymbol{0} & \boldsymbol{0} & \boldsymbol{0} \\ * & * & * & \boldsymbol{\Pi}_{44} & \boldsymbol{0} & \boldsymbol{0} & \boldsymbol{0} \\ * & * & * & * & {}_{55} & \boldsymbol{0} & \boldsymbol{0} \\ * & * & * & * & * & -\boldsymbol{G}_1 & \boldsymbol{0} \\ * & * & * & * & * & * & -\boldsymbol{G}_2 \end{bmatrix}<0 \tag{7-23}$$

$$\boldsymbol{P}_1\leqslant\rho\boldsymbol{I}$$

其中 $\overline{\boldsymbol{\Pi}}_{11}=-2\boldsymbol{P}_1\boldsymbol{A}+\rho\boldsymbol{\Sigma}_1^{\mathrm{T}}\boldsymbol{\Sigma}_1+\dfrac{1}{1-\mu}\boldsymbol{P}_2$，其他符号与定理7.1中一致，则耦合系统式(7-20)和式(7-21)在均方意义下同步。

注 7.3　当 $D_{il}=0$ 时，模型式(7-1)的特殊情况在文献[102]中已经有过研究。文献[102]中，作者通过设计自适应反馈控制器和时滞反馈控制器，提出了系统式(7-20)和式(7-21)指数同步方案。本章中，通过利用 Lyapunov-Krasovskii 泛函、驱动-响应方法、线性矩阵不等式技巧和自适应反馈控制技巧，给出了一个新的自适应均方意义下的渐近同步方案。因此，本章的结果与文献[102]的结果是不同的。

7.1.4　数值例子

例 7.1　考虑具有时滞分布参数神经网络系统式(7-1)，分布参数随机时滞神经网络响应系统式(7-2)和误差系统式(7-4)的参数给定如下：

$$A=0.5,\quad B=-2.1,\quad C=0.3,\quad E=1.1,\quad f(\boldsymbol{u}(t))=\tanh(\boldsymbol{u}(t))$$

$$d(t)=0.3\sin 2t,\quad K_j(s)=\mathrm{e}^{-s},\quad D_l=0.1,\quad J=0$$

$$\sigma\left[t,\boldsymbol{e}(t,x),\boldsymbol{e}(t-d(t),x),\int_{-\infty}^{t}K(t-s)\overline{f}(\boldsymbol{e}(s,x))\mathrm{d}s\right]=$$

$$0.1\boldsymbol{e}(t,x)+0.2\boldsymbol{e}(t-d(t),x)+0.3\int_{-\infty}^{t}K(t-s)\overline{f}(\boldsymbol{e}(s,x))\mathrm{d}s$$

通过简单计算有

$$D^* = L = 1, \quad \boldsymbol{\Sigma}_1 = \boldsymbol{\Sigma}_2\boldsymbol{\Sigma}_3 = 0.1$$

取

$$P_1 = 1, \quad P_2 = 0.2, \quad P_3 = 1.2, \quad G_1 = G_2 = 1$$

$$\rho = 2, \quad M_1 = 3, \quad \widetilde{Q} = 2.3, \quad \mu = 0.5, \quad \varepsilon = \varepsilon^* = 0.3$$

容易验证(A7.1),(A7.2)和式(7-7)～式(7-9)成立。因此,由定理7.1可知,噪声干扰响应系统式(7-2)与驱动系统式(7-1)自适应同步。仿真结果由图7.1～7.9给出。图7.1表示系统式(7-1)的轨迹,图7.2表示系统式(7-4)的同步误差曲面,图7.3表示系统式(7-2)的控制曲面,图7.4表示$x=-0.6$时,系统式(7-4)的同步误差,图7.5表示$x=0.5$时,系统式(7-4)的同步误差,图7.6和图7.7分别表示$\boldsymbol{\Xi}(t,x)$,$\boldsymbol{\Xi}^*(t,x)$的参数更新率,图7.8和图7.9分别表示$x=0$和$x=-0.6$时,$\boldsymbol{\Xi}(t,x)$的参数更新率。从仿真数据可以看出,驱动系统式(7-1)与随机响应系统式(7-2)是自适应同步的。

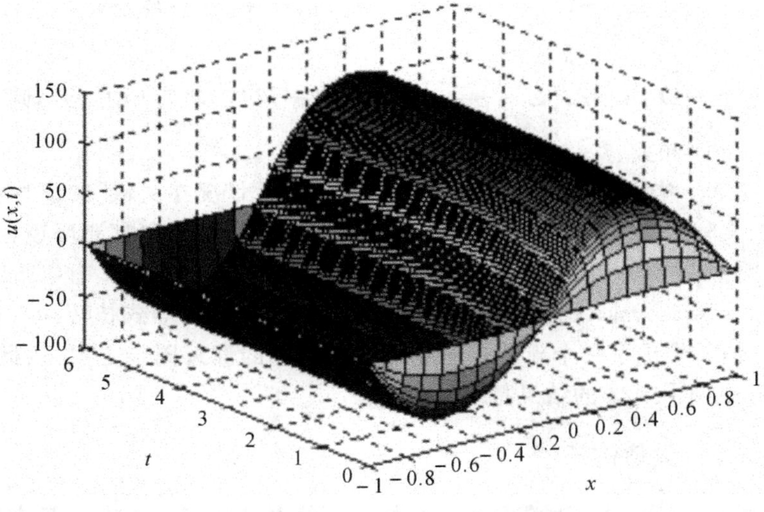

图7.1　系统式(7-1)的混沌行为

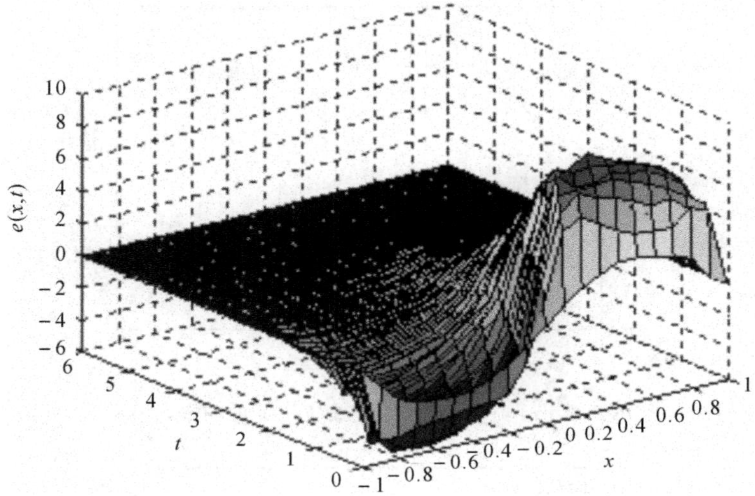

图 7.2　系统式(7-4)的同步误差

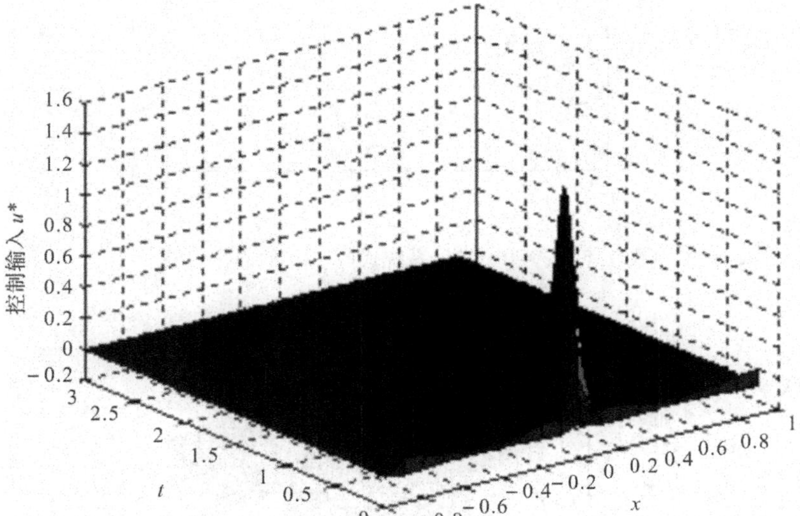

图 7.3　系统式(7-2)的控制平面

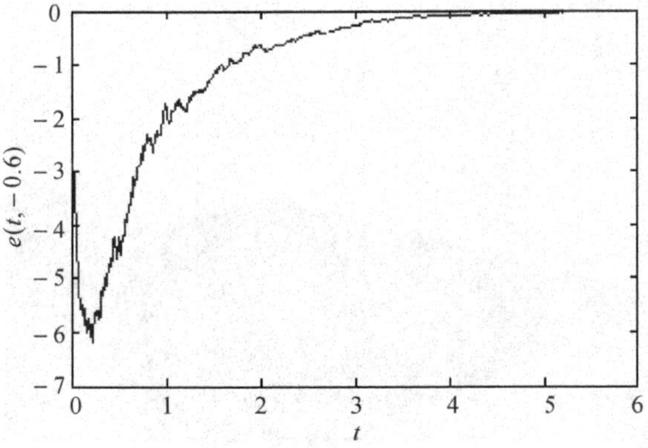

图 7.4　$x=-0.6$ 时，系统式(7-4)的同步误差

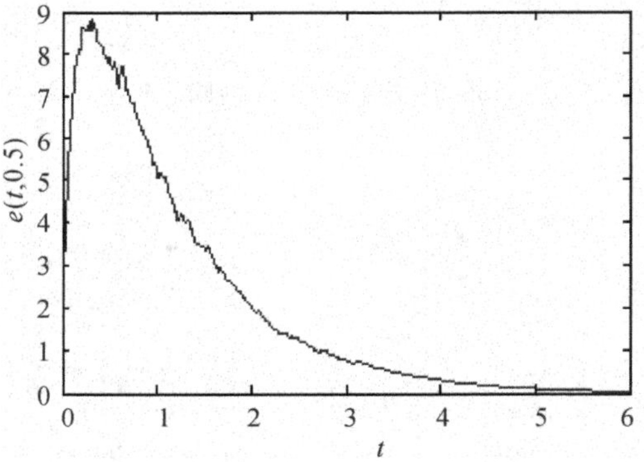

图 7.5　$x=0.5$ 时，系统式(7-4)的同步误差

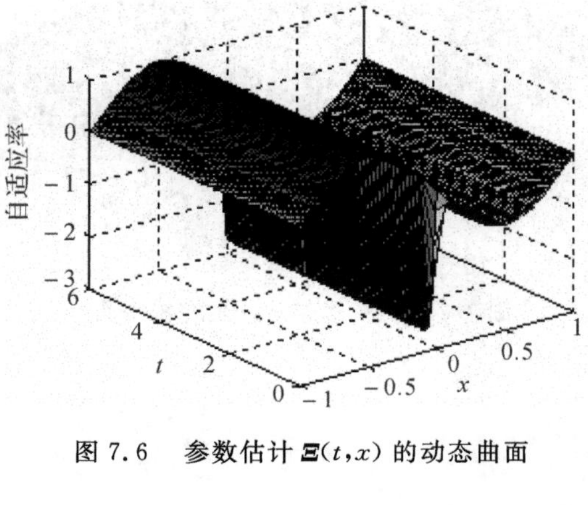

图 7.6　参数估计 $\Xi(t,x)$ 的动态曲面

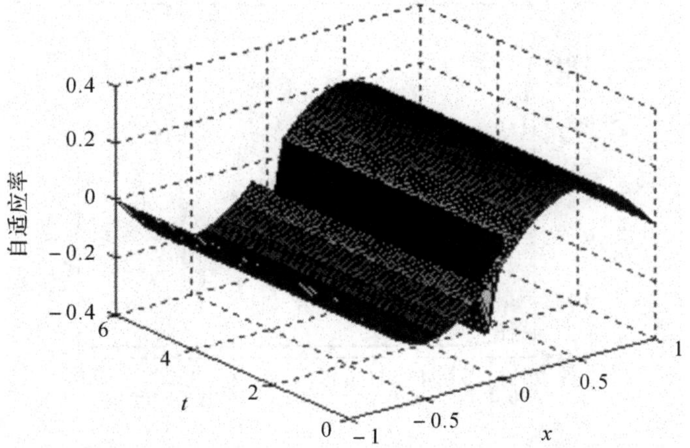

图 7.7　参数估计 $\Xi^*(t,x)$ 的动态曲面

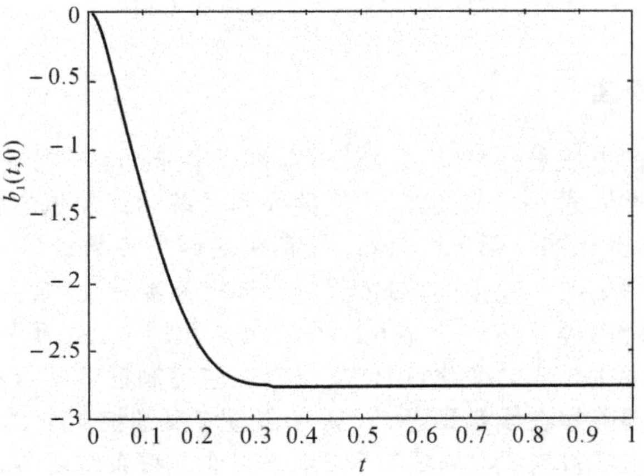

图 7.8　$x=0$ 时，参数估计 $\Xi(t,x)$ 的动态曲面

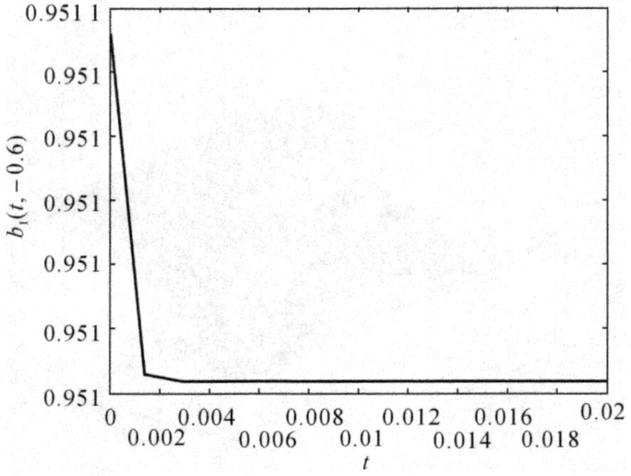

图 7.9　$x=-0.6$ 时，参数估计 $\boldsymbol{\Xi}(t,x)$ 的动态曲面

7.2　基于权值自适应学习控制方法的反应扩散时滞神经网络的同步

7.2.1　引言

自适应控制方法是一种非常有效的非线性控制方法，它最大的优点是当系统的不确定性因素发生改变时，仍能使控制系统达到预想的状态。其基本思想是：面对不断变化的不确定性，设计具有在线调节参数的控制器，使系统能够达到并保持特定的性能指标。与常规的反馈控制器相比，自适应控制器的参数可以根据系统内部特性和外界干扰不断地自动调节，从而作用于系统的控制输入也随之发生相应的变化，即体现出自适应控制器的学习和调节能力。由于自适应控制器能够在线辨识，所以具有自适应反馈控制器的系统模型也更接近实际，因此自适应控制方法广泛应用于工业工程系统的各种控制中。

混沌系统不可避免地暴露在可能引起系统参数在某个范围内随着某种因素变化而变化的环境中，例如环境温度、电压波动、元件之间的互相干扰等。而且，在实际环境中，一些系统参数不能预先准确知道，可能会在它们的标称值附近发生变化，这些不确定性因素的影响将破坏混沌系统的同步。因此，研究因存在未知时变参数的不确定性时，混沌系统之间的控制和同步问题具有重要的理论意义和应用价值。文献[168,169]指出对参数不确定性的处理是一个十分重要而有挑战性的问题。在这些研究中，最常用的方法是用自适应控制解决参数不确定性问题，即根据某种规律，系统中未知参数自适应地修正，例如在文献[168]中，假设驱动系统的参数完全未知或响应系统的参数是未知的，并且驱动和响应系统的参数是不同的；文献[169]假设驱动和响应系统的参数是相同的但还存在一些不确定性或干扰。

文献[170]在不依赖上述信息的情形下，通过权值调节成功地实现了网络的均值同步性。文献[158]利用计算机数值模拟的形式通过权值的自适应调节实现了网络的同步，并且和固定权值网络的收敛速度做了比较。文献[159]利用权值自适应调节的方法，基于微分方程的 Lyapunov 稳定性理论和矩阵分析理论，设计了复杂时滞网络实现均值同步的权值自适应调节律，实现复杂时滞网络同步的理论分析。最近，Guo 和 Li 利用权值自适应调节的方法结合学习控制方法，得到了复杂时滞网络的渐近同步[160]。

由偏微分方程表示的反应扩散神经网络的同步问题已被广泛研究。利用 Lyapunov 泛函方法和 Young 不等式，文献[126]中设计了自适应同步控制器，得到一类具有时变时滞和分布时滞反应扩散神经网络的指数同步。文献[122]中，作者讨论了关于 p-范数的脉冲控制下，具有 Dirichlet 边界条件下延迟反应扩散神经网络的全局指数稳定性和全局指数同步。

目前，还没有文献利用权值自适应调节的方法实现反应扩散时滞神经网络同步的理论分析。本节考虑将学习控制方法应用到分布参数神经网络混沌系统同步问题上，用以解决带未知时变耦合强度的时滞反应扩散神经网络的自适应同步问题。设计了带未知时变耦合强度反应扩散时滞神经网络实现同步的权值自适应调节律，以确保考虑的系统达到预期的特性。提出的同步控制器将容易在实践中加以实施。

7.2.2　模型描述和预备知识

考虑具有未知时变强度和 Dirichlet 边界条件的时滞反应扩散神经网络：

$$\left.\begin{aligned}
\frac{\partial u_i(t,x)}{\partial t} = {} & \sum_{l=1}^{m}\frac{\partial}{\partial x_l}\left(D_{il}\frac{\partial u_i(t,x)}{\partial x_l}\right) - a_i\varsigma_i(t,x)u_i(t,x) + \\
& \sum_{j=1}^{n} w_{ij}\xi_i(t,x)g_j(u_j(t,x)) + \\
& \sum_{j=1}^{n} h_{ij}\zeta_i(t,x)g_j(u_j(t-\tau_j(t),x)) + J_i, \\
& \qquad\qquad t\geqslant 0, x\in\Omega \\
u_i(t,x) = 0, \quad & (t,x)\in(-\tau,+\infty)\times\partial\Omega \\
u_i(s,x) = \varphi_i(s,x), \quad & (s,x)\in(-\tau,0]\times\Omega
\end{aligned}\right\}\tag{7-24}$$

其中$\boldsymbol{x}=(x_1,x_2,\cdots,x_m)^{\mathrm{T}}\in\Omega,\Omega=\{x\,|\,|x_i|<d_l,l=1,2,\cdots,m\}\subset\mathbb{R}^m$具有光滑边界$\partial\Omega$和$\mathrm{mes}\Omega>0$的紧开集，$d_l>0$是一常数；$n$表示神经元的个数；$u(t,x)=(u_1(t,x),\cdots,u_n(t,x))^{\mathrm{T}}\in\mathbb{R}^n$表示状态向量；$a_i>0$表示在与神经网络不连通并且无外部附加电压差的情况下第i个神经元恢复孤立静息状态的速率；w_{ij}和h_{ij}表示连接权值；$f_j(u_j(t,x))$表示激活函数；$\boldsymbol{J}=(J_1,J_2,\cdots,J_n)^{\mathrm{T}}$表示对第$i$个神经元的偏置；$\tau_j(t)$表示时变时滞，且$0\leqslant\tau_j(t)\leqslant\tau_j$，$0\leqslant\dot{\tau}_j(t)\leqslant\mu\leqslant1$，$\tau=\max\limits_{1\leqslant j\leqslant n}\{\tau_j\}$，其中$\tau_j$和$\mu$是常数；$\boldsymbol{D}_l=\mathrm{diag}(D_{1l},D_{2l},\cdots,D_{nl})$且$D_{il}=D_il(t,x,u)\geqslant0$，表示轴突信号传输过程中的扩散算子，足够光滑；$\varphi_i(s,x)$是在$(-\tau,0]\times\Omega$上有界连续函数，$i,j=1,2,\cdots,n;l=1,2,\cdots,m$；$\zeta_i(t,x),\xi_i(t,x),\zeta_i(t,x)$表示未知时变耦合强度。

假设：

(A7.3) 存在常数L_j，对所有$\eta_1,\eta_2\in\mathbb{R}$，使得

$$0\leqslant\frac{g_j(\eta_1)-g_j(\eta_2)}{\eta_1-\eta_2}\leqslant L_j$$

成立。

(A7.4) 时变耦合强度$\varsigma_i(t,x),\xi_i(t,x),\zeta_i(t,x)$满足下列关系式：

$$\varsigma_i(t,x)=\varsigma_i^*(t,x)+\varsigma_i^{**},\quad \xi_i(t,x)=\xi_i^*(t,x)+\xi_i^{**}$$
$$\zeta_i(t,x)=\zeta_i^*(t,x)+\zeta_i^{**}$$

这里$\varsigma_i^*(t,x),\xi_i^*(t,x),\zeta_i^*(t,x)$是具有公共周期$\omega>0$的未知时变非负参数，即$\varsigma_i^*(t,x)=\varsigma_i^*(t-\omega,x),\xi_i^*(t,x)=\xi_i^*(t-\omega,x),\zeta_i^*(t,x)=\zeta_i^*(t-\omega,x)$，$\varsigma_i^{**},\zeta_i^{**}$和$\zeta_i^{**}$是未知时不变非负参数。

注 7.4 由于$\varsigma_i(t,x)=\varsigma_i^*(t,x)+\varsigma_i^{**},\xi_i(t,x)=\xi_i^*(t,x)+\xi_i^{**}$，$\zeta_i(t,x)=\zeta_i^*(t,x)+\zeta_i^{**}$，显然，$\varsigma_i^*(t,x),\xi_i^*(t,x)$和$\zeta_i^*(t,x)$是具有已知公共周期$\omega$的连续周期函数，且$\varsigma_i^*(t,x),\xi_i^*(t,x)$和$\zeta_i^*(t,x)$是具有有限未知上界分别为$\varsigma_M^*(t,x),\xi_M^*(t,x)$和$\zeta_M^*(t,x)$；$\varsigma_i(t,x),\xi_i(t,x)$和$\zeta_i(t,x)$是有界的，且

$$\varsigma_m(t,x)\leqslant\varsigma_i(t,x)\leqslant\varsigma_M(t,x),\quad \xi_m(t,x)\leqslant\xi_i(t,x)\leqslant\xi_M(t,x)$$

和
$$\zeta_m(t,x)\leqslant\zeta_i(t,x)\leqslant\zeta_M(t,x)\tag{7-25}$$

为了观察系统(7-24)的同步行为，响应系统设计如下：

$$\left.\begin{aligned}
\frac{\partial \tilde{u}_i(t,x)}{\partial t} = {} & \sum_{l=1}^{m} \frac{\partial}{\partial x_l}\left(D_{il}\frac{\partial \tilde{u}_i(t,x)}{\partial x_l}\right) - a_i\varsigma_i(t,x)\tilde{u}_i(t,x) + \\
& \sum_{j=1}^{n} w_{ij}\xi_i(t,x)g_j(\tilde{u}_j(t,x)) + \\
& \sum_{j=1}^{n} h_{ij}\zeta_i(t,x)g_j(\tilde{u}_j(t-\tau_j(t),x)) + \\
& J_i + v_i(t,x),\ t \geqslant 0, x \in \Omega \\
\tilde{u}_i(t,x) = 0, \quad & (t,x) \in (-\tau, +\infty) \times \partial\Omega \\
\tilde{u}_i(s,x) = \tilde{\varphi}_i(s,x), \quad & (s,x) \in (-\tau, 0] \times \Omega
\end{aligned}\right\} \tag{7-26}$$

定义同步误差信号为 $e_i(t,x) = \tilde{u}_i(t,x) - u_i(t,x)$，由系统式(7-24) 和式(7-25) 得

$$\begin{aligned}
\frac{\partial e_i(t,x)}{\partial t} = {} & \sum_{l=1}^{m} \frac{\partial}{\partial x_l}\left(D_{il}\frac{\partial e_i(t,x)}{\partial x_l}\right) - a_i\varsigma_i(t,x)e_i(t,x) + \\
& \sum_{j=1}^{n} w_{ij}\xi_i(t,x)\tilde{g}_j(e_j(t,x)) + \\
& \sum_{j=1}^{n} h_{ij}\zeta_i(t,x)\tilde{g}_j(e_j(t-\tau_j(t),x)) + v_i(t,x), \quad t \geqslant 0, x \in \Omega
\end{aligned} \tag{7-27}$$

这里

$$\tilde{g}_j(e_j(t,x)) = g_j(\tilde{u}_j(t,x)) - g_j(u_j(t,x))$$

$$\tilde{g}_j(e_j(t-\tau_j(t),x)) = g_j(\tilde{u}_j(t-\tau_j(t),x)) - g_j(u_j(t-\tau_j(t),x))$$

$$\begin{aligned}
v_i(t,x) = {} & -\frac{1}{2}[\hat{\varsigma}_i^*(t,x) + \hat{\xi}_i^*(t,x) + \hat{\zeta}_i^*(t,x) + \hat{\varsigma}_i^*(t-\omega,x) + \\
& \hat{\xi}_i^*(t-\omega,x) + \hat{\zeta}_i^*(t-\omega,x)]e_i(t,x) - [\hat{\varsigma}_i^{**}(t,x) + \\
& \hat{\xi}_i^{**}(t,x) + \hat{\zeta}_i^{**}(t,x)]e_i(t,x)
\end{aligned} \tag{7-28}$$

为确保非负反馈，时变周期自适应增益如下：

$$\begin{aligned}
\hat{\varsigma}_i^*(t,x) &= \begin{cases} \hat{\varsigma}_i^*(t-\omega,x) + \eta_{1i}(t,x)e_i(t,x)^2, & t \in [0, +\infty) \\ 0, t \in (-\omega, 0] \end{cases} \\
\hat{\xi}_i^*(t,x) &= \begin{cases} \hat{\xi}_i^*(t-\omega,x) + \eta_{2i}(t,x)e_i(t,x)^2, & t \in [0, +\infty) \\ 0, t \in (-\omega, 0] \end{cases} \\
\hat{\zeta}_i^*(t,x) &= \begin{cases} \hat{\zeta}_i^*(t-\omega,x) + \eta_{3i}(t,x)e_i(t,x)^2, & t \in [0, +\infty) \\ 0, t \in (-\omega, 0] \end{cases}
\end{aligned} \tag{7-29}$$

其中

$$\eta_{1i}(t,x)=\begin{cases}0, & 0\leqslant t<\frac{1}{3}\omega \\ \bar{\eta}_{1i}(t,x), & \frac{1}{3}\omega\leqslant t\leqslant\frac{2}{3}\omega \\ 1, & t>\frac{2}{3}\omega\end{cases}$$

$$\eta_{2i}(t,x)=\begin{cases}0, & 0\leqslant t<\frac{1}{3}\omega \\ \bar{\eta}_{2i}(t,x), & \frac{1}{3}\omega\leqslant t\leqslant\frac{2}{3}\omega \\ 1, & t>\frac{2}{3}\omega\end{cases}$$

$$\eta_{3i}(t,x)=\begin{cases}0, & 0\leqslant t<\frac{1}{3}\omega \\ \bar{\eta}_{3i}(t,x), & \frac{1}{3}\omega\leqslant t\leqslant\frac{2}{3}\omega \\ 1, & t>\frac{2}{3}\omega\end{cases}$$

选择 $\bar{\eta}_{ji}(t,x),0\leqslant\bar{\eta}_{ji}(t,x)\leqslant 1,j=1,2,3$,使得 $\eta_{1i}(t,x),\eta_{2i}(t,x)$ 和 $\eta_{3i}(t,x)$ 是连续的。时不变更新率设计如下：

$$\dot{\varsigma}_i^{**}(t,x)=\theta_{1i}(t,x)e_i(t,x)^2,\quad \dot{\xi}_i^{**}(t,x)=\theta_{2i}(t,x)e_i(t,x)^2$$

$$\dot{\zeta}_i^{**}(t,x)=\theta_{3i}(t,x)e_i(t,x)^2 \tag{7-30}$$

这里 $\theta_{ji}(t,x),0\leqslant\theta_{ji}(t,x)\leqslant 1,j=1,2,3$,是正常数。

7.2.3 学习同步分析

通过结合反馈控制器，适应控制和泛函微分方程的 LaSalle 不变原理，我们得到下列定理。

定理 7.2 假设(A7.3)和(A7.4)成立，如果存在常数 $L_1,L_2,L_3,k=1,2,3,i=1,\cdots,n$,使得

$$\frac{1}{2}\lambda_{\mathrm{amx}}(-\boldsymbol{D})+\zeta_m\lambda_{\max}(-\boldsymbol{A})+\frac{1}{2}\xi_M\lambda_{\mathrm{amx}}(|\boldsymbol{W}|\boldsymbol{L})+\frac{1}{2}\xi_M\lambda_{\max}(\boldsymbol{L}|\boldsymbol{W}^{\mathrm{T}}|)+$$
$$\frac{1}{1-\mu}\lambda_{\max}(\boldsymbol{LL})+\zeta_M\lambda_{\max}(|\boldsymbol{H}||\boldsymbol{H}^{\mathrm{T}}|)-(\zeta_m+\xi_m+\zeta_m)-\frac{1}{2}=$$
$$\boldsymbol{L}_1+\boldsymbol{L}_2+\boldsymbol{L}_3 \tag{7-31}$$

其中 $|\boldsymbol{W}|=(|w_{ij}|)_{n\times n}$，$|\boldsymbol{W}^{\mathrm{T}}|=(|w_{ij}|)_{n\times n}^{\mathrm{T}}$，$|\boldsymbol{H}|=(|h_{ij}|)_{n\times n}^{\mathrm{T}}$，$\boldsymbol{D}=\operatorname{diag}\left(\sum_{l=1}^{m}\frac{D_{1l}}{d_l^2},\cdots,\sum_{l=1}^{m}\frac{D_{nl}}{d_l^2}\right)$，则自适应控制机制式(7-28)～式(7-30)能确保反应扩散神经网络系统式(7-24)和式(7-26)渐近同步，即

$$\|\tilde{\boldsymbol{u}}(t,x)-\boldsymbol{u}(t,x)\|_2\to 0,t\to\infty$$

其中 $\boldsymbol{u}=(u_1,\cdots,u_n)^{\mathrm{T}}$，$\tilde{\boldsymbol{u}}=(\tilde{u}_1,\cdots,\tilde{u}_n)^{\mathrm{T}}$。

证明 构造 Lyapunov-Krasovskii 泛函

$$\begin{aligned}V(t)=&\int_{\Omega}\sum_{i=1}^{n}\Big\{e_i(t)^2+\frac{2}{1-\mu}\sum_{j=1}^{n}\int_{t-\tau_j(t)}^{t}\tilde{g}_j(e_j(s))^2\mathrm{d}s+\\&\int_{t-\omega}^{t}(\tilde{\varsigma}_i^*(s,x)^2+\tilde{\xi}_i^*(s,x)^2+\tilde{\zeta}_i^*(s,x)^2)\mathrm{d}s+\\&\Big[\theta_{1i}^{-1}(\tilde{\varsigma}_i^{**}(t,x)+L_1)^2+\theta_{2i}^{-1}(\tilde{\xi}_i^{**}(t,x)+L_2)^2+\\&\theta_{3i}^{-1}(\tilde{\zeta}_i^{**}(t,x)+L_3)^2\Big]\Big\}\mathrm{d}x\end{aligned}\tag{7-32}$$

这里

$$\tilde{\varsigma}_i^*(t,x)=\tilde{\varsigma}_i^*(t,x)-\tilde{\varsigma}_i^*(t,x),\quad \tilde{\xi}_i^*(t,x)=\xi_i^*(t,x)-\hat{\xi}_i^*(t,x)$$

$$\tilde{\zeta}_i^*(t,x)=\zeta_i^*(t,x)-\hat{\zeta}_i^*(t,x),\quad \tilde{\varsigma}_i^{**}(t,x)=\tilde{\varsigma}_i^{**}-\tilde{\varsigma}_i^{**}(t,x)$$

$$\tilde{\xi}_i^{**}(t,x)=\xi_i^{**}-\hat{\xi}_i^{**}(t,x),\quad \tilde{\zeta}_i^{**}(t,x)=\zeta_i^{**}-\hat{\zeta}_i^{**}(t,x)$$

$$\tilde{\varsigma}_i^*(t,x)=\tilde{\varsigma}_i^*(t-\omega,x),\quad \xi_i^*(t,x)=\xi_i^*(t-\omega,x)$$

$$\zeta_i^*(t,x)=\zeta_i^*(t-\omega,x)$$

在式(7-32)式两边对 t 求导，由式(7-28)和系统式(7-27)有

$$\begin{aligned}\dot{V}(t,e(t))\leqslant&\int_{\Omega}\sum_{i=1}^{n}\Big\{2e_i(t)\Big[\sum_{l=1}^{m}\frac{\partial}{\partial x_l}\Big(D_{il}\frac{\partial e_i(t)}{\partial x_l}\Big)-a_i\varsigma_i(t,x)e_i(t)+\\&\sum_{j=1}^{n}w_{ij}\xi_i(t,x)\tilde{g}_j(e_j(t))+\sum_{j=1}^{n}h_{ij}\zeta_i(t,x)\tilde{g}_j(e_j(t-\tau_j(t)))-\\&\frac{1}{2}(\hat{\varsigma}_i^*(t,x)+\hat{\xi}_i^*(t,x)+\hat{\zeta}_i^*(t,x)+\hat{\varsigma}_i^*(t-\omega,x)+\\&\hat{\xi}_i^*(t-\omega,x))+\hat{\zeta}_i^*(t-\omega,x))e_i(t)-\\&(\hat{\varsigma}_i^{**}(t,x)+\hat{\xi}_i^{**}(t,x)+\hat{\zeta}_i^{**}(t,x))e_i(t)\Big]+\\&\sum_{j=1}^{n}\frac{2}{1-\mu}[\tilde{g}_j(e_j(t))^2-(1-\dot{\tau}_j(t))\tilde{g}_j(e_j(t-\tau_j(t)))^2]+\\&[\hat{\varsigma}_i^*(t,x)^2+\tilde{\xi}_i^*(t,x)^2+\tilde{\zeta}_i^*(t,x)^2]-\\&[\hat{\varsigma}_i^*(t-\omega,x)^2+\tilde{\xi}_i^*(t-\omega,x)^2+\tilde{\zeta}_i^*(t-\omega,x)^2]+\end{aligned}$$

$$
\begin{aligned}
&[2\theta_{1i}^{-1}(\tilde{\varsigma}_i^{**}(t,x)+L_1)\dot{\tilde{\varsigma}}_i^{**}(t,x)+2\theta_{2i}^{-1}(\tilde{\xi}_i^{**}(t,x)+L_2)\dot{\tilde{\xi}}_i^{**}(t,x)+\\
&2\theta_{3i}^{-1}(\tilde{\zeta}_i^{**}(t,x)+L_3)\dot{\tilde{\zeta}}_i^{**}]\Big\}\mathrm{d}x\leqslant\\
&\int_\Omega\sum_{i=1}^n\Big\{\Big[2e_i(t)\sum_{l=1}^m\frac{\partial}{\partial x_l}\Big(D_{il}\frac{\partial e_i(t)}{\partial x_l}\Big)-2a_i\varsigma_i(t,x)e_i(t)^2+\\
&2\sum_{j=1}^n|w_{ij}|\xi_i(t,x)|e_i(t)||\tilde{g}_j(e_j(t))|+\\
&2|e_i(t)|\sum_{j=1}^n|h_{ij}|\zeta_i(t,x)|\tilde{g}_j(e_j(t-\tau_j(t)))|-(\hat{\varsigma}_i^*(t,x)+\\
&\hat{\xi}_i^*(t,x)+\hat{\zeta}_i^*(t,x)+\hat{\varsigma}_i^*(t-\omega,x)+\hat{\xi}_i^*(t-\omega,x)+\\
&\hat{\zeta}_i^*(t-\omega,x))e_i(t)^2-2(\hat{\varsigma}_i^{**}(t,x)+\hat{\xi}_i^{**}(t,x)+\hat{\zeta}_i^{**}(t,x))e_i(t)^2\Big]+\\
&\sum_{j=}^n\frac{2}{-\mu}[\tilde{g}_j(e_j(t))^2-(1-\dot{\tau}_j(t))\tilde{g}_j(e_j(t-\tau_j(t)))^2]+\\
&[\tilde{\varsigma}_i^*(t,x)^2+\tilde{\xi}_i^*(t,x)^2+\tilde{\zeta}_i^*(t,x)^2]+[\tilde{\varsigma}_i^*(t-\omega,x)^2+\\
&\tilde{\xi}_i^*(t-\omega,x)^2+\tilde{\zeta}_i^*(t-\omega,x)^2]+[2\theta_{1i}^{-1}(\tilde{\varsigma}_i^{**}(t,x)+L_1)\tilde{\varsigma}_i^{**}(t,x)+\\
&2\theta_{2i}^{-1}(\tilde{\xi}_i^{**}(t,x)+L_2)\tilde{\xi}_i^{**}(t,x)+2\theta_{3i}^{-1}(\tilde{\zeta}_i^{**}(t,x)+L_3)\dot{\tilde{\zeta}}_i]\Big\}\mathrm{d}x
\end{aligned}
\tag{7-33}
$$

根据 Green's 公式和 Dirichlet 边界条件得

$$
\int_\Omega\sum_{l=1}^m e_i(t)\frac{\partial}{\partial x_l}\Big(D_{il}\frac{\partial e_i(t)}{\partial x_l}\Big)\mathrm{d}x=-\sum_{l=1}^m\int_\Omega D_{il}\Big(\frac{\partial e_i(t)}{\partial x_l}\Big)^2\mathrm{d}x \tag{7-34}
$$

进一步，由引理 2.2 得

$$
-\sum_{l=1}^m\int_\Omega D_{il}\Big(\frac{\partial e_i(t)}{\partial x_l}\Big)^2\mathrm{d}x\leqslant-\int_\Omega\sum_{l=1}^m\frac{D_{il}}{d_l^2}(e_i(t))^2\mathrm{d}x \tag{7-35}
$$

由式(7-25)，式(7-29)，式(7-30)，式(7-33)～式(7-35)和(A7.4)及引理 2.5，得

$$
\begin{aligned}
\dot{V}(t,e(t))\leqslant&\int_\Omega\sum_{i=1}^n\Big\{\Big[-\Big(\sum_{l=1}^m\frac{D_{il}}{d_l^2}+2a_i\varsigma_i(t,x)\Big)e_i(t)^2+\\
&2\sum_{j=1}^n|w_{ij}|\xi_i(t,x)|e_i(t)||\tilde{g}_j(e_j(t))|+\\
&2|e_i(t)|\sum_{j=1}^n|h_{ij}|\zeta_M|\tilde{g}_j(e_j(t-\tau_j(t)))|+
\end{aligned}
$$

$$\sum_{j=1}^{n}\frac{2}{1-\mu}\mid g_j(e_j(t))\mid^2-\frac{2(1-\dot{\tau}(t))}{1-\mu}\sum_{j=1}^{n}\mid\tilde{g}_j(e_j(t-\tau_j))\mid^2-$$
$$2[(\varsigma_i^*(t,x)+\zeta_i^{**}(t,x)+\xi_i^*(t,x)+\xi_i^{**}(t,x)+\varsigma_i^*(t,x)+$$
$$\zeta_i^{**}(t,x)+L_1+L_2+L_3)]\Big\}\mathrm{d}x\leqslant$$
$$\int_\Omega\{-\boldsymbol{e}(t)^{\mathrm{T}}(\boldsymbol{D}+2\varsigma_m\boldsymbol{A})\boldsymbol{e}(t)+\mid\boldsymbol{e}(t)\mid^{\mathrm{T}}\xi_M(\mid\boldsymbol{W}\mid\boldsymbol{L}+\boldsymbol{L}\mid\boldsymbol{W}^{\mathrm{T}}\mid)\mid\boldsymbol{e}(t)\mid+$$
$$2\mid\boldsymbol{e}(t)^{\mathrm{T}}\mid\zeta_M\mid\boldsymbol{H}\mid\mid\tilde{\boldsymbol{g}}(\boldsymbol{e}(t-\tau(t)))\mid+\frac{2}{1-\mu}\mid\boldsymbol{g}(\boldsymbol{e}(t))^{\mathrm{T}}\mid\mid\boldsymbol{g}(\boldsymbol{e}(t))\mid-$$
$$\frac{2(1-\dot{\tau}(t))}{1-\mu}\mid\boldsymbol{g}(\boldsymbol{e}(t-\tau(t)))^{\mathrm{T}}\mid\mid\boldsymbol{g}(\boldsymbol{e}(t-\tau(t)))\mid-$$
$$2\mid\boldsymbol{e}(t)^{\mathrm{T}}\mid(\varsigma_m+\xi_m+\zeta_m+L_1+L_2+L_3)\mid\boldsymbol{e}(t)\mid\}\mathrm{d}x \qquad (7-36)$$

由(A7.3)得

$$\mid\boldsymbol{e}(t)^{\mathrm{T}}\mid\zeta_M\mid\boldsymbol{H}\mid\mid\tilde{\boldsymbol{g}}(\boldsymbol{e}(t-\tau(t)))\mid-\frac{1-\dot{\tau}(t)}{1-\mu}\mid\boldsymbol{g}(\boldsymbol{e}(t-\tau(t)))^{\mathrm{T}}\mid\mid\boldsymbol{g}(\boldsymbol{e}(t-\tau(t)))\mid\leqslant$$
$$-\Big[\frac{1}{2}(1-\mu)^{-\frac{1}{2}}(1-\dot{\tau}(t))^{\frac{1}{2}}\mid\boldsymbol{g}(\boldsymbol{e}(t-\tau(t)))\mid-$$
$$(1-\mu)^{\frac{1}{2}}(1-\dot{\tau}(t))^{-\frac{1}{2}}\zeta_M\mid\boldsymbol{H}^{\mathrm{T}}\mid\mid\boldsymbol{e}(t-\tau(t))\mid^{\mathrm{T}}\Big]\times$$
$$\Big[\frac{1}{2}(1-\mu)^{-\frac{1}{2}}(1-\dot{\tau}(t))^{\frac{1}{2}}\mid\boldsymbol{g}(\boldsymbol{e}(t-\tau(t)))\mid-$$
$$(1-\mu)^{\frac{1}{2}}(1-\dot{\tau}(t))^{-\frac{1}{2}}\zeta_M\mid\boldsymbol{H}^{\mathrm{T}}\mid\mid\boldsymbol{e}(t-\tau(t))\mid\Big]+$$
$$\frac{1-\mu}{1-\dot{\tau}(t)}\mid\boldsymbol{e}(t)^{\mathrm{T}}\mid\zeta_M\mid\boldsymbol{H}\mid\mid\boldsymbol{H}^{\mathrm{T}}\mid\mid\boldsymbol{e}(t)\mid\leqslant\mid\boldsymbol{e}(t)^{\mathrm{T}}\mid\zeta_M\mid\boldsymbol{H}\mid\mid\boldsymbol{H}^{\mathrm{T}}\mid\mid\boldsymbol{e}(t)\mid \qquad (7-37)$$

由式(7－37)和矩阵的性质有

$$\dot{V}(t,\boldsymbol{e}(t))\leqslant\int_\Omega\{-\boldsymbol{e}(t)^{\mathrm{T}}(\boldsymbol{D}+\varsigma_m\boldsymbol{A})\boldsymbol{e}(t)+\mid\boldsymbol{e}(t)^{\mathrm{T}}\mid\xi_M(\mid\boldsymbol{W}\mid\boldsymbol{L}+$$
$$\boldsymbol{L}\mid\boldsymbol{W}^{\mathrm{T}}\mid)\mid\boldsymbol{e}(t)\mid+\frac{2}{1-\mu}\mid\boldsymbol{g}(\boldsymbol{e}(t))^{\mathrm{T}}\mid\mid g(e(t))\mid+$$
$$2\mid\boldsymbol{e}(t)^{\mathrm{T}}\mid\zeta\mid\mid\boldsymbol{H}\mid\mid\boldsymbol{H}^{\mathrm{T}}\mid\mid\boldsymbol{e}(t)\mid-2\mid\boldsymbol{e}(t)^{\mathrm{T}}\mid(\varsigma_m+\xi_m+\zeta_m+$$
$$L_1+L_2+L_3)\mid\boldsymbol{e}(t)\mid\}\mathrm{d}x\leqslant\int_\Omega\mid\boldsymbol{e}(t)^{\mathrm{T}}\mid[\lambda_{\max}(-\boldsymbol{D})+$$
$$2\varsigma_m\lambda_{\max}(-\boldsymbol{A})+\xi_M\lambda_{\max}(\mid\boldsymbol{W}\mid\boldsymbol{L})+\xi_M\lambda_{\max}(\boldsymbol{L}\mid\boldsymbol{W}^{\mathrm{T}}\mid)+$$
$$\frac{2}{1-\mu}\lambda_{\max}(\boldsymbol{LL})+2\zeta_M\lambda_{\max}(\mid\boldsymbol{H}\mid\mid\boldsymbol{H}^{\mathrm{T}}\mid)-$$

$$2(\varsigma_m+\xi_m+\zeta_m)-2L_1-2L_2-L_3]\mid \boldsymbol{e}(t)\mid \mathrm{d}x$$

令

$$\frac{1}{2}\lambda_{\max}(-\boldsymbol{D})+\varsigma_m\lambda_{\max}(-\boldsymbol{A})+\frac{1}{2}\xi_M\lambda_{\max}(\mid \boldsymbol{W}\mid \boldsymbol{L})+\frac{1}{2}\xi_M\lambda_{\max}(\boldsymbol{L}\mid \boldsymbol{W}^{\mathrm{T}}\mid)+$$
$$\frac{1}{1-\mu}\lambda_{\max}(\boldsymbol{LL})+\zeta_M\lambda_{\max}(\mid \boldsymbol{H}\mid\mid \boldsymbol{H}^{\mathrm{T}}\mid)-(\varsigma_m+\xi_m+\zeta_m)-\frac{1}{2}=$$
$$L_1+L_2+L_3 \tag{7-38}$$

则由式(7－38)有 $\dot{V}(t,\boldsymbol{e}(t))\leqslant -\boldsymbol{e}(t)^{\mathrm{T}}\boldsymbol{e}(t)$。显然 $\dot{V}(t,\boldsymbol{e}(t))=0$ 当且仅当 $\boldsymbol{e}(t)=\boldsymbol{0}$。根据著名的泛函微分方程的 LaSalle 不变原[170] 得当 $t\to\infty$ 时,$\boldsymbol{e}(t)\to 0$ 和$(\varsigma_i^{**}(t,x),\tilde{\xi}_i^{**}(t,x),\zeta_i^{**}(t,x))\to(\tilde{\varsigma}_{i0}^{**}(t,x),\tilde{\xi}_{i0}^{**}(t,x),\tilde{\zeta}_{i0}^{**}(t,x))$。因此,结论成立。

7.2.4 数值例子

考虑下列驱动-响应系统:

$$\frac{\partial u_i(t,x)}{\partial t}=D_{il}\frac{\partial^2 u_i(t,x)}{\partial x^2}-a_i\varsigma_i(t,x)u_i(t,x)+\sum_{j=1}^{2}w_{ij}\xi_i(t,x)g_j(u_j(t,x))+$$
$$\sum_{j=1}^{2}h_{ij}\zeta_i(t,x)g_j(u_j(t-\tau_j(t),x))+J_i,\quad t\geqslant 0,x\in\Omega,i=1,2 \tag{7-39}$$

和

$$\frac{\partial \tilde{u}_i(t,x)}{\partial t}=D_{il}\frac{\partial^2 \tilde{u}_i(t,x)}{\partial x^2}-a_i\varsigma_i(t,x)\tilde{u}_i(t,x)+$$
$$\sum_{j=1}^{2}w_{ij}\xi_i(t,x)g_j(\tilde{u}_j(t,x))+$$
$$\sum_{j=1}^{2}h_{ij}\zeta_i(t,x)g_j(\tilde{u}_j(t-\tau_j(t),x))+J_i,$$
$$t\geqslant 0,x\in\Omega,i=1,2 \tag{7-40}$$

其中 $x\in\Omega=[-1,1]$;$g_j(y)=\tanh(y)$;$\tau_j(t)=\dfrac{\mathrm{e}^t}{1+\mathrm{e}^t}(j=1,2)$。显然,$g_j(\cdot)$ 满足条件 (A7.3),$L_j=1$;$0<\tau(t)<1$ 且 $\dot{\tau}_j(t)=\dfrac{\mathrm{e}^t}{(1+\mathrm{e}^t)^2}\leqslant\dfrac{1}{2}<1$。

给出系统参数如下:

$$\varsigma_1^*(t.x)=0.2\sin\frac{2\pi t}{3},\quad \varsigma_2^*(t,x)=2\cos\pi t,\quad \xi_1^*(t,x)=-\sin\frac{2\pi t}{3}$$

$$\xi_2^*(t,x)=\cos\pi t,\quad \zeta_1^*(t,x)=-2\sin\frac{2\pi t}{3},\quad \zeta_2^*(t,x)=2\sin\frac{2\pi t}{3}$$

$$\zeta_1^{**}=2,\quad \zeta_2^{**}=10,\quad \xi_1^{**}=8,\quad \xi_2^{**}=3$$

$$\zeta_1^{**}=2,\quad \zeta_2^{**}=5,\quad \bar{\eta}_{1i}(t,x)=\bar{\eta}_{2i}(t,x)=\bar{\eta}_{3i}(t,x)=\frac{1}{2}t-1$$

$$D_{11}=D_{21}=1,\quad J_1=J_2=0$$

$$\boldsymbol{A}=\begin{bmatrix}1&0\\0&1\end{bmatrix},\quad \boldsymbol{W}=\begin{bmatrix}2&-2\\-1&1\end{bmatrix},\quad \boldsymbol{H}=\begin{bmatrix}1&1\\-1&-1\end{bmatrix}$$

通过简单计算得

$$\varsigma_m=1.8,\quad \varsigma_M=2.2,\quad \xi_m=2,\quad \xi_M=9,\quad \zeta_m=0,\quad \zeta_M=7$$

$$\lambda_{\max}(-\boldsymbol{D})=-1,\quad \lambda_{\max}(-\boldsymbol{A})=-1,\quad \lambda_{\max}(|\boldsymbol{W}|\boldsymbol{L})=3$$

$$\lambda_{\max}(\boldsymbol{L}|\boldsymbol{W}^{\mathrm{T}}|)=3,\ \lambda_{\max}(\boldsymbol{LL})=1,\quad \lambda_{\max}(|\boldsymbol{H}||\boldsymbol{H}^{\mathrm{T}}|)=4$$

令 $L_1=18.5, L_2=15.6, L_3=16.3$，则有

$$\frac{1}{2}\lambda_{max}(-\boldsymbol{D})+\zeta_m\lambda_{\max}(-\boldsymbol{A})+\frac{1}{2}\xi_M\lambda_{\max}(|\boldsymbol{W}|\boldsymbol{L})+\frac{1}{2}\xi_M\lambda_{\max}(\boldsymbol{L}|\boldsymbol{W}^{\mathrm{T}}|)+$$

$$\frac{1}{1-\mu}\lambda_{\max}(\boldsymbol{LL})+\zeta_M\lambda_{\max}(|\boldsymbol{H}||\boldsymbol{H}^{\mathrm{T}}|)-(\zeta_m+\xi_m+\zeta_m)-\frac{1}{2}=$$

$$L_1+L_2+L_3=50.4$$

由定理 7.2 可知，系统式(7-39)和式(7-40)渐近同步。

7.3 本章小结

本章研究了分布参数时滞神经网络的混沌同步问题。首先，利用 Lyapunov-Krasovskii 泛函理论、随机分析方法及自适应反馈控制技巧，提出了一个新的输出反馈自适应渐近同步控制方案；建立了具有时变时滞和分布时滞随机分布参数神经网络自适应同步判据；数值例子和仿真图验证了结果的有效性。

其次，基于 LaSalle 泛函微分方程不变原理，通过构造类 Lyapunov-Krasovskii 能量函数，利用设计的自适应控制器，获得了驱动-响应系统新的自适应同步判断方法；给出了一类具有周期未知时变耦合强度时滞反应扩散神经网络同步的充分条件。最后，一个数值例子证明了渐近同步判断准则的有效性。

第八章　时滞反应扩散模糊细胞神经网络自适应学习同步

8.1　引　言

到目前为止，有两种基本的细胞神经网络结构被提出。一种是由 Chua 和 Yang 引入的传统的细胞神经网络[28]。另一种是模糊神经网络，即将集成模糊逻辑加入传统神经网络的结构并保持细胞间的局部连通[42]。与传统的神经网络结构不同，模糊神经网络模板与输入和/或输出包括“积之和”操作之间有模糊逻辑。研究表明，模糊神经网络在图像处理和模式识别中有潜在的应用[42]。这些应用在很大程度上取决于模糊神经网络的动力学行为[42-44]。网络的时间延迟使系统的动态行为变得更加复杂，并可能破坏稳定的平衡[43]。因此，时滞模糊神经网络研究工作有诸多报道。

基于泛函微分方程的不变原理和自适应反馈控制，文献[34]提出了具有耦合时变时滞神经网络的一个简单的和严格的同步方案。在自然界中许多模式的形成和波的传播现象可以描述耦合的非线性偏微分方程的系统，一般称为反应-扩散方程[35]。这些波的传播现象，表现出系统属于非常不同的科学学科。另一方面，在生物和人工神经网络中，反应-扩散的影响不能被忽视，特别是当电子在非均匀电磁场运动时[17,18]，所以有必要在神经网络中研究扩散的影响。文献[85]指出，在现实世界中，扩散效应和模糊性是无法避免的。由于模糊性，反应-扩散现象，未知时变周期参数和延迟的同时存在，同步问题变得更加复杂，因此在分析中构成显著的困难。基于此，我们考虑一个具有挑战性的问题，即如何将自适应控制技术和学习控制研究具有未知时变参数和未知时变时滞的反应扩散模糊神经网络解决同步问题。自适应控制可以有效地处理系统的参数不确定性，如何控制一个未知时变参数的系统仍然是一个重要的问题。

8.2　模型描述与预备知识

考虑下列具有未知参数时滞反应扩散模糊细胞神经网络模型：

$$\begin{aligned}\frac{\partial u_i(t,\boldsymbol{x})}{\partial t} = {} & \sum_{l=1}^{m}\frac{\partial}{\partial x_l}\left(D_{il}\frac{\partial u_i(t,\boldsymbol{x})}{\partial x_l}\right) - a_i\zeta_i(t,\boldsymbol{x})u_i(t,\boldsymbol{x}) + \\ & \xi_i(t,x)\sum_{j=1}^{n}w_{ij}g_j(u_j(t,x)) + \sum_{j=1}^{n}b_{ij}v_j + J_j + \\ & \bigwedge_{j=1}^{n}\alpha_{ij}g_j(u_j(t-\tau_{ij}(t),x)) + \bigvee_{j=1}^{n}\beta_{ij}g_j(u_j(t-\tau_{ij}(t),x)) + \\ & \bigwedge_{j=1}^{n}T_{ij}v_j + \bigvee_{j=1}^{n}M_{ij}v_j, \quad t \geqslant 0, x \in \Omega \\ & u_i(t,x) = 0, \quad (t,x) \in (-\tau, +\infty) \times \partial\Omega \\ & u_i(s,x) = \varphi_i(s,x), \quad (s,x) \in (-\tau, 0] \times \Omega \end{aligned} \tag{8-1}$$

其中 $\boldsymbol{x} = (x_1,\cdots,x_m)^{\mathrm{T}} \in \Omega = \{(x_1,\cdots,x_m)^{\mathrm{T}} \mid |x_l| < d_l\}$；$\boldsymbol{u}(t,\boldsymbol{x})$ 表示状态向量，$a_i > 0$；$\alpha_{ij}, \beta_{ij}, T_{ij}, M_{ij}$ 分别是模糊反馈最小模板、模糊反馈最大模板、模糊前馈最小模板和模糊前馈最大模板的元素；w_{ij} 和 b_{ij} 分别是反馈最小模板和前馈板的元素；$\wedge$ 和 $\vee$ 分别表示模糊“和”和模糊“或”运算；v_j 是输入；$\zeta_i(t,x)$ 和 $\xi_i(t,x)$ 是有界未知时变参数；$g_j(u_j(t,x))$ 表示激励函数和 $\boldsymbol{J} = (J_1,J_2,\cdots,J_n)^{\mathrm{T}}$ 定义为常外输入向量；$\tau_{ij}(t)$ 表示未知时变时滞且满足 $0 \leqslant \tau_{ij}(t) \leqslant \tau_{ij}$，$0 \leqslant \dot{\tau}_{ij}(t) \leqslant \mu < 1$，$\tau = \max\limits_{1\leqslant j,i\leqslant n}\{\tau_{ij}\}$，其中 τ_{ij} 和 μ 是常数；$D_{il} = D_{il}(t,x,u) \geqslant 0$ 表示轴突信号传输过程中的扩散算子；$\varphi_i(s,x)$ 是连续有界函数，$i,j = 1,2,\cdots,n$，$l = 1,2,\cdots,m$。

为了得到我们的主要结论，进行如下假设：

(A8.1) 对任意 $\tilde{\omega}_1, \tilde{\omega}_2 \in \mathbb{R}$，存在正数 L_j，$j = 1,2,\cdots,n$ 使得

$$0 \leqslant \frac{g_j(\tilde{\omega}_1) - g_j(\tilde{\omega}_2)}{\tilde{\omega}_1 - \tilde{\omega}_2} \leqslant L_j$$

(A8.2) 系统式(8-1)中的未知时变参数 $\zeta_i(t,x)$，$\xi_i(t,x)$ 满足下式：

$$\zeta_i(t,x) = \zeta_i^*(t,x) + \zeta_i^{**}, \quad \xi_i(t,x) = \xi_i^*(t,x) + \xi_i^{**} \tag{8-2}$$

其中 $\zeta_i^*(t,x)$，$\xi_i^*(t)$ 是周期为 $\omega > 0$ 的未知参数，即 $\zeta_i^*(t,x) = \zeta_i^*(t-\omega,x)$，$\xi_i^*(t,x) = \xi_i^*(t-\omega,x)$，这里 ζ_i^{**}，ξ_i^{**} 是未知时不变非负参数。此外，存在正常数 ζ_M, ζ_m, ξ_M 和 ξ_m 使得 $\zeta_m \leqslant \zeta_i(t,x) \leqslant \zeta_M$，$\xi_m \leqslant \xi_i(t,x) \leqslant \xi_M$，$i = 1,2,\cdots,n$。

为了方便，$u_i(t,x)$，$\tilde{u}_i(t,x)$，$\zeta_i(t,x)$，$\xi_i(t,x)$，$\varphi_i(s,x)$，$\tilde{\varphi}_i(s,x)$，$\xi_i^*(t,x)$，$\zeta_i^*(t,x)$，$\hat{\zeta}_i^*(t,x)$，$\hat{\xi}_i^*(t,x)$，$\hat{\xi}_i^{**}(t,x)$，$\hat{\zeta}_i^{**}(t,x)$ 分别定义为简单形式 u_i，$\tilde{u}_i$，

$\zeta_i,\xi_i,\varphi_i,\tilde{\varphi}_i,\xi_i^*,\zeta_i^*,\hat{\zeta}_i^*,\hat{\xi}_i^*,\hat{\xi}_i^{**},\hat{\zeta}_i^{**}$。

引理 8.1[86] 设 Ω 是几何体 $|x_l|<d_l(l=1,\cdots,m)$，且 $h(x)$ 实函数且属于 $C^1(\Omega)$，其值在 Ω 的边界 $\partial\Omega$ 上消失，即 $h(x)|_{\partial\Omega}=0$。那么

$$\int_\Omega h^2(x)\mathrm{d}x\leqslant d_l^2\int_\Omega\left|\frac{\partial h}{\partial x_i}\right|^2\mathrm{d}x$$

引理 8.2[44] 假设 $x=(x_1,\cdots,x_n)^{\mathrm{T}}$ 和 $y=(y_1,\cdots,y_n)^{\mathrm{T}}$ 是系统式(8-1)的两个状态向量，那么有

$$\left|\bigwedge_{j=1}^n\alpha_{ij}g_j(x_j)-\bigwedge_{j=1}^n\alpha_{ij}g_j(y_j)\right|\leqslant\sum_{j=1}^n|\alpha_{ij}||g_j(x_j)-g_j(y_j)|$$

$$\left|\bigvee_{j=1}^n\beta_{ij}g_j(x_j)-\bigvee_{j=1}^n\beta_{ij}g_j(y_j)\right|\leqslant\sum_{j=1}^n|\beta_{ij}||g_j(x_j)-g_j(y_j)|$$

为了观察系统式(8-1)的同步行为，响应系统设计为

$$\begin{aligned}\frac{\partial\tilde{u}_i}{\partial t}=&\sum_{l=1}^m\frac{\partial}{\partial x_l}\left(D_{il}\frac{\partial\tilde{u}_i}{\partial x_l}\right)-a_i\zeta_i\tilde{u}_i+\xi_i\sum_{j=1}^n w_{ij}g_j(\tilde{u}_j)+\sum_{j=1}^n b_{ij}v_j+\\&J_i+\bigwedge_{j=1}^n\alpha_{ij}g_j(\tilde{u}_j(t-\tau_{ij}(t)))+\bigvee_{j=1}^n\beta_{ij}g_j(\tilde{u}_j(t-\tau_{ij}(t)))+\\&\bigwedge_{j=1}^n T_{ij}v_j+\bigvee_{j=1}^n M_{ij}v_j+u_i^*(t,x)\end{aligned}\tag{8-3}$$

$$\tilde{u}_i=0,\quad(t,x)\in(-\tau,+\infty)\times\partial\Omega$$
$$\tilde{u}_i(s)=\tilde{\varphi}_i,\quad(s,x)\in(-\tau,0]\times\Omega$$

其中 $\tilde{\varphi}_i$ 是连续有界函数。

定义同步误差为 $e_i=\tilde{u}_i-u_i$，则误差系统为

$$\begin{aligned}\frac{\partial e_i}{\partial t}=&\sum_{l=1}^m\frac{\partial}{\partial x_l}\left(D_{il}\frac{\partial e_i}{\partial x_l}\right)-a_i\zeta_ie_i+\sum_{j=1}^n w_{ij}\xi_j\tilde{g}_j(e_j)+\\&\bigwedge_{j=1}^n\alpha_{ij}g_j^*(e_j(t-\tau_{ij}(t)))+\bigvee_{j=1}^n\beta_{ij}g_j^{**}(e_j(t-\tau_{ij}(t)))+u_i^*(t,x)\end{aligned}\tag{8-4}$$

其中

$$\tilde{g}_j(e_j(\cdot))=g_j(\tilde{u}_j(\cdot))-g_j(u_j(\cdot))$$
$$\bigwedge_{j=1}^n\alpha_{ij}g_j^*(e_j(\cdot))=\bigwedge_{j=1}^n\alpha_{ij}g_j(\tilde{u}_j(\cdot))-\bigwedge_{j=1}^n\alpha_{ij}g_j(u_j(\cdot))$$
$$\bigvee_{j=1}^n\beta_{ij}g_j^{**}(e_j(\cdot))=\bigvee_{j=1}^n\beta_{ij}g_j(\tilde{u}_j(\cdot))-\bigvee_{j=1}^n\beta_{ij}g_j(u_j(\cdot))$$

反馈控制律设计为

$$u_i^*(t,x)=-\frac{1}{2}[\hat{\zeta}_i^*+\hat{\xi}_i^*+\hat{\zeta}_i^*(t-\omega,x)+\hat{\xi}_i^*(t-\omega,x)]e_i-[\hat{\zeta}_i^{**}+\hat{\xi}_i^{**}]e_i\tag{8-5}$$

这里 $\hat{\zeta}_i^*,\hat{\xi}_i^*,\hat{\zeta}_i^{**}$ 和 $\hat{\xi}_i^{**}$ 分别是 $\zeta_i^*,\xi_i^*,\zeta_i^{**}$ 和 ξ_i^{**} 的估计。设计时变周期自适应增益和时不变更新律分别为

$$\hat{\zeta}_i^* = \begin{cases} \hat{\zeta}_i^*(t-\omega,x)+\eta_{1i}(t,x)e_i^2, & t\in[0,+\infty] \\ 0, & t\in(-\omega,0] \end{cases}$$

$$\hat{\xi}_i^* = \begin{cases} \hat{\xi}_i^*(t-\omega,x)+\eta_{2i}(t,x)e_i^2, & t\in[0,+\infty) \\ 0, & t\in(-\omega,0] \end{cases} \tag{8-6}$$

和

$$\dot{\hat{\zeta}}_i^{**} = -\theta_{1i}e_i^2,\quad \dot{\hat{\xi}}_i^{**} = -\theta_{2i}e_i^2 \tag{8-7}$$

其中 θ_{ji}，$0\leqslant\theta_{ji}\leqslant 1$，$j=1,2$，是正常数，且

$$\eta_{1i}(t,x)=\begin{cases} 0, & 0\leqslant t\leqslant\frac{1}{3}\omega \\ \bar{\eta}_{1i}(t,x), & \frac{1}{3}\omega\leqslant t\leqslant\frac{2}{3}\omega, \\ 1, & t>\frac{2}{3}\omega \end{cases}\quad \eta_{2i}(t,x)=\begin{cases} 0, & 0\leqslant t\leqslant\frac{1}{3}\omega \\ \bar{\eta}_{2i}(t,x), & \frac{1}{3}\omega\leqslant t\leqslant\frac{2}{3}\omega \\ 1, & t>\frac{2}{3}\omega \end{cases}$$

选取 $\bar{\eta}_{ji}(t,x)$，$0\leqslant\bar{\eta}_{ji}\leqslant 1$，$j=1,2$，使得 η_{1i}，η_{2i} 是连续递增函数。

注 8.1　自适应律式(8-6)和式(8-7)是一差分型和微分型自适应律，其作用是处理未知时变参数和未知时不变参数。

8.3　自适应学习同步

结合反馈控制式(8-5)及自适应更新率式(8-6)和式(8-7)，运用泛函微分方程不变原理得到如下定理。

定理 8.1　假设条件(A8.1)和(A8.2)成立．如果存在正常数 ε_1，ε_2 使得

$$-\left(2\sum_{l=1}^{m}\frac{1}{d_l^2}\min_{1\leqslant i\leqslant n}(D_{il})+2\min_{1\leqslant i\leqslant n}(a_i)\zeta_m\right)+\frac{1}{2}\sum_{j=1}^{n}\max_{1\leqslant i\leqslant n}(|w_{ij}|)\xi_M+$$
$$\frac{1}{2}\sum_{j=1}^{n}\max_{1\leqslant i\leqslant n}(|w_{ji}|)\max_{1\leqslant i\leqslant n}(L_i^2)\xi_M+\frac{1}{2}\sum_{j=1}^{n}\max_{1\leqslant i\leqslant n}(|\alpha_{ij}|+|\beta_{ij}|)+$$
$$\frac{1}{2(1-\mu)}\sum_{j=1}^{n}\max_{1\leqslant i\leqslant n}(|\alpha_{ij}|+|\beta_{ij}|)L_j^2-(\zeta_m+\xi_m)+\frac{1}{2}\leqslant\varepsilon_1+\varepsilon_2 \tag{8-8}$$

则驱动-响应系统式(8-1)和式(8-3)是渐进同步的。

证明　考虑下列 Lyapunov-Krasovskii-like 复合能量函数：

$$V(t)=\int_\Omega\sum_{i=1}^{n}\left\{e_i^2+\int_{t-\omega}^{t}(\tilde{\zeta}_i^{*2}+\tilde{\xi}_i^{*2})\mathrm{d}s+[\theta_{1i}^{-1}(\tilde{\zeta}_i^{**}+\varepsilon_1)^2+\right.$$
$$\left.\theta_{2i}^{-1}(\tilde{\xi}_i^{**}+\varepsilon_2)^2]+\frac{1}{1-\mu}\sum_{j=1}^{n}\int_{t-\tau_{ij}(t)}^{t}(|\alpha_{ij}|+|\beta_{ij}|)L_j^2e_i^2\mathrm{d}s\right\}\mathrm{d}x \tag{8-9}$$

其中 $t \geqslant \omega, \zeta_i^*(t) = \zeta_i^*(t-\omega), \xi_i^*(t) = \xi_i^*(t-\omega), \tilde{\zeta}_i^* = \zeta_i^* - \hat{\zeta}_i^*, \tilde{\xi}_i^* = \xi_i^* - \hat{\xi}_i^*, \tilde{\zeta}_i^{**} = \zeta_i^{**} - \hat{\zeta}_i^{**}, \tilde{\xi}_i^{**} = \xi_i^{**} - \hat{\xi}_i^{**}$。

对 $V(t)$ 关于 t 求导得到

$$\begin{aligned}
\dot{V}(t) = & \int_\Omega \sum_{i=1}^n \Bigg\{ 2e_i \Bigg[\sum_{l=1}^m \frac{\partial}{\partial x_l}\Big(D_{il}\frac{\partial e_i}{\partial x_l}\Big) - a_i\zeta_i e_i + \sum_{j=1}^n w_{ij}\xi_i(t,x)\tilde{g}_j(e_j) + \\
& \bigwedge_{j=1}^n \alpha_{ij} g_j^*(e_j(t-\tau_{ij}(t))) + \bigwedge_{j=1}^n \alpha_{ij} g_j^*(e_j(t-\tau_{ij}(t))) + \\
& \bigvee_{j=1}^n \beta_{ij} g_j^{**}(e_j(t-\tau_{ij}(t))) - \frac{1}{2}(\hat{\zeta}_i^* + \hat{\xi}_i^* + \hat{\zeta}_i^*(t-\omega) + \\
& \hat{\xi}_i^*(t-\omega))e_i - (\hat{\zeta}_i^{**} + \hat{\xi}_i^{**})e_i \Bigg] + [\tilde{\zeta}_i^{*2} + \tilde{\xi}_i^{*2}] - \\
& [\tilde{\zeta}_i^*(t-\omega)^2 + \tilde{\xi}_i^*(t-\omega)^2] + [2\theta_{1i}^{-1}(\tilde{\zeta}_i^{**} + \varepsilon_1)\dot{\tilde{\zeta}}_i^{**} + 2\theta_{2i}^{-1}(\tilde{\xi}_i^{**} + \varepsilon_2)\dot{\tilde{\xi}}_i^{**}] + \\
& \frac{1}{1-\mu}\sum_{j=1}^n (|\alpha_{ij}| + |\beta_{ij}|)L_j^2[e_i^2 - (1-\dot{\tau}_{ij}(t))e_i(t-\tau_{ij}(t))^2] \Bigg\} \mathrm{d}x \leqslant \\
& \int_\Omega \sum_{i=1}^n \Bigg\{ \Bigg[2e_i \sum_{l=1}^m \frac{\partial}{\partial x_l}\Big(D_{il}\frac{\partial e_i}{\partial x_l}\Big) - 2a_i\zeta_i e_i^2 + 2\sum_{j=1}^n |w_{ij}||\xi_i||e_i||\tilde{g}_j(e_J)| + \\
& 2|e_i| \bigwedge_{j=1}^n \alpha_{ij} g_j^*(e_j(t-\tau_{ij}(t))) + 2|e_i| \bigvee_{j=1}^n \beta_{ij} g_j^{**}(e_j(t-\tau_{ij}(t))) - \\
& (\hat{\zeta}_i^* + \hat{\xi}_i^* + \hat{\zeta}_i^*(t-\omega) + \hat{\xi}_i^*(t-\omega))e_i^2 - 2(\hat{\zeta}_i^{**} + \hat{\xi}_i^{**})e_i^2 \Bigg] + \\
& [\tilde{\zeta}_i^{*2} + \tilde{\xi}_i^{*2}] - [\tilde{\zeta}_i^*(t-\omega)^2 + \tilde{\xi}_i^*(t-\omega)^2] + \\
& [2\theta_{1i}^{-1}(\tilde{\zeta}_i^{**} + \varepsilon_1)\dot{\tilde{\zeta}}_i^{**} + 2\theta_{2i}^{-1}(\tilde{\xi}_i^{**} + \varepsilon_2)\dot{\tilde{\xi}}_i^{**}] + \\
& \frac{1}{1-\mu}\sum_{j=1}^n (|\alpha_{ij}| + |\beta_{ij}|)L_j^2[e_i^2 - (1-\dot{\tau}_{ij}(t))e_i(t-\tau_{ij}(t))^2] \Bigg\} \mathrm{d}x
\end{aligned} \tag{8-10}$$

运用引理 8.2,我们有

$$\begin{aligned}
2|e_i|\,\Big|\bigwedge_{j=1}^n \alpha_{ij} g_j^*(e_j(t-\tau_{ij}(t)))\Big| \leqslant 2|e_i| \sum_{j=1}^n |\alpha_{ij}| L_j |e_j(t-\tau_{ij}(t))| \leqslant \\
\sum_{j=1}^n |\alpha_{ij}||e_i|^2 + \sum_{j=1}^n |\alpha_{ij}| L_j^2 |e_j(t-\tau_{ij}(t))|^2
\end{aligned} \tag{8-11}$$

$$\begin{aligned}
2|e_I|\,\Big|\bigvee_{j=1}^n \beta_{ij} g_j^{**}(e_j(t-\tau_{ij}(t)))\Big| \leqslant 2|e_i| \sum_{j=1}^n |\beta_{ij}| L_j |e_j(t-\tau_{ij}(t))| \leqslant \\
\sum_{j=1}^n |\beta_{ij}||e_i|^2 + \sum_{j=1}^n |\beta_{ij}| L_j^2 |e_j(t-\tau_{ij}(t))|^2
\end{aligned}$$

用 Green's 公式,引理 8.1 和 Dirichlet 边界条件得

$$\int_\Omega \sum_{l=1}^{m} e_i \frac{\partial}{\partial x_l}\left(D_{il}\frac{\partial e_i}{\partial x_l}\right)\mathrm{d}x = -\sum_{l=1}^{m}\int_\Omega D_{il}\left(\frac{\partial e_i}{\partial x_l}\right)^2\mathrm{d}x \leqslant -\int_\Omega \sum_{l=1}^{m}(1/d_l^2)D_{il}e_i^2\mathrm{d}x \tag{8-12}$$

由式(8-2)，式(8-6)，式(8-7)，式(8-10)～(8-12) 和(A8.1)得

$$\begin{aligned}\dot V(t) \leqslant & \int_\Omega \{\sum_{i=1}^{n}[-(2\sum_{l=1}^{m}(1/d_l^2)D_{il}+2a_i\zeta_m)|e_i|^2+\sum_{j=1}^{n}|w_{ij}|\xi_M|e_i|^2+\\ & \sum_{j=1}^{n}|w_{ij}|\xi_M L_j^2\ |e_j|^2+\sum_{j=1}^{n}(|\alpha_{ij}|+|\beta_{ij}|)|e_i|^2+\\ & \sum_{j=1}^{n}(|\alpha_{ij}|+|\beta_{ij}|)L_j^2\ |e_j(t-\tau_{ij}(t))|^2-2[(\zeta_i^*+\zeta_i^{**}+\xi_i^*+\xi_i^{**}+\\ & \varepsilon_1+\varepsilon_2)]|e_i|^2\}+\frac{1}{1-\mu}\sum_{j=1}^{n}(|\alpha_{ij}|+|\beta_{ij}|)L_j^2[e_i{}^2-\\ & (1-\dot\tau_{ij}(t))e_i\ (t-\tau_{ij}(t))^2]\}\mathrm{d}x \leqslant \int_\Omega \sum_{i=1}^{n}[-(2\sum_{l=1}^{m}(1/d_l^2)\min_{1\leqslant i\leqslant n}(D_{il})+\\ & 2\min_{1\leqslant i\leqslant n}(a_i)\zeta_m)+\sum_{j=1}^{n}\max_{1\leqslant i\leqslant n}(|w_{ij}|)\xi_M+\sum_{j=1}^{n}\max_{1\leqslant i\leqslant n}(|w_{ji}|)\max_{1\leqslant i\leqslant n}(L_i^2)\xi_M+\\ & \sum_{j=1}^{n}\max_{1\leqslant i\leqslant n}(|\alpha_{ij}|+|\beta_{ij}|)+\frac{1}{1-\mu}\sum_{j=1}^{n}\max_{1\leqslant i\leqslant n}(|\alpha_{ij}|+|\beta_{ij}|)L_j^2-\\ & 2(\zeta_m+\xi_m+\varepsilon_1+\varepsilon_2)]|e_i|^2\mathrm{d}x\end{aligned} \tag{8-13}$$

因此由式(8-13)和式(8-8)得 $\dot V(t) \leqslant -\|\boldsymbol{e}\|_2^2$，其中 $\boldsymbol{e}=(e_1,\cdots,e_n)^{\mathrm{T}}$。显然 $\dot V(t)=0$ 当且仅当 $\boldsymbol{e}=\boldsymbol{0}$。由著名的泛函微分方程不变原理得 $\boldsymbol{e}\to\boldsymbol{0}$。

8.4 数值例子

例 8.1 考虑驱动-响应系统如系统(8-1) 和 (8-3) 其中 $x\in\Omega=\{x \mid |x_l|<1, l=1\}$，$g_j(y)=\tanh(y)$ 和 $\tau_{ij}(t)=\dfrac{\mathrm{e}^t}{1+\mathrm{e}^t}(i,j=1,2)$。显然，$g_j(\cdot)$ 满足 (A8.1) 且 $L_j=1$，$0<\tau_{ij}(t)<1$ 和 $\dot\tau_{ij}(t)=\dfrac{\mathrm{e}^t}{(1+\mathrm{e}^t)^2}\leqslant\dfrac{1}{2}<1$。

系统式(8-1)和式 (8-3) 的参数如下：

$\zeta_1^*=0.2\sin\dfrac{2\pi t}{3}$，$\zeta_2^*=2\cos\pi t$，$\xi_1^*=-\sin\dfrac{2\pi t}{3}$，$\xi_2^*=\cos\pi t$，$\zeta_1^{**}=0.6$，$\zeta_2^{**}=8$，$\xi_1^{**}=2.6$，$\xi_2^{**}=5$，$\bar\eta_{1i}=\bar\eta_{2i}=\dfrac{1}{2}t-1$，$D_{11}=D_{21}=0.1$，$J_1=0.6$，$J_2=0.2$，

$$\mathbf{A}=\mathrm{diag}(a_1,a_2)=\begin{bmatrix}0.1 & 0\\ 0 & 0.1\end{bmatrix},\mathbf{W}=(w_{ij})_{2\times2}=\begin{bmatrix}0.2 & -0.2\\ -2 & 5\end{bmatrix},$$

$$\boldsymbol{\alpha}=(\alpha_{ij})_{2\times2}=\boldsymbol{\beta}=(\beta_{ij})_{2\times2}=\begin{bmatrix}-1.2 & -0.2\\ -1.6 & -0.1\end{bmatrix}。$$

令 $\theta_{1i}=0.3$，$\theta_{2i}=0.2$，$i=1,2$。让 $\varepsilon_1=19.51,\varepsilon_2=20.95$，通过简单计算有 $\zeta_m=0.4,\zeta_M=10,\xi_m=1.6,\xi_M=6$ 和这些参数满足式(8-8)。

根据定理8.1，驱动-响应系统是渐进同步的。

状态变量 u_i 和 $e_i,i=1,2$，的动态行为 如图8-1～图8-4，他们也证明了系统式 (8-14) 和 式(8-15)是渐进同步的。

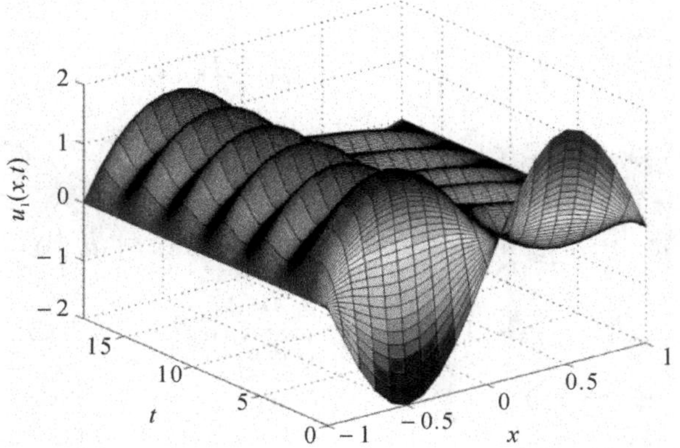

图8.1 $u_1(x,t)$的混沌行为

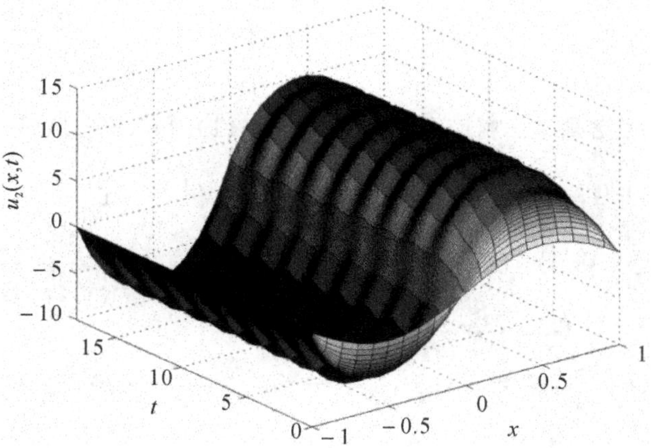

图8.2 $u_2(x,t)$的混沌行为

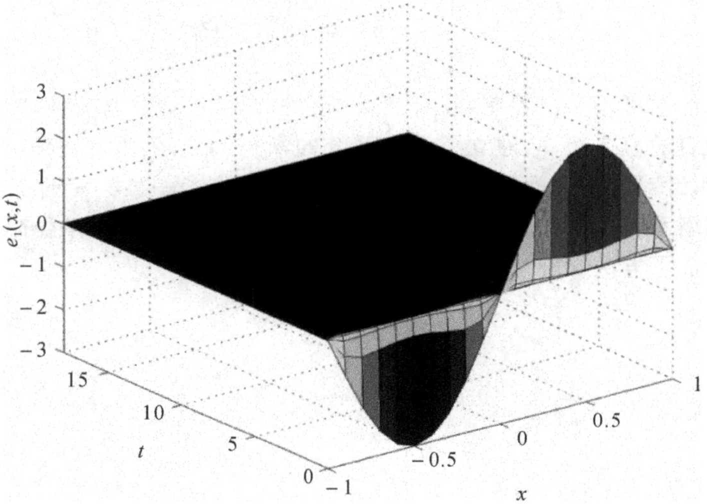

图 8.3　误差 $e_1(x,t)$ 的动态行为

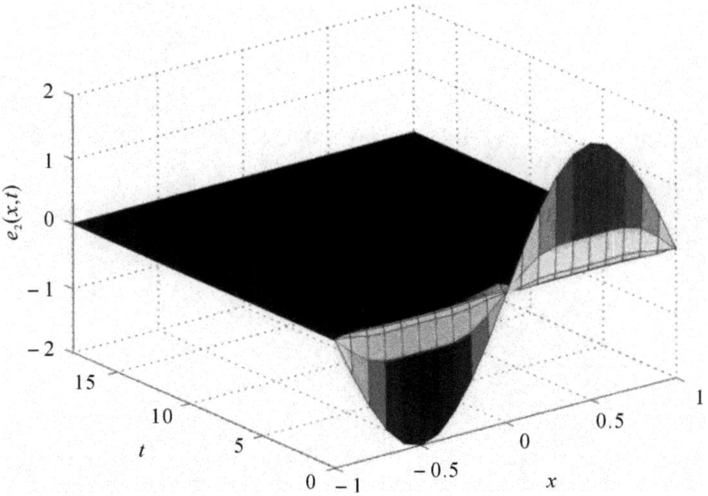

图 8.4　误差 $e_2(x,t)$ 的动态行为

8.5 本章小结

本章通过利用学习控制，复合能量函数和 Lassalle 原理，设计新的自适应控制器和自适应更新率，建立了研究系统的渐进同步新的充分条件。与现有成果比较，针对同步化问题，研究方法有创新，给出了一类具有时变参数的模糊神经网络系统的研究方法，结果是新的并对已有成果作了有益补充。我们的实例验证了方法和理论的有效性和正确性。

第九章　混合时滞分布参数神经网络采样同步控制

9.1 引　　言

在过去的几十年中，有限维系统的采样控制已被广泛研究。由于数字硬件技术的迅速发展，采样控制方法的控制信号保持恒定的采样周期，并在采样时刻允许改变，更重要的是比其他的控制方法有优势。自从利用数据采样测量对抛物系统的可观性进行了研究[117]，也有学者对采样分布参数系统[118-124]进行了研究。在文献[118－121]中，作者采用离散方法对线性时不变系统进行了研究。最近，一个基于采样控制模型降阶的方法在文献[123,124]中被引入，其中在有限维控制器设计的基础上，对无限维系统进行了研究。后者的方法似乎是不适用于具有空间相关的扩散系数和不确定的非线性项的系统。现有的采样数据的结果不适用于闭环系统的性能分析，例如指数收敛的衰减率。在文献[125]中，作者提出了一个有限的时间间隔的抛物型系统的采样控制器，研究了不确定的半线性扩散方程组的稳定性问题。本章考虑了使系统镇定的无穷维线性状态反馈控制器。近年来，许多研究人员都采用了采样控制方案来解决各种有限维系统[127－130]的同步控制问题。然而，使用采样控制方法研究分布参数神经网络的一些理论结果非常少。值得注意的是，文献[131]引入了线性矩阵不等式方法，得到了分布参数系统稳定性的充分条件。

9.2 模型描述和预备知识

考虑下列分布参数时滞神经网络：

$$\frac{\partial \boldsymbol{u}(t,x)}{\partial t}=\frac{\partial}{\partial x}\left(\boldsymbol{D}\frac{\partial \boldsymbol{u}(t,x)}{\partial x}\right)-\boldsymbol{A}\boldsymbol{u}(t,x)+\boldsymbol{W}\boldsymbol{g}(\boldsymbol{u}(t,x))+\boldsymbol{H}\boldsymbol{g}(\boldsymbol{u}(t-\tau(t),x))+\boldsymbol{B}\int_{t-d(t)}^{t}\boldsymbol{g}(\boldsymbol{u}(s,x))\mathrm{d}s+\boldsymbol{J},t\geqslant 0,x\in\Omega \tag{9-1}$$

$$\boldsymbol{u}(s,x)=\boldsymbol{\varphi}(s,x),(s,x)\in(-\bar{\tau},0]\times\Omega \tag{9-2}$$

$$\boldsymbol{u}(t,x)=\mathbf{0},(t,x)\in(-\bar{\tau},+\infty)\times\partial\Omega \tag{9-3}$$

其中，$x\in\Omega,\boldsymbol{u}(t,x)=(u_1(t,x),\cdots,u_n(t,x))^{\mathrm{T}}$ 表示系统状态向量；$\boldsymbol{A}=\mathrm{diag}\{a_1,\cdots,a_n\}$，$a_i>0$，$i=1,2,\cdots,n$ 和 $\boldsymbol{W}=(w_{ij})_{n\times n}$，$\boldsymbol{H}=(h_{ij})_{n\times n}$，$\boldsymbol{B}=(b_{ij})_{n\times n}$ 是连接权矩阵；$\boldsymbol{g}(\cdot)$ 表示激励函数；$\boldsymbol{J}=(J_1,J_2,\cdots,J_n)^{\mathrm{T}}$ 表示常输入向量；$\tau(t)$ 表示时滞且满足 $0\leqslant\tau(t)\leqslant\tau$，$\dot{\tau}(t)\leqslant\mu<1$，这里 τ 和 μ 是常数，有界函数 $d(t)$ 表示系统的分布时滞且满足 $0\leqslant d(t)\leqslant d$；$\boldsymbol{D}=\mathrm{diag}(D_1,\cdots,D_n)$，$D_i>0,i=1,2,\cdots,n$ 表示扩散系数。初始向量 $\boldsymbol{\varphi}(s,x)$ 是有界函数且在 $(-\bar{\tau},0]$ 上连续，其中 $\bar{\tau}=\max\{d,\tau\}$。

(A9.1)对任意 $\tilde{\omega}_1\neq\tilde{\omega}_2\in\mathbb{R}$，激励函数 $g_j(\cdot)$ 满足

$$L_j^-\leqslant\frac{g_j(\tilde{\omega}_1)-g_j(\tilde{\omega}_2)}{\tilde{\omega}_1-\tilde{\omega}_2}\leqslant L_j^+,j=1,2,\cdots,n$$

其中 L_j^+ 和 L_j^- 是常数。

为了观察驱动系统式(9-1)的同步行为，让响应系统为

$$\left.\begin{aligned}&\frac{\partial\tilde{\boldsymbol{u}}(t,x)}{\partial t}=\frac{\partial}{\partial x}\left(\boldsymbol{D}\frac{\partial\tilde{\boldsymbol{u}}(t,x)}{\partial x}\right)-\boldsymbol{A}\tilde{\boldsymbol{u}}(t,x)+\boldsymbol{W}\boldsymbol{g}(\tilde{u}(t,x))+\boldsymbol{H}\boldsymbol{g}\\&(\tilde{\boldsymbol{u}}(t-\tau(t),x))+\boldsymbol{B}\int_{t-d(t)}^{t}\boldsymbol{g}(\tilde{\boldsymbol{u}}(s,x))\mathrm{d}s+\boldsymbol{J}+\boldsymbol{v}(t,x),\\&\qquad\qquad t\geqslant0,x\in\Lambda\\&\tilde{\boldsymbol{u}}(t,x)=\mathbf{0},(t,x)\in(-\bar{\tau},+\infty)\times\partial\Omega\\&\tilde{\boldsymbol{u}}(s,x)=\tilde{\varphi}(s,x),(s,x)\in(-\bar{\tau},0]\times\Omega\end{aligned}\right\}\tag{9-4}$$

其中 $\tilde{\boldsymbol{\varphi}}(s,x)$ 是连续有界函数。

定义同步误差信号为 $\boldsymbol{y}(t,x)=\tilde{\boldsymbol{u}}(t,x)-\boldsymbol{u}(t,x)$，则系统式(9-1)与式(9-4)的系统误差为

$$\left.\begin{aligned}&\frac{\partial\boldsymbol{y}(t,x)}{\partial t}=\frac{\partial}{\partial x}\left(\boldsymbol{D}\frac{\partial\boldsymbol{y}(t,x)}{\partial x}\right)-\boldsymbol{A}\boldsymbol{y}(t,x)+\boldsymbol{W}\tilde{\boldsymbol{g}}(\boldsymbol{y}(t,x))+\\&\boldsymbol{H}\tilde{\boldsymbol{g}}(y(t-\tau(t),x))+\boldsymbol{B}\int_{t-d(t)}^{t}\tilde{\boldsymbol{g}}(\boldsymbol{y}(s,x))\mathrm{d}s+\boldsymbol{v}(t,x),\\&\qquad\qquad t\geqslant0,x\in\Omega\\&\boldsymbol{y}(t,x)=\mathbf{0},(t,x)\in(-\bar{\tau},+\infty)\times\partial\Omega\\&\boldsymbol{y}(s,x)=\tilde{\boldsymbol{\varphi}}(s,x)-\boldsymbol{\varphi}(s,x),(s,x)\in(-\bar{\tau},0]\times\Omega\end{aligned}\right\}\tag{9-5}$$

其中 $\boldsymbol{y}(\cdot,x)=(y_1(\cdot,x),\cdots,y_n(\cdot,x))^{\mathrm{T}}$，

$\tilde{\boldsymbol{g}}(y(\cdot,x))=(\tilde{g}_1(y_1(\cdot,x)),\cdots,\tilde{g}_n(y_n(\cdot,x)))^{\mathrm{T}},\tilde{g}_j(y_j(\cdot,x))=$

$g_j(\tilde{u}_j(\cdot,x))-g_j(u_j(\cdot,x))$, $j=1,2,\cdots,n$

且 $\tilde{g}_j(y_j(\cdot,x))$ 满足下列条件：

$$L_j^- \leqslant \frac{\tilde{g}_j(y_j(\cdot,t))}{y_j(\cdot,t)} \leqslant L_j^+, y_j(\cdot,t)\neq 0, \tilde{g}_j(0)=0, j=1,2,\cdots,n \tag{9-6}$$

在 Dirichlet 条件下式(9－3)考虑系统式(9－1)。让点 $0=x_0<x_1<\cdots<x_N=l$ 把 $[0,l]$ 分成 N 个采样区间，$\bar{x}_j=\dfrac{x_j+x_{j+1}}{2}(j=0,\cdots,N-1)$。令 $t_0<t_1<\cdots<t_k\cdots$，$\lim\limits_{k\to\infty}t_k=\infty$为采样时间点。时空采样区间 $0\leqslant t_{k+1}-t_k\leqslant h, x_{j+1}-x_j\leqslant\Delta$ 是可变且有界。

时空采样控制器设计如下：

$$\boldsymbol{v}(t,x)=-\boldsymbol{K}\boldsymbol{y}(t,\bar{x}_j), \bar{x}_j=\frac{x_j+x_{j+1}}{2}, x\in[x_j,x_{j+1}), j=0,\cdots,N-1 \tag{9-7}$$

其中增益矩阵 $\boldsymbol{K}=\mathrm{diag}(k_1,k_2,\cdots,k_n)>0$。

利用关系式 $\boldsymbol{y}(t,\bar{x}_j)=\boldsymbol{y}(t,x)-\int_{\bar{x}_j}^{x}\boldsymbol{y}_s(t,s)\mathrm{d}s$，式(9－7)可以表示为

$$\boldsymbol{v}(t,x)=-\boldsymbol{K}\boldsymbol{y}(t,\bar{x}_j)+\boldsymbol{K}\int_{\bar{x}_j}^{x}\boldsymbol{y}_s(t,s)\mathrm{d}s$$

为了得到主要结果，给出下列引理。

引理 9.1[73]　令 $z\in H^1(\Omega)$，$\Omega=(0,l)$ 是标量函数，且 $z(0)=0$ 或 $z(l)=0$，则

$$\int_\Omega z^2(x)\mathrm{d}x\leqslant\frac{4l^2}{\pi^2}\int_\Omega\left[\frac{\mathrm{d}z}{\mathrm{d}x}\right]^2\mathrm{d}x$$

而且，如果 $z(0)=z(l)=0$，则

$$\int_\Omega z^2(x)\mathrm{d}x\leqslant\frac{l^2}{\pi^2}\int_\Omega\left[\frac{\mathrm{d}z}{\mathrm{d}x}\right]^2\mathrm{d}x$$

引理 9.2[74]　设 $\boldsymbol{X}$ 和 $\boldsymbol{Y}$ 是适当维数的实矩阵，则下列矩阵不等式成立：

$$2\boldsymbol{X}^{\mathrm{T}}\boldsymbol{Y}\leqslant\boldsymbol{X}^{\mathrm{T}}\boldsymbol{X}+\boldsymbol{Y}^{\mathrm{T}}\boldsymbol{Y}$$

引理 9.3[133]　对任意矩阵 $\boldsymbol{M}>0$，标量 γ_1 和 γ_2 满足 $\gamma_2>\gamma_1$，一向量函数 $x:[\gamma_1,\gamma_2]\to\mathbf{R}^n$ 使得相关积分有定义，则

$$\left(\int_{\gamma_1}^{\gamma_2}\boldsymbol{x}(s)\mathrm{d}s\right)^{\mathrm{T}}\boldsymbol{M}\left(\int_{\gamma_1}^{\gamma_2}\boldsymbol{x}(s)\mathrm{d}s\right)\leqslant(\gamma_2-\gamma_1)\int_{\gamma_1}^{\gamma_2}\boldsymbol{x}(s)^{\mathrm{T}}\boldsymbol{M}\boldsymbol{x}(s)\mathrm{d}s$$

引理 9.4[98]　设 $0<\delta_1<2\delta$ 和 $V:[t_0-h,\infty)\to[0,\infty)$ 是绝对连续函

数，且满足

$$\dot{V}(t) \leqslant -2\delta V(t) + \delta_1 \sup_{s\in[-h,0]} V(t+s), t \geqslant t_0$$

则
$$V(t) \leqslant e^{-2\alpha(t-t_0)} \sup_{s\in[-h,0]} V(t_0+s), t \geqslant t_0$$

其中 $\alpha > 0$ 是 $\alpha = \delta - \dfrac{\delta_1 e^{2\alpha h}}{2}$ 的唯一正解。

9.3 采样同步控制

定理 9.1 假设条件(A9.1)成立，如果存在采样反馈控制器式(9-7)，$R_i > 0, i = 1,2,3,4$，适当维数的正定矩阵 $\boldsymbol{P}, \boldsymbol{\Gamma}, \overline{\boldsymbol{\Gamma}}, \boldsymbol{X}$，和正数 ε，使得下列线性矩阵不等式成立：

$$\boldsymbol{\Xi} = \begin{bmatrix} \boldsymbol{\gamma}_{11} & \boldsymbol{0} & \boldsymbol{0} & \boldsymbol{\gamma}_{14} & \boldsymbol{\gamma}_{15} & \boldsymbol{\gamma}_{16} & \boldsymbol{0} \\ * & \boldsymbol{\gamma}_{22} & \boldsymbol{0} & \boldsymbol{0} & \boldsymbol{\gamma}_{25} & \boldsymbol{0} & \boldsymbol{0} \\ * & * & \boldsymbol{\gamma}_{33} & \boldsymbol{0} & \boldsymbol{0} & \boldsymbol{0} & \boldsymbol{0} \\ * & * & * & \boldsymbol{\gamma}_{44} & \boldsymbol{0} & \boldsymbol{0} & \boldsymbol{0} \\ * & * & * & * & \boldsymbol{\gamma}_{55} & \boldsymbol{0} & \boldsymbol{0} \\ * & * & * & * & * & \boldsymbol{\gamma}_{66} & \boldsymbol{0} \\ * & * & * & * & * & * & \boldsymbol{\gamma}_{77} \end{bmatrix} < 0 \tag{9-8}$$

其中

$$\boldsymbol{\gamma}_{11} = 2\alpha\boldsymbol{P} - 2\boldsymbol{PA} - 2\boldsymbol{X} + \boldsymbol{R}_1 + \varepsilon\frac{\Delta}{2\pi}\boldsymbol{X} + \boldsymbol{R}_3 - \boldsymbol{L}_1\boldsymbol{\Gamma}, \boldsymbol{\gamma}_{14} = \boldsymbol{PW} + \boldsymbol{L}_2\boldsymbol{\Gamma}, \boldsymbol{\gamma}_{15} = \boldsymbol{PH},$$

$$\boldsymbol{\gamma}_{16} = \boldsymbol{PB}, \gamma_{22} = -(1-\mu)e^{-2\alpha\tau}\boldsymbol{R}_1 - \boldsymbol{L}_1\overline{\boldsymbol{\Gamma}}, \boldsymbol{\gamma}_{25} = \boldsymbol{L}_2\overline{\boldsymbol{\Gamma}}, \boldsymbol{\gamma}_{33} = -e^{-2\alpha\tau}\boldsymbol{R}_3,$$

$$\boldsymbol{\gamma}_{44} = \boldsymbol{R}_2 + d\boldsymbol{R}_4 - \boldsymbol{\Gamma}, \boldsymbol{\gamma}_{55} = -(1-\mu)e^{-2\alpha\tau}R_2 - \overline{\boldsymbol{\Gamma}}, \boldsymbol{\gamma}_{66} = -\frac{1}{d}e^{-2\alpha d}\boldsymbol{R}_4,$$

$$\boldsymbol{\gamma}_{77} = \frac{\Delta}{2\pi}\varepsilon^{-1}\boldsymbol{X} - 2\boldsymbol{PD},$$

$$\boldsymbol{L}_1 = \mathrm{diag}(L_1^- L_1^+, \cdots, L_n^- L_n^+), \boldsymbol{L}_2 = \mathrm{diag}\left(\frac{L_1^- + L_1^+}{2}, \cdots, \frac{L_n^- + L_n^+}{2}\right)$$

α 是正常数，则驱动系统式(9-1)和响应系统式(9-4)是全局指数同步。

证明 引入下列 Lyapunov - Krasovskii 泛函：

$$V(t) = \sum_{i=1}^{4} V_i(t) \tag{9-9}$$

其中
$$V_1(t) = \int_\Omega e^{2\alpha t}\boldsymbol{y}(t,x)^{\mathrm{T}}\boldsymbol{P}\boldsymbol{y}(t,x)\mathrm{d}x$$

$$V_2(t)=\int_\Omega\int_{t-\tau(t)}^{t}\mathrm{e}^{2\alpha s}[\boldsymbol{y}(s,x)^{\mathrm{T}}\boldsymbol{R}_1\boldsymbol{y}(s,x)+\widetilde{\boldsymbol{g}}(\boldsymbol{y}(s,x))^{\mathrm{T}}\boldsymbol{R}_2\widetilde{\boldsymbol{g}}(y(s,x))]\mathrm{d}s\mathrm{d}x,$$

$$V_3(t)=\int_\Omega\int_{t-\tau}^{T}\mathrm{e}^{2\alpha s}\boldsymbol{y}(s,x)^{\mathrm{T}}\boldsymbol{R}_3\boldsymbol{y}(s,x)\mathrm{d}s\mathrm{d}x,$$

$$V_4(t)=\int_\Omega\int_{-d}^{0}\int_{t+\zeta}^{\mathrm{T}}\mathrm{e}^{2\alpha s}\widetilde{\boldsymbol{g}}(\boldsymbol{y}(s,x))^{\mathrm{T}}\boldsymbol{R}_4\widetilde{\boldsymbol{g}}(\boldsymbol{y}(s,x))\mathrm{d}s\mathrm{d}\zeta\mathrm{d}x,$$

α 是一常数且 $R_i>0, i=1,2,3,4$。

计算 $V_i(t), i=1,2,3$ 的导数，由式(9-5)得

$$\begin{aligned}\dot{V}_1(t)=&\int_\Omega\{2\alpha\mathrm{e}^{2\alpha t}\boldsymbol{y}(t,x)^{\mathrm{T}}\boldsymbol{P}\boldsymbol{y}(t,x)+2\mathrm{e}^{2\alpha t}\boldsymbol{y}(t,x)^{\mathrm{T}}\boldsymbol{P}\Big[\frac{\partial}{\partial x}\Big(D\frac{\partial\boldsymbol{y}(t,x)}{\partial x}\Big)-\\&\boldsymbol{A}\boldsymbol{y}(t,x)+\boldsymbol{W}\widetilde{\boldsymbol{g}}(\boldsymbol{y}(t,x))+\boldsymbol{H}\widetilde{\boldsymbol{g}}(\boldsymbol{y}(t-\tau(t),x))+\\&\boldsymbol{B}\int_{t-d(t)}^{t}\boldsymbol{g}(\boldsymbol{u}(s,x))\mathrm{d}s-\boldsymbol{K}\boldsymbol{y}(t,x)\Big]\Big\}\mathrm{d}x+\\&2\mathrm{e}^{2\alpha t}\sum_{j=0}^{N-1}\int_{x_j}^{x_{j+1}}\boldsymbol{y}(t,x)^{\mathrm{T}}\boldsymbol{P}\boldsymbol{K}[\boldsymbol{y}(t,x)-\boldsymbol{y}(t,\bar{x}_j)]\mathrm{d}x\end{aligned}\tag{9-10}$$

$$\begin{aligned}\dot{V}_2(t)\leqslant&\int_\Omega\{\mathrm{e}^{2\alpha t}[\boldsymbol{y}(t,x)^{\mathrm{T}}\boldsymbol{R}_1\boldsymbol{y}(t,x)+\widetilde{\boldsymbol{g}}(\boldsymbol{y}(t,x))^{\mathrm{T}}\boldsymbol{R}_2\widetilde{\boldsymbol{g}}(\boldsymbol{y}(t,x))]-\\&(1-\mu)\mathrm{e}^{-2\alpha\tau}\mathrm{e}^{2\alpha t}[\boldsymbol{y}(t-\tau(t),x)^{\mathrm{T}}\boldsymbol{R}_1\boldsymbol{y}(t-\tau(t),x)+\\&\widetilde{\boldsymbol{g}}(\boldsymbol{y}(t-\tau(t),x))^{\mathrm{T}}\boldsymbol{R}_2\widetilde{\boldsymbol{g}}(\boldsymbol{y}(t-\tau(t),x))]\}\mathrm{d}x\end{aligned}\tag{9-11}$$

$$V_3(t)=\int_\Omega[\mathrm{e}^{2\alpha t}\boldsymbol{y}(t,x)^{\mathrm{T}}\boldsymbol{R}_3\boldsymbol{y}(t,x)-\mathrm{e}^{2\alpha(t-\tau)}\boldsymbol{y}(t-\tau,x)^{\mathrm{T}}\boldsymbol{R}_3\boldsymbol{y}(t-\tau,x)]\mathrm{d}x\tag{9-12}$$

计算 $V_4(t)$ 的导数，由引理 3.3 得

$$\begin{aligned}\dot{V}_4(t)=&\int_\Omega\Big[d\mathrm{e}^{2\alpha t}\widetilde{\boldsymbol{g}}(\boldsymbol{y}(t,x))^{\mathrm{T}}\boldsymbol{R}_4\widetilde{\boldsymbol{g}}(\boldsymbol{y}(t,x))-\\&\int_{t-d}^{t}\mathrm{e}^{2\alpha s}\widetilde{\boldsymbol{g}}(\boldsymbol{y}(s,x))^{\mathrm{T}}\boldsymbol{R}_4\widetilde{\boldsymbol{g}}(\boldsymbol{y}(s,x))\mathrm{d}s\Big]\mathrm{d}x\leqslant\\&\int_\Omega\Big[d\mathrm{e}^{2\alpha t}\widetilde{\boldsymbol{g}}(\boldsymbol{y}(t,x))^{\mathrm{T}}\boldsymbol{R}_4\widetilde{\boldsymbol{g}}(\boldsymbol{y}(t,x))-\\&\mathrm{e}^{2\alpha(t-d)}\int_{t-d(t)}^{\mathrm{T}}\widetilde{\boldsymbol{g}}(\boldsymbol{y}(s,x))^{\mathrm{T}}\boldsymbol{R}_4\widetilde{\boldsymbol{g}}(\boldsymbol{y}(s,x))\mathrm{d}s\Big]\mathrm{d}x\leqslant\\&\int_\Omega\Big[d\mathrm{e}^{2\alpha t}\widetilde{\boldsymbol{g}}(\boldsymbol{y}(t,x))^{\mathrm{T}}\boldsymbol{R}_4\widetilde{\boldsymbol{g}}(\boldsymbol{y}(t,x))-\\&\frac{1}{d}\mathrm{e}^{2\alpha(t-d)}\Big(\int_{t-d(t)}^{t}\widetilde{\boldsymbol{g}}(\boldsymbol{y}(s,x))\mathrm{d}s\Big)^{\mathrm{T}}\boldsymbol{R}_4\int_{t-d(t)}^{t}\widetilde{\boldsymbol{g}}(\boldsymbol{y}(s,x))\mathrm{d}s\Big]\mathrm{d}x\end{aligned}\tag{9-13}$$

由式(9-5)的边界条件得到

$$\int_{\Omega}\boldsymbol{y}(t,x)^{\mathrm{T}}\boldsymbol{P}\frac{\partial}{\partial x}\left(\boldsymbol{D}\frac{\partial \boldsymbol{y}(t,x)}{\partial x}\right)\mathrm{d}x=-\int_{\Omega}\frac{\partial \boldsymbol{y}(t,x)^{\mathrm{T}}}{\partial x}\boldsymbol{PD}\frac{\partial \boldsymbol{y}(t,x)}{\partial x}\mathrm{d}x \tag{9-14}$$

由 Young's 不等式 $ab\leqslant\frac{(\sqrt{\varepsilon_1}a)^2}{2}+\frac{1}{2}\left(\frac{b}{\sqrt{\varepsilon_1}}\right)^2, a,b\in\mathbb{R}$，对任意 $\varepsilon_1>0$，下列不等式成立：

$$\begin{aligned}
&2\sum_{j=0}^{N-1}\int_{x_j}^{x_{j+1}}\boldsymbol{y}(t,x)^{\mathrm{T}}\boldsymbol{PK}[\boldsymbol{y}(t,x)-\boldsymbol{y}(t,\bar{x}_j)]\mathrm{d}x=\\
&\qquad 2\sum_{i=1}^{n}\sum_{j=0}^{N-1}\int_{x_j}^{x_{j+1}}p_ik_iy_i(t,x)[y_i(t,x)-y_i(t,\bar{x}_j)]\mathrm{d}x\leqslant\\
&\qquad \varepsilon_1\int_{\Omega}\boldsymbol{y}(t,x)^{\mathrm{T}}\boldsymbol{PKy}(t,x)\mathrm{d}x+\\
&\qquad \varepsilon_1^{-1}\sum_{j=0}^{N-1}\int_{x_j}^{x_{j+1}}[\boldsymbol{y}(t,x)-\boldsymbol{y}(t,\bar{x}_j)]^{\mathrm{T}}\boldsymbol{PK}[\boldsymbol{y}(t,x)-\boldsymbol{y}(t,\bar{x}_j)]\mathrm{d}x
\end{aligned} \tag{9-15}$$

由引理 9.1，我们有

$$\begin{aligned}
&\int_{x_j}^{x_{j+1}}[\boldsymbol{y}(t,x)-\boldsymbol{y}(t,\bar{x}_j)]^{\mathrm{T}}\boldsymbol{PK}[\boldsymbol{y}(t,x)-\boldsymbol{y}(t,\bar{x}_j)]\mathrm{d}x=\\
&\quad\int_{x_j}^{\bar{x}_j}[\boldsymbol{y}(t,x)-\boldsymbol{y}(t,\bar{x}_j)]^{\mathrm{T}}\boldsymbol{PK}[\boldsymbol{y}(t,x)-\boldsymbol{y}(t,\bar{x}_j)]\mathrm{d}x+\\
&\quad\int_{\bar{x}_j}^{x_{j+1}}[\boldsymbol{y}(t,x)-\boldsymbol{y}(t,\bar{x}_j)]^{\mathrm{T}}\boldsymbol{PK}[\boldsymbol{y}(t,x)-\boldsymbol{y}(t,\bar{x}_j)]\mathrm{d}x\leqslant\\
&\quad\frac{\Delta^2}{4\pi^2}\int_{x_j}^{x_{j+1}}\frac{\partial \boldsymbol{y}(t,x)^{\mathrm{T}}}{\partial x}\boldsymbol{PK}\frac{\partial \boldsymbol{y}(t,x)}{\partial x}\mathrm{d}x
\end{aligned} \tag{9-16}$$

令 $\varepsilon_1=\frac{\Delta}{2\pi}\varepsilon$，由式(9-10)，式(9-15)和式(9-16)得

$$\begin{aligned}
\dot{V}_1(t)\leqslant&\int_{\Omega}\Big\{2\alpha e^{2\alpha t}\boldsymbol{y}(t,x)^{\mathrm{T}}\boldsymbol{Py}(t,x)+2e^{2\alpha t}\boldsymbol{y}(t,x)^{\mathrm{T}}\boldsymbol{P}\Big[\frac{\partial}{\partial x}\left(\boldsymbol{D}\frac{\partial \boldsymbol{y}(t,x)}{\partial x}\right)-\\
&\boldsymbol{Ay}(t,x)+\boldsymbol{W}\tilde{\boldsymbol{g}}(\boldsymbol{y}(t,x))+\boldsymbol{H}\tilde{\boldsymbol{g}}(\boldsymbol{y}(t-\tau(t),x))+\\
&\boldsymbol{B}\int_{t-d(t)}^{\mathrm{T}}\tilde{\boldsymbol{g}}(\boldsymbol{u}(s,x))\mathrm{d}s-\boldsymbol{Ky}(t,x)\Big]\Big\}\mathrm{d}x+\\
&e^{2\alpha t}\varepsilon^{-1}\frac{\Delta}{2\pi}\int_{\Omega}\frac{\partial \boldsymbol{y}(t,x)^{\mathrm{T}}}{\partial x}\boldsymbol{PK}\frac{\partial \boldsymbol{y}(t,x)}{\partial x}\mathrm{d}x+\\
&e^{2\alpha t}\varepsilon\frac{\Delta}{2\pi}\int_{\Omega}\boldsymbol{y}(t,x)^{\mathrm{T}}\boldsymbol{PKy}(t,x)\mathrm{d}x
\end{aligned} \tag{9-17}$$

由条件(A9.1) 知 $\tilde{g}_j(\cdot)$ 满足下列条件：

$$L_j^- \leqslant \frac{\tilde{g}_j(y_j(t,x))}{y_j(t,x)} \leqslant L_j^+, y_j(t,x) \neq 0, j=1,2,\cdots,n$$

这样，根据上面的不等式有

$$(\tilde{g}_j(y_j(t,x))-L_j^- y_j(t,x))(\tilde{g}_j(y_j(t,x))-L_j^+ y_j(t,x)) \leqslant 0, j=1,2,\cdots,n \tag{9-18}$$

式(9-18)等价于

$$\boldsymbol{\chi}(t,x)^{\mathrm{T}}\begin{bmatrix} L_j^- L_j^+ I_i I_i^{\mathrm{T}} & -\dfrac{L_j^-+L_j^+}{2} I_i I_i^{\mathrm{T}} \\ -\dfrac{L_j^-+L_j^+}{2} I_i I_i^{\mathrm{T}} & I_i I_i^{\mathrm{T}} \end{bmatrix}\boldsymbol{\chi}(t,x) \leqslant 0 \tag{9-19}$$

其中 $\boldsymbol{\chi}(t,x)=(\boldsymbol{y}(t,x)^{\mathrm{T}}\quad \tilde{\boldsymbol{g}}(\boldsymbol{y}(t,x))^{\mathrm{T}})^{\mathrm{T}}$；$I_i$ 定义为第 i 行为 1，其余为零的单位列向量。这样对适当维数的对角矩阵 $\boldsymbol{\Gamma}>0$，下列不等式成立 [32]：

$$0 \leqslant \boldsymbol{\chi} t,x)^{\mathrm{T}}\begin{bmatrix} -\boldsymbol{L}_1\boldsymbol{\Gamma} & \boldsymbol{L}_2\boldsymbol{\Gamma} \\ * & -\boldsymbol{\Gamma} \end{bmatrix}\boldsymbol{\chi}(t,x) \tag{9-20}$$

类似地，对任意适当维数的对角矩阵 $\overline{\boldsymbol{\Gamma}}>0$，下列不等式也成立：

$$0 \leqslant \boldsymbol{\chi}(t-\tau(t),x)^{\mathrm{T}}\begin{bmatrix} -\boldsymbol{L}_1\overline{\boldsymbol{\Gamma}} & \boldsymbol{L}_2\overline{\boldsymbol{\Gamma}} \\ * & -\overline{\boldsymbol{\Gamma}} \end{bmatrix}\boldsymbol{\chi}(t-\tau(t),x) \tag{9-21}$$

由式(9-11)～式(9-13) 和式(9-17)，并把式(9-14)代入式(9-17)得到：

$$\begin{aligned}\dot{V}(t) \leqslant \int_{\Omega} \mathrm{e}^{2\alpha t}\{&\boldsymbol{y}(t,x)^{\mathrm{T}}\left[2\alpha\boldsymbol{P}-2\boldsymbol{AP}-2\boldsymbol{X}+\boldsymbol{R}_1+\varepsilon\frac{\Delta}{2\pi}\boldsymbol{X}+\boldsymbol{R}_3-\boldsymbol{L}_1\boldsymbol{\Gamma}\right]\boldsymbol{y}(t,x)- \\ &\mathrm{e}^{-2\alpha\tau}\boldsymbol{y}(t-\tau,x)^{\mathrm{T}}\boldsymbol{R}_3\boldsymbol{y}(t-\tau,x)+\boldsymbol{y}(t-\tau(t),x)^{\mathrm{T}}[-(1-\mu)\mathrm{e}^{-2\alpha\tau}\boldsymbol{R}_1- \\ &\boldsymbol{L}_1\overline{\boldsymbol{\Gamma}}]\boldsymbol{y}(t-\tau(t),x)+\boldsymbol{y}(t,x)^{\mathrm{T}}(2\boldsymbol{PW}+2\boldsymbol{L}_2\boldsymbol{\Gamma})\tilde{\boldsymbol{g}}(\boldsymbol{y}(t,x))+ \\ &\boldsymbol{y}(t-\tau(t),x)^{\mathrm{T}}(2\boldsymbol{L}_2\overline{\boldsymbol{\Gamma}})\tilde{\boldsymbol{g}}(\boldsymbol{y}(t-\tau(t),x))+ \\ &2\boldsymbol{y}(t,x)^{\mathrm{T}}\boldsymbol{PH}\tilde{\boldsymbol{g}}(\boldsymbol{y}(t-\tau(t),x))+2\boldsymbol{y}(t,x)^{\mathrm{T}}\boldsymbol{PB}\int_{t-d(t)}^{t}\tilde{\boldsymbol{g}}(\boldsymbol{u}(s,x))\mathrm{d}s+ \\ &\tilde{\boldsymbol{g}}(\boldsymbol{y}(t,x))^{\mathrm{T}}[\boldsymbol{R}_2+d\boldsymbol{R}_4-\boldsymbol{\Gamma}]\tilde{\boldsymbol{g}}(\boldsymbol{y}(t,x))+ \\ &\tilde{\boldsymbol{g}}(\boldsymbol{y}(t-\tau(t),x))^{\mathrm{T}}[-(1-\mu)\mathrm{e}^{-2\alpha\tau}\boldsymbol{R}_2-\overline{\boldsymbol{\Gamma}}]\tilde{\boldsymbol{g}}(\boldsymbol{y}(t-\tau(t),x))- \\ &\frac{1}{d}\mathrm{e}^{-2\alpha d}\left(\int_{t-d(t)}^{t}\tilde{\boldsymbol{g}}(\boldsymbol{y}(s,x))\mathrm{d}s\right)^{\mathrm{T}}\boldsymbol{R}_4\left(\int_{t-d(t)}^{t}\tilde{\boldsymbol{g}}(\boldsymbol{y}(s,x))\mathrm{d}s\right)+ \\ &\frac{\partial\boldsymbol{y}(t,x)^{\mathrm{T}}}{\partial x}\left(\frac{\Delta}{2\pi}\varepsilon^{-1}\boldsymbol{X}-2\boldsymbol{PD}\right)\frac{\partial\boldsymbol{y}(t,x)}{\partial x}\Big\}\mathrm{d}x=\boldsymbol{\xi}(t,x)^{\mathrm{T}}\boldsymbol{\Xi}\boldsymbol{\xi}(t,x)\end{aligned} \tag{9-22}$$

其中 $\boldsymbol{\xi}(t,x)=\Big(\boldsymbol{y}(t,x)^{\mathrm{T}},\boldsymbol{y}(t-\tau(t),x)^{\mathrm{T}},\boldsymbol{y}(t-\tau,x)^{\mathrm{T}},\widetilde{\boldsymbol{g}}(\boldsymbol{y}(t,x))^{\mathrm{T}},$ $\widetilde{\boldsymbol{g}}(\boldsymbol{y}(t-\tau(t),x))^{\mathrm{T}},\int_{t-d(t)}^{t}\widetilde{\boldsymbol{g}}(\boldsymbol{y}(s,x))^{\mathrm{T}}\mathrm{d}s,\dfrac{\partial\boldsymbol{y}(t,x)^{\mathrm{T}}}{\partial x}\Big)^{\mathrm{T}}$ 是一列向量，状态反馈增益 $\boldsymbol{K}=\boldsymbol{P}^{-1}\boldsymbol{X}$。

因此，由式(9-8)和式(9-22)得

$$\dot{V}(t)<0 \tag{9-23}$$

故，由式(9-23)得

$$V(t)\leqslant V(0) \tag{9-24}$$

因此我们知道

$$\begin{aligned}V(0)\leqslant{}&\lambda_{\max}(\boldsymbol{P})\|y(0,x)\|_2^2+\lambda_{\max}(\boldsymbol{R}_1)\tau\|\boldsymbol{y}(s,x)\|_2^2+\\&\lambda_{\max}(R_2)L^2\|\boldsymbol{y}(s,x)\|_2^2+\lambda_{\max}(\boldsymbol{R}_3)\|\boldsymbol{y}(s,x)\|_2^2+\\&\lambda_{\max}(\boldsymbol{R}_4)d^2L^2\|\boldsymbol{y}(s,x)\|_2^2\leqslant(\lambda_{\max}(\boldsymbol{P})+\lambda_{\max}(\boldsymbol{R}_1)\tau+\lambda_{\max}(\boldsymbol{R}_2)L^2+\\&\lambda_{\max}(\boldsymbol{R}_3)+\lambda_{\max}(\boldsymbol{R}_4)d^2L^2)\sup_{s\in[-\bar{\tau},0]}\|\boldsymbol{y}(s,x)\|_2^2=\\&\Lambda\sup_{s\in[-\bar{\tau},0]}\|\boldsymbol{y}(s,x)\|_2^2\end{aligned} \tag{9-25}$$

这里 $\Lambda=\lambda_{\max}(\boldsymbol{P})+\lambda_{\max}(\boldsymbol{R}_1)\tau+\lambda_{\max}(\boldsymbol{R}_2)L^2+\lambda_{\max}(\boldsymbol{R}_3)+\lambda_{\max}(\boldsymbol{R}_4)d^2L^2$，$L=\max_{1\leqslant j\leqslant n}\{|L_j^-|,|L_j^+|\}$。

另一方面，我们得到

$$V(t)\geqslant \mathrm{e}^{2\alpha t}\lambda_{\min}(\boldsymbol{P})\|\boldsymbol{y}(t,x)\|_2^2 \tag{9-26}$$

这样

$$\|\boldsymbol{y}(t,x)\|_2\leqslant \mathrm{e}^{-\alpha t}\sqrt{\frac{\Lambda}{\lambda_{\min}(\boldsymbol{P})}}\|\boldsymbol{y}(s,x)\|_2 \tag{9-27}$$

即

$$\|\widetilde{\boldsymbol{u}}(t,x)-\boldsymbol{u}(t,x)\|_2\leqslant \mathrm{e}^{-\alpha t}\sqrt{\frac{\Lambda}{\lambda_{\min}(\boldsymbol{P})}}\|\widetilde{\boldsymbol{\varphi}}-\boldsymbol{\varphi}\|_2$$

因此，在采样控制器系式(9-7)的作用下，系统式(9-1)和系统式(9-4)是全局指数同步。

时空采样控制器设计如下：

$$\begin{aligned}&\boldsymbol{v}^*(t,x)=-\boldsymbol{K}\boldsymbol{y}(t_k-\eta_k,\bar{x}_j),t\in[t_k,t_{k+1}),k=0,1,\cdots,x_j\leqslant x<x_{j+1},\\&\qquad j=0,1,\cdots,N-1,t\geqslant 0\\&\boldsymbol{v}^*(t,x)=0,\ t<0\end{aligned} \tag{9-28}$$

其中 $\eta_k\in[0,\eta_M]$ 是附加时滞。令 $t_k-\eta_k=t-\theta(t)$，其中 $\theta(t)=t-t_k+\eta_k$，我们有 $\theta(t)\in[0,\theta_M]$，$\theta_M=h+\eta_M$，$0\leqslant t_{k+1}-t_k\leqslant h$，$\boldsymbol{K}=\mathrm{diag}(k_1,k_2,\cdots,k_n)>0$。

令 $\tilde{\tau}=\max\{\theta_M,\bar{\tau}\}$。

运用关系式 $\boldsymbol{y}(t_k,\bar{x}_j)=\boldsymbol{y}(t_k,x)-\int_{\bar{x}_j}^{x}\boldsymbol{y}_s(t_k,s)\mathrm{d}s$ 得到

$$\left.\begin{aligned}&\boldsymbol{v}^*(t,x)=-\boldsymbol{K}\left[\boldsymbol{y}(t-\theta(t),x)-\int_{\bar{x}_j}^{x}\boldsymbol{y}_\zeta(t-\theta(t),\zeta)\mathrm{d}\zeta\right]\\&x_j\leqslant x<x_{j+1},j=0,1,\cdots,N-1,t\geqslant 0,\ \theta(t)\in[0,\theta_M]\\&v^*(t,x)=0,t<0\end{aligned}\right\}\tag{9-29}$$

下面将分析闭环系统式(9-30)的稳定性：

$$\left.\begin{aligned}&\frac{\partial\boldsymbol{y}(t,x)}{\partial t}=\frac{\partial}{\partial x}\left(\boldsymbol{D}\frac{\partial\boldsymbol{y}(t,x)}{\partial x}\right)-\boldsymbol{A}\boldsymbol{y}(t,x)+\boldsymbol{W}\tilde{\boldsymbol{g}}(\boldsymbol{y}(t,x))+\\&\qquad\boldsymbol{H}\tilde{\boldsymbol{g}}(\boldsymbol{y}(t-\tau(t),x))+\boldsymbol{B}\int_{t-d(t)}^{t}\tilde{\boldsymbol{g}}(\boldsymbol{y}(s,x))\mathrm{d}s+\\&\boldsymbol{v}^*(t,x),t\geqslant 0,x\in\Omega\\&\boldsymbol{y}(t,x)=\boldsymbol{0},(t,x)\in(-\tilde{\tau},+\infty)\times\partial\Omega\\&\boldsymbol{y}(s,x)=\tilde{\boldsymbol{\varphi}}(s,x)-\boldsymbol{\varphi}(s,x),(s,x)\in(-\tilde{\tau},0]\times\Omega\end{aligned}\right\}\tag{9-30}$$

定理 9.2　假设条件(A9.1)成立，如果存在一采样控制器式(9-28)，适当维数正定矩阵 $\boldsymbol{P}_1>0,\boldsymbol{P}_2>0,\boldsymbol{P}_3>0,\bar{\boldsymbol{R}}_i>0,\ i=1,2,3,4,\boldsymbol{Q}>0$，对角正定矩阵 $\bar{\boldsymbol{P}},\boldsymbol{R}_1$，正常数 $\bar{\varepsilon},\varepsilon_3,\varepsilon_4$，使得下列矩阵不等式成立：

$$\begin{bmatrix}\boldsymbol{Y}_{11}&\boldsymbol{Y}_{12}&\boldsymbol{Y}_{13}\\ *&\boldsymbol{Y}_{22}&\boldsymbol{Y}_{23}\\ *&*&\boldsymbol{Y}_{33}\end{bmatrix}<0\tag{9-31}$$

其中 $\boldsymbol{Y}_{11}=\begin{bmatrix}\bar{\boldsymbol{\psi}}_{11}&\boldsymbol{0}&\boldsymbol{\psi}_{13}&\boldsymbol{\psi}_{14}\\ *&\bar{\boldsymbol{\psi}}_{22}&\boldsymbol{0}&\boldsymbol{0}\\ *&*&\bar{\boldsymbol{\psi}}_{33}&\boldsymbol{0}\\ *&*&*&\bar{\boldsymbol{\psi}}_{44}\end{bmatrix}$

$$\boldsymbol{Y}_{12}=\begin{bmatrix}\boldsymbol{\psi}_{15}&\boldsymbol{\psi}_{16}&\boldsymbol{\psi}_{17}&\boldsymbol{0}&\boldsymbol{\psi}_{19}&\boldsymbol{0}&\boldsymbol{0}\\ \boldsymbol{0}&\boldsymbol{0}&\boldsymbol{0}&\boldsymbol{0}&\boldsymbol{0}&\boldsymbol{0}&\boldsymbol{0}\\ \boldsymbol{\psi}_{35}&\boldsymbol{\psi}_{36}&\boldsymbol{\psi}_{37}&\boldsymbol{0}&\boldsymbol{0}&\boldsymbol{0}&\boldsymbol{0}\\ \boldsymbol{0}&\boldsymbol{0}&\boldsymbol{0}&\boldsymbol{0}&\boldsymbol{0}&\boldsymbol{0}&\boldsymbol{\psi}_{4,11}\end{bmatrix}$$

$$\boldsymbol{Y}_{13}=\begin{bmatrix}\bar{\boldsymbol{P}}^{\mathrm{T}}&\boldsymbol{K}^{\mathrm{T}}&\boldsymbol{R}_1^{\mathrm{T}}&\boldsymbol{0}&\boldsymbol{0}&\boldsymbol{0}&\boldsymbol{0}&\boldsymbol{0}&\boldsymbol{0}&\boldsymbol{0}\\ *&*&*&\bar{\boldsymbol{P}}^{\mathrm{T}}&\boldsymbol{K}^{\mathrm{T}}&\boldsymbol{R}_1^{\mathrm{T}}&\boldsymbol{R}_2^{\mathrm{T}}&\boldsymbol{0}&\boldsymbol{0}&\boldsymbol{0}\\ *&*&*&*&*&*&*&\boldsymbol{R}_2^{\mathrm{T}}&\boldsymbol{K}^{\mathrm{T}}&\boldsymbol{0}\\ *&*&*&*&*&*&*&*&*&\boldsymbol{K}^{\mathrm{T}}\end{bmatrix}$$

$$\boldsymbol{Y}_{22}=\begin{bmatrix}\boldsymbol{\psi}_{55} & \mathbf{0} & \mathbf{0} & \mathbf{0} & \mathbf{0} & \mathbf{0} & \mathbf{0}\\ * & \boldsymbol{\psi}_{66} & \mathbf{0} & \mathbf{0} & \mathbf{0} & \mathbf{0} & \mathbf{0}\\ * & * & \boldsymbol{\psi}_{77} & \mathbf{0} & \mathbf{0} & \mathbf{0} & \mathbf{0}\\ * & * & * & \boldsymbol{\psi}_{88} & \mathbf{0} & \mathbf{0} & \mathbf{0}\\ * & * & * & * & \boldsymbol{\psi}_{99} & \mathbf{0} & \mathbf{0}\\ * & * & * & * & * & \boldsymbol{\psi}_{10,10} & \mathbf{0}\\ * & * & * & * & * & * & \psi_{11,11}\end{bmatrix},\ \boldsymbol{Y}_{23}=\boldsymbol{O}$$

$$\boldsymbol{Y}_{33}=\mathrm{diag}(\omega_1,\omega_2,\cdots,\omega_{10}) \tag{9-32}$$

$$\bar{\boldsymbol{\psi}}_{11}=-2\bar{\boldsymbol{P}}\boldsymbol{A}+2\alpha\bar{\boldsymbol{P}}+\bar{\boldsymbol{R}}_1+\bar{\boldsymbol{R}}_3-\mathrm{e}^{-2\alpha\theta_M}\boldsymbol{P}_2+\boldsymbol{P}_3-2\boldsymbol{R}_1\boldsymbol{A}-2\boldsymbol{L}^+\boldsymbol{Q}\boldsymbol{L}^-,$$

$$\boldsymbol{\psi}_{13}=-\boldsymbol{R}_1-\boldsymbol{A}^{\mathrm{T}}\boldsymbol{R}_2^{\mathrm{T}},\boldsymbol{\psi}_{14}=\mathrm{e}^{-2\alpha\theta_M}\boldsymbol{P}_2,$$

$$\boldsymbol{\psi}_{15}=\bar{\boldsymbol{P}}\boldsymbol{W}+\boldsymbol{R}_1\boldsymbol{W}+\boldsymbol{Q}\boldsymbol{L}^-+\boldsymbol{L}^+\boldsymbol{Q},\boldsymbol{\psi}_{16}=\bar{\boldsymbol{P}}\boldsymbol{H}+\boldsymbol{R}_1\boldsymbol{H},\boldsymbol{\psi}_{17}=\boldsymbol{R}_1\boldsymbol{B}+\bar{\boldsymbol{P}}\boldsymbol{B},$$

$$\boldsymbol{\psi}_{19}=\bar{\boldsymbol{P}}\boldsymbol{H}+\boldsymbol{R}_1\boldsymbol{H},\bar{\boldsymbol{\psi}}_{22}=-\alpha_1\boldsymbol{P}_1,\bar{\boldsymbol{\psi}}_{33}=\theta_M^2\boldsymbol{P}_2-2\boldsymbol{R}_2,\bar{\boldsymbol{\psi}}_{44}=-2\mathrm{e}^{-2\alpha\theta_M}\boldsymbol{P}_2-\alpha_1\bar{\boldsymbol{P}},$$

$$\boldsymbol{\psi}_{4,11}=\mathrm{e}^{-2\alpha\theta_M}\boldsymbol{P}_2,\psi_{55}=\bar{\boldsymbol{R}}_2+d\bar{\boldsymbol{R}}_4-2\boldsymbol{Q},\boldsymbol{\psi}_{35}=\boldsymbol{R}_2\boldsymbol{W},\boldsymbol{\psi}_{66}=-(1-\mu)\mathrm{e}^{-2\alpha\tau}\bar{\boldsymbol{R}}_2,$$

$$\boldsymbol{\psi}_{36}=\boldsymbol{R}_2\boldsymbol{H},\boldsymbol{\psi}_{77}=-\frac{1}{d}\mathrm{e}^{-2\alpha d}\bar{\boldsymbol{R}}_4,\boldsymbol{\psi}_{37}=\boldsymbol{R}_2\boldsymbol{B},\boldsymbol{\psi}_{88}=-2\bar{\boldsymbol{P}}\boldsymbol{D}-2\boldsymbol{R}_1\boldsymbol{D}+2\alpha\boldsymbol{P}_1,$$

$$\boldsymbol{\psi}_{99}=-(1-\mu)\mathrm{e}^{-2\alpha\tau}\bar{\boldsymbol{R}}_1,\boldsymbol{\psi}_{10,10}=-\mathrm{e}^{-2\alpha\tau}\bar{\boldsymbol{R}}_3,\boldsymbol{\psi}_{11,11}=-\mathrm{e}^{-2\alpha\theta_M}(\boldsymbol{P}_2+\boldsymbol{P}_3),$$

$$\boldsymbol{R}_2=\boldsymbol{P}_1\boldsymbol{D}^{-1},\boldsymbol{\omega}_1=\left(-\frac{\Delta}{4\pi}\bar{\varepsilon}-1\right)^{-1}\boldsymbol{I},\boldsymbol{\omega}_2=\left(-\frac{\Delta}{4\pi}\bar{\varepsilon}-\frac{\Delta}{4\pi}\varepsilon_3\right)^{-1}\boldsymbol{I},$$

$$\boldsymbol{\omega}_3=\left(-\frac{\Delta}{4\pi}\varepsilon_3-1\right)^{-1}\boldsymbol{I},\boldsymbol{\omega}_4=-\frac{4\pi}{\Delta}\bar{\varepsilon}\boldsymbol{I},\boldsymbol{\omega}_5=\left(-\frac{\Delta}{4\pi}\bar{\varepsilon}^{-1}-\frac{\Delta}{4\pi}\bar{\varepsilon}_3^{-1}-\frac{4}{4\pi}\bar{\varepsilon}_4^{-1}\right)^{-1}\boldsymbol{I},$$

$$\boldsymbol{\omega}_6=-\frac{4\pi}{\Delta}\varepsilon_3\boldsymbol{I},\boldsymbol{\omega}_7=-\frac{4\pi}{\Delta}\varepsilon_4\boldsymbol{I},\boldsymbol{\omega}_8=\left(-\frac{\Delta}{4\pi}\varepsilon_4-1\right)^{-1}\boldsymbol{I},\boldsymbol{\omega}_9=-\frac{4\pi}{\Delta}\varepsilon_4^{-1}\boldsymbol{I},$$

$$\boldsymbol{\omega}_{10}=-\frac{1}{3}\boldsymbol{I} \tag{9-33}$$

其中，$\boldsymbol{O}$ 是适当维数的零矩阵；常数 $2\alpha>\alpha_1>0$。则系统式(9-1)和系统式(9-4)是全局指数同步的。

证明 定义 Lyapunov-Krasovskii 泛函如下：

$$\bar{V}(t)=\sum_{i=1}^{5}\bar{V}_i(t) \tag{9-34}$$

这里
$$\bar{V}_1(t)=\int_\Omega \boldsymbol{y}(t,x)^{\mathrm{T}}\bar{\boldsymbol{P}}\boldsymbol{y}(t,x)\mathrm{d}x$$

$$\bar{V}_2(t)=\int_\Omega\int_{t-\tau(t)}^{t}\mathrm{e}^{2\alpha(s-t)}\left[\boldsymbol{y}(s,x)^{\mathrm{T}}\bar{\boldsymbol{R}}_1\boldsymbol{y}(s,x)+\tilde{\boldsymbol{g}}(\boldsymbol{y}(s,x))^{\mathrm{T}}\bar{\boldsymbol{R}}_2\tilde{\boldsymbol{g}}(\boldsymbol{y}(s,x))\right]\mathrm{d}s\mathrm{d}x$$

$$\bar{V}_3(t)=\int_{\Omega}\int_{t-\tau}^{t}e^{2\alpha(s-t)}\boldsymbol{y}(s,x)^{\mathrm{T}}\bar{\boldsymbol{R}}_3\boldsymbol{y}(s,x)\mathrm{d}s\mathrm{d}x$$

$$\bar{V}_4(t)=\int_{\Omega}\int_{-d}^{0}\int_{t+\zeta}^{t}e^{2\alpha(s-t)}\tilde{\boldsymbol{g}}(\boldsymbol{y}(s,x))^{\mathrm{T}}\bar{\boldsymbol{R}}_4\tilde{\boldsymbol{g}}(\boldsymbol{y}(s,x))\mathrm{d}s\mathrm{d}\zeta\mathrm{d}x$$

$$\begin{aligned}\bar{V}_5(t)=&\int_{\Omega}\frac{\partial\boldsymbol{y}(t,x)^{\mathrm{T}}}{\partial x}\boldsymbol{P}_1\frac{\partial\boldsymbol{y}(t,x)}{\partial x}\mathrm{d}x+\\&\int_{\Omega}\int_{t-\theta_M}^{t}e^{2\alpha(s-t)}\boldsymbol{y}(s,x)^{\mathrm{T}}\boldsymbol{P}_3\boldsymbol{y}(s,x)\mathrm{d}s\mathrm{d}x+\\&\int_{\Omega}\int_{-\theta_M}^{0}\int_{t+\vartheta}^{t}\theta_M e^{2\alpha(s-t)}\frac{\partial\boldsymbol{y}(s,x)^{\mathrm{T}}}{\partial s}\boldsymbol{P}_2\frac{\partial\boldsymbol{y}(s,x)}{\partial s}\mathrm{d}s\mathrm{d}\vartheta\mathrm{d}x\end{aligned}$$

微分 $\bar{V}(t)$，我们有

$$\begin{aligned}\dot{\bar{V}}_1(t)+2\alpha\bar{V}_1(t)=&\int_{\Omega}\Big\{2\boldsymbol{y}(t,x)^{\mathrm{T}}\bar{\boldsymbol{P}}\Big[\frac{\partial}{\partial x}\Big(\boldsymbol{D}\frac{\partial\boldsymbol{y}(t,x)}{\partial x}\Big)-\boldsymbol{A}\boldsymbol{y}(t,x)+\boldsymbol{W}\tilde{\boldsymbol{g}}(\boldsymbol{y}(t,x))+\\&\boldsymbol{H}\tilde{\boldsymbol{g}}(\boldsymbol{y}(t-\tau(t),x))+\boldsymbol{B}\int_{t-d(t)}^{\mathrm{T}}\tilde{\boldsymbol{g}}(\tilde{\boldsymbol{u}}(s,x))\mathrm{d}s-\\&\boldsymbol{K}\boldsymbol{y}(t-\theta(t),x)\Big]+2a\boldsymbol{y}(t,x)^{\mathrm{T}}\bar{\boldsymbol{P}}\boldsymbol{y}(t,x)\Big\}\mathrm{d}x+\\&2\sum_{j=0}^{N-1}\int_{j=0\,x\,l}^{x}\boldsymbol{y}(t,x)^{\mathrm{T}}\bar{\boldsymbol{P}}\boldsymbol{K}\int_{x\,l}^{x}\boldsymbol{y}\zeta(t-\theta(t),\zeta)\mathrm{d}\zeta\mathrm{d}x\end{aligned}\tag{9-35}$$

$$\begin{aligned}\dot{\bar{V}}_2(t)+2\alpha\bar{V}_2(t)\leqslant&\int_{\Omega}\{[\boldsymbol{y}(t,x)^{\mathrm{T}}\bar{\boldsymbol{R}}_1\boldsymbol{y}(t,x)+\tilde{\boldsymbol{g}}(\boldsymbol{y}(t,x))^{\mathrm{T}}\bar{\boldsymbol{R}}_2\tilde{\boldsymbol{g}}(\boldsymbol{y}(t,x))]-\\&(1-\mu)e^{-2\alpha\tau}[\boldsymbol{y}(t-\tau(t),x)^{\mathrm{T}}\bar{\boldsymbol{R}}_1\boldsymbol{y}(t-\tau(t),x)+\\&\tilde{\boldsymbol{g}}(\boldsymbol{y}(t-\tau(t),x))^{\mathrm{T}}\bar{\boldsymbol{R}}_2\tilde{\boldsymbol{g}}(\boldsymbol{y}(t-\tau(t),x))]\}\mathrm{d}x\end{aligned}\tag{9-36}$$

$$\dot{\bar{V}}_3(t)+2\alpha\bar{V}_3(t)=\int_{\Omega}[\boldsymbol{y}(t,x)^{\mathrm{T}}\bar{\boldsymbol{R}}_3\boldsymbol{y}(t,x)-e^{-2\alpha\tau}\boldsymbol{y}(t-\tau,x)^{\mathrm{T}}\bar{\boldsymbol{R}}_3\boldsymbol{y}(t-\tau,x)]\mathrm{d}x\tag{9-37}$$

$$\begin{aligned}\dot{\bar{V}}_4(t)+2\alpha\bar{V}_4(t)=&\int_{\Omega}\Big[d\tilde{\boldsymbol{g}}(\boldsymbol{y}(t,x))^{\mathrm{T}}\bar{\boldsymbol{R}}_4\tilde{\boldsymbol{g}}(\boldsymbol{y}(t,x))-\\&e^{-2\alpha d}\int_{t-d}^{t}\tilde{\boldsymbol{g}}(\boldsymbol{y}(s,x))^{\mathrm{T}}\bar{\boldsymbol{R}}_4\tilde{\boldsymbol{g}}(\boldsymbol{y}(s,x))\mathrm{d}s\Big]\mathrm{d}x\leqslant\\&\int_{\Omega}\Big[d\tilde{\boldsymbol{g}}(\boldsymbol{y}(t,x))^{\mathrm{T}}\bar{\boldsymbol{R}}_4\tilde{\boldsymbol{g}}(\boldsymbol{y}(t,x))-\\&e^{-2\alpha d}\int_{t-d(t)}^{t}\tilde{\boldsymbol{g}}(\boldsymbol{y}(s,x))^{\mathrm{T}}\bar{\boldsymbol{R}}_4\tilde{\boldsymbol{g}}(\boldsymbol{y}(s,x))\mathrm{d}s\Big]\mathrm{d}x\leqslant\\&\int_{\Omega}\Big[d\tilde{\boldsymbol{g}}(\boldsymbol{y}(t,x))^{\mathrm{T}}\bar{\boldsymbol{R}}_4\tilde{\boldsymbol{g}}(\boldsymbol{y}(t,x))-\end{aligned}$$

$$\frac{1}{d}\mathrm{e}^{-2\alpha d}\left(\int_{t-d(t)}^{t}\tilde{\boldsymbol{g}}(\boldsymbol{y}(s,x))\mathrm{d}s\right)^{\mathrm{T}}\bar{\boldsymbol{R}}_4\int_{t-d(t)}^{t}\tilde{\boldsymbol{g}}(\boldsymbol{y}(s,x))\mathrm{d}s\Big]\mathrm{d}x \tag{9-38}$$

$$\begin{aligned}\dot{\bar{V}}_5(t)+2\alpha\bar{V}_5(t)=&2\int_{\Omega}\frac{\partial\boldsymbol{y}(t,x)^{\mathrm{T}}}{\partial x}\boldsymbol{P}_1\frac{\partial^2\boldsymbol{y}(t,x)}{\partial x\partial t}\mathrm{d}x-\\&\theta_M\mathrm{e}^{-2\alpha\theta_M}\int_{\Omega}\int_{t-\theta_M}^{\mathrm{T}}\frac{\partial\boldsymbol{y}(s,x)^{\mathrm{T}}}{\partial s}\boldsymbol{P}_2\frac{\partial\boldsymbol{y}(s,x)}{\partial s}\mathrm{d}s\mathrm{d}x+\\&\theta_M^2\int_{\Omega}\frac{\partial\boldsymbol{y}(t,x)^{\mathrm{T}}}{\partial t}\boldsymbol{P}_2\frac{\partial\boldsymbol{y}(t,x)}{\partial t}\mathrm{d}x+\\&\int_{\Omega}\boldsymbol{y}(t,x)^{\mathrm{T}}\boldsymbol{P}_3\boldsymbol{y}(t,x)\mathrm{d}x-\\&\mathrm{e}^{-2\alpha\theta_M}\int_{\Omega}\boldsymbol{y}(t-\theta_M,x)^{\mathrm{T}}\boldsymbol{P}_3\boldsymbol{y}(t-\theta_M,x)\mathrm{d}x+\\&2\alpha\int_{\Omega}\frac{\partial\boldsymbol{y}(t,x)^{\mathrm{T}}}{\partial x}\boldsymbol{P}_1\frac{\partial\boldsymbol{y}(t,x)}{\partial x}\mathrm{d}x\end{aligned} \tag{9-39}$$

由 Young's 不等式 $ab\leqslant\frac{(\sqrt{\delta}a)^2}{2}+\frac{1}{2}\left(\frac{b}{\sqrt{\delta}}\right)^2,a,b\in\mathbb{R}$，对任意$\delta>0$，有

$$\begin{aligned}&2\sum_{j=0}^{N-1}\int_{x_j}^{x_{j+1}}\boldsymbol{y}(t,x)^{\mathrm{T}}\bar{\boldsymbol{P}}\boldsymbol{K}\int_{\bar{x}_j}^{x}\boldsymbol{y}_\zeta(t-\theta(t),\zeta)\mathrm{d}\zeta\mathrm{d}x=\\&\quad2\sum_{i=1}^{n}\sum_{j=0}^{N-1}\int_{x_j}^{x_{j+1}}\bar{\boldsymbol{P}}_ik_iy_i(t,x)\int_{\bar{x}_j}^{x}y_{i\zeta}(t-\theta(t),\zeta)\mathrm{d}\zeta\mathrm{d}x\leqslant\\&\quad\delta\int_{\Omega}\boldsymbol{y}(t,x)^{\mathrm{T}}\bar{\boldsymbol{P}}\boldsymbol{K}\boldsymbol{y}(t,x)\mathrm{d}x+\\&\quad\delta^{-1}\sum_{i=1}^{n}\sum_{j=0}^{N-1}\bar{P}_ik_i\int_{x_j}^{x_{j+1}}\left[\int_{\bar{x}_j}^{x}y_{i\zeta}(t-\theta(t),\zeta)\mathrm{d}\zeta\right]^2\mathrm{d}x\end{aligned} \tag{9-40}$$

由引理 9.1，得

$$\begin{aligned}&\sum_{i=1}^{n}\sum_{j=0}^{N-1}\bar{P}_ik_i\int_{x_j}^{x_{j+1}}\left[\int_{\bar{x}_j}^{x}y_{i\zeta}(t-\theta(t),\zeta)\mathrm{d}\zeta\right]^2\mathrm{d}x\leqslant\\&\quad\frac{\Delta^2}{4\pi^2}\sum_{j=0}^{N-1}\int_{x_j}^{x_{j+1}}\boldsymbol{y}_x(t-\theta(t),x)^{\mathrm{T}}\bar{\boldsymbol{P}}\boldsymbol{K}\boldsymbol{y}_x(t-\theta(t),x)\mathrm{d}x\end{aligned} \tag{9-41}$$

由引理 9.1 和引理 9.2，下列矩阵不等式成立：

$$\begin{aligned}&\frac{1}{2}\delta\int_{\Omega}\boldsymbol{y}(t,x)^{\mathrm{T}}(\bar{\boldsymbol{P}}^{\mathrm{T}}\boldsymbol{K}+\boldsymbol{K}^{\mathrm{T}}\bar{\boldsymbol{P}})\boldsymbol{y}(t,x)\mathrm{d}x\leqslant\\&\quad\frac{1}{2}\delta\int_{\Omega}\boldsymbol{y}(t,x)^{\mathrm{T}}[\bar{\boldsymbol{P}}^{\mathrm{T}}\bar{\boldsymbol{P}}+\boldsymbol{K}^{\mathrm{T}}\boldsymbol{K}]\boldsymbol{y}(t,x)\mathrm{d}x\end{aligned} \tag{9-42}$$

$$\frac{\Delta^2}{4\pi^2}\int_{\Omega}\boldsymbol{y}_x(t-\theta(t),x)^{\mathrm{T}}\bar{\boldsymbol{P}}\boldsymbol{K}\boldsymbol{y}_x(t-\theta(t),x)\mathrm{d}x\leqslant$$

$$\frac{\Delta^2}{8\pi^2}\int_{\Omega}\boldsymbol{y}_x(t-\theta(t),x)^{\mathrm{T}}(\bar{\boldsymbol{P}}^{\mathrm{T}}\bar{\boldsymbol{P}}+\boldsymbol{K}^{\mathrm{T}}\boldsymbol{K})\boldsymbol{y}_x(t-\theta(t),x)\mathrm{d}x \tag{9-43}$$

令 $\bar{\varepsilon}=\frac{2\pi}{\Delta}\delta$，由式 (9-40)～式(9-43) 得到

$$\begin{aligned}&2\sum_{j=0}^{N-1}\int_{x_j}^{x_{j+1}}\boldsymbol{y}(t,x)^{\mathrm{T}}\bar{\boldsymbol{P}}\boldsymbol{K}\int_{\bar{x}_j}^{x}\boldsymbol{y}_{\zeta}(t-\theta(t),\zeta)\mathrm{d}\zeta\mathrm{d}x\leqslant\\&\quad\frac{\Delta}{4\pi}\bar{\varepsilon}\int_{\Omega}\boldsymbol{y}(t,x)^{\mathrm{T}}[\bar{\boldsymbol{P}}^{\mathrm{T}}\bar{\boldsymbol{P}}+\boldsymbol{K}^{\mathrm{T}}\boldsymbol{K}]\boldsymbol{y}(t,x)\mathrm{d}x+\\&\quad\frac{\Delta}{4\pi}\bar{\varepsilon}^{-1}\int_{\Omega}\boldsymbol{y}_x(t-\theta(t),x)^{\mathrm{T}}(\bar{\boldsymbol{P}}^{\mathrm{T}}\bar{\boldsymbol{P}}+\boldsymbol{K}^{\mathrm{T}}\boldsymbol{K})\boldsymbol{y}_x(t-\theta(t),x)\mathrm{d}x\end{aligned} \tag{9-44}$$

由分部积分和中的式(9-5) Dirichlet 条件得到

$$\int_{\Omega}\boldsymbol{y}(t,x)^{\mathrm{T}}\bar{\boldsymbol{P}}\frac{\partial}{\partial x}\left(\boldsymbol{D}\frac{\partial\boldsymbol{y}(t,x)}{\partial x}\right)\mathrm{d}x=-\int_{\Omega}\frac{\partial\boldsymbol{y}(t,x)^{\mathrm{T}}}{\partial x}\bar{\boldsymbol{P}}\boldsymbol{D}\frac{\partial\boldsymbol{y}(t,x)}{\partial x}\mathrm{d}x \tag{9-45}$$

由式(9-33)，式(9-40)～式(9-45) 和 $-2\boldsymbol{a}^{\mathrm{T}}\boldsymbol{b}\leqslant\boldsymbol{a}^{\mathrm{T}}\boldsymbol{a}+\boldsymbol{b}^{\mathrm{T}}\boldsymbol{b},\forall\boldsymbol{a},\boldsymbol{b}\in\mathbb{R}^n$，得到

$$\begin{aligned}\dot{\bar{V}}_1(t)+2\alpha\bar{V}_1(t)\leqslant&\int_{\Omega}\Big[-2\frac{\partial\boldsymbol{y}(t,x)^{\mathrm{T}}}{\partial x}\bar{\boldsymbol{P}}\boldsymbol{D}\frac{\partial\boldsymbol{y}(t,x)}{\partial x}-2\boldsymbol{y}(t,x)^{\mathrm{T}}\bar{\boldsymbol{P}}\boldsymbol{A}\boldsymbol{y}(t,x)+\\&2\boldsymbol{y}(t,x)^{\mathrm{T}}\bar{\boldsymbol{P}}\boldsymbol{W}\tilde{\boldsymbol{g}}(\boldsymbol{y}(t,x))+2\alpha\boldsymbol{y}(t,x)^{\mathrm{T}}\bar{\boldsymbol{P}}\boldsymbol{y}(t,x)+\\&2\boldsymbol{y}(t,x)^{\mathrm{T}}\bar{\boldsymbol{P}}\boldsymbol{H}\tilde{\boldsymbol{g}}(\boldsymbol{y}(t-\tau(t),x))+\\&2\boldsymbol{y}(t,x)^{\mathrm{T}}\bar{\boldsymbol{P}}\boldsymbol{B}\int_{t-d(t)}^{\mathrm{T}}\tilde{\boldsymbol{g}}(\tilde{\boldsymbol{u}}(s,x))\mathrm{d}s+\\&\boldsymbol{y}(t,x)^{\mathrm{T}}\bar{\boldsymbol{P}}\bar{\boldsymbol{P}}^{\mathrm{T}}\boldsymbol{y}(t,x)+\boldsymbol{y}(t-\theta(t),x)^{\mathrm{T}}\boldsymbol{K}\boldsymbol{K}^{\mathrm{T}}\boldsymbol{y}(t-\theta(t),x)\Big]\mathrm{d}x+\\&\frac{\Delta}{4\pi}\bar{\varepsilon}\int_{\Omega}\boldsymbol{y}(t,x)^{\mathrm{T}}[\bar{\boldsymbol{P}}^{\mathrm{T}}\bar{\boldsymbol{P}}+\boldsymbol{K}^{\mathrm{T}}\boldsymbol{K}]\boldsymbol{y}(t,x)\mathrm{d}x+\\&\frac{\Delta}{4\pi}\bar{\varepsilon}^{-1}\int_{\Omega}\boldsymbol{y}_x(t-\theta(t),x)^{\mathrm{T}}(\bar{\boldsymbol{P}}^{\mathrm{T}}\bar{\boldsymbol{P}}+\boldsymbol{K}^{\mathrm{T}}\boldsymbol{K})\boldsymbol{y}_x(t-\theta(t),x)\mathrm{d}x\end{aligned} \tag{9-46}$$

由引理 9.3，有

$$\begin{aligned}&-\int_{\Omega}\int_{t-\theta_M}^{\mathrm{T}}\frac{\partial\boldsymbol{y}(s,x)^{\mathrm{T}}}{\partial s}\boldsymbol{P}_2\frac{\partial\boldsymbol{y}(s,x)}{\partial s}\mathrm{d}s\mathrm{d}x=\\&\quad-\int_{\Omega}\int_{t-\theta_M}^{t-\theta(t)}\frac{\partial\boldsymbol{y}(s,x)^{\mathrm{T}}}{\partial s}\boldsymbol{P}_2\frac{\partial\boldsymbol{y}(s,x)}{\partial s}\mathrm{d}s\mathrm{d}x-\\&\quad\int_{\Omega}\int_{t-\theta(t)}^{\mathrm{T}}\frac{\partial\boldsymbol{y}(s,x)^{\mathrm{T}}}{\partial s}\boldsymbol{P}_2\frac{\partial\boldsymbol{y}(s,x)}{\partial s}\mathrm{d}s\mathrm{d}x\leqslant\end{aligned}$$

$$
\begin{aligned}
&-\frac{1}{\theta_M}\int_{\Omega}[\boldsymbol{y}(t-\theta(t),x)^{\mathrm{T}}\boldsymbol{P}_2\boldsymbol{y}(t-\theta(t),x)-\\
&\boldsymbol{y}(t-\theta(t),x)^{\mathrm{T}}\boldsymbol{P}_2\boldsymbol{y}(t-\theta_M,x)-\\
&\boldsymbol{y}(t-\theta_M,x)^{\mathrm{T}}\boldsymbol{P}_2\boldsymbol{y}(t-\theta(t),x)+\boldsymbol{y}(t-\theta_M,x)^{\mathrm{T}}\boldsymbol{P}_2\boldsymbol{y}(t-\theta_M,x)]\mathrm{d}x-\\
&\frac{1}{\theta_M}\int_{\Omega}[\boldsymbol{y}(t,x)^{\mathrm{T}}\boldsymbol{P}_2\boldsymbol{y}(t,x)-\boldsymbol{y}(t,x)^{\mathrm{T}}\boldsymbol{P}_2\boldsymbol{y}(t-\theta(t),x)-\\
&\boldsymbol{y}(t-\theta(t),x)^{\mathrm{T}}\boldsymbol{P}_2\boldsymbol{y}(t,x)+\boldsymbol{y}(t-\theta(t),x)^{\mathrm{T}}\boldsymbol{P}_2\boldsymbol{y}(t-\theta(t),x)]\mathrm{d}x
\end{aligned}
\tag{9-47}
$$

由式(9-39)和式(9-47)，得到

$$
\begin{aligned}
\dot{\bar{V}}_5(t)+2\alpha\bar{V}_5(t)\leqslant{}&2\int_{\Omega}\frac{\partial\boldsymbol{y}(t,x)^{\mathrm{T}}}{\partial x}\boldsymbol{P}_1\frac{\partial^2\boldsymbol{y}(t,x)}{\partial x\partial t}\mathrm{d}x+\\
&\int_{\Omega}[\boldsymbol{y}(t-\theta(t),x)^{\mathrm{T}}\mathrm{e}^{-2\alpha\theta_M}(-\boldsymbol{P}_2)\boldsymbol{y}(t-\theta(t),x)+\\
&2\boldsymbol{y}(t-\theta(t),x)^{\mathrm{T}}\mathrm{e}^{-2\alpha\theta_M}\boldsymbol{P}_2\boldsymbol{y}(t-\theta_M,x)+\\
&\boldsymbol{y}(t-\theta_M,x)^{\mathrm{T}}\mathrm{e}^{-2\alpha\theta_M}(-\boldsymbol{P}_2-\boldsymbol{P}_3)\boldsymbol{y}(t-\theta_M,x)]\mathrm{d}x+\\
&\int_{\Omega}[\boldsymbol{y}(t,x)^{\mathrm{T}}(-\mathrm{e}^{-2\alpha\theta_M}\boldsymbol{P}_2+\boldsymbol{P}_3)y(t,x)+\\
&2\boldsymbol{y}(t,x)^{\mathrm{T}}\mathrm{e}^{-2\alpha\theta_M}\boldsymbol{P}_2\boldsymbol{y}(t-\theta(t),x)+\\
&\boldsymbol{y}(t-\theta(t),x)^{\mathrm{T}}\mathrm{e}^{-2\alpha\theta_M}(-\boldsymbol{P}_2)\boldsymbol{y}(t-\theta(t),x)]\mathrm{d}x+\\
&\theta_M^2\int_{\Omega}\frac{\partial\boldsymbol{y}(t,x)^{\mathrm{T}}}{\partial t}\boldsymbol{P}_2\frac{\partial\boldsymbol{y}(t,x)}{\partial t}\mathrm{d}x+2\alpha\int_{\Omega}\frac{\partial\boldsymbol{y}(t,x)^{\mathrm{T}}}{\partial x}\boldsymbol{P}_1\frac{\partial\boldsymbol{y}(t,x)}{\partial x}\mathrm{d}x
\end{aligned}
\tag{9-48}
$$

由式(9-30)，对适当维数的自由权矩阵 $\tilde{\boldsymbol{R}}_1>0$ 和 $\tilde{\boldsymbol{R}}_2>0$ 有

$$
\begin{aligned}
&\int_{\Omega}\left[2\boldsymbol{y}(t,x)^{\mathrm{T}}\tilde{\boldsymbol{R}}_1+2\frac{\partial\boldsymbol{y}(t,x)^{\mathrm{T}}}{\partial t}\tilde{\boldsymbol{R}}_2\right]\left[-\frac{\partial\boldsymbol{y}(t,x)}{\partial t}+\frac{\partial}{\partial x}\left(\boldsymbol{D}\frac{\partial\boldsymbol{y}(t,x)}{\partial x}\right)-\right.\\
&\boldsymbol{A}\boldsymbol{y}(t,x)+\boldsymbol{W}\tilde{\boldsymbol{g}}(\boldsymbol{y}(t,x))+\boldsymbol{H}\tilde{\boldsymbol{g}}(\boldsymbol{y}(t-\tau(t),x))+\\
&\left.\boldsymbol{B}\int_{t-d(t)}^{\mathrm{T}}\tilde{\boldsymbol{g}}(\boldsymbol{y}(s,x))\mathrm{d}s-\boldsymbol{K}\boldsymbol{y}(t-\theta(t),x)\right]\mathrm{d}x+\\
&2\sum_{j=1}^{N-1}\int_{x_j}^{x_{j+1}}\left[\boldsymbol{y}(t,x)^{\mathrm{T}}\tilde{\boldsymbol{R}}_1+\frac{\partial\boldsymbol{y}(t,x)^{\mathrm{T}}}{\partial t}\tilde{\boldsymbol{R}}_2\right]\boldsymbol{K}\int_{\bar{x}_j}^{x}y_{\zeta}(t-\theta(t),\zeta)\mathrm{d}\zeta\mathrm{d}x=\\
&\int_{\Omega}\left[-2\boldsymbol{y}(t,x)^{\mathrm{T}}\tilde{\boldsymbol{R}}_1\frac{\partial\boldsymbol{y}(t,x)}{\partial t}+2\boldsymbol{y}(t,x)^{\mathrm{T}}\tilde{\boldsymbol{R}}_1\frac{\partial}{\partial x}\left(\boldsymbol{D}\frac{\partial\boldsymbol{y}(t,x)}{\partial x}\right)-\right.\\
&2\boldsymbol{y}(t,x)^{\mathrm{T}}\tilde{\boldsymbol{R}}_1\boldsymbol{A}\boldsymbol{y}(t,x)+2\boldsymbol{y}(t,x)^{\mathrm{T}}\tilde{\boldsymbol{R}}_1\boldsymbol{W}\tilde{\boldsymbol{g}}(\boldsymbol{y}(t,x))+\\
&2\boldsymbol{y}(t,x)^{\mathrm{T}}\tilde{\boldsymbol{R}}_1\boldsymbol{H}\tilde{\boldsymbol{g}}(\boldsymbol{y}(t-\tau(t),x))+2\boldsymbol{y}(t,x)^{\mathrm{T}}\tilde{\boldsymbol{R}}_1\boldsymbol{B}\int_{t-d(t)}^{\mathrm{T}}\tilde{\boldsymbol{g}}(\boldsymbol{y}(s,x))\mathrm{d}s-
\end{aligned}
$$

$$2\boldsymbol{y}(t,x)^{\mathrm{T}}\widetilde{\boldsymbol{R}}_1\boldsymbol{K}\boldsymbol{y}(t-\theta(t),x)]\mathrm{d}x+\int_\Omega\Big[-2\frac{\partial\boldsymbol{y}(t,x)^{\mathrm{T}}}{\partial t}\widetilde{\boldsymbol{R}}_2\frac{\partial\boldsymbol{y}(t,x)}{\partial t}+$$

$$2\frac{\partial\boldsymbol{y}(t,x)^{\mathrm{T}}}{\partial t}\widetilde{\boldsymbol{R}}_2\frac{\partial}{\partial x}\Big(D\frac{\partial\boldsymbol{y}(t,x)}{\partial x}\Big)-2\frac{\partial\boldsymbol{y}(t,x)^{\mathrm{T}}}{\partial t}\widetilde{\boldsymbol{R}}_2\boldsymbol{A}\boldsymbol{y}(t,x)+$$

$$2\frac{\partial\boldsymbol{y}(t,x)^{\mathrm{T}}}{\partial t}\widetilde{\boldsymbol{R}}_2\boldsymbol{W}\widetilde{\boldsymbol{g}}(\boldsymbol{y}(t,x))+2\frac{\partial\boldsymbol{y}(t,x)^{\mathrm{T}}}{\partial t}\widetilde{\boldsymbol{R}}_2\boldsymbol{H}\widetilde{\boldsymbol{g}}(\boldsymbol{y}(t-\tau(t),x))+$$

$$2\frac{\partial\boldsymbol{y}(t,x)^{\mathrm{T}}}{\partial t}\widetilde{\boldsymbol{R}}_2\boldsymbol{B}\int_{t-d(t)}^{\mathrm{T}}\widetilde{\boldsymbol{g}}(\boldsymbol{y}(s,x))\mathrm{d}s-2\frac{\partial\boldsymbol{y}(t,x)^{\mathrm{T}}}{\partial t}\widetilde{\boldsymbol{R}}_2\boldsymbol{K}\boldsymbol{y}(t-\theta(t),x)\Big]\mathrm{d}x+$$

$$2\sum_{j=1}^{N-1}\int_{x_j}^{x_{j+1}}\boldsymbol{y}(t,x)^{\mathrm{T}}\widetilde{\boldsymbol{R}}_1\boldsymbol{K}\int_{\bar{x}_j}^{x}\boldsymbol{y}_\zeta(t-\theta(t),\zeta)\mathrm{d}\zeta\mathrm{d}x+$$

$$2\sum_{j=1}^{N-1}\int_{x_j}^{x_{j+1}}\frac{\partial\boldsymbol{y}(t,x)^{\mathrm{T}}}{\partial t}\widetilde{\boldsymbol{R}}_2\boldsymbol{K}\int_{\bar{x}_j}^{x}\boldsymbol{y}_\zeta(t-\theta(t),\zeta)\mathrm{d}\zeta\mathrm{d}x=0 \tag{9-49}$$

再用不等式 $-2\boldsymbol{a}^{\mathrm{T}}\boldsymbol{b}\leqslant\boldsymbol{a}^{\mathrm{T}}\boldsymbol{a}+\boldsymbol{b}^{\mathrm{T}}\boldsymbol{b},\forall\boldsymbol{a},\boldsymbol{b}\in\mathbb{R}^n$，得

$$-2\boldsymbol{y}(t,x)^{\mathrm{T}}\widetilde{\boldsymbol{R}}_1\boldsymbol{K}\boldsymbol{y}(t-\theta(t),x)\leqslant$$

$$\boldsymbol{y}(t,x)^{\mathrm{T}}\widetilde{\boldsymbol{R}}_1\widetilde{\boldsymbol{R}}_1^{\mathrm{T}}\boldsymbol{y}(t,x)+\boldsymbol{y}(t-\theta(t),x)^{\mathrm{T}}\boldsymbol{K}\boldsymbol{K}^{\mathrm{T}}\boldsymbol{y}(t-\theta(t),x) \tag{9-50}$$

$$-2\frac{\partial\boldsymbol{y}(t,x)^{\mathrm{T}}}{\partial t}\widetilde{\boldsymbol{R}}_2\boldsymbol{K}\boldsymbol{y}(t-\theta(t),x)\leqslant$$

$$\frac{\partial\boldsymbol{y}(t,x)^{\mathrm{T}}}{\partial t}\widetilde{\boldsymbol{R}}_2\widetilde{\boldsymbol{R}}_2^{\mathrm{T}}\frac{\partial\boldsymbol{y}(t,x)}{\partial t}+\boldsymbol{y}(t-\theta(t),x)^{\mathrm{T}}\boldsymbol{K}\boldsymbol{K}^{\mathrm{T}}\boldsymbol{y}(t-\theta(t),x) \tag{9-51}$$

类似于式(9-44)，根据引理 9.1 和引理 9.2，下列矩阵不等式是真的：

$$2\sum_{j=0}^{N-1}\int_{x_j}^{x_{j+1}}\boldsymbol{y}(t,x)^{\mathrm{T}}\widetilde{\boldsymbol{R}}_1\boldsymbol{K}\int_{\bar{x}_j}^{x}\boldsymbol{y}_\zeta(t-\theta(t),\zeta)\mathrm{d}\zeta\mathrm{d}x\leqslant$$

$$\frac{\Delta}{2\pi}\varepsilon_3\int_\Omega\boldsymbol{y}(t,x)^{\mathrm{T}}\widetilde{\boldsymbol{R}}_1\boldsymbol{K}\boldsymbol{y}(t,x)\mathrm{d}x+$$

$$\frac{\Delta}{2\pi}\varepsilon_3^{-1}\int_\Omega\boldsymbol{y}_x(t-\theta(t),x)^{\mathrm{T}}\widetilde{\boldsymbol{R}}_1\boldsymbol{K}\boldsymbol{y}_x(t-\theta(t),x)\mathrm{d}x\leqslant$$

$$\frac{\Delta}{4\pi}\varepsilon_3\int_\Omega\boldsymbol{y}(t,x)^{\mathrm{T}}(\widetilde{\boldsymbol{R}}_1^{\mathrm{T}}\widetilde{\boldsymbol{R}}_1+\boldsymbol{K}^{\mathrm{T}}\boldsymbol{K})\boldsymbol{y}(t,x)\mathrm{d}x+$$

$$\frac{\Delta}{4\pi}\varepsilon_3^{-1}\int_\Omega\boldsymbol{y}_x(t-\theta(t),x)^{\mathrm{T}}(\widetilde{\boldsymbol{R}}_1^{\mathrm{T}}\widetilde{\boldsymbol{R}}_1+\boldsymbol{K}^{\mathrm{T}}\boldsymbol{K})\boldsymbol{y}_x(t-\theta(t),x)\mathrm{d}x \tag{9-52}$$

$$2\sum_{j=0}^{N-1}\int_{x_j}^{x_{j+1}}\frac{\partial\boldsymbol{y}(t,x)^{\mathrm{T}}}{\partial t}\widetilde{\boldsymbol{R}}_2\boldsymbol{K}\int_{\bar{x}_j}^{x}\boldsymbol{y}_\zeta(t-\theta(t),\zeta)\mathrm{d}\zeta\mathrm{d}x\leqslant$$

$$\frac{\Delta}{2\pi}\varepsilon_4\int_\Omega\frac{\partial\boldsymbol{y}(t,x)^{\mathrm{T}}}{\partial t}\widetilde{\boldsymbol{R}}_2\boldsymbol{K}\frac{\partial\boldsymbol{y}(t,x)}{\partial t}\mathrm{d}x+$$

$$\frac{\Delta}{2\pi}\varepsilon_4^{-1}\int_\Omega \boldsymbol{y}_x\,(t-\theta(t),x)^{\mathrm{T}}\widetilde{\boldsymbol{R}}_2\boldsymbol{K}\boldsymbol{y}_x(t-\theta(t),x)\mathrm{d}x\leqslant$$

$$\frac{\Delta}{4\pi}\varepsilon_4\int_\Omega \frac{\partial \boldsymbol{y}\,(t,x)^{\mathrm{T}}}{\partial t}(\widetilde{\boldsymbol{R}}_2^{\mathrm{T}}\widetilde{\boldsymbol{R}}_2+\boldsymbol{K}^{\mathrm{T}}\boldsymbol{K})\frac{\partial \boldsymbol{y}(t,x)}{\partial t}\mathrm{d}x+$$

$$\frac{\Delta}{4\pi}\varepsilon_4^{-1}\int_\Omega \boldsymbol{y}_x\,(t-\theta(t),x)^{\mathrm{T}}(\widetilde{\boldsymbol{R}}_2^{\mathrm{T}}\widetilde{\boldsymbol{R}}_2+\boldsymbol{K}^{\mathrm{T}}\boldsymbol{K})\boldsymbol{y}_x(t-\theta(t),x)\mathrm{d}x \qquad (9-53)$$

由式 (9 - 5)Dirichlet 边界条件得

$$2\int_\Omega \boldsymbol{y}\,(t,x)^{\mathrm{T}}\widetilde{\boldsymbol{R}}_1\frac{\partial}{\partial x}\left(\boldsymbol{D}\frac{\partial \boldsymbol{y}(t,x)}{\partial x}\right)\mathrm{d}x=2\boldsymbol{y}\,(t,x)^{\mathrm{T}}\widetilde{\boldsymbol{R}}_1\boldsymbol{D}\frac{\partial \boldsymbol{y}(t,x)}{\partial x}\Big|_{x=0}^{x=l}-$$
$$2\int_\Omega \frac{\partial \boldsymbol{y}\,(t,x)^{\mathrm{T}}}{\partial x}\widetilde{\boldsymbol{R}}_1\boldsymbol{D}\frac{\partial \boldsymbol{y}(t,x)}{\partial x}\mathrm{d}x=$$
$$-2\int_\Omega \frac{\partial \boldsymbol{y}\,(t,x)^{\mathrm{T}}}{\partial x}\widetilde{\boldsymbol{R}}_1\boldsymbol{D}\frac{\partial \boldsymbol{y}(t,x)}{\partial x}\mathrm{d}x \qquad (9-54)$$

$$\int_\Omega \frac{\partial \boldsymbol{y}\,(t,x)^{\mathrm{T}}}{\partial t}\widetilde{\boldsymbol{R}}_2\frac{\partial}{\partial x}\left(\boldsymbol{D}\frac{\partial \boldsymbol{y}(t,x)}{\partial x}\right)\mathrm{d}x=\frac{\partial \boldsymbol{y}\,(t,x)^{\mathrm{T}}}{\partial t}\widetilde{\boldsymbol{R}}_2\boldsymbol{D}\frac{\partial \boldsymbol{y}(t,x)}{\partial x}\Big|_{x=0}^{x=l}-$$
$$\int_\Omega \frac{\partial \boldsymbol{y}\,(t,x)^{\mathrm{T}}}{\partial x}\widetilde{\boldsymbol{R}}_2\boldsymbol{D}\frac{\partial^2 \boldsymbol{y}(t,x)}{\partial x\partial t}\mathrm{d}x=$$
$$-\int_\Omega \frac{\partial \boldsymbol{y}\,(t,x)^{\mathrm{T}}}{\partial x}\boldsymbol{P}_1\frac{\partial^2 \boldsymbol{y}(t,x)}{\partial x\partial t}\mathrm{d}x \qquad (9-55)$$

其中 $\widetilde{\boldsymbol{R}}_2=\boldsymbol{P}_1\boldsymbol{D}^{-1}$ 。

由式(9 - 6)，对任意对角矩阵 $\boldsymbol{Q}=\mathrm{diag}(q_1,q_2,\cdots,q_n)>0$，推得

$$0\leqslant-2\sum_{j=1}^{n}q_i[\tilde{g}_i(y_i(t,x))-L_j^+y_i(t,x)]\times[\tilde{g}_i(y_i(t,x))-L_j^-y_i(t,x)]=$$
$$-2\tilde{\boldsymbol{g}}\,(\boldsymbol{y}(t,x))^{\mathrm{T}}\boldsymbol{Q}\tilde{\boldsymbol{g}}(\boldsymbol{y}(t,x))+2\tilde{\boldsymbol{g}}\,(\boldsymbol{y}(t,x))^{\mathrm{T}}\boldsymbol{Q}\boldsymbol{L}^-\boldsymbol{y}(t,x)+$$
$$2\boldsymbol{y}\,(t,x)^{\mathrm{T}}\boldsymbol{L}^+\boldsymbol{Q}\tilde{\boldsymbol{g}}(\boldsymbol{y}(t,x))-2\boldsymbol{y}\,(t,x)^{\mathrm{T}}\boldsymbol{L}^+\boldsymbol{Q}\boldsymbol{L}^-\boldsymbol{y}(t,x) \qquad (9-56)$$

其中 $\boldsymbol{L}^+=\mathrm{diag}(L_1^+,L_2^+,\cdots,L_n^+)$ 和 $\boldsymbol{L}^-=\mathrm{diag}(L_1^-,L_2^-,\cdots,L_n^-)$ 。

由式(9 - 36)～式(9 - 38)，式(9 - 46)和式(9 - 48)，把式(9 - 54)和式(9 - 55)代入式(9 - 49)和式(9 - 56)，得到

$$\dot{\bar{V}}(t)+2\alpha\bar{V}(t)-\alpha_1\sup_{s\in[-\tilde{\tau},0]}V(t,s)\leqslant\dot{\bar{V}}(t)+2\alpha\bar{V}(t)-\alpha_1V(t-\theta(t),x)\leqslant$$
$$\dot{\bar{V}}(t)+2\alpha\bar{V}(t)-\alpha_1\int_\Omega[\boldsymbol{y}\,(t-\theta(t),x)^{\mathrm{T}}\bar{\boldsymbol{P}}\boldsymbol{y}(t-\theta(t),x)+$$
$$\boldsymbol{y}_x\,(t-\theta(t),x)^{\mathrm{T}}\boldsymbol{P}_1\boldsymbol{y}_x(t-\theta(t),x)]\mathrm{d}x\leqslant$$

$$\int_{\Omega}\Big[-2\frac{\partial \boldsymbol{y}(t,x)^{\mathrm{T}}}{\partial x}\bar{\boldsymbol{P}}\boldsymbol{D}\frac{\partial \boldsymbol{y}(t,x)}{\partial x}+\boldsymbol{y}(t,x)^{\mathrm{T}}(-2\bar{\boldsymbol{P}}\boldsymbol{A}+2\alpha\bar{\boldsymbol{P}})\boldsymbol{y}(t,x)+$$

$$2\boldsymbol{y}(t,x)^{\mathrm{T}}\bar{\boldsymbol{P}}\boldsymbol{W}\tilde{\boldsymbol{g}}(\boldsymbol{y}(t,x))+2\boldsymbol{y}(t,x)^{\mathrm{T}}\bar{\boldsymbol{P}}\boldsymbol{B}\int_{t-d(t)}^{\mathrm{T}}\tilde{\boldsymbol{g}}(\tilde{\boldsymbol{u}}(s,x))\mathrm{d}s+$$

$$2\boldsymbol{y}(t,x)^{\mathrm{T}}\bar{\boldsymbol{P}}\boldsymbol{H}\tilde{\boldsymbol{g}}(\boldsymbol{y}(t-\tau(t),x))+\boldsymbol{y}(t,x)^{\mathrm{T}}\bar{\boldsymbol{P}}\bar{\boldsymbol{P}}^{\mathrm{T}}\boldsymbol{y}(t,x)+$$

$$\boldsymbol{y}(t-\theta(t),x)^{\mathrm{T}}(\boldsymbol{K}\boldsymbol{K}^{\mathrm{T}}-\alpha_1\bar{\boldsymbol{P}})\boldsymbol{y}(t-\theta(t),x)\Big]\mathrm{d}x+$$

$$\boldsymbol{y}_x(t-\theta(t),x)^{\mathrm{T}}(-\alpha\boldsymbol{P}_1)\boldsymbol{y}_x(t-\theta(t),x)\Big]\mathrm{d}x+$$

$$\frac{\Delta}{4\pi}\bar{\varepsilon}\int_{\Omega}\boldsymbol{y}(t,x)^{\mathrm{T}}[\bar{\boldsymbol{P}}^{\mathrm{T}}\bar{\boldsymbol{P}}+\boldsymbol{K}^{\mathrm{T}}\boldsymbol{K}]\boldsymbol{y}(t,x)\mathrm{d}x+$$

$$\frac{\Delta}{4\pi}\bar{\varepsilon}^{-1}\int_{\Omega}\boldsymbol{y}_x(t-\theta(t),x)^{\mathrm{T}}(\bar{\boldsymbol{P}}^{\mathrm{T}}\bar{\boldsymbol{P}}+\boldsymbol{K}^{\mathrm{T}}\boldsymbol{K})\boldsymbol{y}_x(t-\theta(t),x)\mathrm{d}x+$$

$$\int_{\Omega}\{[\boldsymbol{y}(t,x)^{\mathrm{T}}\bar{\boldsymbol{R}}_1\boldsymbol{y}(t,x)+\tilde{\boldsymbol{g}}(\boldsymbol{y}(t,x))^{\mathrm{T}}\bar{\boldsymbol{R}}_2\tilde{\boldsymbol{g}}(\boldsymbol{y}(t,x))]-$$

$$(1-\mu)\mathrm{e}^{-2\alpha\tau}[\boldsymbol{y}(t-\tau(t),x)^{\mathrm{T}}\bar{\boldsymbol{R}}_1\boldsymbol{y}(t-\tau(t),x)+$$

$$\tilde{\boldsymbol{g}}(\boldsymbol{y}(t-\tau(t),x))^{\mathrm{T}}\bar{\boldsymbol{R}}_2\tilde{\boldsymbol{g}}(\boldsymbol{y}(t-\tau(t),x))]\}\mathrm{d}x+$$

$$\int_{\Omega}[\boldsymbol{y}(t,x)^{\mathrm{T}}\bar{\boldsymbol{R}}_3\boldsymbol{y}(t,x)-\mathrm{e}^{-2\alpha\tau}\boldsymbol{y}(t-\tau,x)^{\mathrm{T}}\bar{\boldsymbol{R}}_3\boldsymbol{y}(t-\tau,x)]\mathrm{d}x+$$

$$\int_{\Omega}\Big[d\tilde{\boldsymbol{g}}(\boldsymbol{y}(t,x))^{\mathrm{T}}\bar{\boldsymbol{R}}_4\tilde{\boldsymbol{g}}(\boldsymbol{y}(t,x))-$$

$$\frac{1}{d}\mathrm{e}^{-2\alpha d}\left(\int_{t-d(t)}^{\mathrm{T}}\tilde{\boldsymbol{g}}(\boldsymbol{y}(s,x))\mathrm{d}s\right)^{\mathrm{T}}\bar{\boldsymbol{R}}_4\int_{t-d(t)}^{\mathrm{T}}\tilde{\boldsymbol{g}}(\boldsymbol{y}(s,x))\mathrm{d}s\Big]\mathrm{d}x+$$

$$\int_{\Omega}[\boldsymbol{y}(t-\theta(t),x)^{\mathrm{T}}\mathrm{e}^{-2\alpha\theta_M}(-\boldsymbol{P}_2)\boldsymbol{y}(t-\theta(t),x)+$$

$$2\boldsymbol{y}(t-\theta(t),x)^{\mathrm{T}}\mathrm{e}^{-2\alpha\theta_M}\boldsymbol{P}_2\boldsymbol{y}(t-\theta_M,x)+$$

$$\boldsymbol{y}(t-\theta_M,x)^{\mathrm{T}}\mathrm{e}^{-2\alpha\theta_M}(-\boldsymbol{P}_2-\boldsymbol{P}_3)\boldsymbol{y}(t-\theta_M,x)]\mathrm{d}x+$$

$$\int_{\Omega}[\boldsymbol{y}(t,x)^{\mathrm{T}}(-\mathrm{e}^{-2\alpha\theta_M}\boldsymbol{P}_2+\boldsymbol{P}_3)\boldsymbol{y}(t,x)+2\boldsymbol{y}(t,x)^{\mathrm{T}}\boldsymbol{P}_2\boldsymbol{y}(t-\theta(t),x)+$$

$$\boldsymbol{y}(t-\theta(t),x)^{\mathrm{T}}\mathrm{e}^{-2\alpha\theta_M}(-\boldsymbol{P}_2)\boldsymbol{y}(t-\theta(t),x)]\mathrm{d}x+$$

$$\theta_M^2\int_{\Omega}\frac{\partial \boldsymbol{y}(t,x)^{\mathrm{T}}}{\partial t}\boldsymbol{P}_2\frac{\partial \boldsymbol{y}(t,x)}{\partial t}\mathrm{d}x+$$

$$2\alpha\int_{\Omega}\frac{\partial \boldsymbol{y}(t,x)^{\mathrm{T}}}{\partial x}\boldsymbol{P}_1\frac{\partial \boldsymbol{y}(t,x)}{\partial x}\mathrm{d}x+\int_{\Omega}\Big[-2\boldsymbol{y}(t,x)^{\mathrm{T}}\tilde{\boldsymbol{R}}_1\frac{\partial \boldsymbol{y}(t,x)}{\partial t}-$$

$$2\frac{\partial \boldsymbol{y}(t,x)^{\mathrm{T}}}{\partial x}\tilde{\boldsymbol{R}}_1\boldsymbol{D}\frac{\partial \boldsymbol{y}(t,x)}{\partial x}-2\boldsymbol{y}(t,x)^{\mathrm{T}}\tilde{\boldsymbol{R}}_1\boldsymbol{A}\boldsymbol{y}(t,x)+$$

$$2\boldsymbol{y}(t,x)^{\mathrm{T}}\tilde{\boldsymbol{R}}_1\boldsymbol{W}\tilde{\boldsymbol{g}}(\boldsymbol{y}(t,x))+2\boldsymbol{y}(t,x)^{\mathrm{T}}\tilde{\boldsymbol{R}}_1\boldsymbol{H}\tilde{\boldsymbol{g}}(\boldsymbol{y}(t-\tau(t),x))+$$

$$2\boldsymbol{y}(t,x)^{\mathrm{T}}\widetilde{\boldsymbol{R}}_1\boldsymbol{B}\int_{t-d(t)}^{\mathrm{T}}\widetilde{\boldsymbol{g}}(\boldsymbol{y}(s,x))\mathrm{d}s+$$

$$\boldsymbol{y}(t,x)^{\mathrm{T}}\widetilde{\boldsymbol{R}}_1\widetilde{\boldsymbol{R}}_1^{\mathrm{T}}\boldsymbol{y}(t,x)+\boldsymbol{y}(t-\theta(t),x)^{\mathrm{T}}\boldsymbol{K}\boldsymbol{K}^{\mathrm{T}}\boldsymbol{y}(t-\theta(t),x)]\mathrm{d}x+$$

$$\int_{\Omega}\Big[-2\frac{\partial\boldsymbol{y}(t,x)^{\mathrm{T}}}{\partial t}\widetilde{\boldsymbol{R}}_2\frac{\partial\boldsymbol{y}(t,x)}{\partial t}-2\frac{\partial\boldsymbol{y}(t,x)^{\mathrm{T}}}{\partial t}\widetilde{\boldsymbol{R}}_2\boldsymbol{A}\boldsymbol{y}(t,x)+$$

$$2\frac{\partial\boldsymbol{y}(t,x)^{\mathrm{T}}}{\partial t}\widetilde{\boldsymbol{R}}_2\boldsymbol{W}\widetilde{\boldsymbol{g}}(\boldsymbol{y}(t,x))+2\frac{\partial\boldsymbol{y}(t,x)^{\mathrm{T}}}{\partial t}\widetilde{\boldsymbol{R}}_2\boldsymbol{H}\widetilde{\boldsymbol{g}}(\boldsymbol{y}(t-\tau(t),x))+$$

$$2\frac{\partial\boldsymbol{y}(t,x)^{\mathrm{T}}}{\partial t}\widetilde{\boldsymbol{R}}_2\boldsymbol{B}\int_{t-d(t)}^{\mathrm{T}}\widetilde{\boldsymbol{g}}(\boldsymbol{y}(s,x))\mathrm{d}s+$$

$$\frac{\partial\boldsymbol{y}(t,x)^{\mathrm{T}}}{\partial t}\widetilde{\boldsymbol{R}}_2\widetilde{\boldsymbol{R}}_2^{\mathrm{T}}\frac{\partial\boldsymbol{y}(t,x)}{\partial t}+\boldsymbol{y}(t-\theta(t),x)^{\mathrm{T}}\boldsymbol{K}\boldsymbol{K}^{\mathrm{T}}\boldsymbol{y}(t-\theta(t),x)\Big]\mathrm{d}x+$$

$$\frac{\Delta}{4\pi}\varepsilon_3\int_{\Omega}\boldsymbol{y}(t,x)^{\mathrm{T}}(\widetilde{\boldsymbol{R}}_1^{\mathrm{T}}\widetilde{\boldsymbol{R}}_1+\boldsymbol{K}^{\mathrm{T}}\boldsymbol{K})\boldsymbol{y}(t,x)\mathrm{d}x+$$

$$\frac{\Delta}{4\pi}\varepsilon_3^{-1}\int_{\Omega}\boldsymbol{y}_x(t-\theta(t),x)^{\mathrm{T}}(\widetilde{\boldsymbol{R}}_1^{\mathrm{T}}\widetilde{\boldsymbol{R}}_1+\boldsymbol{K}^{\mathrm{T}}\boldsymbol{K})\boldsymbol{y}_x(t-\theta(t),x)\mathrm{d}x+$$

$$\frac{\Delta}{4\pi}\varepsilon_4\int_{\Omega}\frac{\partial\boldsymbol{y}(t,x)^{\mathrm{T}}}{\partial t}(\widetilde{\boldsymbol{R}}_2^{\mathrm{T}}\widetilde{\boldsymbol{R}}_2+\boldsymbol{K}^{\mathrm{T}}\boldsymbol{K})\frac{\partial\boldsymbol{y}(t,x)}{\partial t}\mathrm{d}x+$$

$$\frac{\Delta}{4\pi}\varepsilon_4^{-1}\int_{\Omega}\boldsymbol{y}_x(t-\theta(t),x)^{\mathrm{T}}(\widetilde{\boldsymbol{R}}_2^{\mathrm{T}}\widetilde{\boldsymbol{R}}_2+\boldsymbol{K}^{\mathrm{T}}\boldsymbol{K})\boldsymbol{y}_x(t-\theta(t),x)\mathrm{d}x+$$

$$\int_{\Omega}[-2\widetilde{\boldsymbol{g}}(\boldsymbol{y}(t,x))^{\mathrm{T}}\boldsymbol{Q}\widetilde{\boldsymbol{g}}(\boldsymbol{y}(t,x))+2\widetilde{\boldsymbol{g}}(\boldsymbol{y}(t,x))^{\mathrm{T}}\boldsymbol{Q}\boldsymbol{L}^{-}\boldsymbol{y}(t,x)+$$

$$2\boldsymbol{y}(t,x)^{\mathrm{T}}\boldsymbol{L}^{+}\boldsymbol{Q}\widetilde{\boldsymbol{g}}(\boldsymbol{y}(t,x))-2\boldsymbol{y}(t,x)^{\mathrm{T}}\boldsymbol{L}^{+}\boldsymbol{Q}\boldsymbol{L}^{-}\boldsymbol{y}(t,x)]\mathrm{d}x=$$

$$\int_{\Omega}\boldsymbol{\eta}(t,x)^{\mathrm{T}}\boldsymbol{\Phi}\boldsymbol{\eta}(t,x)\mathrm{d}x \tag{9-57}$$

这里

$$\boldsymbol{\Phi}=\begin{bmatrix}
\boldsymbol{\Psi}_{11} & \boldsymbol{\Psi}_{12} & \boldsymbol{0} & \boldsymbol{\Psi}_{14} & \boldsymbol{\Psi}_{15} & \boldsymbol{\Psi}_{16} & \boldsymbol{\Psi}_{17} & \boldsymbol{0} & \boldsymbol{0} & \boldsymbol{\Psi}_{1,10} & \boldsymbol{0}\\
* & \boldsymbol{\Psi}_{22} & \boldsymbol{0} & \boldsymbol{0} & \boldsymbol{0} & \boldsymbol{0} & \boldsymbol{0} & \boldsymbol{0} & \boldsymbol{0} & \boldsymbol{0} & \boldsymbol{0}\\
* & * & \boldsymbol{\Psi}_{33} & \boldsymbol{0} & \boldsymbol{0} & \boldsymbol{0} & \boldsymbol{0} & \boldsymbol{0} & \boldsymbol{0} & \boldsymbol{0} & \boldsymbol{0}\\
* & * & * & \boldsymbol{\Psi}_{44} & \boldsymbol{0} & \boldsymbol{0} & \boldsymbol{0} & \boldsymbol{0} & \boldsymbol{0} & \boldsymbol{0} & \boldsymbol{\Psi}_{4,11}\\
* & * & * & * & \boldsymbol{\Psi}_{55} & \boldsymbol{0} & \boldsymbol{0} & \boldsymbol{0} & \boldsymbol{0} & \boldsymbol{\Psi}_{5,10} & \boldsymbol{0}\\
* & * & * & * & * & \boldsymbol{\Psi}_{66} & \boldsymbol{0} & \boldsymbol{0} & \boldsymbol{0} & \boldsymbol{\Psi}_{6,10} & \boldsymbol{0}\\
* & * & * & * & * & * & \boldsymbol{\Psi}_{77} & \boldsymbol{0} & \boldsymbol{0} & \boldsymbol{\Psi}_{7,10} & \boldsymbol{0}\\
* & * & * & * & * & * & * & \boldsymbol{\Psi}_{88} & \boldsymbol{0} & \boldsymbol{0} & \boldsymbol{0}\\
* & * & * & * & * & * & * & * & \boldsymbol{\Psi}_{99} & \boldsymbol{0} & \boldsymbol{0}\\
* & * & * & * & * & * & * & * & * & \boldsymbol{\Psi}_{10,10} & \boldsymbol{0}\\
* & * & * & * & * & * & * & * & * & * & \boldsymbol{\Psi}_{11,11}
\end{bmatrix}$$

$$\psi_{11}=-2\bar{P}A+2\alpha\bar{P}+\frac{\Delta}{4\pi}\bar{\varepsilon}\bar{P}^{\mathrm{T}}\bar{P}+\frac{\Delta}{4\pi}\bar{\varepsilon}K^{\mathrm{T}}K+\bar{R}_1+\bar{R}_3-\mathrm{e}^{-2\alpha\theta_M}P_2+P_3+\bar{P}^{\mathrm{T}}\bar{P}-$$

$$2\widetilde{R}_1A+\frac{\Delta}{4\pi}\varepsilon_3\widetilde{R}_1^{\mathrm{T}}\widetilde{R}_1+\frac{\Delta}{4\pi}\varepsilon_3K^{\mathrm{T}}K-2L^{+}QL^{-}+\widetilde{R}_1^{\mathrm{T}}\widetilde{R}_1$$

$$\psi_{13}=-\widetilde{R}_1-A^{\mathrm{T}}\widetilde{R}_2^{\mathrm{T}}$$

$$\psi_{14}=\mathrm{e}^{-2\alpha\theta_M}P_2,\psi_{15}=\bar{P}W+\widetilde{R}_1W+QL^{-}+L^{+}Q,\psi_{16}=\bar{P}H+\widetilde{R}_1H$$

$$\psi_{17}=\widetilde{R}_1B+\bar{P}B,\psi_{19}=\bar{P}H+\widetilde{R}_1H,\psi_{22}=\frac{\Delta}{4\pi}\bar{\varepsilon}^{-1}\bar{P}^{\mathrm{T}}\bar{P}+\frac{\Delta}{4\pi}\bar{\varepsilon}^{-1}K^{\mathrm{T}}K-$$

$$\alpha_1P+\frac{\Delta}{4\pi}\varepsilon_3^{-1}\widetilde{R}_1^{\mathrm{T}}\widetilde{R}_1+\frac{\Delta}{4\pi}\varepsilon_3^{-1}K^{\mathrm{T}}K+\frac{\Delta}{4\pi}\varepsilon_4^{-1}\widetilde{R}_2^{\mathrm{T}}\widetilde{R}_2+\frac{\Delta}{4\pi}\varepsilon_4^{-1}K^{\mathrm{T}}K$$

$$\psi_{33}=\theta_M^2P_2-2\widetilde{R}_2+\widetilde{R}_2^{\mathrm{T}}\widetilde{R}_2+\frac{\Delta}{4\pi}\varepsilon_4\widetilde{R}_2^{\mathrm{T}}\widetilde{R}_2+\frac{\Delta}{4\pi}\varepsilon_4K^{\mathrm{T}}K,\psi_{35}=\widetilde{R}_2W$$

$$\psi_{36}=\widetilde{R}_2H,\psi_{37}=\widetilde{R}_2B,\psi_{44}=-2\mathrm{e}^{-2\alpha\theta_M}P_2-\alpha_1\bar{P}+3K^{\mathrm{T}}K,\psi_{4,11}=\mathrm{e}^{-2\alpha\theta_M}P_2$$

$$\psi_{55}=\bar{R}_2+d\bar{R}_4-2Q,\psi_{66}=-\mathrm{e}^{-2\alpha\tau}(1-\mu)\bar{R}_2,\psi_{77}=-\frac{1}{d}\mathrm{e}^{-2\alpha d}\bar{R}_4$$

$$\psi_{88}=-2\bar{P}D-2\widetilde{R}_1D+2\alpha P_1,\psi_{99}=-(1-\mu)\mathrm{e}^{-2\alpha\tau}\bar{R}_1,\psi_{10,10}=-\mathrm{e}^{-2\alpha\tau}\bar{R}_3$$

$$\psi_{11,11}=-\mathrm{e}^{-2\alpha\theta_M}(P_2+P_3),\widetilde{R}_2=P_1D^{-1}$$

$$\begin{aligned}\eta(t,x)^{\mathrm{T}}=(&y(t,x)^{\mathrm{T}}\quad y_x(t-\theta(t),x)^{\mathrm{T}}\quad y_t(t,x)^{\mathrm{T}}\\&y(t-\theta(t),x)^{\mathrm{T}}\quad \tilde{g}(y(t,x))^{\mathrm{T}}\quad \tilde{g}(y(t-\tau(t),x))^{\mathrm{T}}\\&\int_{t-d(t)}^{\mathrm{T}}\tilde{g}(y(s,x))^{\mathrm{T}}\mathrm{d}s\quad y_x(t,x)^{\mathrm{T}}\quad y(t-\tau(t),x)^{\mathrm{T}}\quad y(t-\tau)^{\mathrm{T}}\\&y(t-\theta_M,x)^{\mathrm{T}})\end{aligned}$$

运用 Schur 补定理当 $\boldsymbol{\Phi}<0$ 时，式(9－31)成立，进一步可得

$$\dot{\bar{V}}(t)+2\alpha\bar{V}(t)-\alpha_1\sup_{s\in[-\tilde{\tau},0]}\bar{V}(t+s)<0 \tag{9－58}$$

由引理 9.4 中 Halanay's 不等式，得到

$$\bar{V}(t)\leqslant \mathrm{e}^{-2\lambda t}\bar{V}(0) \tag{9－59}$$

其中 $\lambda>0$ 是 $\lambda=\alpha-\frac{\alpha_1\mathrm{e}^{2\lambda\tilde{\tau}}}{2}$ 的唯一解，$\bar{V}(0)=\sup_{s\in[-\tilde{\tau},0]}\bar{V}(s)$。

类似于文献[125]中定理 1 和文献[165]中定理 4 的证明，误差系统式(9－30) 的平衡点是指数稳定的，即在采样控制器式(9－29)的作用下，驱动系统式(9－1)和响应系统式(9－4)是指数同步的。

注 9.1 定理 9.1 和定理 9.2 中,关于同步判据的充分条件分别由空间采样和连续时间控制器和时空采样控制器得到。

注 9.2 分布参数神经网络经常用具有混合或齐次边界条件的偏微分方程描述。分布参数神经网络的主要特征是输出、输入和过程状态及相关参数可以与时空有关。这些模型的特征是由于动态性能的复杂性而难以控制。

9.4 数值例子

例 9.1 考虑如下驱动-响应系统:

$$\frac{\partial u_i(t,x)}{\partial t}=D_i\frac{\partial^2 u_i(t,x)}{\partial x^2}-a_iu_i(t,x)+\sum_{j=1}^{2}w_{ij}g_j(u_j(t,x))+\sum_{j=1}^{2}h_{ij}g_j(u_j(t-\tau(t),x))+\sum_{j=1}^{2}b_{ij}\int_{t-d(t)}^{t}g_j(u_j(s,x))\mathrm{d}s+J_i \tag{9-60}$$

和

$$\frac{\partial \tilde{u}_i(t,x)}{\partial t}=D_i\frac{\partial^2 \tilde{u}_i(t,x)}{\partial x^2}-a_i\tilde{u}_i(t,x)+\sum_{j=1}^{2}w_{ij}g_j(\tilde{u}_j(t,x))+\sum_{j=1}^{2}h_{ij}g_j(\tilde{u}_j(t-\tau(t),x))+\sum_{j=1}^{2}b_{ij}\int_{t-d(t)}^{t}g_j(\tilde{u}_j(s,x))\mathrm{d}s+J_i+v_i \tag{9-61}$$

其中 $x\in\Omega=\{x\mid 0\leqslant x\leqslant 1\}$,$t\geqslant 0$,$g_j(\iota)=0.2(|\iota+1|-|\iota-1|)$,$j=1,2$,$\tau(t)=1+0.4\sin(t)$,和 $d(t)=0.2\cos(t)$,$i=1,2$;$J_1=0.2$,$J_2=1$,$\boldsymbol{D}=\boldsymbol{I}$,
$\boldsymbol{A}=\begin{bmatrix}3 & 0\\0 & 2\end{bmatrix}$,$\boldsymbol{W}=\begin{bmatrix}0.9 & -1.5\\-1.2 & 1.3\end{bmatrix}$,$\boldsymbol{H}=\begin{bmatrix}0.8 & 0.6\\0.2 & 0.1\end{bmatrix}$,$\boldsymbol{B}=\begin{bmatrix}0.3 & 0.2\\0.1 & 0.2\end{bmatrix}$。

显然,$g_j(\cdot)$,$j=1,2$ 满足假设 (A9.1)。易验证 $L_1=0$,$L_2=0.2I$。

直接计算得到 $\dot{\tau}(t)\leqslant 0.4<1$,$\tau=1.4$,$\mu=0.4$,$d=0.2$。

令 $\Delta=\frac{\pi}{4}$,$\varepsilon=1$,通过利用 MATLAB LMI 控制工具箱,解定理 9.1 中的 LMI 式(9-8) 得到

$$\boldsymbol{P}=\begin{bmatrix}4.5009 & 0\\0 & 4.5009\end{bmatrix},\boldsymbol{\Gamma}=\begin{bmatrix}17.1892 & 0\\0 & 17.1892\end{bmatrix}$$

$$\bar{\boldsymbol{\Gamma}}=\begin{bmatrix}9.830\,6 & 0\\ 0 & 9.830\,6\end{bmatrix},\boldsymbol{R}_1=\begin{bmatrix}15.083\,9 & 3.866\,5\\ 3.866\,5 & 10.455\,0\end{bmatrix}$$

$$\boldsymbol{R}_2=\begin{bmatrix}6.358\,8 & 2.283\,7\\ 2.283\,7 & 5.102\,3\end{bmatrix},\boldsymbol{R}_3=\begin{bmatrix}15.588\,5 & 0\\ 0 & 15.588\,5\end{bmatrix}$$

$$\boldsymbol{R}_4=\begin{bmatrix}3.674\,9 & 0.082\,9\\ 0.082\,9 & 3.641\,6\end{bmatrix},\boldsymbol{X}=\begin{bmatrix}8.313\,7 & 0\\ 0 & 8.3137\end{bmatrix},\alpha=0.480\,5$$

式(9－7)中的增益矩阵 $\boldsymbol{K}$ 为

$$\boldsymbol{K}=\begin{bmatrix}1.847\,1 & 0\\ 0 & 1.847\,1\end{bmatrix}$$

初始条件是 $u_1(t,x)=-0.3,u_2(t,x)=0.5,\tilde{u}_1(t,x)=-0.2,\tilde{u}_2(t,x)=0.1$，且边界条件为 Dirichlet 边界条件。让 $e_i(t,x)=\tilde{u}_i(t,x)-u_i(t,x),i=1,2$。图 9.1～9.6 给出仿真结果，其中图 9.1 和图 9.2 分别表示系统式(9－60)中 $u_1(t,x)$ 和 $u_2(t,x)$ 的状态曲面。图 9.3 和图 9.4 分别表示同步误差 $e_1(t,x)$ 和 $e_2(t,x)$。图 9.5 和图 9.6 分别描述当 $x=0.6$ 时的同步误差 $e_1(t,x)$ 和 $e_2(t,x)$。

定理 9.1 的所有假设都成立，因此，系统式(9－32)和式(9－33)是全局指数同步的。

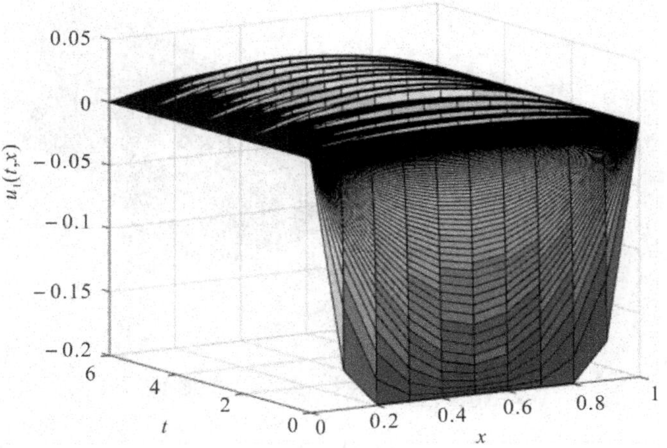

图 9.1　系统式(9－60)中状态 $u_1(t,x)$ 的曲面

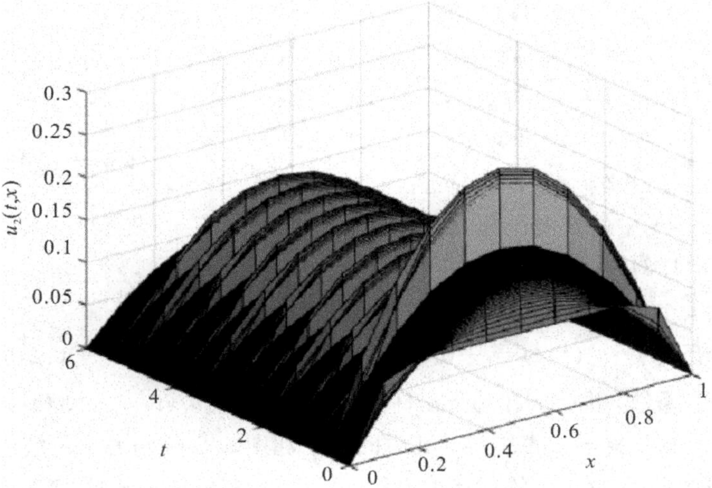

图 9.2 系统式(9-60)中状态 $u_2(t,x)$ 的曲面

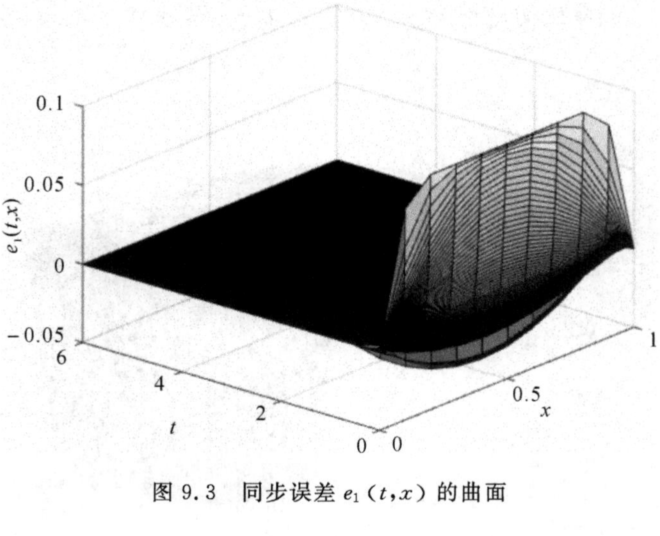

图 9.3 同步误差 $e_1(t,x)$ 的曲面

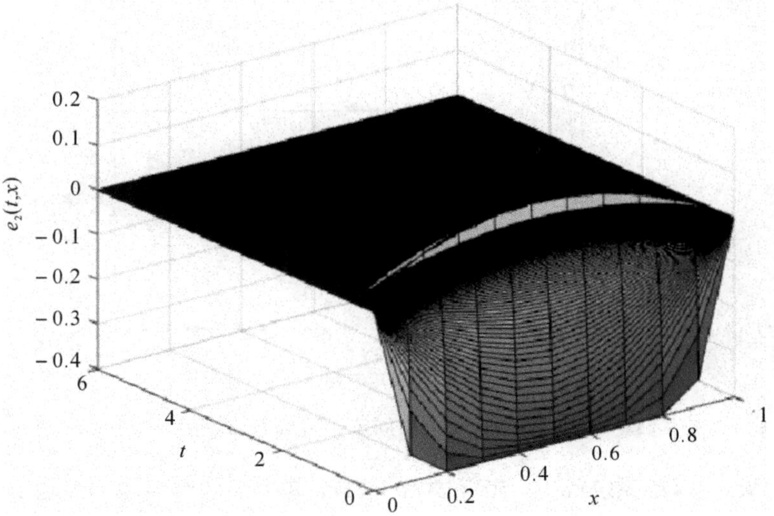

图 9.4　同步误差 $e_2(t,x)$ 的曲面

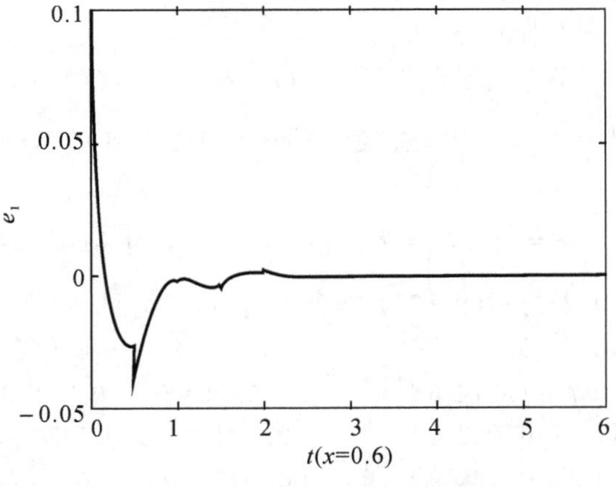

图 9.5　当 $x=0.6$ 时，同步误差 $e_1(t,x)$ 的曲线

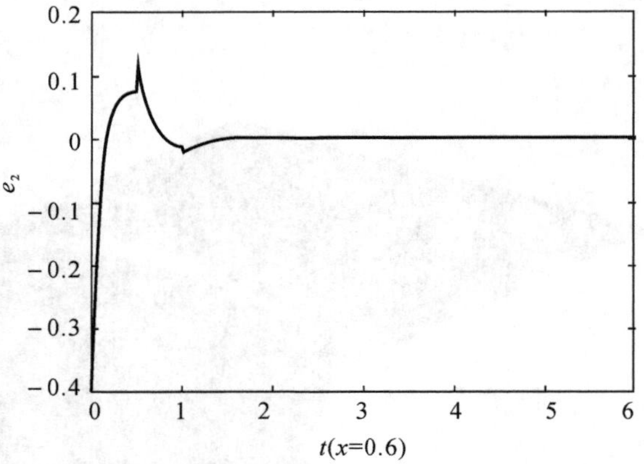

图 9.6　当 $x=0.6$ 时，同步误差 $e_2(t,x)$ 的曲线

例 9.2　考虑系统式(9-60)和式(9-61)，其中 $x\in\Omega=\{x\mid 0\leqslant x\leqslant 1\}$，$t\geqslant 0$，$g_j(\alpha)=\tanh(\alpha)$，$i,j=1,2$，和 $J_1=0.5$，$J_2=2$，$\boldsymbol{D}=\boldsymbol{I}$，$\boldsymbol{A}=\begin{bmatrix}5&0\\0&6\end{bmatrix}$，$\boldsymbol{W}=\begin{bmatrix}3&-2\\-1&1\end{bmatrix}$，$\boldsymbol{H}=\begin{bmatrix}2&1\\-1&-1\end{bmatrix}$，$\boldsymbol{B}=\begin{bmatrix}2&10\\-0.5&-1\end{bmatrix}$，$\tau(t)=1+0.3\sin(t)$，$d(t)=1+0.1\cos(t)$。

时空采样控制器 v_i 满足式(9-29)。显然，$g_j(\cdot)$，$j=1,2$ 满足假设(A9.1)，并且 $L^+=\boldsymbol{I}$，$L^-=0$。直接计算得 $\dot{\tau}(t)\leqslant 0.3<1$，$\mu=0.5$，$d=1.1$，$\theta_M=0.5$。

选择 $\Delta=\dfrac{\pi}{4}$，$\bar{\varepsilon}=1$，$\delta=2$，$\varepsilon_3=\varepsilon_4=1$，由 MATLAB LMI Control Toolbox 解定理 9.2 的式(9-31)得到可行解：

$$\boldsymbol{P}_1=\begin{bmatrix}1.2732&0.1007\\0.1007&1.3746\end{bmatrix},\boldsymbol{P}_2=\begin{bmatrix}0.4664&-0.0019\\-0.0019&0.4429\end{bmatrix}$$

$$\boldsymbol{P}_3=\begin{bmatrix}0.2174&0.0415\\0.0415&0.1409\end{bmatrix},\bar{\boldsymbol{R}}_1=\begin{bmatrix}0.4218&0.0377\\0.0377&0.2303\end{bmatrix}$$

$$\bar{\boldsymbol{R}}_2=\begin{bmatrix}0.2547&0.0170\\0.0170&0.2916\end{bmatrix},\bar{\boldsymbol{R}}_3=\begin{bmatrix}0.4005&0.0369\\0.0369&0.2160\end{bmatrix}$$

$$\bar{\boldsymbol{R}}_4=\begin{bmatrix}0.4364&0.0214\\0.0214&0.3913\end{bmatrix},\boldsymbol{Q}=\begin{bmatrix}2.4036&0.0394\\0.0394&3.5552\end{bmatrix}$$

$$\bar{\boldsymbol{P}}=\begin{bmatrix}1.1527&0\\0&1.1527\end{bmatrix},\tilde{\boldsymbol{R}}_1=\begin{bmatrix}1.6018&0\\0&1.6018\end{bmatrix}$$

$$\boldsymbol{K}=\begin{bmatrix}0.2359 & 0\\ 0 & 0.2359\end{bmatrix}$$

我们发现对 $t_{k+1}-t_k\leqslant h=0.05$ 误差系统指数稳定。由定理 9.2 知，时变时滞相应的界更小，即

$$t_{k+1}-t_k+\eta_k\leqslant\theta_M=0.099$$

对不同 η_k，最大采样区间长度 h 见表 9.1。

表 9.1　对不同 η_k，最大采样区间长度 h

η_k	0.01	0.02	0.03	0.04	0.05
h	0.001	0.012	0.025	0.037	0.049

设初始值 $u_1(t,x)=-1.1, u_2(t,x)=1, \tilde{u}_1(t,x)=-2, \tilde{u}_2(t,x)=1$，边界条件设为 Dirichlet 边界条件。令 $e_i(t,x)=\tilde{u}_i(t,x)-u_i(t,x), i=1,2$。仿真结果如图 9.7～图 9.12 所示，其中图 9.7 和图 9.8 分别表示系统式(9-60)中 $u_1(t,x)$ 和 $u_2(t,x)$ 的状态曲面；图 9.9 和图 9.10 分别表示同步误差 $e_1(t,x)$ 和 $e_2(t,x)$；图 9.11 和图 9.12 分别描述当 $x=0.6$ 时的同步误差 $e_1(t,x)$ 和 $e_2(t,x)$。

根据定理 9.2，驱动系统式(9-60)和响应系统式(9-61)是全局指数同步的，如图 9.9 和图 9.10 所示。数值仿真证明了所给算法的有效性和正确性。

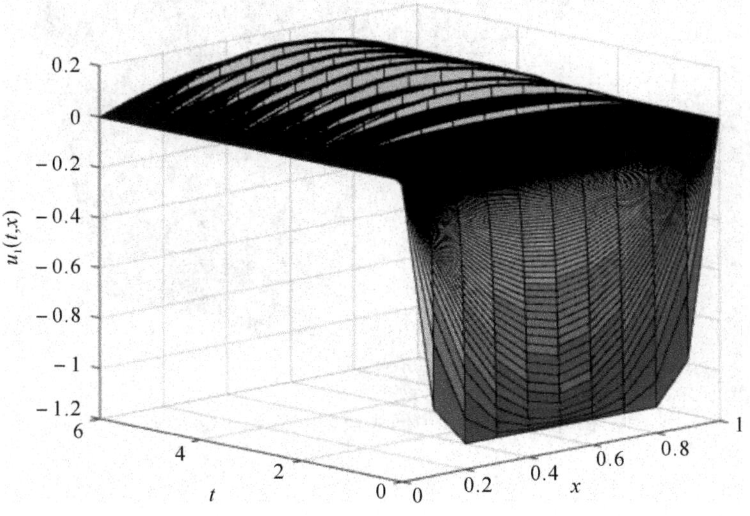

图 9.7　例 9.2 中系统式(9-60)中状态 $u_1(t,x)$ 的曲面

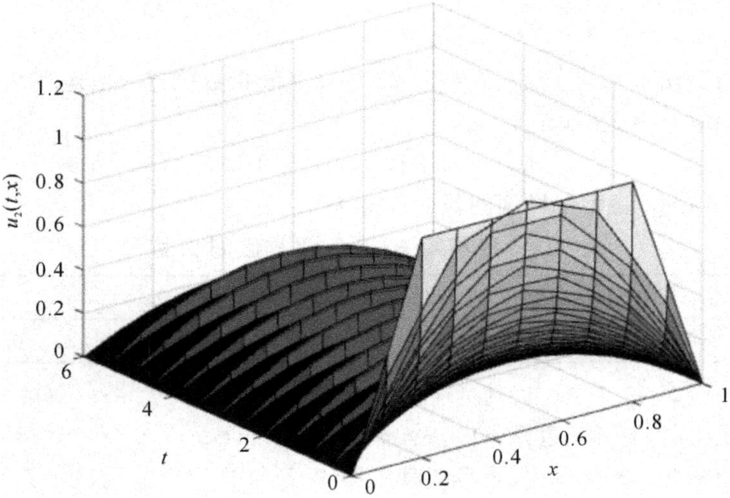

图 9.8　例 9.2 中系统式(9-60)中状态 $u_2(t,x)$ 的曲面

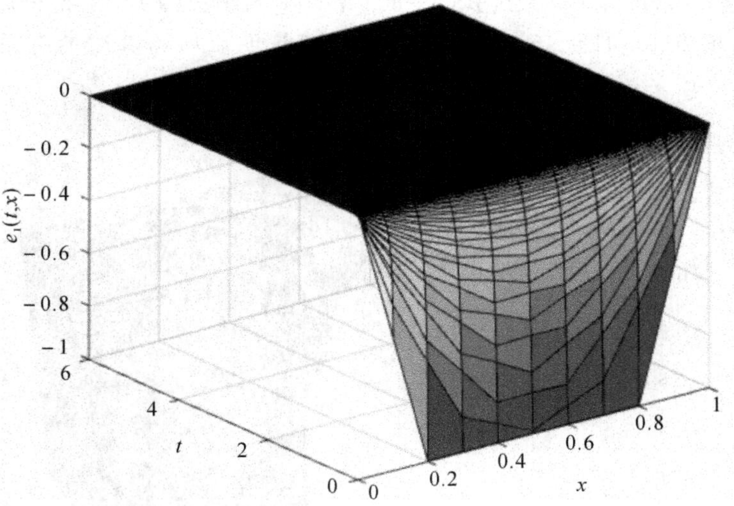

图 9.9　例 9.2 中同步误差 $e_1(t,x)$ 的曲面

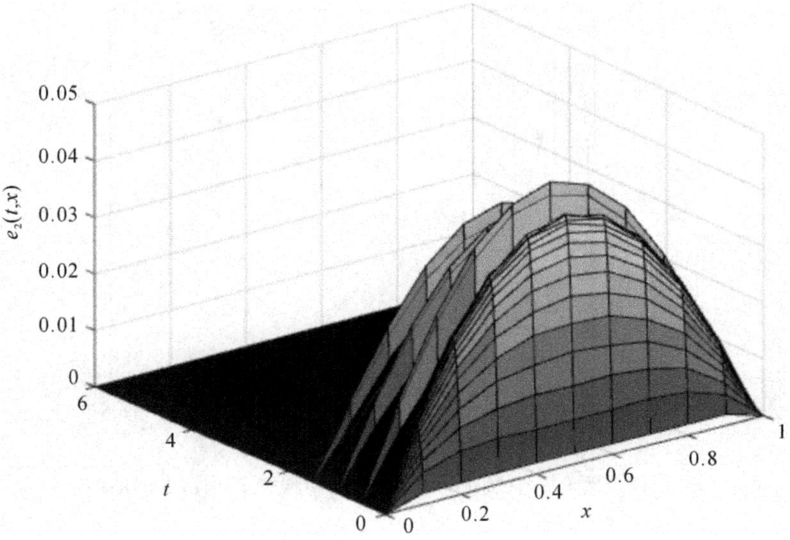

图 9.10　例 9.2 中同步误差 $e_2(t,x)$ 的曲面

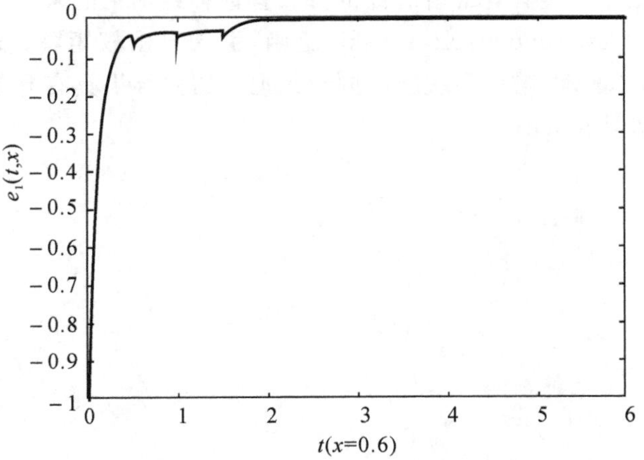

图 9.11　例 9.2 中当 $x=0.6$ 时，同步误差 $e_1(t,x)$ 的曲线

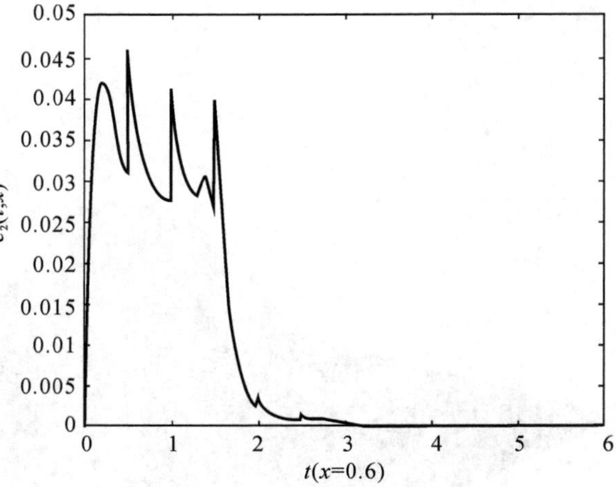

图 9.12　例 9.2 中当 $x=0.6$ 时,同步误差 $e_2(t,x)$ 的曲线

9.5　本 章 小 结

本章讨论了一类具有混合时滞的分布参数神经网络的采样同步问题。通过构造适当的 Lyapunov - Krasovskii 泛函,引入自由权矩阵,设计新的采样控制器,得到了驱动-响应系统新的同步判据。这些结果具有易于检验求解且保守性较好等特点。

第十章　具有混合边界条件忆阻分布参数神经网络的反同步

10.1　引　　言

1971 年，美国加州大学伯克利分校的 Leon Chua 教授提出：忆阻(memristor)是除电容、电阻、电感外的第四种基础电路元件，其在电路中的阻值会随流经的电流变化而变化，且在电路断电后仍保留当前阻值[39]。简言之，忆阻实际上就是一个具有天然的记忆功能的非线性电阻。由于当时纳米技术远未成熟，其物理实现和重构极其困难，忆阻的研究一直未取得重大突破。直到 2008 年，Hewlett - Packard 实验室证实了第四种无源基本元件——忆阻的物理存在，提出了忆阻的器件结构，并成功研发该元件[40,50]。Hewlett - Packard 研究团队预言电子信息系统能利用忆阻，像生物大脑那样处理关联模式和关联记忆。电子存储器的速度、功耗及集成度等面临严峻挑战，低功耗、高速度、高集成度、兼具信息存储与计算功能的基于忆阻的新型电子系统为信息存储和超高性能计算带来了前所未有的机遇。

神经元之间、神经元与效应器细胞之间经由突触来连接并实现信息传递和表达，即突触是神经元信号的输入通道。突触也是人类大脑学习和记忆的基本组成单元，突触仿生是实现神经形态计算的重要基础。基于忆阻的复杂赫布学习网络展示了类人脑的计算能力，采用基于忆阻的金属氧化物半导体设计还可能改进模拟计算。忆阻通过简单封装即可提供内存与逻辑功能的突出表现受到了科学家的关注。在基于忆阻的神经网络的动力学方面，国内外的研究仍然处于初级阶段。根据目前的相关工作来看，不同种类的柔性忆阻器件性能差异较大，进而不同机理的忆阻神经网络的动态机制迥然不同。尽管通过实验推理以及物理模拟等方法，可以找到一部分证据来证明忆阻神经网络的部分内在机理。目前还没有一个完善的普适性理论来分析基于忆阻的神经网络的的动力学行为特性，还有很多问题亟待解决。近年来，基于忆阻的神经网络同步和反同步问题被广泛研究[55-56]。因此，本章研究具有混合边界条件忆阻分布参数神经网络的反同步控制问题。

10.2 模型描述与预备知识

考虑分布参数神经网络系统：

$$\frac{\partial u_i(t,x)}{\partial t}=\frac{\partial}{\partial x}\left(D_i\frac{\partial u_i(t,x)}{\partial x}\right)-d_i(u_i)u_i(t,x)+\sum_{j=1}^{n}a_{ij}(u_j)g_j(u_j(t,x))+\sum_{j=1}^{n}b_{ij}(u_j)g_j(u_j(t-\tau_j,x)) \quad t\geqslant 0,x\in\Omega \tag{10-1}$$

$$\frac{\partial u_i(t,0)}{\partial x}=0,u_i(t,d)=0,t\in(-\tau,+\infty) \tag{10-2}$$

$$u_i(s,x)=\varphi_i(s,x),(s,x)\in(-\tau,0]\times\Omega \tag{10-3}$$

式中，$x\in\Omega$；$u_i(t,x)$ 表示系统状态；$d_i(u_i)>0$，$a_{ij}(u_j)$ 和 $b_{ij}(u_j)$ 表示连接权重；$g_j(\cdot)$ 表示激励函数；τ_j 表示时滞且满足 $0\leqslant\tau_j\leqslant\tau$，$\tau$ 是常数；$D_i>0$ 表示扩散系数；$\varphi_i(s,x)$ 是有界函数且在 $(-\tau,0]\times\Omega$ 上连续，$i,j=1,2,\cdots,n$。

根据忆阻和电流电压特性[64,67,68]，可知

$$d_i(u_i)=d_i(u_i(t,x))=\begin{cases}\hat{d}_i,u_i(t,x)\leqslant T_i\\ \check{d}_i,u_i(t,x)>T_i\end{cases}$$

$$a_{ij}(u_j)=a_{ij}(u_j(t,x))=\begin{cases}\hat{a}_{ij},u_j(t,x)\leqslant T_i\\ \check{a}_{ij},u_j(t,x)>T_i\end{cases}$$

$$b_{ij}(u_j)=b_{ij}(u_j(t,x))=\begin{cases}\hat{b}_{ij},u_j(t,x)\leqslant T_i\\ \check{b}_{ij},u_j(t,x)>T_i\end{cases} \tag{10-4}$$

其中，切换跳 $T_i>0,\hat{d}_i,\check{d}_i,\hat{a}_{ij},\check{a}_{ij},\hat{b}_{ij},\check{b}_{ij},i,j=1,2,\cdots,n$，是常数。

对模型式(10-1)，利用集值映射和微分包含的理论有下式：

$$\frac{\partial u_i(t,x)}{\partial t}\in\frac{\partial}{\partial x}\left(D_i\frac{\partial u_i(t,x)}{\partial x}\right)-\mathrm{co}[d_i(u_i)]u_i(t,x)+\sum_{j=1}^{n}\mathrm{co}[a_{ij}(u_j)]g_j(u_j(t,x))+\sum_{j=1}^{n}\mathrm{co}[b_{ij}(u_j)]g_j(u_j(t-\tau_j,x)) \quad t\geqslant 0,x\in\Omega \tag{10-5}$$

把系统式(10-5)作为驱动系统，引入如下响应系统：

$$\frac{\partial\tilde{u}_i(t,x)}{\partial t}\in\frac{\partial}{\partial x}\left(D_i\frac{\partial\tilde{u}_i(t,x)}{\partial x}\right)-\mathrm{co}[d_i(\tilde{u}_i)]\tilde{u}_i(t,x)+$$
$$\sum_{j=1}^{n}\mathrm{co}[a_{ij}(\tilde{u}_j)]g_j(\tilde{u}_j(t,x))+$$
$$\sum_{j=1}^{n}\mathrm{co}[b_{ij}(\tilde{u}_j)]g_j(\tilde{u}_j(t-\tau_j,x))+v_i(t,x)$$
$$t\geqslant 0,x\in\Omega \tag{10-6}$$

$$\tilde{u}_{i\,x}(t,0)=0,\tilde{u}_i(t,d)=0,t\in(-\tau,+\infty) \tag{10-7}$$

$$\tilde{u}_i(s,x)=\tilde{\varphi}_i(s,x),(s,x)\in(-\tau,0]\times\Omega \tag{10-8}$$

其中 $\tilde{\boldsymbol{u}}(t,x)=(\tilde{u}_1(t,x),\cdots,\tilde{u}_n(t,x))^{\mathrm{T}}$；$\boldsymbol{v}(t,x)=(v_1(t,x),\cdots,v_n(t,x))^{\mathrm{T}}$ 表示控制输入。实际上，系统式(10-6) 收到系统式(10-5)的输出信号。$\tilde{\varphi}_i(s,x)$ 是在 $(-\tau,0]\times\Omega$ 上的有界连续函数，且有

$$y_{ix}(t,0)=\frac{\partial y_i(t,0)}{\partial x}$$

作如下假设：

(A10.1) 函数 $g_j(\cdot),j=1,2,\cdots,n$，是有界的奇函数且满足 Lipschitz 条件，即对任意 $\bar{\omega}_1,\bar{\omega}_2\in\mathbb{R}$，存在 Lipschitz 常数 $L_j>0$ 使得

$$|g_j(\bar{\omega}_1)-g_j(\bar{\omega}_2)|\leqslant L_j|\bar{\omega}_1-\bar{\omega}_2|$$

系统式(10-5)和系统式(10-6) 的反同步控制如下：

$$\boldsymbol{y}(t,x)=(y_1(t,x),\cdots,y_n(t,x))^{\mathrm{T}}=\tilde{\boldsymbol{u}}(t,x)+\boldsymbol{u}(t,x)$$

由集值映射和微分包含的理论有如下误差系统：

$$\frac{\partial y_i(t,x)}{\partial t}\in\frac{\partial}{\partial x}\left(D_i\frac{\partial y_i(t,x)}{\partial x}\right)-\{\mathrm{co}[d_i(u_i)]u_i(t,x)+$$
$$\mathrm{co}[d_i(\tilde{u}_i)]\tilde{u}_i(t,x)\}+\sum_{j=1}^{n}\{\mathrm{co}[a_{ij}(u_j)]g_j(u_j(t,x))+$$
$$\mathrm{co}[a_{ij}(\tilde{u}_j)]g_j(\tilde{u}_j(t,x))\}+\sum_{j=1}^{n}\{\mathrm{co}[b_{ij}(u_j)]g_j(u_j(t-\tau_j,x))+$$
$$\mathrm{co}[b_{ij}(\tilde{u}_j)]g_j(\tilde{u}_j(t-\tau_j,x))\}+v_i(t,x),t\geqslant 0,x\in\Omega \tag{10-9}$$

设 $0=x_0<x_1<\cdots<x_N=l$ 把 $[0,l]$ 分成 N 个采样区间。假设 N 个传感器被放置在这些区间的中间 $\bar{x}_j=\frac{x_j+x_{j+1}}{2}(j=0,\cdots,N-1)$。设空间采样区间是有界的，即

$$x_{j+1}-x_j\leqslant\Delta$$

设计间歇采样控制器如下：

$$v_i(t,x)=K_i(t)y_i(t,\bar{x}_j),$$
$$K_i(t)=\begin{cases}-k_i, m\omega\leqslant t\leqslant m\omega+\delta\\ 0, m\omega+\delta< t\leqslant (m+1)\omega\end{cases} \tag{10-10}$$

其中 $\bar{x}_j=\dfrac{x_j+x_{j+1}}{2}, x\in[x_j,x_{j+1}), j=0,\cdots,N-1, i=1,\cdots,n$, $\omega>0$ 是控制周期，$\omega>0$ 称为控制宽度，和 $\boldsymbol{K}=\mathrm{diag}(k_1,k_2,\cdots,k_n)>0$ 是增益控制矩阵。

通过运用 $y_i(t,\bar{x}_j)=y_i(t,x)-\int_{\bar{x}_j}^{x}y_{i\ s}(t,s)\mathrm{d}s$，给出系统式(10-6)中的 $v_i(t,x)$ 如下：

$$v_i(t,x)=\begin{cases}-Ky_i(t,x)+K\displaystyle\int_{\bar{x}_j}^{x}y_{i\ s}(t,s)\mathrm{d}s, m\omega\leqslant t\leqslant m\omega+\delta\\ 0, m\omega+\delta< t\leqslant (m+1)\omega\end{cases} \tag{10-11}$$

由集值映射和微分包含的理论有如下反同步误差系统：

$$\begin{aligned}\frac{\partial y_i(t,x)}{\partial t}\in{}&\frac{\partial}{\partial x}\left(D_i\frac{\partial y_i(t,x)}{\partial x}\right)-\{\mathrm{co}[d_i(u_i)]u_i(t,x)+\mathrm{co}[d_i(\tilde{u}_i)]\tilde{u}_i(t,x)\}-\\&K_iy_i(t,x)+\sum_{j=1}^{n}\{\mathrm{co}[a_{ij}(u_j)]g_j(u_j(t,x))+\\&\mathrm{co}[a_{ij}(\tilde{u}_j)]g_j(\tilde{u}_j(t,x))\}+\sum_{j=1}^{n}\{\mathrm{co}[b_{ij}(u_j)]g_j(u_j(t-\tau_j,x))+\\&\mathrm{co}[b_{ij}(\tilde{u}_j)]g_j(\tilde{u}_j(t-\tau_j,x))\}+K_i\int_{\bar{x}_j}^{x}y_{i\ s}(t,s)\mathrm{d}s\\&(t,x)\in[m\omega,m\omega+\delta]\times\Omega\end{aligned} \tag{10-12}$$

$$\begin{aligned}\frac{\partial y_i(t,x)}{\partial t}\in{}&\frac{\partial}{\partial x}\left(D_i\frac{\partial y_i(t,x)}{\partial x}\right)-\{\mathrm{co}[d_i(u_i)]u_i(t,x)+\mathrm{co}[d_i(\tilde{u}_i)]\tilde{u}_i(t,x)\}+\\&\sum_{j=1}^{n}\{\mathrm{co}[a_{ij}(u_j)]g_j(u_j(t,x))+\mathrm{co}[a_{ij}(\tilde{u}_j)]g_j(\tilde{u}_j(t,x))\}+\\&\sum_{j=1}^{n}\{\mathrm{co}[b_{ij}(u_j)]g_j(u_j(t-\tau_j,x))+\\&\mathrm{co}[b_{ij}(\tilde{u}_j)]g_j(\tilde{u}_j(t-\tau_j,x))\}\\&(t,x)\in(m\omega+\delta,(m+1)\omega]\times\Omega\end{aligned} \tag{10-13}$$

注 10.1 基于假设 (A10.1)，可知 $g_j(\cdot), j=1,2,\cdots,n$，是奇函数。那

么得到 $\widetilde{g}_j(y_j(\cdot,x))$ 拥有如下性质：

$$|\widetilde{g}_j(y_j(\cdot,x))| \leqslant L_j|y_j(\cdot,x)|,$$

$$\widetilde{g}_j(0)=g_j(y_j(\cdot,x))+g_j(-y_j(\cdot,x)),j=1,2,\cdots,n \tag{10-14}$$

为了得到主要结果，给出如下引理。

引理 10.1[134]　设 $\tau \geqslant 0$ 是常数，且 $V(t)$ 在 $[a-\tau,b]$，上的非负函数，且满足

$$\dot{V}(t) \leqslant \nu_1 V(t)+\nu_2 V(t-\tau),a \leqslant t \leqslant b \tag{10-15}$$

那么

$$V(t) \leqslant |V(a)|_\tau e^{(\nu_1+\nu_2)t},a \leqslant t \leqslant b \tag{10-16}$$

其中 $|V(a)|_\tau = \sup\limits_{a-\tau\leqslant t\leqslant a} V(t)$。

引理 10.2[138]　对向量 $\boldsymbol{X},\boldsymbol{Y} \in \mathbb{R}^n$，标量 $\varepsilon>0$ 和正定矩阵 $\boldsymbol{Q} \in \mathbb{R}^{n\times n}$，那么下列矩阵不等式满足：

$$2\boldsymbol{X}^{\mathrm{T}}\boldsymbol{Y} \leqslant \varepsilon^{-1}\boldsymbol{X}^{\mathrm{T}}\boldsymbol{Q}^{-1}\boldsymbol{X}+\varepsilon\boldsymbol{Y}^{\mathrm{T}}\boldsymbol{Q}\boldsymbol{Y}$$

引理 10.3　假设(A10.1)成立，有

$$|\mathrm{co}[a_{ij}(u_j(t,x))]g_j(u_j(t,x))+\mathrm{co}[a_{ij}(\widetilde{u}_j(t,x))]g_j(\widetilde{u}_j(t,x))| \leqslant A_{ij}|g_j(u_j(t,x))+g_j(\widetilde{u}_j(t,x))| \tag{10-17}$$

$$|\mathrm{co}[b_{ij}(u_j(t,x))]g_j(u_j(t-\tau_j,x))+\mathrm{co}[b_{ij}(\widetilde{u}_j(t,x))]g_j(\widetilde{u}_j(t-\tau_j,x))| \leqslant B_{ij}|g_j(u_j(t-\tau_j,x))+g_j(\widetilde{u}_j(t-\tau_j,x))|$$

$$-\mathrm{co}[d_i(u_i)]u_i(t,x)-\mathrm{co}[d_i(\widetilde{u}_i)]\widetilde{u}_i(t,x) \leqslant -\bar{D}_i|u_i(t,x)+\widetilde{u}_i(t,x)| \tag{10-18}$$

其中

$$A_{ij}=\max\{|a_{ij}^*|,|a_{ij}^{**}|\},B_{ij}=\max\{|b_{ij}^*|,|b_{ij}^{**}|\},\bar{D}_i=\min\{|d_i^*|,|d_i^{**}|\}$$

$$a_{ij}^*=\min\{\hat{a}_{ij},\check{a}_{ij}\},\ d_i^*=\min\{\hat{d}_i,\check{d}_i\},d_i^{**}=\max\{\hat{d}_i,\check{d}_i\}$$

$$b_{ij}^*=\min\{\hat{b}_{ij},\check{b}_{ij}\},\ b_{ij}^{**}=\max\{\hat{b}_{ij},\check{b}_{ij}\}.\ i,j=1,2,\cdots,n$$

证明　(i) 对 $u_j(t,x)<T_j,\widetilde{u}_j(t,x)<T_j$，有

$$|\mathrm{co}[a_{ij}(u_j(t,x))]g_j(u_j(t,x))+\mathrm{co}[a_{ij}(\widetilde{u}_j(t,x))]g_j(\widetilde{u}_j(t,x))| = |\hat{a}_{ij}(g_j(u_j(t,x))+g_j(\widetilde{u}_j(t,x)))| \leqslant A_{ij}|g_j(u_j(t,x))+g_j(\widetilde{u}_j(t,x))|$$

(ii)对 $u_j(t,x)>T_j,\widetilde{u}_j(t,x)>T_j$，有

$$|\mathrm{co}[a_{ij}(u_j(t,x))]g_j(u_j(t,x))+\mathrm{co}[a_{ij}(\widetilde{u}_j(t,x))]g_j(\widetilde{u}_j(t,x))| = |\check{a}_{ij}(g_j(u_j(t,x))+g_j(\widetilde{u}_j(t,x)))| \leqslant A_{ij}|g_j(u_j(t,x))+g_j(\widetilde{u}_j(t,x))|$$

(iii)对 $u_j(t,x)\leqslant T_j,\tilde{u}_j(t,x)\geqslant T_j$ 或 $u_j(t,x)\geqslant T_j,\tilde{u}_j(t,x)\leqslant T_j$，假设 $u_j(t,x)\leqslant T_j,\tilde{u}_j(t,x)\geqslant T_j$，由于其他类似：

$$
\begin{aligned}
&|\mathrm{co}[a_{ij}(u_j(t,x))]g_j(u_j(t,x))+\mathrm{co}[a_{ij}(\tilde{u}_j(t,x))]g_j(\tilde{u}_j(t,x))|=\\
&\quad|\hat{a}_{ij}(g_j(u_j(t,x))-g_j(u_j(0)))|+|\check{a}_{ij}(g_j(u_j(0))-g_j(\tilde{u}_j(t,x)))|\leqslant\\
&\quad A_{ij}(|(g_j(u_j(t,x))-g_j(u_j(0)))|+|(g_j(u_j(0))-g_j(\tilde{u}_j(t,x)))|)\leqslant\\
&\quad A_{ij}|g_j(u_j(t,x))+g_j(\tilde{u}_j(t,x))|
\end{aligned}
$$

这样有

$$
\begin{aligned}
&|\mathrm{co}[a_{ij}(u_j(t,x))]g_j(u_j(t,x))+\mathrm{co}[a_{ij}(\tilde{u}_j(t,x))]g_j(\tilde{u}_j(t,x))|\leqslant\\
&\quad A_{ij}|g_j(u_j(t,x))+g_j(\tilde{u}_j(t,x))|
\end{aligned}
$$

类似地，得到

$$
\begin{aligned}
&|\mathrm{co}[b_{ij}(u_j(t,x))]g_j(u_j(t-\tau_j,x))+\mathrm{co}[b_{ij}(\tilde{u}_j(t,x))]g_j(\tilde{u}_j(t-\tau_j,x))|\leqslant\\
&\quad B_{ij}|g_j(u_j(t-\tau_j,x))+g_j(\tilde{u}_j(t-\tau_j,x))|
\end{aligned}
$$

$$
-\mathrm{co}[d_i(u_i)]u_i(t,x)-\mathrm{co}[d_i(\tilde{u}_i)]\tilde{u}_i(t,x)\leqslant -D_i|u_i(t,x)+\tilde{u}_i(t,x)|
$$

10.3 指数反同步

为了方便，作如下假设：

$$
\boldsymbol{u}(t,x)=(u_1(t,x),\cdots,u_n(t,x))^{\mathrm{T}}
$$

$$
\boldsymbol{g}(\boldsymbol{u}(\cdot,x))=(g_1(u_1(\cdot,x)),\cdots,g_n(u_n(\cdot,x)))^{\mathrm{T}}
$$

$$
\boldsymbol{g}(\tilde{\boldsymbol{u}}(\cdot,x))=(g_1(\tilde{u}_1(\cdot,x)),\cdots,g_n(\tilde{u}_n(\cdot,x)))^{\mathrm{T}}
$$

$$
\tilde{\boldsymbol{g}}(y(\cdot,x))=(\tilde{g}_1(y_1(\cdot,x)),\cdots,\tilde{g}_n(y_n(\cdot,x)))^{\mathrm{T}}
$$

$$
\tilde{\boldsymbol{g}}_j(y_j(\cdot,x))=g_j(\tilde{u}_j(\cdot,x))+g_j(u_j(\cdot,x))
$$

$$
\boldsymbol{D}=\mathrm{diag}(D_1,\cdots,D_n),\tilde{\boldsymbol{A}}=(A_{ij})_{n\times n},\tilde{\boldsymbol{D}}=\mathrm{diag}\{\bar{D}_1,\cdots,\bar{D}_n\},\tilde{\boldsymbol{B}}=(B_{ij})_{n\times n},
$$

$$
A_{ij}=\max\{|a_{ij}^{*}|,|a_{ij}^{**}|\},B_{ij}=\max\{|b_{ij}^{*}|,|b_{ij}^{**}|\}
$$

$$
D_i=\min\{|d_i^{*}|,|d_i^{**}|\},a_{ij}^{*}=\min\{\hat{a}_{ij},\check{a}_{ij}\}
$$

$$
d_i^{*}=\min\{\hat{d}_i,\check{d}_i\},d_i^{**}=\max\{\hat{d}_i,\check{d}_i\}
$$

$$
b_{ij}^{*}=\min\{\hat{b}_{ij},\check{b}_{ij}\},b_{ij}^{**}=\max\{\hat{b}_{ij},\check{b}_{ij}\},i,j=1,2,\cdots,n \tag{10-19}
$$

定理 10.1 假设 (A10.1)成立，如果存在正定矩阵 $\boldsymbol{P}>0$ 和正数 $\varepsilon,\sigma_1,\sigma_2,\bar{\sigma}_1,\bar{\sigma}_2,a_1,b_1,a_2,b_2$ 使得 $a_1>b_1$，且下列条件成立：

$$\begin{bmatrix} -2\boldsymbol{P}\widetilde{\boldsymbol{D}}-2\boldsymbol{PK}+\varepsilon\dfrac{\Delta}{\pi}\boldsymbol{PK}+\sigma_1^{-1}\bar{\boldsymbol{L}}^2\boldsymbol{I}+a_1\boldsymbol{P} & * & * \\ \bar{\boldsymbol{A}}^{\mathrm{T}}\boldsymbol{P} & -\sigma_1^{-1}\boldsymbol{I} & * \\ \bar{\boldsymbol{B}}^{\mathrm{T}}\boldsymbol{P} & 0 & -\sigma_2^{-1}\boldsymbol{I} \end{bmatrix}\leqslant 0 \tag{10-20}$$

$$-2\boldsymbol{PD}+\varepsilon^{-1}\frac{\Delta}{\pi}\boldsymbol{PK}<0 \tag{10-21}$$

$$\sigma_2^{-1}\bar{\boldsymbol{L}}^2\boldsymbol{I}-b_1\boldsymbol{P}\leqslant 0 \tag{10-22}$$

$$\begin{bmatrix} -2\boldsymbol{P}\widetilde{\boldsymbol{D}}+\bar{\sigma}_1^{-1}\bar{\boldsymbol{L}}^2\boldsymbol{I}-a_2\boldsymbol{P} & * & * \\ \bar{\boldsymbol{A}}^{\mathrm{T}}\boldsymbol{P} & -\bar{\sigma}_1^{-1}\boldsymbol{I} & * \\ \bar{\boldsymbol{B}}^{\mathrm{T}}\boldsymbol{P} & \boldsymbol{0} & -\bar{\sigma}_2^{-1}\boldsymbol{I} \end{bmatrix}\leqslant 0 \tag{10-23}$$

$$\bar{\sigma}_2^{-1}\bar{\boldsymbol{L}}^2\boldsymbol{I}-b_2\boldsymbol{P}\leqslant 0 \tag{10-24}$$

$$\sigma=\alpha(\delta-\tau)-(a_1+a_2)(\omega-\delta) \tag{10-25}$$

其中 $\bar{L}=\max\limits_{1\leqslant i\leqslant n}(L_i)$，$\alpha>0$ 是方程 $a_1-\alpha-b_1\mathrm{e}^{\alpha\tau}=0$ 的唯一解。那么响应系统式(10-6)和驱动系统式(10-5)在间歇采样控制器式(10-10)作用下指数反同步。

证明　引入如下 Lyapunov 泛函：

$$V(t)=\int_{\Omega}\boldsymbol{y}(t,x)^{\mathrm{T}}\boldsymbol{Py}(t,x)\mathrm{d}x \tag{10-26}$$

对 $t\in[m\omega,m\omega+\delta]$，沿式(10-12)计算 $V(t)$ 的导数得到

$$\begin{aligned}\dot{V}(t)\leqslant&\int_{\Omega}\{2\boldsymbol{y}(t,x)^{\mathrm{T}}\boldsymbol{P}\Big[\frac{\partial}{\partial x}\Big(\boldsymbol{D}\frac{\partial\boldsymbol{y}(t,x)}{\partial x}\Big)-\widetilde{\boldsymbol{D}}\boldsymbol{y}(t,x)+\widetilde{\boldsymbol{A}}\widetilde{\boldsymbol{g}}(\boldsymbol{y}(t,x))+\\&\widetilde{\boldsymbol{B}}\widetilde{\boldsymbol{g}}(\boldsymbol{y}(t-\tau,x))-\boldsymbol{Ky}(t,x)\Big]\}\mathrm{d}x+\\&2\sum_{j=0}^{N-1}\int_{x_j}^{x_{j+1}}\boldsymbol{y}(t,x)^{\mathrm{T}}\boldsymbol{PK}[\boldsymbol{y}(t,x)-\boldsymbol{y}(t,\bar{x}_j)]\mathrm{d}x\end{aligned} \tag{10-27}$$

根据假设 (A10.1)，有

$$\begin{aligned}&|\widetilde{g}_j(y_j(t,x))|\leqslant L_j|y_j(t,x)|,\\&\widetilde{g}_j(0)=g_j(u_j(t,x))+g_j(-u_j(t,x)),j=1,2,\cdots,n\end{aligned} \tag{10-28}$$

而且知道

$$\begin{aligned}\|\widetilde{\boldsymbol{g}}(\boldsymbol{y}(t,x))\|_2&\leqslant\bar{\boldsymbol{L}}\ \|\boldsymbol{y}(t,x)\|_2\\\|\widetilde{\boldsymbol{g}}(\boldsymbol{y}(t-\tau,x))\|_2&\leqslant\boldsymbol{L}\ \|\boldsymbol{y}(t-\tau,x)\|_2\end{aligned} \tag{10-29}$$

由 Green 公式和边界条件

$$\int_{\Omega}\boldsymbol{y}(t,x)\boldsymbol{P}\frac{\partial}{\partial x}\left(\boldsymbol{D}\frac{\partial \boldsymbol{y}(t,x)}{\partial x}\right)\mathrm{d}x=-\int_{\Omega}\frac{\partial \boldsymbol{y}(t,x)^{\mathrm{T}}}{\partial x}\boldsymbol{P}\boldsymbol{D}\frac{\partial \boldsymbol{y}(t,x)}{\partial x}\mathrm{d}x \tag{10-30}$$

对标量 $\varepsilon_1>0$，由 Young's 不等式我们有下列不等式：

$$\begin{aligned}
&2\sum_{j=0}^{N-1}\int_{x_j}^{x_{j+1}}\boldsymbol{y}(t,x)^{\mathrm{T}}\boldsymbol{PK}[\boldsymbol{y}(t,x)-\boldsymbol{y}(t,\bar{x}_j)]\mathrm{d}x=\\
&\quad 2\sum_{i=1}^{n}\sum_{j=0}^{N-1}\int_{x_j}^{x_{j+1}}p_ik_iy_i(t,x)[y_i(t,x)-y_i(t,\bar{x}_j)]\mathrm{d}x\leqslant\\
&\quad \varepsilon_1\int_{\Omega}\boldsymbol{y}(t,x)^{\mathrm{T}}\boldsymbol{PK}\boldsymbol{y}(t,x)\mathrm{d}x+\\
&\quad \varepsilon_1^{-1}\sum_{j=0}^{N-1}\int_{x_j}^{x_{j+1}}[\boldsymbol{y}(t,x)-\boldsymbol{y}(t,\bar{x}_j)]^{\mathrm{T}}\boldsymbol{PK}[\boldsymbol{y}(t,x)-\boldsymbol{y}(t,\bar{x}_j)]\mathrm{d}x
\end{aligned} \tag{10-31}$$

由引理 10.1，有

$$\begin{aligned}
&\int_{x_j}^{x_{j+1}}[\boldsymbol{y}(t,x)-\boldsymbol{y}(t,\bar{x}_j)]^{\mathrm{T}}\boldsymbol{PK}[\boldsymbol{y}(t,x)-\boldsymbol{y}(t,\bar{x}_j)]\mathrm{d}x=\\
&\quad \int_{x_j}^{\bar{x}_j}[\boldsymbol{y}(t,x)-\boldsymbol{y}(t,\bar{x}_j)]^{\mathrm{T}}\boldsymbol{PK}[\boldsymbol{y}(t,x)-\boldsymbol{y}(t,\bar{x}_j)]\mathrm{d}x+\\
&\quad \int_{\bar{x}_j}^{x_{j+1}}[\boldsymbol{y}(t,x)-\boldsymbol{y}(t,\bar{x}_j)]^{\mathrm{T}}\boldsymbol{PK}[\boldsymbol{y}(t,x)-\boldsymbol{y}(t,\bar{x}_j)]\mathrm{d}x\leqslant\\
&\quad \frac{\Delta^2}{\pi^2}\int_{x_j}^{x_{j+1}}\frac{\partial \boldsymbol{y}(t,x)^{\mathrm{T}}}{\partial x}\boldsymbol{PK}\frac{\partial \boldsymbol{y}(t,x)}{\partial x}\mathrm{d}x
\end{aligned} \tag{10-32}$$

令 $\varepsilon_1=\dfrac{\Delta}{\pi}\varepsilon$，由式(10-31)和式(10-32) 得到

$$\begin{aligned}
&2\sum_{j=0}^{N-1}\int_{x_j}^{x_{j+1}}\boldsymbol{y}(t,x)^{\mathrm{T}}\boldsymbol{PK}[\boldsymbol{y}(t,x)-\boldsymbol{y}(t,\bar{x}_j)]\mathrm{d}x\leqslant\\
&\quad \varepsilon^{-1}\frac{\Delta}{\pi}\int_{\Omega}\frac{\partial \boldsymbol{y}(t,x)^{\mathrm{T}}}{\partial x}\boldsymbol{PK}\frac{\partial \boldsymbol{y}(t,x)}{\partial x}\mathrm{d}x+\varepsilon\frac{\Delta}{\pi}\int_{\Omega}\boldsymbol{y}(t,x)^{\mathrm{T}}\boldsymbol{PK}\boldsymbol{y}(t,x)\mathrm{d}x
\end{aligned} \tag{10-33}$$

因此由式(10-27)，式(10-33)和引理 10.4 有

$$\begin{aligned}
\dot{V}(t)\leqslant\int_{\Omega}\{&2\boldsymbol{y}(t,x)^{\mathrm{T}}\boldsymbol{P}\frac{\partial}{\partial x}\left(\boldsymbol{D}\frac{\partial \boldsymbol{y}(t,x)}{\partial x}\right)-2\boldsymbol{y}(t,x)^{\mathrm{T}}\boldsymbol{P}\widetilde{\boldsymbol{D}}\boldsymbol{y}(t,x)+\\
&\sigma_1\boldsymbol{y}(t,x)^{\mathrm{T}}\boldsymbol{P}\widetilde{\boldsymbol{A}}\widetilde{\boldsymbol{A}}^{\mathrm{T}}\boldsymbol{P}\boldsymbol{y}(t,x)+\sigma_1^{-1}\widetilde{\boldsymbol{g}}(\boldsymbol{y}(t,x))^{\mathrm{T}}\widetilde{\boldsymbol{g}}(\boldsymbol{y}(t,x))+
\end{aligned}$$

$$\sigma_2 \boldsymbol{y}(t,x)^{\mathrm{T}}\boldsymbol{P}\widetilde{\boldsymbol{B}}\widetilde{\boldsymbol{B}}^{\mathrm{T}}\boldsymbol{P}\boldsymbol{y}(t,x)+\sigma_2^{-1}\widetilde{\boldsymbol{g}}(\boldsymbol{y}(t-\tau,x))^{\mathrm{T}}\widetilde{\boldsymbol{g}}(\boldsymbol{y}(t-\tau,x))-$$
$$2\boldsymbol{y}(t,x)^{\mathrm{T}}\boldsymbol{PK}\boldsymbol{y}(t,x)]\}\mathrm{d}x+\varepsilon^{-1}\frac{\Delta}{\pi}\int_\Omega \frac{\partial \boldsymbol{y}(t,x)^{\mathrm{T}}}{\partial x}\boldsymbol{PK}\frac{\partial \boldsymbol{y}(t,x)}{\partial x}\mathrm{d}x+$$
$$\varepsilon\frac{\Delta}{\pi}\int_\Omega \boldsymbol{y}(t,x)^{\mathrm{T}}\boldsymbol{PK}\boldsymbol{y}(t,x)\mathrm{d}x \tag{10-34}$$

由式(10－34)，有

$$\dot{V}(t)\leqslant\int_\Omega\Big[\boldsymbol{y}(t,x)^{\mathrm{T}}(-2\boldsymbol{P}\widetilde{\boldsymbol{D}}-2\boldsymbol{PK}+\varepsilon\frac{\Delta}{\pi}\boldsymbol{PK}+\sigma_1\boldsymbol{P}\bar{\boldsymbol{A}}\bar{\boldsymbol{A}}^{\mathrm{T}}\boldsymbol{P}+$$
$$\sigma_2\boldsymbol{P}\bar{\boldsymbol{B}}\bar{\boldsymbol{B}}^{\mathrm{T}}\boldsymbol{P}+\sigma_1^{-1}\boldsymbol{L}^2\boldsymbol{I})\boldsymbol{y}(t,x)+\sigma_2^{-1}\boldsymbol{y}(t-\tau,x)^{\mathrm{T}}\boldsymbol{L}^2\boldsymbol{I}\boldsymbol{y}(t-\tau,x)\Big]\mathrm{d}x+$$
$$\int_\Omega\frac{\partial \boldsymbol{y}(t,x)^{\mathrm{T}}}{\partial x}(-2\boldsymbol{PD}+\varepsilon^{-1}\frac{\Delta}{\pi}\boldsymbol{PK})\frac{\partial \boldsymbol{y}(t,x)}{\partial x}\mathrm{d}x \tag{10-35}$$

由(10－21)，我们有

$$\dot{V}(t)\leqslant\int_\Omega\Big[\boldsymbol{y}(t,x)^{\mathrm{T}}(-2\boldsymbol{P}\widetilde{\boldsymbol{D}}-2\boldsymbol{PK}+\varepsilon\frac{\Delta}{\pi}\boldsymbol{PK}+\sigma_1\boldsymbol{P}\bar{\boldsymbol{A}}\bar{\boldsymbol{A}}^{\mathrm{T}}\boldsymbol{P}+$$
$$\sigma_2\boldsymbol{P}\bar{\boldsymbol{B}}\bar{\boldsymbol{B}}^{\mathrm{T}}\boldsymbol{P}+\sigma_1^{-1}\bar{\boldsymbol{L}}^2\boldsymbol{I})\boldsymbol{y}(t,x)+\sigma_2^{-1}\boldsymbol{y}(t-\tau,x)^{\mathrm{T}}\bar{\boldsymbol{L}}^2\boldsymbol{I}\boldsymbol{y}(t-\tau,x)\Big]\mathrm{d}x \tag{10-36}$$

对式(10－36)依据 Schur complement 定理、式(10－20)、式(10－22)、式(10－26) 和式(10－36)，得到

$$\dot{V}(t)\leqslant -a_1V(t)+b_1\sup_{-\tau\leqslant s\leqslant 0}V(t+s) \tag{10-37}$$

当 $t\in(m\omega+\delta,(m+1)\omega]$ 时，类似式(10－34)，得到

$$\dot{V}(t)\leqslant\int_\Omega[\boldsymbol{y}(t,x)^{\mathrm{T}}(-2\boldsymbol{P}\widetilde{\boldsymbol{D}}+\bar{\sigma}_1\boldsymbol{P}\bar{\boldsymbol{A}}\bar{\boldsymbol{A}}^{\mathrm{T}}\boldsymbol{P}+\bar{\sigma}_2\boldsymbol{P}\bar{\boldsymbol{B}}\bar{\boldsymbol{B}}^{\mathrm{T}}\boldsymbol{P}+\bar{\sigma}_1^{-1}\bar{\boldsymbol{L}}^2\boldsymbol{I})\boldsymbol{y}(t,x)+$$
$$\bar{\sigma}_2^{-1}\boldsymbol{y}(t-\tau,x)^{\mathrm{T}}\bar{\boldsymbol{L}}^2\boldsymbol{I}\boldsymbol{y}(t-\tau,x)]\mathrm{d}x+\int_\Omega\frac{\partial \boldsymbol{y}(t,x)^{\mathrm{T}}}{\partial x}(-2\boldsymbol{PD})\frac{\partial \boldsymbol{y}(t,x)}{\partial x}\mathrm{d}x \tag{10-38}$$

对式(10－38) 用 Schur complement 定理，由式(10－25) 和引理 10.3 有

$$\dot{V}(t)\leqslant a_2V(t)+b_2\sup_{-\tau\leqslant s\leqslant 0}V(t+s) \tag{10-39}$$

由式(10－37) 和引理 10.2 有

$$V(t)\leqslant\|V(0)\|_\tau\mathrm{e}^{-\alpha t},\quad 0\leqslant t\leqslant\delta \tag{10-40}$$

其中 $\alpha>0$ 是方程 $a_1-\alpha-b_1\mathrm{e}^{\alpha\tau}=0$ 的唯一解。

当 $\delta\leqslant t\leqslant\omega$ 时，由式(10－39) 和引理 10.3 有

$$V(t)\leqslant\|V(\delta)\|_\tau\mathrm{e}^{(a_2+b_2)t},\quad \delta\leqslant t\leqslant\omega \tag{10-41}$$

由式(10－40)得到

$$\| V(\delta) \|_\tau = \sup_{\delta-\tau\leqslant t\leqslant \delta} \| V(t) \| \leqslant \| V(0) \|_\tau e^{-\alpha(\delta-\tau)} \tag{10-42}$$

通过上述不等式和式(10-41)，有

$$V(t) \leqslant \| V(\delta) \|_\tau e^{(a_2+b_2)(t-\delta)} \leqslant \| V(0) \|_\tau e^{-\alpha(\delta-\tau)} e^{(a_2+b_2)(t-\delta)} \tag{10-43}$$

那么，得到

$$V(\omega) \leqslant \| V(0) \|_\tau e^{-\alpha(\delta-\tau)+(a_2+b_2)(\omega-\delta)} = \| V(0) \|_\tau e^{-\sigma} \tag{10-44}$$

其中 $\sigma = \alpha(\delta-\tau)-(a_2+b_2)(\omega-\delta)$ 。

因此，有

$$\begin{aligned} \| V(\omega) \|_\tau = & \sup_{\omega-\tau\leqslant t\leqslant \omega} \| V(t) \| \leqslant \\ & \sup_{\omega-\tau\leqslant t\leqslant \omega} \{ \| V(0) \|_\tau e^{-\alpha(\delta-\tau)} e^{(a_2+b_2)(t-\delta)} \} \leqslant \\ & \sup_{\omega-\tau\leqslant t\leqslant \omega} \| V(0) \|_\tau e^{-\alpha(\delta-\tau)} e^{(a_2+b_2)(\omega-\delta)} \end{aligned} \tag{10-45}$$

和

$$\| V(\omega) \|_\tau \leqslant \| V(0) \|_\tau e^{-(a_1-b_1)(\delta-\tau)+(a_2+b_2)(\omega-\delta)} = \| V(0) \|_\tau e^{-\sigma} \tag{10-46}$$

对正整数 m，运用数学推导，得到

$$V(m\omega) \leqslant \| V(0) \|_\tau e^{-m\sigma} \tag{10-47}$$

当 $m \leqslant r$ 时，假设式(10-47)成立。当 $m = r+1$ 时，我们证明式(10-45)是真的。类似于得到式(10-46)的过程，可知

$$\| V(r\omega) \|_\tau \leqslant \| V(0) \|_\tau e^{-r\sigma} \tag{10-48}$$

对 $t \in [r\omega, r\omega+\delta]$，有

$$V(t) \leqslant \| V(r\omega) \|_\tau e^{-\alpha(t-r\omega)} \leqslant \| V(0) \|_\tau e^{-r\sigma} e^{-\alpha(t-r\omega)} \tag{10-49}$$

因此，有

$$\| V(r\omega+\delta) \|_\tau \leqslant \| V(0) \|_\tau e^{-r\sigma} e^{-\alpha\delta} \tag{10-50}$$

当 $t \in [r\omega+\delta, (r+1)\omega]$时，有

$$\begin{aligned} V(t) \leqslant & \| V(r\omega+\delta) \|_\tau e^{(a_2+b_2)(t-\delta-r\omega)} \leqslant \\ & \| V(0) \|_\tau e^{-r\rho} e^{-\alpha\rho} e^{(a_2+b_2)(t-\delta-r\omega)} \end{aligned} \tag{10-51}$$

这样，对 $t = r\omega+\delta$，得到

$$\begin{aligned} \| V((r+1)\omega) \| \leqslant & \| V(0) \|_\tau e^{-r\sigma} e^{-\alpha\delta} e^{(a_2+b_2)(\omega-\delta)} \leqslant \\ & \| V(0) \|_\tau e^{-(r+1)\sigma} \end{aligned} \tag{10-52}$$

从而，式(10-47) 对所有正整数是正确的。

对任意 $t > 0$，存在一个 $m_0 \geqslant 0$，使得 $m_0\omega \leqslant t \leqslant (m_0+1)\omega$，则

$$V(t) \leqslant \| V(0) \|_{\tau} e^{(a_2+b_2)\omega} e^{-m_0\sigma} \leqslant \| V(0) \|_{\tau} e^{(a_2+b_2)\omega} e^{\sigma} \exp\left(-\frac{\sigma t}{\omega}\right) \tag{10-53}$$

设 $M = \| V(0) \|_{\tau} e^{(a_2+b_2)\omega} e^{\sigma}$，可知

$$V(t) \leqslant M\exp\left(-\frac{\sigma t}{\omega}\right), \quad t > 0 \tag{10-54}$$

根据式(10－54) 和引理 10.2，推得

$$\lambda_m(\boldsymbol{\Xi}) \| \boldsymbol{y}(t,x) \|_2^2 \leqslant M\exp\left(-\frac{\sigma t}{\omega}\right) \tag{10-55}$$

那么容易得到

$$\| \boldsymbol{y}(t,x) \|_2 \leqslant \sqrt{\frac{M}{\lambda_m(\boldsymbol{\Xi})}} \exp\left(-\frac{\sigma t}{2\omega}\right), \quad t > 0 \tag{10-56}$$

因此，误差系统式(10－9)的平衡点是指数稳定的，这意味着在采样反馈控制式(10－10)作用下，驱动系统式(10－5) 和响应系统式(10－6) 是指数反同步的。

在定理 10.1 中，我们选择 Lyapunov 函数 $V(t) = \int_{\Omega} \boldsymbol{y}(t,x)^{\mathrm{T}} \boldsymbol{y}(t,x) \mathrm{d}x$，即 $\boldsymbol{P} = \boldsymbol{I}$，那么得到如下推论。

推论 10.1　假设 (A10.1)成立，如果存在正数 $\varepsilon, \sigma_3, \sigma_4, \bar{\sigma}_3, \bar{\sigma}_4, a_3, b_3, a_4, b_4$ 使得 $a_3 > b_3$ 且下列条件成立：

$$\left.\begin{aligned} & -2\tilde{\boldsymbol{D}} - 2\boldsymbol{K} + \varepsilon \frac{\Delta}{\pi} K + \sigma_3 \bar{\boldsymbol{A}} \bar{\boldsymbol{A}}^{\mathrm{T}} + \sigma_4 \bar{\boldsymbol{B}} \bar{\boldsymbol{B}}^{\mathrm{T}} + \sigma_3^{-1} \bar{\boldsymbol{L}}^2 \boldsymbol{I} + a_3 \boldsymbol{I} \leqslant 0 \\ & -2\boldsymbol{D} + \varepsilon^{-1} \frac{\Delta}{\pi} \boldsymbol{K} < 0 \\ & \sigma_4^{-1} \bar{\boldsymbol{L}}^2 \boldsymbol{I} - b_3 \boldsymbol{I} \leqslant 0 \end{aligned}\right\} \tag{10-57}$$

$$\left.\begin{aligned} & -2\tilde{\boldsymbol{D}} + \bar{\sigma}_3 \bar{\boldsymbol{A}} \bar{\boldsymbol{A}}^{\mathrm{T}} + \bar{\sigma}_4 \bar{\boldsymbol{B}} \bar{\boldsymbol{B}}^{\mathrm{T}} + \bar{\sigma}_3^{-1} \bar{\boldsymbol{L}}^2 \boldsymbol{I} - a_4 \boldsymbol{I} \leqslant 0 \\ & \bar{\sigma}_4^{-1} \bar{\boldsymbol{L}}^2 \boldsymbol{I} - b_4 \boldsymbol{I} \leqslant 0 \end{aligned}\right\} \tag{10-58}$$

$$\sigma = \bar{\alpha}(\delta - \tau) - (a_3 + a_4)(\omega - \delta) \tag{10-59}$$

其中 $\bar{L} = \max\limits_{1 \leqslant i \leqslant n}(L_i)$，$\bar{\alpha} > 0$ 方程 $a_3 - \bar{\alpha} - b_3 e^{\bar{\alpha}\tau} = 0$ 的唯一解。那么系统式(10－5) 和 式(10－6) 实现指数反同步。

接下来，在如下更一般采样反馈控制作用下，讨论系统式 (10－5) 和式

(10－6) 实现指数反同步问题：

$$\bar{V}_i(t,x)=\xi_i(t)y(t,\bar{x}_j)+\eta_i(t)y(t-\tau,\bar{x}_j) \tag{10－60}$$

$$\left.\begin{aligned}\xi_i(t)&=\begin{cases}-\xi_i,m\omega\leqslant t\leqslant m\omega+\delta\\0,m\omega+\delta<t\leqslant(m+1)\omega\end{cases}\\\eta_i(t)&=\begin{cases}-\eta_i,m\omega\leqslant t\leqslant m\omega+\delta\\0,m\omega+\delta<t\leqslant(m+1)\omega\end{cases}\end{aligned}\right\} \tag{10－61}$$

其中 $\bar{x}_j=\dfrac{x_j+x_{j+1}}{2}, x\in[x_j,x_{j+1}), j=0,\cdots,N-1, i=1,\cdots,n, \omega>0$ 控制周期，控制宽度；$\boldsymbol{\xi}=\mathrm{diag}(\xi_1,\xi_2,\cdots,\xi_n)>0$，和 $\boldsymbol{\eta}=\mathrm{diag}(\eta_1,\eta_2,\cdots,\eta_n)>0$ 是增益控制矩阵。

通过运用 $y(\cdot,\bar{x}_j)=y(\cdot,x)-\int_{\bar{x}_j}^{x}y_s(\cdot,s)\mathrm{d}s$，式(10－58) 变为

$$\begin{aligned}\bar{V}(t,x)=&-\boldsymbol{\xi}(t)y(t,x)+\boldsymbol{\xi}(t)\int_{\bar{x}_j}^{x}y_s(t,s)\mathrm{d}s-\boldsymbol{\eta}(t)y(t-\tau,x)+\\&\boldsymbol{\eta}(t)\int_{\bar{x}_j}^{x}y_s(t-\tau,s)\mathrm{d}s\end{aligned}$$

$$\xi_i(t)=\begin{cases}-\xi_i,m\omega\leqslant t\leqslant m\omega+\delta\\0,m\omega+\delta<t\leqslant(m+1)\omega\end{cases}$$

$$\eta_i(t)=\begin{cases}-\eta_i,m\omega\leqslant t\leqslant m\omega+\delta\\0,m\omega+\delta<t\leqslant(m+1)\omega\end{cases}$$

其中

$$\boldsymbol{\xi}(t)=\mathrm{diag}(\xi_1(t),\xi_2(t),\cdots,\xi_n(t))$$
$$\boldsymbol{\eta}(t)=\mathrm{diag}(\eta_1(t),\eta_2(t),\cdots,\eta_n(t))$$

在控制式(10－61)作用下，对 $t>0$，$y(t,x)$ 满足下式：

$$\begin{aligned}\frac{\partial y_i(t,x)}{\partial t}\in&\frac{\partial}{\partial x}\left(D_i\frac{\partial y_i(t,x)}{\partial x}\right)-\{\mathrm{co}[d_i(u_i)]u_i(t,x)+\\&\mathrm{co}[d_i(\tilde{u}_i)]\tilde{u}_i(t,x)\}-\xi_iy_i(t,x)-\eta_iy_i(t-\tau,x)+\\&\sum_{j=1}^{n}\{\mathrm{co}[a_{ij}(u_j)]g_j(u_j(t,x))+\mathrm{co}[a_{ij}(\tilde{u}_j)]g_j(\tilde{u}_j(t,x))\}+\\&\sum_{j=1}^{n}\{\mathrm{co}[b_{ij}(u_j)]g_j(u_j(t-\tau_j,x))+\mathrm{co}[b_{ij}(\tilde{u}_j)]g_j(\tilde{u}_j(t-\tau_j,x))\}+\\&\xi_i\int_{\bar{x}_j}^{x}y_{is}(t,s)\mathrm{d}s+\eta_i\int_{\bar{x}_j}^{x}y_{is}(t-\tau,s)\mathrm{d}s,(t,x)\in[m\omega,m\omega+\delta]\times\Omega\end{aligned} \tag{10－62}$$

$$\frac{\partial y(t,x)}{\partial t}\in\frac{\partial}{\partial x}\left(D_i\frac{\partial y(t,x)}{\partial x}\right)-\{\mathrm{co}[d_i(u_i)]u_i(t,x)+\mathrm{co}[d_i(\tilde{u}_i)]\tilde{u}_i(t,x)\}+$$

$$\sum_{j=1}^{n}\{\mathrm{co}[a_{ij}(u_j)]g_j(u_j(t,x))+\mathrm{co}[a_{ij}(\tilde{u}_j)]g_j(\tilde{u}_j(t,x))\}+$$
$$\sum_{j=1}^{n}\{\mathrm{co}[b_{ij}(u_j)]g_j(u_j(t-\tau_j,x))+$$
$$\mathrm{co}[b_{ij}(\tilde{u}_j)]g_j(\tilde{u}_j(t-\tau_j,x))\},(t,x)\in(m\omega+\delta,(m+1)\omega]\times\Omega \tag{10-63}$$

系统式(10－6)的混合边界条件变为如下形式：

$$y_{ix}(t,0)=0,y_i(t,d)=0,\quad t\in(-\tau,+\infty) \tag{10-64}$$

定理 10.2　假设 (A10.1)成立，如果存在正定矩阵 $\boldsymbol{P},\boldsymbol{Q},\bar{\boldsymbol{\eta}}$ 和正数 $\zeta,\gamma,\sigma_5,\sigma_6,a_5,b_5$ 使得下列条件成立：

$$\boldsymbol{\Xi}=\begin{pmatrix}\boldsymbol{\Pi}_1 & * & * & * & * & * \\ -\boldsymbol{\eta} & \boldsymbol{\Pi}_2 & * & * & * & * \\ \mathbf{0} & \mathbf{0} & \boldsymbol{\Pi}_3 & * & * & * \\ \mathbf{0} & \mathbf{0} & \mathbf{0} & \boldsymbol{\Pi}_4 & * & * \\ \bar{\boldsymbol{A}}^{\mathrm{T}}\boldsymbol{P} & \mathbf{0} & \mathbf{0} & \mathbf{0} & -\sigma_5^{-1}\boldsymbol{I} & * \\ \bar{\boldsymbol{B}}^{\mathrm{T}}\boldsymbol{P} & \mathbf{0} & \mathbf{0} & \mathbf{0} & \mathbf{0} & -\sigma_6^{-1}\boldsymbol{I}\end{pmatrix}<0 \tag{10-65}$$

$$\begin{pmatrix}-2\boldsymbol{P}\tilde{\boldsymbol{D}}+\boldsymbol{Q}_1+\sigma_5^{-1}\bar{\boldsymbol{L}}^2\boldsymbol{I}+\boldsymbol{Q}-a_5\boldsymbol{P} & * & * \\ \bar{\boldsymbol{A}}^{\mathrm{T}}\boldsymbol{P} & -\sigma_5^{-1}\boldsymbol{I} & * \\ \bar{\boldsymbol{B}}^{\mathrm{T}}\boldsymbol{P} & \mathbf{0} & -\sigma_6^{-1}\boldsymbol{I}\end{pmatrix}\leqslant 0 \tag{10-66}$$

$$\sigma_6^{-1}\bar{\boldsymbol{L}}^2\boldsymbol{I}-\boldsymbol{Q}-b_5\boldsymbol{P}\leqslant 0 \tag{10-67}$$

$$\bar{\boldsymbol{\eta}}-2\boldsymbol{P}\boldsymbol{D}<0 \tag{10-68}$$

$$\bar{\sigma}=2\theta(\delta-\tau)+(a_5+b_5)(\omega-\delta) \tag{10-69}$$

其中 $\boldsymbol{\Pi}_1=-2\boldsymbol{P}\tilde{\boldsymbol{D}}+\sigma_5^{-1}\bar{\boldsymbol{L}}^2\boldsymbol{I}-2\boldsymbol{P}\boldsymbol{\xi}+\zeta\frac{\Delta}{\pi}\boldsymbol{P}\boldsymbol{\xi}+\gamma\frac{\Delta}{\pi}\boldsymbol{P}\boldsymbol{\eta}+\boldsymbol{Q}+2\theta\boldsymbol{P}$

$$\boldsymbol{\Pi}_2=\sigma_6^{-1}\bar{\boldsymbol{L}}^2\boldsymbol{I}-\mathrm{e}^{-2\theta\tau}\boldsymbol{Q},\boldsymbol{\Pi}_3=\zeta^{-1}\frac{\Delta}{\pi}\boldsymbol{P}\boldsymbol{\xi}+\bar{\eta}-2\boldsymbol{P}\boldsymbol{D}$$

$$\boldsymbol{\Pi}_4=\gamma^{-1}\frac{\Delta}{\pi}\boldsymbol{P}\boldsymbol{\eta}-\mathrm{e}^{-2\theta\tau}\bar{\boldsymbol{\eta}},\theta>0$$

那么在间歇采样控制器式(10－61)作用下，驱动系统式(10－5)和响应系统式(10－6)是指数反同步的。

证明　考虑另一个 Lyapunov 泛函

$$V(t)=\int_\Omega \boldsymbol{y}\ (t,x)^{\mathrm T}\boldsymbol{P}\boldsymbol{y}\ (t,x)\mathrm{d}x+$$
$$\int_\Omega\int_{t-\tau}^{t}\mathrm{e}^{2\theta(s-t)}\left[\boldsymbol{y}\ (s,x)^{\mathrm T}\boldsymbol{Q}\boldsymbol{y}\ (s,x)+\frac{\partial\boldsymbol{y}\ (s,x)^{\mathrm T}}{\partial x}\bar{\boldsymbol{\eta}}\ \frac{\partial\boldsymbol{y}(s,x)}{\partial x}\right]\mathrm{d}s\mathrm{d}x$$

对 $t\in[m\omega,m\omega+\delta]$，沿着式(10－61)计算 $V(t)$ 的导数，我们得到

$$\dot V(t)+2\theta V(t)\leqslant\int_\Omega\{2\boldsymbol{y}\ (t,x)^{\mathrm T}\boldsymbol{P}\left[\frac{\partial}{\partial x}\left(\boldsymbol{D}\frac{\partial\boldsymbol{y}(t,x)}{\partial x}\right)-\widetilde{\boldsymbol{D}}\boldsymbol{y}(t,x)+\right.$$
$$\left.\widetilde{\boldsymbol{A}}\widetilde{\boldsymbol{g}}(\boldsymbol{y}(t,x))+\widetilde{\boldsymbol{B}}\widetilde{\boldsymbol{g}}(\boldsymbol{y}(t-\tau,x))-\boldsymbol{\xi}\boldsymbol{y}(t,x)-\boldsymbol{\eta}\boldsymbol{y}(t-\tau,x)\right]\}\mathrm{d}x+$$
$$2\sum_{j=0}^{N-1}\int_{x_j}^{x_{j+1}}\boldsymbol{y}\ (t,x)^{\mathrm T}\boldsymbol{P}\boldsymbol{\xi}[\boldsymbol{y}(t,x)-\boldsymbol{y}(t,\bar x_j)]\mathrm{d}x+$$
$$2\sum_{j=0}^{N-1}\int_{x_j}^{x_{j+1}}\boldsymbol{y}\ (t,x)^{\mathrm T}\boldsymbol{P}\boldsymbol{\eta}[\boldsymbol{y}(t-\tau,x)-\boldsymbol{y}(t-\tau,\bar x_j)]\mathrm{d}x+$$
$$\int_\Omega\left[\boldsymbol{y}\ (t,x)^{\mathrm T}\boldsymbol{Q}\boldsymbol{y}\ (t,x)+\frac{\partial\boldsymbol{y}\ (t,x)^{\mathrm T}}{\partial x}\bar{\boldsymbol{\eta}}\ \frac{\partial\boldsymbol{y}(t,x)}{\partial x}\right]\mathrm{d}x-$$
$$\int_\Omega\mathrm{e}^{-2\theta\tau}\left[\boldsymbol{y}\ (t-\tau,x)^{\mathrm T}\boldsymbol{Q}\boldsymbol{y}\ (t-\tau,x)+\frac{\partial\boldsymbol{y}\ (t-\tau,x)^{\mathrm T}}{\partial x}\bar{\boldsymbol{\eta}}\ \frac{\partial\boldsymbol{y}(t-\tau,x)}{\partial x}\right]\mathrm{d}x+$$
$$2\theta\int_\Omega\boldsymbol{y}\ (t,x)^{\mathrm T}\boldsymbol{P}\boldsymbol{y}\ (t,x)\mathrm{d}x \tag{10－70}$$

对正数 $\zeta_1>0$，通过 Young's 不等式得到下列不等式：

$$2\sum_{j=0}^{N-1}\int_{x_j}^{x_{j+1}}\boldsymbol{y}\ (t,x)^{\mathrm T}\boldsymbol{P}\boldsymbol{\xi}[\boldsymbol{y}(t,x)-\boldsymbol{y}(t,\bar x_j)]\mathrm{d}x\leqslant$$
$$\zeta_1\int_\Omega\boldsymbol{y}\ (t,x)^{\mathrm T}\boldsymbol{P}\boldsymbol{\xi}\boldsymbol{y}\ (t,x)\mathrm{d}x+$$
$$\zeta_1^{\ -1}\sum_{j=0}^{N-1}\int_{\bar x_j}^{x_{j+1}}\ [\boldsymbol{y}(t,x)-\boldsymbol{y}(t,\bar x_j)]^{\mathrm T}\boldsymbol{P}\boldsymbol{\xi}[\boldsymbol{y}(t,x)-\boldsymbol{y}(t,\bar x_j)]\mathrm{d}x \tag{10－71}$$

由引理 10.1，得到

$$\int_{x_j}^{x_{j+1}}\ [\boldsymbol{y}(t,x)-\boldsymbol{y}(t,\bar x_j)]^{\mathrm T}\boldsymbol{P}\boldsymbol{\xi}[\boldsymbol{y}(t,x)-\boldsymbol{y}(t,\bar x_j)]\mathrm{d}x\leqslant$$
$$\frac{\Delta^2}{\pi^2}\int_{x_j}^{x_{j+1}}\frac{\partial\boldsymbol{y}\ (t,x)^{\mathrm T}}{\partial x}\boldsymbol{P}\boldsymbol{\xi}\ \frac{\partial\boldsymbol{y}(t,x)}{\partial x}\mathrm{d}x \tag{10－72}$$

选择 $\zeta_1=\dfrac{\Delta}{\pi}\zeta$，由式(10－71)和式(10－72)得到

$$2\sum_{j=0}^{N-1}\int_{x_j}^{x_{j+1}}\boldsymbol{y}\ (t,x)^{\mathrm T}\boldsymbol{P}\boldsymbol{\xi}[\boldsymbol{y}(t,x)-\boldsymbol{y}(t,\bar x_j)]\mathrm{d}x\leqslant$$
$$\zeta^{-1}\ \frac{\Delta}{2\pi}\int_\Omega\frac{\partial\boldsymbol{y}\ (t,x)^{\mathrm T}}{\partial x}\boldsymbol{P}\boldsymbol{\xi}\ \frac{\partial\boldsymbol{y}(t,x)}{\partial x}\mathrm{d}x+\zeta\,\frac{\Delta}{2\pi}\int_\Omega\boldsymbol{y}\ (t,x)^{\mathrm T}\boldsymbol{P}\boldsymbol{\xi}\boldsymbol{y}\ (t,x)\mathrm{d}x \tag{10－73}$$

类似于式(10－71)～式(10－73)，可知

$$2\sum_{j=0}^{N-1}\int_{x_j}^{x_{j+1}}\boldsymbol{y}(t,x)^{\mathrm{T}}\boldsymbol{P\eta}[\boldsymbol{y}(t-\tau,x)-\boldsymbol{y}(t-\tau,\bar{x}_j)]\mathrm{d}x\leqslant$$

$$\gamma^{-1}\frac{\Delta}{\pi}\int_{\Omega}\frac{\partial\boldsymbol{y}(t-\tau,x)^{\mathrm{T}}}{\partial x}\boldsymbol{P\eta}\frac{\partial\boldsymbol{y}(t-\tau,x)}{\partial x}\mathrm{d}x+\gamma\frac{\Delta}{\pi}\int_{\Omega}\boldsymbol{y}(t,x)^{\mathrm{T}}\boldsymbol{P\eta y}(t,x)\mathrm{d}x \tag{10-74}$$

这样，由式(10－30)、式(10－70)、式(10－73)和式(10－74)和引理10.4有

$$\begin{aligned}\dot{V}(t)+2\theta V(t)\leqslant\int_{\Omega}\Big[&-2\frac{\partial\boldsymbol{y}(t,x)^{\mathrm{T}}}{\partial x}\boldsymbol{PD}\frac{\partial\boldsymbol{y}(t,x)}{\partial x}-2\boldsymbol{y}(t,x)^{\mathrm{T}}\boldsymbol{P\widetilde{D}y}(t,x)+\\&\sigma_5\boldsymbol{y}(t,x)^{\mathrm{T}}\boldsymbol{P\widetilde{A}\widetilde{A}}^{\mathrm{T}}\boldsymbol{Py}(t,x)+\sigma_5^{-1}\widetilde{\boldsymbol{g}}(\boldsymbol{y}(t,x))^{\mathrm{T}}\widetilde{\boldsymbol{g}}(\boldsymbol{y}(t,x))+\\&\sigma_6\boldsymbol{y}(t,x)^{\mathrm{T}}\boldsymbol{P\widetilde{B}\widetilde{B}}^{\mathrm{T}}\boldsymbol{Py}(t,x)+\\&\sigma_6^{-1}\widetilde{\boldsymbol{g}}(\boldsymbol{y}(t-\tau(t),x))^{\mathrm{T}}\widetilde{\boldsymbol{g}}(\boldsymbol{y}(t-\tau(t),x))-2\boldsymbol{y}(t,x)^{\mathrm{T}}\boldsymbol{P\xi y}(t,x)-\\&2\boldsymbol{y}(t,x)^{\mathrm{T}}\boldsymbol{P\eta y}(t-\tau,x)\Big]\mathrm{d}x+\zeta^{-1}\frac{\Delta}{\pi}\int_{\Omega}\frac{\partial\boldsymbol{y}(t,x)^{\mathrm{T}}}{\partial x}\boldsymbol{P\xi}\frac{\partial\boldsymbol{y}(t,x)}{\partial x}\mathrm{d}x+\\&\zeta\frac{\Delta}{\pi}\int_{\Omega}\boldsymbol{y}(t,x)^{\mathrm{T}}\boldsymbol{P\xi y}(t,x)\mathrm{d}x+\gamma^{-1}\frac{\Delta}{\pi}\int_{\Omega}\frac{\partial\boldsymbol{y}(t-\tau,x)^{\mathrm{T}}}{\partial x}\boldsymbol{P\eta}\frac{\partial\boldsymbol{y}(t-\tau,x)}{\partial x}\mathrm{d}x+\\&\gamma\frac{\Delta}{\pi}\int_{\Omega}\boldsymbol{y}(t,x)^{\mathrm{T}}\boldsymbol{P\eta y}(t,x)\mathrm{d}x+\\&\int_{\Omega}\Big[\boldsymbol{y}(t,x)^{\mathrm{T}}\boldsymbol{Qy}(t,x)+\frac{\partial\boldsymbol{y}(t,x)^{\mathrm{T}}}{\partial x}\bar{\boldsymbol{\eta}}\frac{\partial\boldsymbol{y}(t,x)}{\partial x}\Big]\mathrm{d}x-\\&\int_{\Omega}\mathrm{e}^{-2\theta\tau}\Big[\boldsymbol{y}(t-\tau,x)^{\mathrm{T}}\boldsymbol{Qy}(t-\tau,x)+\frac{\partial\boldsymbol{y}(t-\tau,x)^{\mathrm{T}}}{\partial x}\bar{\boldsymbol{\eta}}\frac{\partial\boldsymbol{y}(t-\tau,x)}{\partial x}\Big]\mathrm{d}x+\\&2\theta\int_{\Omega}\boldsymbol{y}(t,x)^{\mathrm{T}}\boldsymbol{Py}(t,x)\mathrm{d}x\end{aligned} \tag{10-75}$$

运用式(10－29)、式(10－65)～式(10－68)和式(10－75)，我们有

$$\begin{aligned}\dot{V}(t)+2\theta V(t)\leqslant\int_{\Omega}[&\boldsymbol{y}(t,x)^{\mathrm{T}}(-2\boldsymbol{P\widetilde{D}}+\sigma_5\boldsymbol{P\bar{A}\bar{A}}^{\mathrm{T}}\boldsymbol{P}+\sigma_5^{-1}\bar{\boldsymbol{L}}^2\boldsymbol{I}+\sigma_6\boldsymbol{P\bar{B}\bar{B}}^{\mathrm{T}}\boldsymbol{P}-\\&2\boldsymbol{P\xi}+\zeta\frac{\Delta}{\pi}\boldsymbol{P\xi}+\gamma\frac{\Delta}{\pi}\boldsymbol{P\eta}+\boldsymbol{Q}+2\theta\boldsymbol{P}\Big)\boldsymbol{y}(t,x)-\\&2\boldsymbol{y}(t,x)^{\mathrm{T}}\boldsymbol{P\eta y}(t-\tau,x)+\\&\boldsymbol{y}(t-\tau,x)^{\mathrm{T}}(\sigma_6^{-1}\bar{\boldsymbol{L}}^2\boldsymbol{I}-\mathrm{e}^{-2\theta\tau}\boldsymbol{Q})\boldsymbol{y}(t-\tau,x)]\mathrm{d}x+\\&\int_{\Omega}y_x(t,x)^{\mathrm{T}}\Big(\zeta^{-1}\frac{\Delta}{\pi}\boldsymbol{P\xi}+\bar{\boldsymbol{\eta}}-2\boldsymbol{PD}\Big)\boldsymbol{y}_x\mathrm{d}x+\\&\int_{\Omega}\boldsymbol{y}_x(t-\tau,x)^{\mathrm{T}}\Big(\gamma^{-1}\frac{\Delta}{\pi}\boldsymbol{P\eta}-\mathrm{e}^{-2\theta\tau}\bar{\boldsymbol{\eta}}\Big)\boldsymbol{y}_x(t-\tau,x)\mathrm{d}x=\end{aligned}$$

$$\int_{\Omega}\tilde{\boldsymbol{\omega}}(t,x)^{\mathrm{T}}\boldsymbol{\Xi}\tilde{\boldsymbol{\omega}}(t,x)\mathrm{d}x \leqslant 0 \tag{10-76}$$

其中 $\tilde{\boldsymbol{\omega}}(t,x)=(y(t,x)^{\mathrm{T}},\ y(t-\tau,x)^{\mathrm{T}},\ y_x(t,x)^{\mathrm{T}},\ y_x(t-\tau,x)^{\mathrm{T}})^{\mathrm{T}}$ 是列向量，这就蕴含着

$$V(t,x)\leqslant V(m\omega,x)\mathrm{e}^{-2\theta(t-m\omega)},\quad t\in[m\omega,m\omega+\delta] \tag{10-77}$$

则有

$$V(t,x)\leqslant \|V(0)\|_{\tau}\mathrm{e}^{-2\theta t},\quad t\in[0,\delta] \tag{10-78}$$

当 $t\in(m\omega+\delta,(m+1)\omega]$ 时，由 Schur complement 引理，式(10-23)～式(10-25)和式(10-28)得到

$$\begin{aligned}\dot{V}(t)\leqslant&\int_{\Omega}[\boldsymbol{y}(t,x)^{\mathrm{T}}(-2\boldsymbol{P}\tilde{\boldsymbol{D}}+\sigma_5\boldsymbol{P}\bar{\boldsymbol{A}}\bar{\boldsymbol{A}}^{\mathrm{T}}\boldsymbol{P}+\sigma_5^{-1}\boldsymbol{L}^{\mathrm{T}}\bar{\boldsymbol{L}}+\sigma_6\boldsymbol{P}\bar{\boldsymbol{B}}\bar{\boldsymbol{B}}^{\mathrm{T}}\boldsymbol{P}+\boldsymbol{Q})\\&\boldsymbol{y}(t,x)+\boldsymbol{y}(t-\tau,x)^{\mathrm{T}}(\sigma_6^{-1}\bar{\boldsymbol{L}}^{\mathrm{T}}\bar{\boldsymbol{L}}-\boldsymbol{Q})\boldsymbol{y}(t-\tau,x)]\mathrm{d}x+\\&\int_{\Omega}\boldsymbol{y}_x(t,x)^{\mathrm{T}}(\gamma^*\bar{\boldsymbol{\eta}}-2\boldsymbol{P}\boldsymbol{D})\boldsymbol{y}_x\mathrm{d}x+\\&\int_{\Omega}\boldsymbol{y}_x(t-\tau,x)^{\mathrm{T}}(-\gamma^*\bar{\boldsymbol{\eta}})\boldsymbol{y}_x(t-\tau,x)\mathrm{d}x\leqslant\\&a_5V(t)+b_5V(t-\tau)\end{aligned} \tag{10-79}$$

故运用引理 10.3 有

$$V(t)\leqslant \|V(m\omega+\delta)\|_{\tau}\mathrm{e}^{(a_5+b_5)t},m\omega+\delta\leqslant t\leqslant(m+1)\omega \tag{10-80}$$

对 $\delta\leqslant t\leqslant\omega$，可知

$$V(t)\leqslant \|V(\delta)\|_{\tau}\mathrm{e}^{(a_5+b_5)t},\delta\leqslant t\leqslant\omega \tag{10-81}$$

由式(10-78)，可得

$$\|V(\delta)\|_{\tau}=\sup_{\delta-\tau\leqslant t\leqslant\delta}\|V(t)\|\leqslant\|V(0)\|_{\tau}\mathrm{e}^{-2\theta(\delta-\tau)} \tag{10-82}$$

由上述不等式和式(10-81)，对 $\delta\leqslant t\leqslant\omega$，得到

$$V(t)\leqslant\|V(\delta)\|_{\tau}\mathrm{e}^{(a_5+b_5)(t-\delta)}\leqslant\|V(0)\|_{\tau}\mathrm{e}^{-2\theta(\delta-\tau)}\mathrm{e}^{(a_5+b_5)(t-\delta)} \tag{10-83}$$

因此，得到

$$V(\omega)\leqslant\|V(0)\|_{\tau}\mathrm{e}^{-2\theta(\delta-\tau)+(a_5+b_5)(\omega-\delta)}=\|V(0)\|_{\tau}\mathrm{e}^{-\bar{\sigma}} \tag{10-84}$$

其中 $\bar{\sigma}=2\theta(\delta-\tau)+(a_5+b_5)(\omega-\delta)$。

10.4　数值例子

例 10.1　考虑下列时滞忆阻神经网络模型：

$$\frac{\partial u_i(t,x)}{\partial t}=D_i\frac{\partial^2 u_i(t,x)}{\partial x^2}-d_i(u_i)u_i(t,x)+\sum_{j=1}^{2}a_{ij}(u_i)g_j(u_j(t,x))+$$
$$\sum_{j=1}^{2}b_{ij}(u_i)g_j(u_j(t-\tau_j,x))+J_i,i=1,2 \qquad (10-85)$$

其中 $x\in\Omega=\{x\mid 0\leqslant x\leqslant 2\},t\geqslant 0,g_j(\alpha)=\tanh(\alpha),i=1,2$

$D_1=D_2=1,\ \tau_j=0.1,\ Z\in\mathbb{R}$

$$d_1(z)=\begin{cases}1.5,|z|\leqslant 1\\1.3,|z|>1\end{cases},d_2(z)=\begin{cases}0.8,|z|\leqslant 1\\0.5,|z|>1\end{cases}$$

$$a_{11}(z)=\begin{cases}0.3,|z|\leqslant 1\\0.5,|z|>1\end{cases},a_{12}(z)=\begin{cases}-0.3,|z|\leqslant 1\\-0.6,|z|>1\end{cases}$$

$$a_{21}(z)=\begin{cases}-0.7,|z|\leqslant 1\\-1.6,|z|>1\end{cases},a_{22}(z)=\begin{cases}0.2,|z|\leqslant 1\\0.6,|z|>1\end{cases}$$

$$b_{11}(z)=\begin{cases}-1.3,|z|\leqslant 1\\-0.5,|z|>1\end{cases},b_{12}(z)=\begin{cases}-0.5,|z|\leqslant 1\\0.2,|z|>1\end{cases}$$

$$b_{21}(z)=\begin{cases}0.3,|z|\leqslant 1\\0.8,|z|>1\end{cases},b_{22}(z)=\begin{cases}-3,|z|\leqslant 1\\-0.9,|z|>1\end{cases}$$

显然，$g_j(\cdot)$ 满足(A10.1)，且 $\bar{L}=1$。系统式(10－85)初值条件为 $u_1(t,x)=-1,u_2(t,x)=1.2$，仿真图如图 10.1 和图 10.2 所示。

响应系统式(10－86) 描述为

$$\frac{\partial \tilde{u}_i(t,x)}{\partial t}=D_i\frac{\partial^2 \tilde{u}_i(t,x)}{\partial x^2}-d_i(\tilde{u}_i)\tilde{u}_i(t,x)+\sum_{j=1}^{2}a_{ij}(\tilde{u}_i)g_j(\tilde{u}_j(t,x))+$$
$$\sum_{j=1}^{2}b_{ij}(\tilde{u}_i)g_j(\tilde{u}_j(t-\tau_j,x))+J_i+v_i \qquad (10-86)$$

其中初始条件 $\tilde{u}_1(t,x)=-2,\tilde{u}_2(t,x)=1$，间歇采样控制器设计如下：

$$v_i(t,x)=K_i(t)y_i(t,\bar{x}_j)$$

$$K_i(t)=\begin{cases}-k_i,m\omega\leqslant t\leqslant m\omega+\delta\\0,m\omega+\delta<t\leqslant(m+1)\omega\end{cases},m=0,1,2,\cdots$$

这里参数 $D_i,a_i(\tilde{u}_i),w_{ij}(\tilde{u}_i),h_{ij}(\tilde{u}_i),\tau_j$ 和激活函数 $g_j(\cdot)$ 与系统式(10－85)相同。令 $k_1=0.8,k_2=2.4,\Delta=\dfrac{\pi}{4}$，控制周期 $\omega=1$ 和控制长度 $\delta=$

0.7。设 $\varepsilon=\sigma_3=\sigma_4=\bar{\sigma}_3=\bar{\sigma}_4=1, a_3=1.43, b_3=1.21, a_4=3.28, b_4=1.15$，从而引理 10.1 的条件满足。

根据引理 10.1，驱动系统式(10－85)和响应系统式(10－86)是指数反同步的，如图 10.3 和图 10.4 所示。数值仿真进一步证明了提出的间歇采样控制方法的有效性(见图 10.5 和图 10.6)。

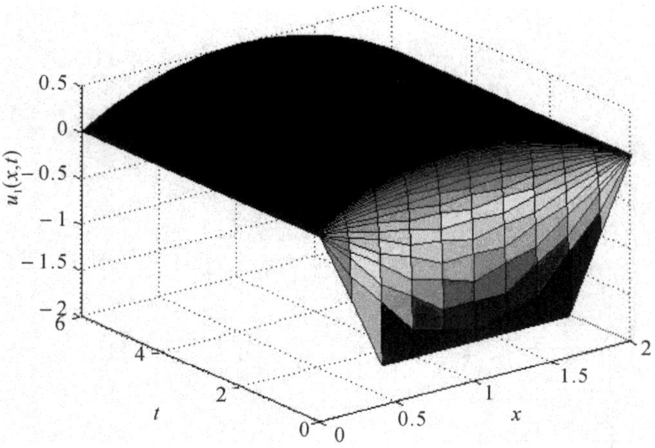

图 10.1　系统式(10－85)中状态 $u_1(t,x)$ 的曲面

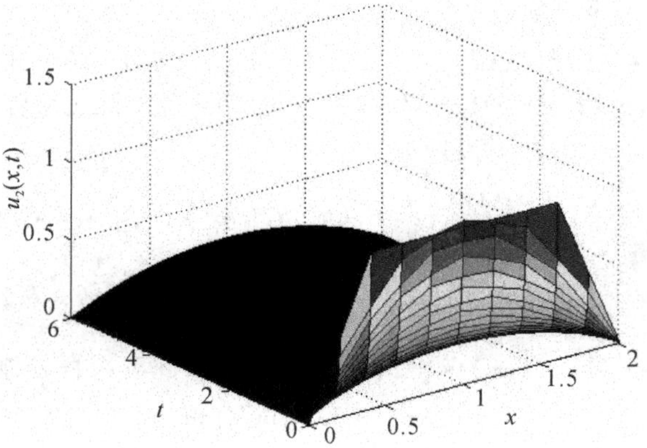

图 10.2　系统式(10－85)中状态 $u_2(t,x)$ 的曲面

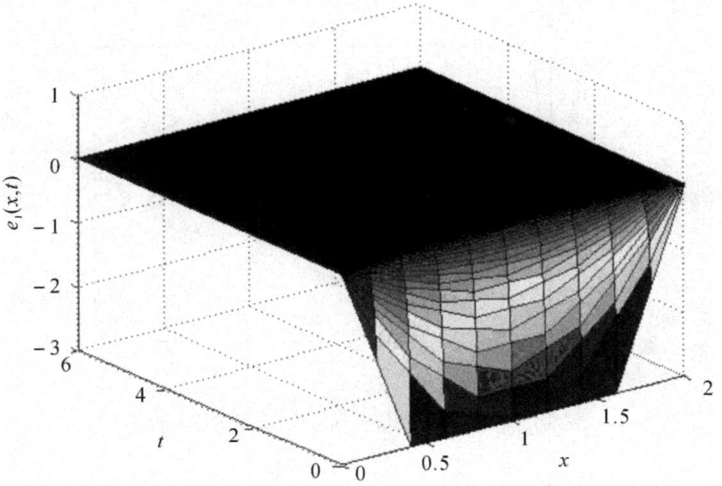

图 10.3　$e_1(t,x)$ 的动态行为

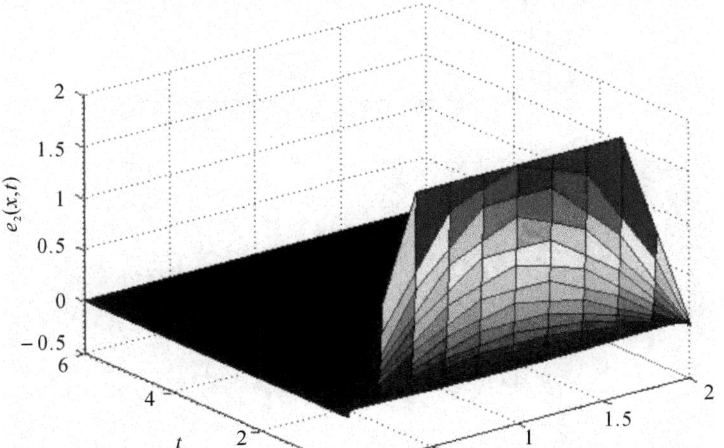

图 10.4　$e_2(t,x)$ 的动态行为

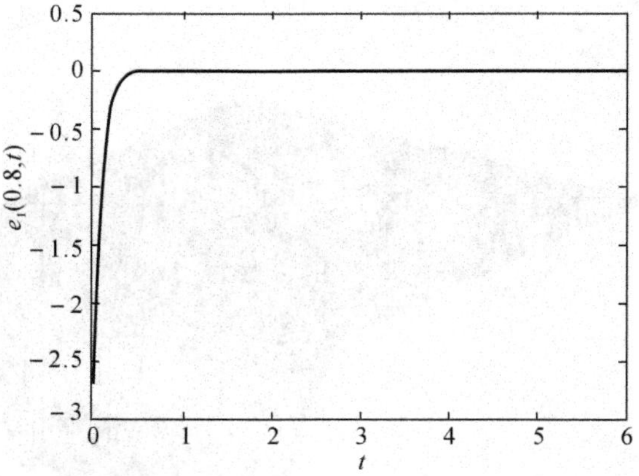

图 10.5　$x=0.8$ 时，$e_1(t,x)$ 的动态行为

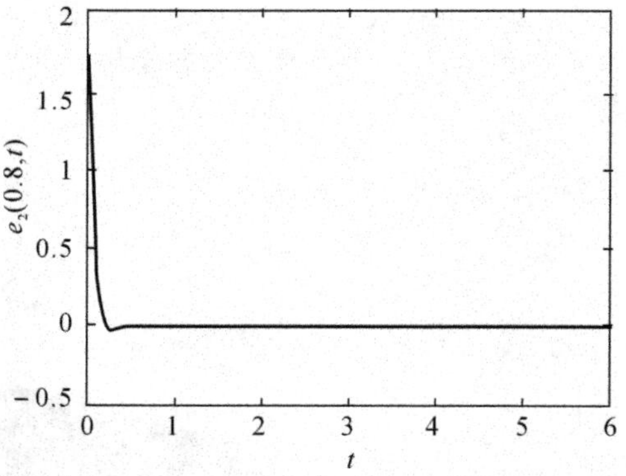

图 10.6　当 $x=0.8$ 时，$e_2(t,x)$ 的动态行为

10.5　本章小结

本章提出了一类驱动响应忆阻分布参数神经网络的反同步控制方法。通过构造 Lyapunov-Krasovskii 泛函，运用间歇采样控制和线性矩阵不等式方法，得到用线性矩阵不等式表示的反同步判据；提出的间歇采样控制基于提供的信息能保证控制的驱动系统可以与响应系统实现同步，而不是初始状态；假设在空间中的间歇采样间隔是有界的；用一个典型的例子来证明所提出的方法和所得到的线性矩阵不等式结果是可行的。

参 考 文 献

[1] 张化光. 递归时滞神经网络的综合分析与动态特性研究 [M]. 北京:科学出版社,2008.

[2] 黄立宏,李雪梅. 细胞神经网络动力学[M]. 北京:科学出版社,2007.

[3] HEBB D O. The Organization of Behavior[M]. New York: Wiley,1949.

[4] WU J H. Theory and Applieations of Partial Funetional Differential Equations[M]. New York: Springer,1996.

[5] MINSKY M, PAPERT S. Perceptrons [M]. Cambridge: MIT Press,1969.

[6] HOPFIELD J J. Neural Networks and physical Systems with Emergent Collective Computational Abilities [J]. Proeeedings of the National Academy of Sciences of the United States of America. Biological Sciences,1982,79(8): 2554-2558.

[7] HOPFIELD J J. Neurons with Graded Response Have Collective Computational Properties like Those of Two-State Neurons[J]. Proeeedings of the National Academy of Sciences of the United States of America. Biological Sciences, 1984,81(10):3088-3092.

[8] COHEN M A, GROSSBERG S. Absolute Stability of Global pattern Formation and Parallel Memory Storage by Competitive Neural Networks [J]. IEEE Transactions on Systems, Man and Cybernetics, 1983,13(5): 815-826.

[9] GROSSBERG S. Nonlinear neural networks-principles, Mechanisms, and Architectures[J]. Neural Networks, 1988,1(1): 17-61.

[10] KOSKO B. Bidirectional Associative Memories[J]. IEEE Transactions on Systems, Man and Cybernetics, 1988,18(1): 40-60.

[11] CHUA L O, YANG L. Cellular Neural Networks: Theory[J]. IEEE Transactions on Circuits and Systems, 1988,35(10): 1257-1272.

[12] CHUA L O, YANG L. Cellular Neural Networks: Applications[J]. IEEE Transactions on Circuits and Systems,1988:35(10),1273-1290.

[13] WU J H. Theory and application of partial functional differential equations[M]. New York: Springer,1996.

[14] 刘永清，谢胜利. 滞后分布参数系统的稳定与变结构控制[M]. 广州：华南理工大学出版社，1998.

[15] 胡跃明，周其节. 分布参数变结构控制系统 [M]. 北京：国防工业出版社，1996.

[16] 崔宝同，楼旭阳. 时滞分布参数系统理论及其应用[M]. 北京：国防工业出版社，2009.

[17] 廖晓昕，傅予力，高建，等. 具有反应扩散的 Hopfield 神经网络的稳定性[J]. 电子学报，2000，28(1)：78-80.

[18] 廖晓昕，杨叔子，程时杰，等. 具有反应扩散的广义神经网络的稳定性[J]. 中国科学：E 辑，2002，32(1)：87-94.

[19] AMRAOUI S，RHALI S L. Monotonicity and stability for some reaction-diffusion systems with and Dirichlet boundary conditions [J]. J Math Anal Appl，2001(255)：458-479.

[20] AHMAD S，RAO M R. Stability of Volttera diffusion equations with time delays[J]. Appl Math Comput，1998(90)：143-154.

[21] FARKAS G，SINOM P L. Stability properties of positive solutions to partial differential equations with delay[J]. Electronic J Diff Equs，2001，2001(64)：1-8.

[22] ERBE L H. Comparison principles for impulsive parabolic equations with applications to models of single species growth [J]. J Austral Math Soc：Ser B，1991，32(4)：382-400.

[23] BALLINGER G，LIU X. Existence，uniqueness，results for impulsive delay differential equations[J]. Dynamics of Continuous Discrete and Impulsive System，1999(5)：579-591.

[24] SERRANO-GOTARREDONA T，LINARES-BARRANCO B. Log-domain implementation of complex dynamics reaction-diffusion neural networks[J]. IEEE Transactions on Neural Networks，2003 (14)：1337-1355.

[25] NICAISE S，PIGNOTTI C. Stability and Instability Results of the Wave Equation with a Delay Term in the Boundary or Internal Feedbacks[J]. SIAM Journal on Control and Optimization，2006，45 (5)：1561-1585.

[26] LIANG J，WANG Z，LIU Y，et al. Global synchronization control of general delayed discrete-time networks with stochastic coupling and

disturbances[J]. IEEE Trans Syst Man and Cybern B Cybern, 2008 (38): 1073-1083.

[27] CAO J, ZHOU D. Stability analysis of delayed cellular neural networks[J]. Newral Networks, 1998,11(9):1601-1605.

[28] YU W, MARCO A Moreno, Floriberto Ortiz. System identification using hierarchical fuzzy neural networks with stable learning algorithm [J]. Journal of Intelligent & Fuzzy Systems,2007,18(2):171-183.

[29] LI ZA,LI KL. Stability analysis of impulsive Cohen-Grossberg neural networks with distributed delays and reaction-diffusion terms [J]. Applied Mathematical Modeling,2009 (33): 1337-1348.

[30] PAN J, LIU X Z, ZHONG S M. Stability criteria for impulsive reaction-diffusion Cohen-Grossberg neural networks with time-varying delays [J]. Math Comput Modell, 2010 (51) : 1037-1050.

[31] XU S Y, CHEN T W. H∞ output feedback control for uncertain stochastic systems w ith time-varying delays[J]. Automatica, 2004, 40 (12) : 2091-2098.

[32] WANG Z D, LAM J, LIU X H. Exponential filtering for uncertain Markovian jump time-delay systems with nonlinear disturbances[J]. IEEE Trans on Circuits and Systems: Part Ⅱ, 2004, 51(5) : 262-268.

[33] 齐民友. 线性偏微分算子引论:上册[M]. 北京:科学出版社,1984.

[34] CAO J, LU J. Adaptive synchronization of neural networks with or without time-varying delays[J]. chaos, 2006(16)art. no 013133.

[35] SERRANO-GOTARREDONA T, LINARES-BARRANCO B. Log-domain implementation of complex dynamics reaction-diffusion neural networks[J]. IEEE Trans Neural Networks,2003,14 (5):1337-1355.

[36] 王明新. 非线性抛物型方程[M]. 北京:科学出版社,1997.

[37] KALLIANPUR G, XIONG J. Stochastic Differential Equationsin Infinite Dimensions[J]. IMS Lecture Notes,1995(26):21-23.

[38] BABUGKA I, ANDERSSON B, SMITH P J, et al. Part Ⅰ: Statistical analysis on fiber scale[J]. Comput Methods Appl Mech Engrg, 1999 (172):27-77.

[39] CHUA L O. Memristor—the missing circut element[J]. IEEE Trans Circuit Theory,1971(18):507-519.

[40] STRUKOV D B, SNIDER G S, STEWART D R, et al. The missing memristor found[J]. Nature, 2008(453): 80-83.
[41] TANIGUCHI T. Almost sure exponential stability for stochastic partial functional differential equations[J]. Stochastic Anal Appl 1998, 16(5): 965-975.
[42] YANG T, YANG L, WU C, et al. Fuzzy cellular neural networks: theory[J]. Proceedings of IEEE international workshop on cellular neural networks and applications, 1996: 181-186.
[43] YANG T, YANG L, WU C, et al. Fuzzy cellular neural networks: applications [J]. Proceedings of IEEE international workshop on cellular neural networks and applications, 1996: 225-230.
[44] WANG J, LU J. Global exponential stability of fuzzy cellular neural networks with delays and reaction-diffusion terms[J]. Chaos Solitons Fractals, 2008(38): 878-885.
[45] CAO J, WANG J. Global asymptotic and robust stability of recurrent neural networks with time delays[J]. IEEE Transactions on Circuits and Systems Ⅰ: Fundamental Theory and Applications, 2005, 52(2): 417-426.
[46] BAINOV D, KDZISLAW, MINEHEV E. Monotone iterative methods for impulsive hyperbolic differential functional equations[J]. J Comput APPl Math, 1996(70): 329-347.
[47] KAMONT Z, TURO J, ZUBIK-KOWL B. Differential and difference inequalities generated by mixed problems for hyperbolic functional d1fferential equations with impulses[J]. APPl Math Comput, 1996 (80): 127-154.
[48] 邓立虎，葛渭高. 脉冲时滞抛物型方程解的振动准则[J]. 数学学报，2001, 44(3): 501-506.
[49] ZOU F, NOSSEK J A. Bifurcation and chaos in cellular neural networks [J]. IEEE Trans Circuits and Systems Ⅰ, 1993(40): 166-173.
[50] TOUR J M, HE T. Electronics: the fourth element[J]. Nature, 2008 (453): 42-43.
[51] SONG Q K, CAO J D, ZHAO Z J. Periodic solutions and its exponential stability of reaction-diffusion recurrent neural networks

with continuously distributed delays[J]. Nonlinear Anal Real World Appl, 2006 (7): 65-80.

[52] 王林山,徐道义. 变时滞反应扩散 Hopfield 神经网络的全局指数稳定性 [J]. 中国科学: E 辑,2003,33(6): 488-495.

[53] LIANG J L,CAO J D. Global exponential stability of reaction-diffusion recurrent neural networks with time-varying delays[J]. Phys Lett: A, 2003(314):434-442.

[54] SONG Q K,ZHAO Z J,Li Y M. Global exponential stability of BAM neural networks with distributed delays and reaction-diffusion terms [J]. Phys Lett:A,2005(335):213-225.

[55] GUO Z, WANG J, YAN Z. Global Exponential synchronization of two Memristor-Based recurrent neural networks with time delays via static or dynamic coupling[J]. IEEE Trans on Systems:Man & Cybernetics Systems,2015,45(2):235-249.

[56] ZHANG G, SHEN Y, WANG L. Global anti-synchronization of a class of chaotic memristive neural networks with time-varying delays [J]. Neural Netw,2016(36):1-8.

[57] ZHANG W Y, LI J M. Global exponential stability of reaction-diffusion neural networks with discrete and distributed time-varying delays[J]. Chin Phys B,2011,20(3): 115-120.

[58] LU J. Robust global exponential stability for interval reaction-diffusion Hopfield neural networks with distributed delays[J]. IEEE Trans Circ Syst: Ⅱ, 2007(54): 1115-1119.

[59] CAO Y, LAM J. Robust H∞ control of uncertain Markovian jump systems with time-delay [J]. IEEE Transactions on Automatic Control,2000,45(1): 77 - 83.

[60] MAO X. Exponential stability of stochastic delay interval systems with Markovian switching[J]. IEEE Transactions on Automatic Control, 2002,47(10): 1604 - 1612.

[61] XU S,LAM J. Delay-dependent H∞ control and filtering for uncertain Markovian jump systems with time-varying delays [J]. IEEE Transactions on Circuits and System,2007,54(9): 2070 - 2077.

[62] 罗琦,邓飞其,包俊东,等. 具分布参数的随机 Hopfield 神经网络的镇定[J].

中国科学:E 辑,2004,34(6):619-628.

[63] ZHU Q, LI X, YANG X S. Exponential stability for stochastic reaction-diffusion BAM neural networks with time-varying and distributed delays [J]. Appl Math and Comput, 2011 (217): 6078-6091.

[64] XU S,CHEN T,LAM J. Robust H∞ filtering for uncertain Markovian jump systems with mode-dependent time delays [J]. IEEE Transactions on Automatic Control,2003,48(5): 900 - 907.

[65]XU X, ZHANG J, ZHANG W. Mean square exponential stability of stochastic neural networks with reaction-diffusion terms and delay[J]. Appl Math Lett, 2011(24) : 5-11.

[66] 廖晓昕. 动力系统的稳定性理论和应用[M]. 北京:国防工业出版社,2000.

[67] CHEN W H,CU J X,GUAN Z H. Guaranteed cost control for uncertain Markovian jump systems with mode-dependent time-delays [J]. IEEE Transactions on Automatic Control,2003,48(12): 2270 - 2275.

[68] SHAO H Y. Delay-rang-dependent robust H ∞ filtering for uncertainstochastic systems with mode-dependent time delays and Markovianjump parameters [J]. Journal of Mathematical Analysis and Applications,2008,342(2): 1084-1095.

[69] 钱学森,宋健. 工程控制论[M]. 北京:科学出版社,1980.

[70] SIMON H. 神经网络原理[M]. 叶世伟,史忠植,译. 北京: 机械工业出版社,2004.

[71] ZHANG W Y, LI J M, CHEN M L. Dynamical behaviors of impulsive stochastic reaction-diffusion neural networks with mixed time delays [J]. Abstract and Applied Analysis,2012. doi:10. 1155/2012/236562.

[72] 钟守铭,刘碧森, 王晓梅, 等,神经网络稳定性理论[M]. 北京:科学出版社,2008.

[73] HARDY G H, LITTLEWOOD J E, POLYA G. Inequalities [M]. Cambridge: Cambridge University Press,1988.

[74] BALASUBRAMANIAM P, VIDHYA C. Exponential stability of stochastic reaction-diffusion uncertain fuzzy neural networks with mixed delays and Markovian jumping parameters[J]. Expert Systems

with Applications, 2012(39):3109-3115.

[75] HUANG C X, CAO J D. Convergence dynamics of stochastic Cohen-Grossberg neural networks with unbounded distributed delays [J]. IEEE Trans Neural Netw, 2011(22): 561-572.

[76] PAN J, ZHAN Y X. On periodic solutions to a class of non-autonomously delayed reaction-diffusion neural networks[J]. Commun Nonlinear Sci Numer Simulat, 2011(16): 414-422.

[77] RONG L. LMI approach for global periodicity of neural networks with time-varying delays [J]. IEEE Trans on Circuits and Systems Ⅰ: Regular papers, 2005, 52(7):1451-1458.

[78] ZHANG Y, PHENG H A, VADAKKPEPAT P. Absolute periodicity and absolute stability of delayed neural networks[J]. IEEE Trans on Circuits and System Ⅰ: Fundamental Theory and Applications, 2002, 49(2):256-261.

[79] CAO J, WANG L. Exponential stability and Periodic oscillatory solution in BAM netowrks with delays[J]. IEEE Trans on Neural Networks, 2002, 13(2):457 -463.

[80] CIVALLERI P, GILLI M. Practical stability criteria for cellular neural networks[J]. Electronics Letters, 1997, 33(11): 970 - 971.

[81] SONG Q K, CAO J D. Global exponential robust stability of Cohen-Grossberg neural networks with time-varying delays and reaction-diffusion terms [J]. Journal of the Franklin Institute, 2006 (343): 705-719.

[82] CAO J D, FENG G, WANG Y. Multistability and multiperiodicity of delayed Cohen-Grossberg neural networks with a general class of activation functions[J]. Physica D, 2008, 237(13): 1734-1749.

[83] QIU J L, CAO J D. Delay-dependent exponential stability for a class of neural networks with time delays and reaction-diffusion terms [J]. Journal of the Franklin Institute, 2009 (346): 301-314.

[84] WANG L S, ZHANG Y, ZHANG Z , et al. LMI-based approach for global exponential robust stability for reaction-diffusion uncertain neural networks with time-varying delay [J]. Chaos Solitons & Fractals, 2009(41): 900-905.

[85] WANG L, DING W. Synchronization for delayed non-autonomous reaction-diffusion fuzzy cellular neural networks [J]. Commun Nonlinear Sci Numer Simul, 2017(17):170-182.

[86] LU J. Global exponential stability and periodicity of reaction-diffusion delayed recurrent neural networks with Dirichlet boundary conditions [J]. Chaos Solitons & Fractals, 2008(35):116-125.

[87] CUI B T, LUO X Y. Global exponential stability of BAM neural networks with distributed delays and reaction-diffusion terms [J]. Chaos Solitons & Fractals, 2006(27):1347-1354.

[88] WANG Z S, ZHANG H G, Li P. An LMI Approach to Stability Analysis of Reaction-Diffusion Cohen-Grossberg Neural Networks Concerning Dirichlet Boundary Conditions and Distributed Delays [J]. IEEE Trans Syst Man Cybern B, 2010 (40): 1596-1606.

[89] WANG Z, ZHANG H. Global Asymptotic Stability of Reaction-Diffusion Cohen-Grossberg Neural Network with Continuously Distributed Delays [J]. IEEE Trans Neural Netw, 2010 (21) : 39-49.

[90] YU W, LI X. Some stability properties of dynamic neural networks [J]. IEEE Trans Circuits Syst Ⅰ: Fundam Theory Appl, 2001, 48 (2): 256-259.

[91] SANCHEZ E N, PEREZ J P. Input-to-state stability analysis for dynamic neuralnetworks [J]. IEEE Trans Circuits Syst Ⅰ: Fundam Theory Appl, 1999, 46(11):1395-1398.

[92] GUO Y. New results on input-to-state convergence for recurrent neural networks with variable inputs [J]. Nonlinear Anal RWA, 2008 (9):1558-1566.

[93] BALASUBRAMANIAM P, VIDHYA C. Global asymptotic stability of stochastic BAM neural networks with distributed delays and reaction-diffusion terms [J]. Journal of Computational and Applied Mathematics, 2010 (234): 3458-3466.

[94] PECORA L M, CARROLL T L. Synchronization in chaotic systems [J]. Physical Review Letters, 1990(64): 821-824.

[95] AIHARA K, TAKABE T, Toyoda M. Chaotic neural networks [J]. Physics Letters A, 1990 (144): 333-340.

[96] CARROL T L,PECORA L M. Synchronization of chaotic circuits [J]. IEEE Trans Circuits andsystems,1991(38): 453-456,136.

[97] PECORA L M, CARROLL T L. Cascading synchronized chaotic systems [J]. Physica D,1993(67): 126-140.

[98] HALANAY A. Differential equations: stability, oscillations, time lags[M]. New York: Academic Press,1966.

[99] WANG Y, CAO J D. Synchronization of a class of delayed neural networks with reaction-diffusion terms[J]. Physics Letters A, 2007, 369:201-211.

[100] ZHANG W Y,LI J M. Global exponential synchronization of delayed BAM neural networks with reaction-diffusion terms and the Neumann boundary conditions[J]. Boundary Value Problems,2012 (2):2.

[101] GAN Q. Global exponential synchronization of generalized stochastic neural networks with mixed time delays and reaction-diffusion terms [J]. Neurocomputing,2012 (89): 96-105.

[102] WANG K, TENG Z D, JIANG H J. Global exponential synchronization in delayed reaction-diffusion cellular neural networks with the Dirichlet boundary conditions[J]. Math Comput Modell, 2010(52): 12-24.

[103] BALASUBRAMANIAM P,CHANDRAN R,JEEVA S T S. Synchronization of chaotic nonlinear continuous neural networks with time-varying delay[J]. Cognitive Neurodynamics,2011(5):361-371.

[104] HE W,CAO J D. Adaptive synchronization of a class of chaotic neural networks with known or unknown parameters[J]. Physics Letters A, 2008(372):408-416.

[105] KARIMI H,GAO H. New delay-dependent exponential H∞ synchronization for uncertain neural networks with mixed time delays [J]. IEEE Transactions on Systems Man and Cybernetics-Part B: Cybernetics, 2010(40): 173-185.

[106] MILANOVIC V, ZAGHLOUL M. Synchronization of chaotic neural networksand applications to communications[J]. International Journal of Bifurcation and Chaos,1996(6): 2571-2585.

[107] HU C, YU J, JIANG H, et al. Exponential lag synchronization for

neural networks with mixed delays via periodically intermittent control[J]. Chaos,2010(20): 23-108.

[108] BOCCALETTI S,KURTHS J,OSIPOV G,et al. The synchronization of chaotic systems[J]. Physics Reports,2002(366): 1-101.

[109] BARSELLA A, LEPERS C. Chaotic lag synchronization and pulse lasers coupled by saturableabsorber [J]. Optics Communications, 2002(205): 397-403.

[110] MATTHEW H MATHENY, MATT GRAU, LUIS G, et al. Phase synchronization of two anharmonic nanomechanical oscillators [J]. Physical review letters, 2014,112(1):101.

[111] GILLES RENVERSEZ. Synchronization in two neurons: Results for model with time-delayedinhibition [J]. Physica D, 1998 (114): 147-171.

[112] SHAHVERDIEV E M, SIVAPRAKASAM S, SHORE K A. Lag synchronization in time-delayed systems[J]. Physics Letters A,2002, 292(6): 320-324.

[113] BOCCALETTI S,KURTHS J,OSIPOV G,et al. The synchronization of chaotic systems[J]. Physics Reports,2002(366): 1-101.

[114] MAINIERI R, REHACEK J. Projective synchronization in three-dimensional chaotic systems[J]. Physical Review Letters,1999(82): 3042-3045.

[115] ARKADY S P, MICHAEL G R, GRIGORY V O, et al. Phase synchronization of chaotic oscillators by external driving[J]. Physica D,1997(104): 219-238.

[116] VOSS H U. Anticipating chaotic synchronization [J]. Physical Review E,2000,61(5):5115-5119.

[117] KHAPALOV A Y. Continuous observability for parabolic system under observations of discrete type [J]. IEEE Transactions on Automatic Control,1993,39(9):1388-1391.

[118] CHENG M B,RADISAVLJEVIC V,CHANG C C,et al. A sampled datasingularly perturbed boundary control for a diffusion conduction system with noncollocated observation [J]. IEEE Transactions of Automatic Control,2009,54(6):1305-1310.

[119] YANG T, CHUA L. Impulsive control and synchronization of nonlinear dynamical systemsand application to secure communication [J]. International Journal of Bifurcation and Chaos, 1997 (7): 645-664.

[120] LOGEMANN H, REBARBER R, TOWNLEY S. Stability of infinite-dimensional sampled-data systems[J]. Transactions of the American Mathematical Society, 35 (2003): 301-328.

[121] LOGEMANN H, REBARBER R, TOWNLEY S. Generalized sampled-data stabilization of well-posed linear infinite-dimensional systems[J]. SIAM Journal on Control and Optimization, 2005, 44(4): 1345-1369.

[122] HU C, YU J, JIANG H, et al. Exponential synchronization for reaction-diffusion networks with mixed delays in terms of p-norm via intermittent driving[J]. Neural Networks, 2012(31): 1-11.

[123] GHANTASALA S, EL-FARRA N H. Fault-tolerant control of sampled-data nonlinear distributed parameter systems [J]. Proceedings of American control conference, Baltimore, USA, 2010.

[124] SUN Y, GHANTASALA S, EL-FARRA N H. Networked control of spatially distributed processes with sensor-controller communication constraints [J]. Proceedings of American control conference, St Louis, USA, 2009.

[125] FRIDMAN E, BLIGHOVSKY A. Robust sampled-data control of a class of semilinear parabolic systems [J]. Automatica, 2012 (48): 826-836.

[126] SHENG L, YANG H, LOU X Y. Adaptive exponential synchronization of delayed neural networks with reaction-diffusion terms[J]. Chaos Solitons & Fractals, 2009(40): 930-939.

[127] LU J. Chaotic behavior in sampled-data control systems with saturating control[J]. Chaos Solitons & Fractals, 2006(30): 147-155.

[128] HU C, JIANG H J, TENG Z D. Impulsive control and synchronization for delayed neural networks with reaction-diffusion terms[J]. IEEE Trans Neural Netw, 2010 (21): 67-81.

[129] TAE H, LEE A, WU Z, et al. Synchronization of a complex

dynamical network with coupling time-varying delays via sampled-data control [J]. Applied Mathematics and Computation, 2012 (30): 1354-1366.

[130] ZHANG C, HE Y, WU M. Exponential synchronization of neural networks with time-varying mixed delays and sampled-data [J]. Neurocomputing, 2010(74):265-273.

[131] FRIDMAN E, ORLOV Y. An LMI approach to H∞ boundary control of semilinear parabolic and hyperbolic systems[J]. Automatica, 2009, 45(9):2060-2066.

[132] HE Y, WU M, SHE J, et al, Delay-dependent robust stability criteria for uncertain neutral systems with mixed delays [J]. Systems and Control Letters, 2004, 51(1): 57-65.

[133] GU K, KHARITONOV V, CHEN J. Stability of Time-Delay Systems [J]. Birkhauser, Boston, 2003.

[134] HUANG T, LI C, LIU X. Synchronization of chaotic systems with delay using intermittent linear state feedback [J]. Chaos: An Interdisciplinary Jaournal of Nonlinear Science, 2008, 18(3):033122.

[135] LEE S M, KWON O M, PARK J H. A new approach to stability analysis of neural networks with time-varying delay via novel Lyapunov-Krasovskii functional [J]. Chin Phys B, 2010, 19 (5): 50507.

[136] ENSARI T, ARIK S. Global stability analysis of neural networks with multiple time varying delays [J]. IEEE Transactions on Automatic Control, 2005, 50(11): 1781 - 1785.

[137] HAYKIN S. Neural Networks[M]. New Jersey: Prentice-Hall, 1994.

[138] PAN L, CAO J. Stochastic quasi-synchronization for delayed dynamical networks via intermittent control[J]. Commun Nonlinear Sci Numer Simulat, 2012(17):1332-1343.

[139] BALASUBRAMANIAM P, Vidhya C. Global asymptotic stability of stochastic BAM neural networks with distributed delays and reaction-diffusion terms [J]. Journal of Computational and Applied Mathematics, 2010 (234) :3458-3466.

[140] LI X D. Existence and global exponential stability of periodic solution

for impulsive Cohen-Grossberg-type BAM neural networks with continuously distributed delays [J]. Applied Mathematics and Computation, 2009 (215): 292-307.

[141] HARDY G H, LITTLEWOOD J E, POLYA G. Inequalities, second edition[M]. London: Cambridge University Press, 1952.

[142] MAO X R. Stochastic Differential Equation and Application [M]. Chichester: Horwood Publishing, 1997.

[143] AHN C K. Passive learning and input-to-state stability of switched Hopfield neural networks with time-delay [J]. Inform Sci, 2010 (180): 4582-4594.

[144] HUANG C X, CAO J D. On pth moment exponential stability of stochastic Cohen-Grossberg neural networks with time-varying delays [J]. Neurocomputing, 2010 (73): 986-990.

[145] WANG X H, GUO Q Y, XU D Y. Exponential p-stability of impulsive stochastic Cohen-Grossberg neural networks with mixed delays[J]. Math Comput Simulat, 2009 (79): 1698-1710.

[146] ERBE L H. Comparison principles for impulsive parabolic equations with applications to models of single species growth [J]. Austral Math Soc Ser B, 1991, 32(4): 382-400.

[147] LV Y, LV W, SUN J. Convergence dynamics of stochastic reaction-diffusion recurrent neural networks with continuously distributed delays[J], Nonlinear Anal: Real World Appl, 2008 (9): 1590-1606.

[148] LU J, LU L. Global exponential stability and periodicity of reaction-diffusion recurrent neural networks with distributed delays and Dirichlet boundary conditions[J]. Chaos Solitons and Fractals, 2009 (39): 1538-1549.

[149] LI X. Existence and global exponential stability of periodic solution for delayed neural networks with impulsive and stochastic effects [J]. Neurocomputing, 2010 (73): 749-758.

[150] LAKSHMIKANTHAM V, LEELA S. Differential and Integral Inequalities[M]. Berlin: Spring-Verlag, 1969.

[151] BRENIS H, VAZQUEZ J L. Blow-up solutions of some nonlinear elliptic problems [J]. Rev Mat Univ Complut Madr, 1997 (10):

443-469.

[152] ZHANG L X, BOUKAS E K. Stability and stabilization of Markovian jump linear systems with partly unknown transition probabilities [J]. Automatica, 2009, 45 (2), 436-468.

[153] ZHANG L X, BOUKAS E K, LAM J. Analysis and synthesis of Markov jump linear systems with time-varying delays and partially known transition probabilities[J]. IEEE Transactions on Automatic Control, 2009, 53(10): 2458-2464.

[154] ZHANG Y, HE Y, WU M, et al. Stabilization for Markovian jump systems with partial information on transition probability based on free-connection weighting matrices [J]. Automatica, 2011 (47): 79-84.

[155] LOU X, CUI B. Stochastic stability analysis for delayed neural networks of neutral type with Markovian jump parameters[J]. Chaos Solitons and Fractals, 2009, 39 (5): 2188-2197.

[156] TENG L, YAN P. Dynamical behaviors of reaction-diffusion fuzzy neural networks with mixed delays and general boundary conditions [J]. Commun Nonlinear Sci Numer Simulat, 2011 (16) : 993-1001.

[157] LI T, LUO Q, SUN C Y, et al. Exponential stability of recurrent neural networks with time-varying discrete and distributed delays[J]. Nonlinear Anal: Real World Applications, 2009 (10): 2581-2589.

[158] CHEN L, WU L, ZHUA S. Synchronization in complex networks by adjusting time-varying couplings [J]. Eur Phys J D, 2008 (48): 405-409.

[159] HUANG L H, WANG Z Y, WANG Y N. Synchronization analysis of delayed complex networks via adaptive time-varying coupling strengths[J]. Physics Letters A, 2009(373): 3952-3959.

[160] GUO X Y, LI J M. A new synchronization algorithm for delayed complex dynamical networks via adaptive control approach [J]. Commun Nonlinear Sci Numer Simulat, 2012, 17 (11) : 4395-4403.

[161] ADIMURTHI. Hardy-sobolev inequality in $H^1(\Omega)$ and its applications[J]. Commun Contemp Math, 2002 (4): 409-434.

[162] ZHU S, SHEN Y. Two algebraic criteria for input-to-state stability of

recurrent neural networks with time-varying delays [J]. Neural Comput & Applic, 2013, 22(6): 1163-1169.

[163] NICAISE S, PIGNOTTI C. Stability and Instability Resucts of the Wave Equation with a Delay Term in the Bowndary or Internal Feedbacks[J]. SIAM Journal on Control and Optionize, 2006, 45(5): 1561-1585.

[164] WANG T. Stability in Abstract Functional-differential equations[J]. Journal of Mathematical Analysis and Applications, 1994 (186): 835-861.

[165] FRIDMAN E, ORLOV Y. Exponential Stability of Linear Distributed Parameter Systems with Time-varying Delays[J]. Automatica, 2009 (45): 194-201.

[166] CURTAIN R, ZWART H. An Introduction to Infinite-dimensional Linear Systems [M]. New York: Springer-Verlag, 1995.

[167] PAZY A. Semigroups of Linear Operators and Application to Partial Differential Equations [M]. New York: Springer-Verlag, 1983.

[168] SALARIEH H, SHAHROKHI M. Adaptive synchronization of two different chaotic systems with time varying unknown parameters[J]. Chaos Solitons & Fractals, 2008, 37(1): 125-136.

[169] PARK J H. Adaptive modified projective synchronization of a unified chaotic system with all uncertain parameter[J]. Chaos Solitons & Fractals, 2007, 34(5): 1552-1559.

[170] LI Z, JIAO L, LEE J J. Robust adaptive global synchronization of complex dynamical networks by adjusting time-varying coupling strength[J]. Physica A, 2008(387): 1369-1380.

[171] SONTAG E D. Smooth stabilization implies coprime factorization[J]. IEEE Transaetions Automatic Control, 1989(34): 435-443.

[172] KOKOTOVIE P, AREAK M. Constructive nonlinear control: a historical perspective [J]. Automatica, 2001(37): 637-662.

[173] SONTAG E D, WANG Y. On charaeterizations of the input to state stability property [J]. Systems and Control Letters, 1995 (24): 351-559.

[174] SONTAG E D, WANG Y. New echaraeterizations of the input to state stability property[J]. IEEE Transactionson Automatic Control,

1996(41):1283-1294.

[175] SONTAG E D. Comments on integral variants of ISS [J]. Systems and Control Letters, 1998(34):93-100.

[176] HUANG L,MAO X. On input-to-state stability of stochastic retarded systems with Markovian switching [J]. IEEE Trans Automat Control,2009,54 (8):1898-1902.

[177] FRIDMAN E,DAMBRINE M,YEGANEFAR N. On input-to-state stability of systems with time-delay: A matrix inequalities approach[J]. Automatica, 2008 (44):2364-2369.